从泥土到太阳电池

FROM SOIL TO SOLAR BATTERY

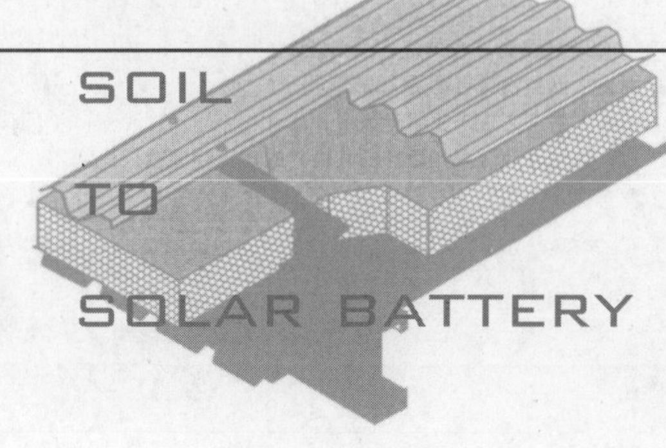

邹宁宇 著

化学工业出版社
·北京·

《从泥土到太阳电池》从建筑材料的发展历史出发，对材料与建筑、文化、社会风俗的关系等进行了简要介绍，着重讲述了新型节能材料、太阳电池与建筑结合等发展方向，指出太阳能的应用是建筑材料和建筑历史上划时代的变革，从此建筑材料具有产能功能，建筑由几千年来的耗能大户向产能基地过渡。

本书可作为能源与建筑等专业大专院校师生的选修教材，也可作为太阳能材料应用技术人员的培训教材，还可以作为普通读者了解新型节能材料的科普图书。

图书在版编目（CIP）数据

从泥土到太阳电池/邹宁宇著. —北京：化学工业出版社，2017.1
ISBN 978-7-122-28501-0

Ⅰ. ①从… Ⅱ. ①邹… Ⅲ. ①节能-建筑材料-研究 Ⅳ. ①TU5

中国版本图书馆 CIP 数据核字（2016）第 270493 号

责任编辑：袁海燕　刘　婧　　　装帧设计：王晓宇
责任校对：王素芹

出版发行：化学工业出版社（北京市东城区青年湖南街 13 号　邮政编码 100011）
印　　刷：北京永鑫印刷有限责任公司
装　　订：三河市宇新装订厂
787mm×1092mm　1/16　印张 16½　字数 423 千字　　2017 年 3 月北京第 1 版第 1 次印刷

购书咨询：010-64518888（传真：010-64519686）　售后服务：010-64518899
网　　址：http://www.cip.com.cn
凡购买本书，如有缺损质量问题，本社销售中心负责调换。

定　　价：68.00 元

序

PREFACE

材料是人类文明的基石，建筑材料是人类社会产量最大、应用范围最广的材料。新型建筑材料的推广应用是材料进步的重要标志，是21世纪节能、智能、生态建筑必不可少的条件。

我和本书作者长期在原国家建筑材料工业部(现国家建筑材料工业局）直属研究院所和高校材料学院工作。本书作者一直在探讨各类建筑材料的发展与建筑形式、建筑节能的关系；试图宣传建筑材料与人居环境的质量和建筑活动、人类生态环境和社会可持续发展的密切关系；试图归纳建筑材料的发展历史，宣传开发并推广性能优良、减少能耗的建筑材料，这也是促进21世纪建筑发展和社会进步的必备条件。本书总结了人类自结束荒居野宿以来，使用过的建筑材料和相关的著名建筑，探讨了建材和建筑对社会活动的影响。本书按各类材料构成的著名建筑介绍了土建筑、石建筑、木建筑、膜建筑、玻璃建筑、钢筋混凝土建筑、塑料建筑等。作者更相信21世纪新型功能材料对建筑的影响，太阳能电池材料、可选择吸收薄膜材料、高强度钢筋混凝土材料、新型保温绝热材料、光导纤维材料、膜材料、特种玻璃材料和有机复合材料的出现，以及新型建筑机械的应用，在建筑和建筑材料的发展史上具有里程碑式的意义。建筑和建筑材料有史以来第一次开始由耗能大户向智能、生态、低能耗(或零能耗)，甚至产能基地的方向发展；从此人们通过电脑设计的奇思妙想，开始化为21世纪建筑设计的蓝图。

从泥土、石块等天然材料到太阳能电池的发展历程，就是建筑和建筑材料实现节能、环保、智能的历程。数据表明，在130m^2土地所建的屋顶安装3kW光伏屋顶，相当于3000m^2森林所吸收的CO_2，是在生命周期中用最少能耗获得最大收益的建筑材料。自20世纪90年代美国率先推出百万太阳能屋顶计划，继而德国的十万太阳能屋顶规划和日本新阳光计划的启动在全球掀起了太阳能建筑热潮。太阳能建筑的推广是保护地球生态环境、实现人类社会可持续发展的重要措施。

张耀明　中国工程院院士
东南大学能源学院教授　博导

前言
FOREWORD

在本书中，我们试图介绍建筑材料对建筑、能源、环境保护和社会发展的影响。建筑是人类初始的生产活动之一，处于史前狩猎和采集时代的先民就已从事建筑活动。建筑材料是产量最大、用途最广的材料，是建筑活动的基本元素。人类使用建材并开始建筑活动的历史，甚至比农耕的历史更加古老。建筑材料和建筑的发展变迁更是相互促进、相互依存的。建筑是人类文明的象征，建筑材料是建筑的骨架和外衣，建筑材料可以定义为人居环境构成物所用材料的总称，可以说建筑材料是人类赖以生活的物质基础。建筑材料的不断更新进步推动了文明的发展，然而其对能源、资源的大量消耗，对环境生态造成了破坏，阻碍了文明的进程。

建筑材料是与人类关系密切、难以分割的材料。现在人类几乎有大半时间生活在各类建筑(住宅和建筑工程）内，有许多人甚至长年累月在室内活动。人们接触最多的，对身体健康、生活节奏影响最大的材料就是建筑材料和服装、食品材料。

建筑材料的制造自古就是一个工序繁多、耗能很大的工程。申报世界文化遗产的南京城墙，600 年前修造时就实行了“举国体制”和“岗位责任制”，每块城砖在烧制时都刻有来自各地制作者名和地名的字迹，城墙砌筑时在砖块中间浇铸铁汁或者用糯米混拌石灰。古代很多巨大建筑的取材使生态被惨重破坏，人们需要翻山跨壑，从数十里、数百里之外搬运巨石、大木，往往耗尽社会几代人的财力、人力，甚至影响文明发展进程。

节约能源，提倡低碳经济，防止大气温室效应和环境污染是当前世界各国政府迫在眉睫、亟待解决的课题。而在各类能耗中，建筑能耗首当其冲，已占发达国家总能耗的50%以上，其他国家与地区的建筑能耗也节节攀升。而建筑材料的性能又是决定建筑节能的重要参数。

从人类自身的进步和发展来看，人居生态环境的可持续发展贯穿于人类社会发展的全过程，贯穿于整个人类对建筑材料的开发、使用、制造、再生循环过程的各个环节。

随着低碳经济、和谐社会的概念深入人心，人们对于建筑材料与建筑节能的关系给予了前所未有的重视。人们认识到建筑节能的历史意义和现实意义大于其经济效益，它是社会发展到一定阶段的必然要求。在发达国家，建筑节能已经提升至同城市规划、国家全局发展的高度，各类建筑如达不到节能标准，宁愿不建，绝不留有遗憾。

本书站在建筑材料角度，介绍了建筑发展；叙述了黏土、石块由天然建筑材料，经过烘烧加工成为砖瓦、玻璃、水泥等耗能建筑材料，再到太阳能电池等节能建筑材料的发展过程；叙述了人类建筑由结庐而居、竖穴火炕到今日高楼大厦的发展过程，并介绍了古往今来一批珍辉玉映的著名建筑；重点介绍了正在蓬勃发展的太阳能材料，指出太阳能建筑代表了建筑材料和建筑的未来，是人类建筑史上最具有深远意义的革命。

本书试图从建筑材料的角度，回顾建筑由被动适应到主动汲取太阳能的发展过程，指出太阳电池等材料和组件是现代建筑材料家族中引人瞩目的新秀。由于太阳电池等的加入，太阳能建筑已展现出与数千年建筑迥然不同的风采，具有难以比拟的优势。

人类利用能源的历史已经历过使用天然草木时代、煤炭时代、石油天然气时代。现在，太阳能时代已露端倪，在近几十年间，人类将阔步迈入太阳能时代，而太阳能建筑的兴起，将是太阳能时代来临的主要标志。

《从泥土到太阳电池》将人类建筑利用太阳能的历史划分为四个既有联系、又有差别的阶段。第一阶段开始于建筑产生的初期，至少在100万年以前，由荒居野宿向寻找、修饰穴洞和结庐造屋过渡的先民，就自然而然地选择了向阳、背风、温暖、干燥、危险较小的居地。迈入文明门槛以后，各类房屋、宫殿，包括在历史上久负盛名的城市和建筑，都遵循着这种模式，对太阳光和太阳热开始有意识地利用。第二阶段始于工业革命，玻璃、钢材和水泥的广泛使用，出现了一批与数千年农耕时代迥然不同的建筑，各类透射阳光的温室，通风、光线明亮的廊庭随处可见，无数巨大建筑拔地而起，容纳好似从地下涌出的无数人口。第三阶段人们开始有目的地设计、建造节能建筑，通过绝热材料、相变材料、储能材料和各类玻璃等透光材料的使用，房屋通风和采光性能的改进使墙体达到保温隔热、冬暖夏凉的效果，从而降低能源的损耗。绿色建筑、生态建筑和低碳建筑，具有一脉相承的连续性。第四阶段始于20世纪后期，建筑进入主动利用太阳能和其他可再生能源的时代，自人类开始营造房屋以来，建筑第一次由耗能大户转为产能基地，太阳电池、太阳能集热设备、太阳能储存设备、太阳能采暖制冷设备和太阳光引入装置陆续成为建筑的有机组成部分，使建筑不再是单纯消耗能源、污染环境的同义词，而具备吸收、利用能源，改善人居环境和自然环境的功能。在21世纪，这种代表人与自然和谐、利于可持续发展的建筑(包括即将兴起的巨型建筑、海洋建筑、太空建筑和月球建筑)，将成为建筑史上最辉煌灿烂的篇章。

太阳能建筑的出现，对于建筑哲学、人类居住学、建筑经济学、建筑文化学、建筑社会学、建筑科学整体及下属各个分支都将产生深远的影响，将对我国未来建筑、未来城市发展产生深远的影响，会在很长时间内陆续显示出太阳能建筑开源节流的特点。太阳能建筑集成了太阳能光伏发电、太阳能采暖/热水、太阳能制冷空调、太阳能通风降温、可控自然采光等新技术，可与浅层地热能、风能、生物质能以及其他低品位能等广义太阳能技术结合，属于科技含量高、资源消耗低、环境负荷小的适宜建筑技术，汇集智能建筑和绿色建筑内容。因此，太阳能建筑将成为我国建筑的主要理念之一。

近年来，笔者有幸接触参与太阳能利用项目，从国内外有关专家、学者处受益良多，对太阳能科学与建筑科学结合趋势具有深刻印象。在本书写作过程中，参阅了很多文献资料，得到很多专家学者帮助，在此谨向所引用文献的作者和给予关心支持的人表示谢意，参考文献如有遗漏，望有关专家见谅。张耀明院士为本书作序，一些学者对本书进行评论(见封底)，在此表示感谢。书中疏漏和不妥之处恳请读者不吝指正。由于篇幅限制，很多收集资料没有介绍。本书只能大致介绍自己设想的建筑材料发展的趋势，只求抛砖引玉，希望将来年轻学者有新的内容丰富的著作出版。

著者

2016年11月

目录 CONTENTS

1 建筑材料与人类文明

建筑活动是人类最初始的生产活动之一，处于史前狩猎和采集时代的先民就已从事建筑活动。人类使用建材并开始建筑活动的历史，甚至比农耕和动物饲养更加古老。建筑材料是建筑活动的基本元素之一。建筑材料的进步和建筑的变迁相互促进、相互依存、共同发展，是社会进步的里程碑。

1.1 建筑材料与社会进步

1.1.1 建筑材料对建筑风格和社会习俗的影响

建筑是人类改造自然的活动，是人类使用材料营造人造环境来替代自然环境的手段，是人类对能源（尤其是热能）的利用。建筑材料是人类最早使用和生产最多的材料，其在衣食住行中占的重量超过其他材料，如粮食、衣服、交通工具的总量。

中外建筑设计是在相对封闭的系统内各自沿着不同的道路前进的。不同的自然地理条件影响了不同的建筑材料，为其各自的建筑设计提供不同的可能性。传统的中国建筑始终围绕木料进行设计，其历来沿用的梁柱式构架结构很少受外来因素的影响，系统独立，历史悠久。

巨石建筑多集中在西欧、北非，而木制建筑出现在中国东部，这一事实似乎表明至少在距今7000～8000年以前，中国和西方建筑就因选材不同，走上不同道路。

传统西方建筑和哥伦布前的美洲建筑，从开始起就以石材为主要材料，而传统中国建筑则以木材为主要材料，在以钢铁、水泥、玻璃为代表的现代建筑出现以前，世界上已经发展成熟的建筑体系，包括属于东方建筑的印度建筑，基本是以砖石为主要材料的砖石结构系统，例如埃及金字塔、希腊神庙、罗马斗兽场、遍布欧洲各地的教堂……无一不是由石材构成。唯有中国传统建筑（含深受中国文化影响的日本、朝鲜建筑）是由木材来做房屋的主要构架，属于木结构系统。西方传统建筑是石块的交响乐，中国传统建筑则是木头的叙事诗。

选择材料的不同产生了风格迥然不同的建筑，并且深刻影响了中国和西方的传统政治、经济、文化、哲学、伦理观念、科学技术，成为中西文明差异的重要特征。

从西方对石材的肯定，可以看出西方理性在人与自然的关系中强调：人是世界的主人，人的力量和智慧能够再现神性的辉煌，达到永恒。

中国以原始农业为主的经济方式，造就了重视生长，偏爱有机材料的特点，宣扬“天人合一”的宇宙观，相信自然与人乃息息相通的整体，将木材选作基本建材，正是重现了它与生命间的亲和关系，重视它的生长、腐坏与人生循环往复的关系的呼应。两种不同理念带来的结果也显然易见，一是中国每朝每代都在大兴土木不断重复修造，在建筑上投入了令整个西方世界瞠目结舌、望洋兴叹的财力、物力、人力；二是在中华大地上留存的古代建筑远远少于西方，绝大多数精雕细刻的建筑都化为遗墟（万里长城可能是唯一例外），而西方用笨重石块砌矗的建筑大多经历千年风雨，流传至今，显示自希腊、罗马至今一脉相承的特点。

但从另一角度考虑，采用木材结构的建筑也有许多特点：首先它施工简易，工期较短；其次房屋室内隔墙一般较少用于承重，结构较为自由，门窗较多，易于进光、通风。

此外，木结构由于结构的弹性和自身重量较轻，有良好的抗震性能，在地震时吸收的地震力也相对较少，所以具有较强的抵抗重力、风力和地震力的作用，适于地震频发，风暴常临的中国地形和气候特点。

而西方传统建筑主要采用的是垒石结构，荷重完全靠石墙、石梁、石柱承担。石材形体较小，跨度不可能很大。由于墙壁用以荷重，墙上开辟门窗必然减损荷重能力，因而其门窗的位置、大小、数量的安排，就受到极大限制。

建筑大师梁思成和林徽因更加深刻地对比了建筑与材料的关系。他们指出，在现代钢架、钢筋和水泥材料的构架出现以前，在众多欧洲建筑流派之中，只有哥特式建筑曾经用过构架原理。哥特式建筑构架、规模与单纯木架甚是不同，而哥特式建筑中的"半木结构法"则与中国构架极相类似，但同时也因垒石制的影响，其应用始终未能如中国构架之彻底、纯净。材料不同，建筑风格只会大相径庭。

中国传统建筑将不同要素组合排列，以实体与虚空的相互穿插取胜，从而形成庭院错落、横向铺开、层层扩展的典型风貌。而欧洲、非洲、美洲的建筑，都是以石块承重呈现出构图严整的单体建筑，注重在垂直方向上加以强化，于是出现石材特有的卷柱、穹窿、尖塔、拱顶，产生雄伟巨大、似乎力图腾飞向上、超凡脱俗的建筑。甚至可以说材料的不同，不仅影响建筑的外观，还在一定程度上影响深层次文化中的群体心态，诸如伦理思想、审美趣味、价值观念、道德标准、宗教感情、民族性格。例如中国古代取土烧砖成为延续 2000 多年的不变模式，一座万里长城的修造，无数良田荒芜、森林被伐，沿途一片荒山秃岭;"蜀山兀，阿房出"，应是真实写照。中国历代王朝，都喜欢将前朝建筑焚之一炬，竭力消除前朝一切痕迹，然后重新大兴土木。隋统一后竟将繁华的南陈京城建康城（今日南京）全部建筑破坏殆尽（以泄王气），重新成为农田。如此大的破坏在中国历史反反复复一二十次，直到清代才基本停止。

中国历代在建筑上投入的财力、物力、人力远远高于西方各国，中国历代建筑（也包括今日建筑）对生态环境的破坏，也远远高于西方各国。但是中国留传至今的古代建筑数量远远少于西方各国，究其原因，中国与西方主要使用的建筑材料不同，无疑是一重要因素。

例如中国唐代宫殿气势雄浑，傲视古今，太极宫城面积超出明清故宫 6 倍以上，但如诗人王维描绘的"九天阊阖开宫殿，万国衣冠拜冕旒"早已荡然无存。今日西安连同大片郊区的建筑、道路全部建在昔日唐代宫殿的遗址之上。

在使用砖瓦砂石的时代，晶莹透明的水晶宫只能存在于神话世界；在使用木料筑房的时代，李白称颂的"手可摘星辰"的百尺名楼高度不及现在一幢普通住宅，不会具有埃菲尔铁塔和摩天大楼的雄姿。人们关注建筑的设计、风格，而在一些场合，建筑材料也发挥了不可替代的关键作用。例如被誉为"民间故宫"的安徽徽派建筑，其特点之一是结构巧妙，营造精细的木结构和享有盛誉的"三雕"装饰（砖雕、木雕、石雕）。自 20 世纪 80 年代开始，一些商人见有利可图或假装风雅，当地居民贪图小利，双方开始大规模的拆迁活动，先后有数百幢建筑被化整为零，所有的建筑材料都被按照顺序仔细包装，然后有的运到外地，有的漂洋过海，重新还原。这些建筑能被整体移走，数百年前生产的建筑材料起到了关键作用。2013 年 4 月，著名电影演员成龙将自己收藏的 4 间徽派建筑捐赠给新加坡大学，而这些建筑的材料多为紫檀等名贵木种，价值已超数亿。消息传出，舆论一片哗然。新加坡科技设计大学计划将建筑材料原样组装，安放在校区用于教学研究，这就成为真正古建筑的搬迁。而用现在的建筑材料，不论多么惟妙惟肖，建造的只能是仿古建筑。

建筑向节能、舒适、与自然和谐的方向发展的历史，在很大程度上就是建筑材料质量的提高，是一切能工巧匠、设计大师得以成功的先决条件。据统计，仅房屋工程所需的材料就有76大类，2500多个规格，1800多个品种，材料占据建筑产品成本的2/3以上，钢铁、木材、水泥、玻璃等材料占据总消耗量的很大部分，甚至全部。对材料的选用很大程度上决定了建筑的“绿色”程度。国际住房与规划联合会召开的世界大会为此达成共识，将绿色建材的研究、生产和高效利用与能源技术密切结合是未来建筑的发展趋势。到20世纪中期以后，随着新材料与新结构的运用，使传统建筑的整个梁柱体系随之改变，出现悬索、拉杆、壳体、空间网架、膜结构等概念，建筑造型进入新的天地。

1.1.2 建筑材料与科技进步

自古以来，人类使用、发明种类众多的材料，这些材料如砖瓦、玻璃、钢铁、塑料、纳米材料、太阳能材料都是当时的“高科技”产品，一旦技术突破开始规模生产以后，人们就将它们投入人类社会最大的市场——建筑市场，作为建筑材料使用，而且需求量百倍、千倍的扩大，又对材料生产技术产生强烈推动。以光伏材料为例，最初以人造卫星电源开发为目的，现在成为研制太阳能建筑一体化的重要组成，产量由初始不足1m^2增加到数千万平方米，材料的性能有质的飞跃。

建筑材料的发展阶段与建筑及整个科技的发展相互适应，相互促进。

意大利建筑家奈尔维，这位设计过巴黎联合国教科文组织总部和罗马体育宫的设计师写道：“所谓建筑，就是利用固体材料来修造出来的一个空间，以适用于特定的功能要求和遮蔽外界风雨。一个结构物，不论其大小，都必须坚固和耐久，并满足这一建筑的功能要求，同时还必须以最少的代价获得最大的效果。”

材料的选择和运用是强烈影响艺术表现效果的技术因素。如石墙、玻璃墙和砖墙的效果明显不同。有学者指出，自由奔放、富丽夸张的巴洛克建筑和弘扬力量与精神的文艺复兴时代、埃菲尔铁塔与19世纪的法国、钢筋玻璃的帝国大厦与美国都有千丝万缕的联系，都是当时文明的记录。

建筑是人类基本生存需要之一，自古以来，人类修造过的建筑如不毁坏，面积早已超过地球陆地面积，人类生产、使用过的建筑材料重量肯定胜过许多高山长岭。在一座建筑甚至整个城市土崩瓦解之后，混杂在泥沙之中的砖瓦、石块等材料的碎片是揭示古代文明的唯一信息载体。

建筑是一个文明的重要成果和显著象征，材料和信息（设计、技术）是建筑两大支柱。建筑材料本身就是新的材料推广和最大应用领域，如砖瓦、玻璃、水泥都被列入人类有史以来重要的科技成果之列。

建筑的起源就是古人对周围材料有目的的堆砌、营造。史前人类凭借火和建筑，开始向世界各地迁徙。从使用天然材料到能够加工材料，再到合成材料，人类经历了漫长岁月。

材料的发展并不是孤立的社会现象，而是人类社会的一种文明显现，建筑材料技术影响到建筑结构、形式与功能，进而推动科学、技术、文化与社会的协调发展。迁徙到新的环境中的人们只能采集与原居住地不同的材料建房，他们开始仍会沿袭自己家乡的模式，但是在他乡明月的照耀下，人们在建筑中自然而然地会吸收、融合一些当地建筑特征。材料、能量（工程规模、人力、财力）和信息（施工技术、设计方案和组织能力）是建筑 3 个不可或缺、相互影响的要素。现在人们偏重建筑的设计理念，如各种不同流派的风格特色。但是材料的作用更不容小觑。公元 12～13 世纪的法国，人们在信仰的支撑下，筚路蓝缕地修筑教堂，100 年间修筑了 80 座大教堂和 500 座修道院（一些闻名遐迩的教堂就是那时的产物），挖掘的石块数量超过埃及金字塔和神庙的总和。建筑活动是当时科学技术的主要动力，历史学家称这一时期为法国科技革命时期。

如果将建筑称为凝固的音乐，不同材料就是奏写不同音乐的音符和基调。从历史角度观察，材料对建筑影响极为深远。中国传统建筑从最高等级的皇宫坛庙到寻常民居，多数采用木构架为承重体系，于是才出现木材特有的抬梁式、穿斗式、干栏式和井干式体系，才有各式各样斗拱和复杂多变的屋顶形式。人们用材料和信息（技术、概念）修造的最好建筑，就是试图重现当时自己心目中天堂的形象。天上白玉京、海底水晶宫、通天塔上供天神直接休息的宫殿都是如此。

在古亚述时代被誉为武功最盛的君王兼伟大建筑创造者提格拉·帕拉萨用石块修造许多神庙，并留下如下豪言："吾欲使其内部美若天庭，四壁灿若星辰，屋顶金光闪耀。"以希腊、罗马为代表的以石块为主要材料修造的宫殿、寺院是西方文明宗教情感、哲学观念、思想观念和审美情趣的重要内容。

在建筑材料上含有众多文字信息、艺术信息、科技信息。如美国学者博纳维尔写到：北京故宫每个建材的颜色，花纹都大有深意。又有学者指出：撒马市"不死王陵"墙垣延绵，每个朝代的历史花纹都不一样。还有，古代一些达到很高水平的建筑材料的生产技术，因为工序繁杂，秘不外传，现在已成绝响，成为技术史上的憾事。例如北京定陵地宫地面的细料方砖，因敲起来有金石之声，又叫"金砖"。砖由当年江南苏州资深工匠精心制造，要经过多道工序，用 130 天左右的时间反复烧成，破碎率高达 99%，有"百不得二" 的说法。铺墁时还要仔细加工，即所谓"磨砖对缝"，首先要经过试铺合适后再正式铺墁刮平，最后还要浸以生桐油，才算最后完成，用金砖铺地，表面光润，不滑不涩。可惜金砖的工艺随明朝覆灭已经失传。又如古印加人建筑更留下千古之谜。古印加人在没有任何金属工具，不懂任何化学知识，不会饲养任何可以替代人力的牲畜，甚至没有滚轮、滑轮、绳索的时代，是用什么方法，将重达几吨、几十吨的石块跨山越涧，穿过人和野兽难以通过的密林，搬运到 3000m 的山顶，更重要的是，将石块加工得平整、严丝合缝，堆垒成为细薄刀片都无法插入的高大建筑的。解释这些谜团，是建材史的课题。

在奥运科技专项《奥运绿色建筑评估体系及标准的研究》中，首次将建筑材料对建筑的影响作为独立而完整的评价内容加以研究。该项目基于建筑全生命周期概念对建筑提出了 4 个评估指标。从建筑材料全寿命周期过程评价建筑所用建筑材料的资源消耗（土地与耕地、森林与植被、水等），不可再生能源的消耗（煤、石油、天然气等），对环境的影响（CO_2、CH_4、SO_2等的排放量），对人类健康的影响（有害气体、放射性等）。评估的目的是降低建筑材料生产，使用和运输过程对资源、能源的消耗和对环境的污染，延长建筑物的使用周期，减少废弃物。建筑材料生产对环境的影响评价见图 1-1，生态建材输入输出评价流程见图 1-2。

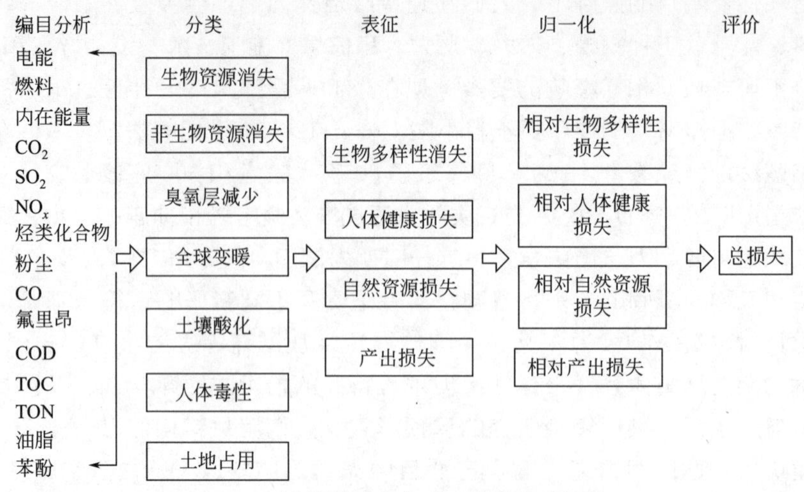

图 1-1　建筑材料生产对环境的影响评价

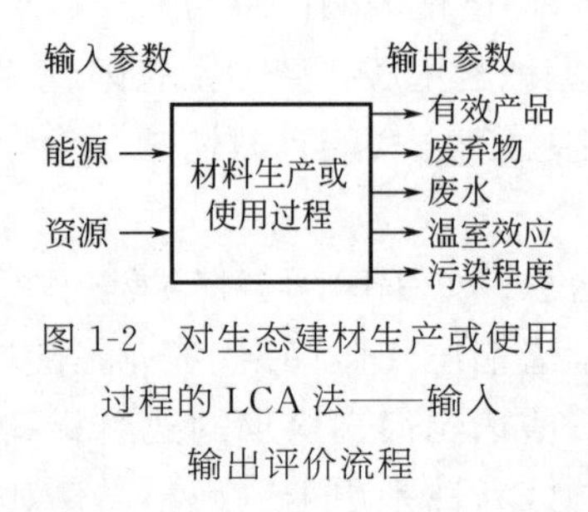

图 1-2　对生态建材生产或使用过程的 LCA 法——输入输出评价流程

1.1.3　建筑材料与现代建筑

建筑材料不仅对于单独建筑，而且对于整个城市布局都产生影响。

建筑及其所处环境（河流、山丘、交通网络）共同构成城市。由于新材料、新技术不断涌现，人们通过建筑立体造型及其外部建筑材料，传递对于城市、都市空间的体验和认识。建筑形成不仅反映了内部使用功能及构造体系要求，还反映了与城市空间共同塑造多层次、多元化的整体环境。从秦砖汉瓦到水泥、钢材、玻璃，再到太阳电池、集热采光装置，都导致建筑形式的转化，对整个城市空间进行重组（如广场、街道、绿化空间）、新的界定、建筑群天际轮廓线、建筑物高度和密度，均产生直接影响。又如太阳能电池和采光装置的应用，使终年不见阳光的北向房间也能阳光明媚，暖风不断，这对人们的居住心理和消费心理产生了直接的影响。

近半个世纪以来，世界建筑界相关领域涌现出一批知名专家，他们或以研究设计的建筑实践，或以一个组织或者专著发表观点，对可持续建筑的发展产生了影响，而基于新材料基础的对太阳能和其他可再生能源的利用，则是他们关注的重点。

例如世界生态建筑的开拓者西姆·范·德·莱恩提出设计结果应来自环境本身，生态支出是评价设计的标准；生物学家约翰·托德提出生态建筑必须基于可再生能源、资源；英国设计师戴维·皮尔森提出为星球和谐、可持续发展与身体健康而设计；哲学家、建筑师威廉·麦克唐纳等提出结合功能需要，采用简单的适用技术，针对当地气候采用被动式能源策略；布兰达·威尔等在绿色建筑 6 个原则中将节约能源列为第一项等。这些论述对正在兴起的太阳能建筑的理论和实践都产生启迪和推动。

在国内外，自 20 世纪 80 年代开始，也陆续出现一批开一代新风的太阳能建筑。由于建筑的智能化发展和绿色要求，传统的建筑行业具有前所未有的复杂性。多元化的建筑发展道路，使建筑的材料与精神内涵都得到长足研究和推动，建筑不仅供人生活、工作，还参与管理、通信甚至文化娱乐、教育传播，甚至参与农业、林业、畜牧生产。从一定意义上来说，能够汲取并提供能源、减少建筑能耗的太阳能建筑，是更高层次上的智能建筑，更高层次上的绿色建筑。太阳能建筑因此真正成为建筑学、结构学、构造学、美学、哲学、历史学、人体工程学、经济学、市场学、社会学、心理学、声学、光学、电子技术控制等多学科复杂交融的产物，使建筑这门最古老的学科，同时成为最新型的学科。

太阳能建筑对未来建筑、未来城市发展产生深远的影响，会在很长时间内陆续显示出来。

1.2 材料和建筑帮助人类走向世界

材料和建筑是人类的第二套衣服，也许是更重要的衣服，

人类在向地球各地的迁移过程中，火、石器、房屋都是有力武器，人们因地制宜，针对多变气候和复杂地形，利用一切可以利用的材料营造出各具特色的房屋。人类对能源（尤其是热能）的利用，是人类走向世界的武器。

1.2.1 人类以“穴居”与“火塘”征服寒带

源于富庶热带的“裸猿”，为了拓展生活圈，向着不适于裸体生活的寒带、雨林、沙漠迈进。除了穿起了避寒的衣物之外，首先人类以“穴居”与“火塘”在寒冷气候中杀开了生路，开拓了生存范围。所谓“穴居”就是将居住面下挖，借以防风避寒的居住形态，而“火塘”则是取暖用的设备。这两种避寒工具通常同时存在，成为人类拓展寒冷气候生活圈无往不利的武器。下挖式“穴居”乃是依靠巨大土壤的“低热传导”与“高蓄热”之功能来保温的智慧，尤其能将室内火塘所散发的辐射热蓄积于土壤内，是一种辐射采暖科学的大智慧。

只要不是终年炎热的热带，“穴居”与“火塘”在亚热带稍微干燥之地均可适用，自古以来全球北纬20°以北地区，由亚热带到寒带，均发现了无数的“穴居”与“火塘”并存的住家遗迹。远至40000年前在西伯利亚冻原地带，就有Dyuktai人以驯鹿与长毛象骨头堆砌成“穴居”，度过冰天雪地的长冬，甚至因纽特人的冰屋Igloo也是一种“穴居”与“火塘”的组合。在北美洲西北高原的汤普逊印第安人则建造着完全由泥土覆盖，只用一座木梯由顶部通风口进出的“穴居”。在多雨、温暖气候的日本，古代住家遗迹千篇一律均是浅穴型的“穴居”，甚至直到70年前在亚热带岛屿的我国台湾泰雅族，也建造着深2m的“穴居”，以避中央山脉海拔1500m的寒风。

1.2.2 人类以“干栏”与“吊床”征服雨林

发源于富庶热带的“裸猿”，进一步以“干栏”与“吊床”进入了蛊毒瘴疠的热带雨林区。所谓“干栏”就是以高脚住家形式将生活层架高起来，以发挥通风防潮的功能。自古以来，“干栏”主要分布于热带热湿地区，较小部分分布于亚热带的低洼湿地与丘陵山地区。“干栏”良好的通风性能，可促进蒸发冷却，达到除湿的功能，是热湿气候保持干爽卫生的良策。

亚马逊印第安人采用“吊床”来对付热湿气候。当地印第安人不采用干栏式住家，而采用一种像蒸笼似的椭圆形茅草屋，其室内又闷又湿，看似不适合于热湿气候风土，但他们白天都在户外生活，很少留在室内，只在晚上或雨天移至室内，他们同时采用透气的“吊床”作为睡觉之用，或作为日常聊天的座椅，利用“吊床”的透气性使人得到通风

冷却的效果。有时一座大椭圆型茅草屋，可容纳 20～30 人用的“吊床”，每家族的“吊床”系于室内一角，可说是另一种达到通风除湿的绿色建筑技术。

事实上，采用这种不开窗的封闭茅草屋另有苦衷，即当地充满攻击人畜而使人致病的蝇虫，人们必须随时在室内生火熏烟，才能免除干扰。此草屋内除了顶上的排烟小口外全无开窗，厚葺草外壳的遮阳保温性，能使室内甚有凉意，室内还随时生火，以把室内熏得黑黑的，使蚊虫不易侵入。这和南美印第安人的“吊床”与上述“干栏”一样，都是在古代热湿雨林区，人类对付热湿气候的智慧。

1.2.3 人类以“帐篷”与“泥土”移居沙漠

发源于富庶热带的“裸猿”，进一步以“帐篷”与“泥土”移居干燥的沙漠气候区。由于干燥气候的荒漠会大量夺去人体的水分，人类必须同时对抗烈日与干旱，才能存活。游牧民族以“帐篷”为机动式临时住家，在寒冷气候沙漠中采用完全封闭形式的帐篷，如北亚冻原气候的蒙古包；在酷热沙漠中则采用紧贴地面的低矮型帐篷，如中亚与北非沙漠的黑色帐篷。帐篷以绳索拉张编织布编织而成，具有阻挡风沙的功能，一方面在良好天气时还可将帐帘掀起，变成开放型帐篷；另一方面也可随着暴风沙之方向，匍匐固定于沙丘之后，变成防风型的低矮帐篷。这些帐篷可以在十几分钟之内完成收拾、装运、移动，是迅速变化的有机建筑，也是十分完美的沙漠型绿色建筑。

至于在有水源的沙漠边缘区，“泥土”则是提供一切定居的素材，不管是由夯土做成的清真寺，还是由泥晒砖叠砌而成的住家，甚至在黄土高原挖砌出来的窑洞，都是取之于泥土、形之于泥土、归之于泥土的生态循环建筑。由于泥土建筑必须为厚重的承重墙，因此有很好的储热功能，是一种冬暖夏凉的构造，也是一种节约能源的构造。在干热沙漠地区，常常出现“帐篷”与“泥土建筑”并存的居住形态，人们在酷热的白天居于“泥土建筑”内以避暑，在晚上为了避免储热于泥土墙内的太阳辐射再放热，则搬至建筑户外，住于通风良好的“帐篷”内以乘凉。总之，“帐篷”与“泥土”是沙漠地区人类对付激烈干燥气候变化的绿色建筑技术。

1.2.4 最难控制的热湿气候

人类虽然起源于热湿气候区，但是为了扩大生活圈，自古即以种种建筑方法来应对不同气候环境，使得人类的足迹得以遍及全球。然而，富庶的热湿气候区虽是人类的起源地，但在环境控制上却是最难以应付的气候；反之，乍看之下甚为严峻的寒冷、干燥气候区，反而是较容易驾驭的风土。

就对付寒冷气候而言，人类除了可用建筑物来御寒之外，也可采用最简单的生火、穿衣、盖被的方法来保暖。他们对付干燥的方法，常在屋内火炉上放置一盆不停烹煮的水壶或烹锅，来散发水蒸气以润湿室内空气，或将油质涂抹于皮肤上，以防止干裂、蒸发、脱水。另一方面，人类对付干热气候也并不困难。例如在中亚、北非的干热沙漠区，人类采用厚重的泥晒砖来盖房子，并在中庭建造水池以应付干燥高温的压力，甚至将素烧之陶制水壶置放于通风口，利用多孔质陶面蒸发水汽的方法，来达到自然加湿冷却的效果。有名的沙漠民居建筑师 Hassan Fathy 甚至设计了多种素烧水壶与喷水式加湿冷却通风塔，利用多层多孔性木炭作为加潮的媒介。

总之，对付寒冷、干热气候的对策属于简单而自然的小技术，自古人类已能应付自如。然而，解决热湿气候高热高湿的方法，却是一种高难度的技术，自古以来人类就对之束手无策。直到空调去湿技术及太阳能建筑的出现，人们对此才有突破性进展。

1.2.5 几种就地取材的建筑材料

对于生活在冰雪世界中的因纽特人（爱斯基摩人），积雪是他们唯一可用的建筑材料。被风吹的雪能够紧密堆积，通过冰晶互相粘接。雪又是极好的绝缘和绝热材料。因纽特人用利刀将雪制成规格不同的雪块垒砌成为冰屋，漂亮实用。在室外寒风凛冽、气温为－40℃时，可保持室温在冰雪不融的0℃左右。冰屋最大特点是雪块按规律砌成的圆顶，上无任何支撑，却坚固可靠，再在圆顶上覆盖兽皮海草，用透光而不透气的海兽肠衣作为窗户，出口经过地道以避免热量损失并抵御狂风。因纽特人就是凭借冰屋才能生活在极地严寒之中。

在荒脊、缺乏树木的亚洲北部冻土地带，建筑材料稀缺，当地居民无奈挖地掘室，春秋季节搭建一些临时帐篷，帐篷由驯鹿或海豹的皮毛制成；而在西伯利亚针叶树林地带居民一般建造埋入地下的房屋。出于保暖考虑，通往居住区域的入口内凹，草皮覆盖的房屋由木头构筑。通过类似鲸脊椎骨之间的空隙实现通风，聚集场所通常由劈开的树干和圆木构成的柱、椽框架、草皮覆盖的屋顶构成。

发现于乌克兰麦芝里奇附近的一个遗址，距今15000年以前，这块地区是一片冰缘草原，有成群的猛犸象和披毛犀等大型食草动物漫游其上。居住在猛犸象骨住房里的居民是猎取巨型食草动物的猎人，这批人参与组成的交易网可能向南远伸至黑海。人们用猛犸象骨建造住房（图1-3），图1-3(a)为住房的入口面，图1-3(b)为其背面。这座建筑物的底部横宽约5m。旧石器时代从事狩猎与采集活动的一伙人群建造了这间住房。史前人类就是凭借冰块、兽骨进军雪地和荒原的。

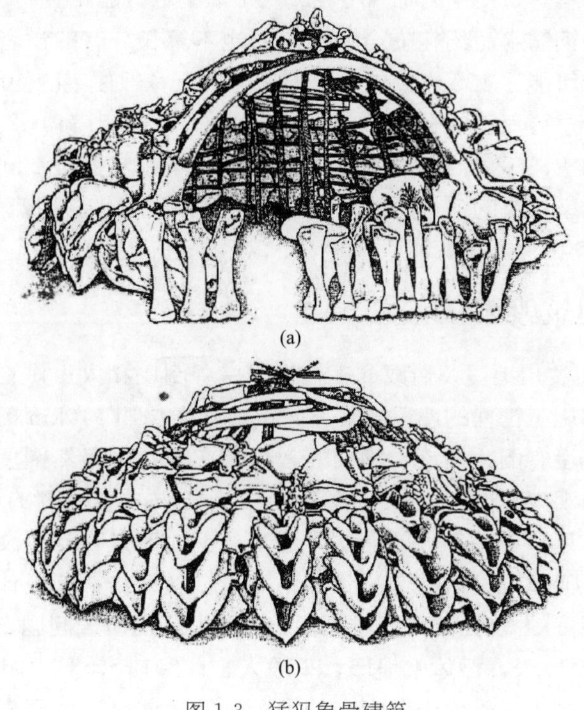

图1-3 猛犸象骨建筑

1.3 材料与建筑寿命

1.3.1 建筑材料的寿命因子

建房修院，竭力建深院大宅给自己居住并传之子孙，似乎是不少中国农民的传统思维。在现代社会建筑寿命也是人们关心的事情，因为一套住宅往往意味着多年积蓄和含辛茹苦。而建筑材料的使用年限对建筑寿命有直接影响。一个建筑如果需要不断维修、更换建筑材料，势必要耗费更多资金和能耗，产生大量废渣、废水、废气，污染生态环境，而且一些主要结构的材料翻新，房屋等于重建。据日本三洋住宅公司统计，有时房屋翻新的投资可能超过重建几倍。建筑材料的寿命，应是住宅质量和性能评定的重要内容，也应是有关房地产收益回报率、证券化和实施国际会计标准等房地产信息的内容。

20 世纪 80 年代，日本学者引入住宅建成到需要翻新的住宅平均寿命的概念，并且统计英国住宅平均寿命为 75 年、美国为 44 年、而日本为 26 年，并且指出这在资金和资源上的巨大浪费。这意味着一个寿命 70～80 岁的人一生住宅要翻新 3 次。1985 年，日本建设者开始大力推行耐久性住宅，并且对世纪房屋建设计划（CHS）制定了相应的标准。

建筑材料对大型工程和建筑的影响更加明显。一位中国工程院院士多次谈及水泥混凝土建筑的使用寿命仅几十年。如北京二环的高架桥因使用年限到期需要重建时，六环、七环又逢开工，这使整个城市好似一个建筑工地，永远大兴土木。这种情况对于军用机场跑道、防海大堤、江河大坝更加值得关注。提高建筑的使用寿命，节约资源，尽量减少翻新、重建成分并减少污染，是未来建筑材料的主攻方向。

目前，一些在 21 世纪会大有作为的建筑材料，如玻璃纤维增强水泥（GRC）、塑料、太阳能电池、绝热材料等，使用寿命都在 20～30 年左右，而相变材料按循环周期而定，使用寿命更短，即使钢筋水泥结构安全使用寿命也不算长。有的学者甚至认为，在不久的将来人的平均寿命可能达 120 岁以上，这已超过绝大多数住宅的使用年限。

美国欧文斯·科宁公司已宣布生产的 XPS 绝热板材使用寿命可达 70 年，与现有建筑寿命同步，日本的三洋千代治公司提出努力营造百年住宅甚至 200 年住宅的口号。既能满足智能建筑、巨型建筑的各种功能和需求，又能如同古代石建筑一样经历千年风雨，这是 21 世纪建筑材料的努力目标。

1.3.2 材料与建筑毁坏

2008 年中国四川汶川地震，造成成千上万的房屋倒塌和人员伤亡。建筑毁坏的主要原因就是建筑材料和施工管理的严重缺陷，而距离震中汶川 110km 的都江堰市的聚源镇中学，旁边其他建筑没有倒，但该中学两幢教学楼在地震中轰然倒塌，致使 240 余名师生遇难。事后的现场观察发现在废墟上钢筋水泥的混合物中，所谓的钢筋仅有筷子粗细。灾民和救援的建筑工程师都有相同的看法，这不是钢筋而是铁丝。汶川、北川等地的地震烈度是 9～11 度，但建筑材料的选用和施工只按抗震设防 7 度设计，因而造成重大损失和伤亡。同样，耗资 18 亿元的阳明滩大桥，因水泥钢筋质量问题，居然无法承载 4 辆货车通过，使用仅仅 30 天，桥体就坍塌，车毁人亡。2016 年春，中国台湾高雄市地震，共 116 人蒙难，而其中 114 人死于台南市的维冠金龙大楼倒塌。调查表明，楼房大梁主筋和箍筋质量缺陷（被当地人称为“软脚蟹”），是一百多人在梦中成为冤魂的主要原因。印度在 2008～2016 年间，由于材料质量，有 100 多座高楼和桥梁接二连三倒塌，很多行人、住户遭飞来横祸。相反成功的例子也有，如 1909 年，德国泰来洋行承建中国兰州黄河中山铁桥，钢材、水泥等全部建筑材料都由德国进口，桥梁设计寿命为 80 年。1989 年，德方经实地考察后，证实铁桥一直安全畅通，致函兰州市政府申明合同到期。

任何建筑材料，在周而复始的化学、生物、物理作用下，都会逐步变得脆弱、腐朽、锈蚀，成分性能发生变化，并且导致整个建筑结构松散，强度下降，功能衰退，最终倒塌毁坏。这是一个不可避免的过程。任何建筑都有其自然寿命。人们在谈及建筑材料和建筑的时候，必须同时考虑材料的更换，建筑相关的维修、加固、重建。当然还有很多意料不到的因素。1938 年 3 月，比利时哈尔什特钢桥突然断裂为三截坠落，损失惨重。原因是设计时没有想到大西洋寒流可降温达－20℃，引发钢桥材料脆性破坏。纽约世贸中心的总设计师山崎实为形容大楼坚固程度曾口出狂言：“如果有一架波音 707 飞机以 180 英里每小时的速度飞向大楼，只有它撞击到的 7 层会被损坏，其余的部分仍然会站在那里，整个大楼也不会塌。”但千虑一失山崎实只计算了大楼的结构强度，却忽视了大楼建筑材料在高温时的性能变化，这是忽视材料对建筑性能影响的典型失误。“9・11 事件”发生后建筑专家指出，虽然飞机冲撞大楼的破坏程度与原先设计相差不大，但随之燃起的大火才是楼房倒塌的直接原因。高层建筑有一个无法回避的致命缺陷，即高层建筑只能用钢材建造，而钢材遇高温必定变软，丧失强度。

撞击世贸中心大楼的两架波音飞机分别装有 35t 和 51t 燃油，燃起大火，受到飞机撞击楼层的钢材在很短时间内发生软化，再也无力承担上部楼层成千上万吨的重压，上部楼层如同巨大铁锤，加速下坠，使下部楼层受到远大于原先静止——也就是结构设计的重力，整个建筑土崩瓦解是必然结果。

纽约世界贸易中心，这座由钢铁、铝板和玻璃组成的建筑，被誉为“世界之窗”“现代建筑的神话”“世界最高建筑”，融入了现代主义美学、欧洲古典主义美学和东方传统美学审美观念，但在 2001 年 9 月 11 日遭到致命一击，不仅结束了它短暂的不到 30 年的辉煌历史，还使这座令人赞叹不已的建筑顿时沦为人间地狱，3000 多名在中心工作、受人羡慕的成功人士，生命戛然而止。

1.3.3 废弃建筑材料的危害

中国建筑垃圾堆积如山，已经成为一种社会公害。尽管这个问题常常遭到掩盖，但随着垃圾数量的不断增多，它已变得愈发无法逃避：数亿吨的建筑垃圾每年都被悄悄倾倒在中国各大城市的周围。如今，生活在大城市郊区或周边村庄的居民一觉醒来就会发现房子附近出现了一个乱扔的建筑垃圾堆，这样的事几乎每周都会发生。2015 年年底，深圳地区山体（应为垃圾山）滑坡，造成重大人员伤亡和财产损失，原因就是没有处理因拆迁和重建造成的堆积如山的建筑垃圾。

尽管中国的城市有着广阔的废物回收网：拾荒者骑着三轮车买卖各种塑料、金属和纸质废品，但建筑垃圾却几乎完全无人理会。

香港大学建筑学副教授吕伟生说：“城建垃圾一旦产生，就没法处理了。”他说，得到回收利用的主要是金属，只占全部废弃物的一小部分。“剩下的废弃物没有办法得到系统的处理，只能随处乱扔。”

对每年中国产生的建筑垃圾数量进行的核查，尽管缺少精确的统计数据，但已有的数字显示，问题正变得日益严重。根据上海每年公布的拆迁记录，2011 年中国产生的建筑垃圾超过 20 亿吨。在日本，多达 95％的建筑垃圾得到回收利用，但在中国，这一数字大致相反，再利用的垃圾不到 5％，除混凝土和废砖块外，热固性玻璃钢建材废料也在不动声色地逐年增长。这种材料轻质比强度高、防水、耐腐，可以代钢、代木，受到了人们的欢迎。但经几十年使用成为废料以后，热固性玻璃钢建材在地下埋放几百年甚至更长时间不会分解，如焚烧将释放强致癌气体。这在中国已形成急需解决的社会问题。

回收利用建筑材料的商业模式已经非常成熟。回收利用建筑材料会推动中国实现促进环境保护的目标，因为这将缓解垃圾填埋场的压力，减少乱扔现象，并减少挖掘河床和开山采石等为制造混凝土获取沙砾的破坏性行为。

但是，出于对建筑质量的担心，公众对使用回收材料修建住宅和办公场所可能一时还无法完全接受。

要想让回收利用的建筑材料得到广泛认可，必须先使中国消费者对它们的安全性感到放心。气候组织大中华地区总裁吴昌华表示："在中国人看来，被称为'垃圾'的东西给人的感觉就像是'废物'。这是非常消极的。我们需要改变这种观念。这需要付出极大的努力。"

1.4 建筑材料与居住健康

1.4.1 毁灭罗马帝国的材料

人与建筑朝夕相处，绝大多数人一生的一半或者大半时间都是在各种建筑中度过的。在几十年的生活期间，朝夕相处的建筑材料对人们的健康产生影响，现在正逐步为人知晓。在介绍古代罗马建筑时似乎没有什么人提到过铅。但是这种材料对罗马人至关重要。

铅是一种熔点较低，易于加工的金属，古巴比伦人在建造空中花园时，可能使用铅来防水渗透，而爱好清洁的古罗马人，使用铅输送饮水，同时用铅制作各种餐具。这对于整个罗马，尤其中上层社会已成一种时尚。长期使用铅水管和铅餐具使整个帝国患上慢性铅中毒，铅积累在人体内部无法排出。古罗马人的前人就已模糊意识到在一些房间中会感到心情舒畅，而在另外一些房间中会萎靡不振，这里影响因素很多，建筑材料也是其中之一。为居住安适，他们不会选择一些散布怪味的树木建房。但是人们体质每况愈下，骨骼松软，遍体疼痛，步履艰难，寿命缩短，甚至不能生育。

一种材料成为古今最大帝国之一罗马毁灭的主要元凶，这在建材史上也不多见。但是直到 20 世纪人们才发现铅对健康的危害，在掌握电解铝的技术以后，铅相形见拙，迅速被铝替代。

1.4.2 现代污染

近年，装饰材料的污染引起了人们广泛关注。甲醛（曾译福尔马林）超标是室内污染的主要因素。但中国一些企业为压缩成本，仍大量使用甲醛。很多房间装修一年以后，甲醛等含量依然超标。

此外，涂料中又大量使用丙酮等作为溶剂，一些密闭房间的地毯成霉菌滋生场所，这些都对人体呼吸系统，心血管系统造成很大危害，增加患癌概率。

光污染与金属、有机化学物质的危害不同，是近几十年间，随玻璃幕墙眩光产生的一种视觉污染。光污染对人们的心理生理造成危害，对城市交通安全也产生不利影响。当前中国玻璃幕墙产量占世界总量60%以上，各地矗立的高楼大厦一半安装玻璃幕墙，这种状况已引起有识之士的忧虑，我们在此呼吁使用既不污染环境，又能发电的太阳电池替代玻璃幕墙。

还有一种易被人们忽视的污染——放射性污染。这与建筑材料的产地有关。在地球各处，都存在着放射性元素相对较多的地区，如非洲刚果一个铀矿附近放射性严重超标，有的学者甚至认为数亿年前这里发生过裂变反应，但当地居民恍然不觉。在西伯利亚和北美草原，都有所谓的“死谷”，虽然草木茂盛但动物却畏缩不前，整个山谷不见兽迹，不闻鸟鸣，这也因为当地有放射性物质。

例如放射性气体氡就经常聚集在岩石中间，许多地下岩石通道中，氡的浓度都足以影响人体健康。有些地区的矿石虽然放射性低于“死谷”，但被开采制成玻璃、钢铁、砖瓦、水泥或加工成为石材，以后要人们在这种含放射性物质的环境中长期生活，会对健康不利。尤其自20世纪开始，人们已经把环境友好、利于健康作为开发新建筑材料的主要因素。

电磁污染与放射性污染类似，都无声无色，难以觉察，难以防备。它虽然不是由建筑材料产生，但也和建筑材料有密切关系。随着信息社会的发展，电磁污染只会加剧成为环境污染的重要组成部分。未来建筑对材料的电磁屏蔽、放射性屏蔽和重金属屏蔽性能提出新的要求。预计不久，用户就会要求设计人员根据建筑所在具体地理位置、可能存在的污染状况对症下药，选择相应适宜的建筑材料。

1.4.3 传说中的“凶宅”

读过美国畅销小说《凶宅》的人一定会被其中惊险怪诞、扑朔迷离的情节深深吸引。在国外，有幽灵出没的屋子是小说家和影视作品的极好题材，同时也是旅游的好去处。在中国，自古以来，有关“凶宅”的传说也层出不穷，蒲松龄所著的古典名著《聊斋志异》中，有关“凶宅”的描写更是引人入胜、扣人心弦。然而，现实中最令人感到费解和害怕的是，尽管绝大多数“凶宅”并没有幽灵的传说，但一旦有人住进了这样的屋子，就会心神不宁。

早在几十年前，美国和欧洲一些国家的地质生物学家就对美国、英国、比利时、印度、埃及等国家的20多座“凶宅”进行了实地勘探，发现：形成“凶宅”现象多半与不良的地质因素有关。此外，还与缺乏绿化和环境污染等因素有关。其中最常见的有电磁污染、水污染和大气污染等。例如，在不少城市中的工业区内，整个地面上都有密密麻麻如蜘蛛网似的地电流穿过，以及局部性的磁力扰动。如果在这种地电流与磁力扰动交叉的地方建造住宅，便会导致对人体损害极大的电磁波辐射到住宅内，造成居住在这里的人们产生精神恍惚、惊慌恐怖、烦躁不安和头疼脑昏以及失眠等症状。

比利时一座著名的“凶宅”只建造了50余年。这是建在布鲁塞尔远郊的一幢现代化别墅，建成后主人搬进后不久就出现程度不同的头痛、精神恍惚，女主人甚至出现严重的精神错乱，最终因心智发疯而跳崖自杀，其他人搬出别墅后精神病状竟不治而愈。

后来人们发现，出现这种情况的原因为：在比利时布鲁塞尔远郊的这幢别墅的对面山丘上有一处封闭的军事重地，那里有自第二次世界大战期间建立起来，不断进行技术改造的一个雷达站，雷达站发射功率极强，因三面拥立的石壁阻挡着电磁波的延伸扩散，电磁波交叉反射投向别墅，住在里面的人一天 24 小时几乎要接受 48 次电磁波的强烈震荡和“射击”。在这样恶劣的环境中，他们遭受到了严重的精神损害。2016 年 7 月韩美悍然决定布置“萨德” 反导武器系统，引起当地居民的强烈反对，对电磁波污染和安全的担心是主要原因。

科学家们还发现，有些“凶宅” 是宅基有重金属矿脉隐藏，或附近有排放有毒重金属加工厂的存在；还有一些住宅由于地下有一种无色无味的放射性气体“氡”，不时向地面放射，同时通过人的呼吸道进入并沉淀在肺组织中，破坏人的肺细胞，从而引起肺癌以及其他呼吸道方面的癌症。

印度曾发现过这样的“凶宅”，并且这样的“凶宅” 在印度各地接连不断地出现。凡居住在这类“凶宅” 里的人，过不了多久就会得上一种怪病，口齿不清、面部发呆、手脚发抖、双目失明、精神错乱，撕破自己的衣服，抓烂自己的皮肉，含糊不清而又声嘶力竭地呼叫着人们并不认识的某个人的名字，最后全身扭曲而死。

此事在印度全国上下闹得人心惶惶，对此印度政府专门派出一个专家小组进行实地调查，经过仔细地分析取证，最终得出这样一个结论：死者是汞中毒所致。

还有一处有名的“凶宅” 在美国迈阿密，那是早期白人殖民者用一种黏土以“干打垒”的方法建成的住宅。但是最早的主人很快放弃了这座建筑。因为他们在这里住上 2 个月，就会出现咳嗽、胸痛等症状并逐渐加重，夜里有窒息的感觉。离开这里后，症状就会很快消失。对美国迈阿密的那处“凶宅” 勘探化验发现，“凶因” 来自造房子的那种灰白色黏土。这种黏土富含肉眼难以发现的矽尘，而人在不知不觉中吸入后，就会发生呼吸道反应。

在埃及一座高大的法老墓附近，有一幢第一次世界大战时期英国军队修建的兵营。而英国士兵入住 3 个月后，就接连有人出现身体颤抖、口齿不清、牙齿脱落的症状，一直发展到双目失明，最后全身扭曲成一团，在强烈的抽搐中发出悲惨的嘶叫声痛苦地死去。当地人认为，“凶因” 是因为居住者触犯在地下已安眠几千年的尊贵无比的法老。埃及那座“凶宅” 的成因是因为当年的法老为了使自己的陵墓得到保护，在墓室的内壁涂刷厚厚的蓝色灰层，这种由多种岩石研磨而成的粉末，含有汞和钴等可怕的有毒物质。使人死于非命的是他们饮用了取自法老墓地下一口水井里的水，因此受到了汞中毒和钴的放射性辐射，这种在体内骨骼、脏器、神经细胞沉积的毒素，就是停止饮用这种水也无法彻底清除。

对建筑、建筑材料与居住健康的关系日益重视，直接导致生态建筑材料、健康建筑材料的研究推广；导致建筑设计时对资源消耗，能源消耗，废气、废水、废渣处理，温室气体排放，酸雨，有机挥发物，区域毒性，噪声，电磁波污染，光污染的综合评价和处理。建筑与文明的关系更受到人们关注，各国学者在论述文明进程时，都将建筑放在重要地位。

2 木材与木建筑

2.1 木材特征

森林是人类的摇篮和第一故乡，人类始祖古猿白天手足并用在树上攀援寻食，夜间为躲避敌害，寝宿树上。

时至今日，从综合角度考虑，木材仍然具有遥遥领先于众多天然和人工建筑材料的优点。纤维增强复合材料，是现代材料的新宠，在交通、建筑、航空、环保、电子、化工、水利诸多方面发挥了重要作用，木材是一种天然纤维复合材料。日本学者三泽千代治认为："在树木被采伐加工成木材之后，功能并没有因此而终结。经过处理的木材有吸收和排出潮气的特性。它夏天能吸收潮气，创造清爽的环境，冬天则排出潮气，防止干燥。应该说木材是控制房间温度的天然空调，能够预防霉变和结露，从而延长建筑寿命。"

日本法隆寺证实木材的使用寿命可达 1400 年，对比钢筋混凝土不超 300 年，钢铁大概是 100 年，木材是非常超群的耐用材料。日本翻建室生寺的五重塔时，还可利用 1200 年前建塔时使用的木材。三泽千代治致力推销优质北欧木材，他的论点可能有些溢美之词，但也基本符合事实。

木材质轻，可以漂浮于水面，但适应性强，易于加工，具有弹性，尤其适合建造屋面，不但可以单独使用，还可以与泥土、稻草、砖瓦和石材混合使用，也可以和钢材、玻璃、水泥配合使用。经处理的木材还有良好的保温、绝热、防水、绝缘、隔声性能，似乎与人类建筑结下不解之缘，数千年来，分布在世界各地的建筑和各个时代的能工巧匠，总是或多或少使用木材。在彪炳史册的著名建筑中，木材都是不可缺少的主角。尤其在深受中华文化影响的东方，可能是受阴阳五行学说影响，人们总认为石材阴冷，应与地府亡灵有关，而垂青木质建筑。在当代建筑中，木材的作用依然不可忽视。在一年之内气候剧烈波动（如中国大陆很多地区，冬季气温降到－10℃以下，夏季却高达 35℃以上）为了能够创造出比较理想的室内环境，建筑材料必须要有很低的热惰性，即适应能力。木材具有较高的热阻和较低的热容性，利于吸热和绝热，是世界各地应用最广的建筑材料之一。

木材不像其他的建筑材料，木材具有释放或吸收水分的能力。木材的含水量总是与空气湿度成正比，木材最终在自然调节下达到湿度稳定。甚至在最潮湿的气候下，若设计得当，木框架结构的建筑能表现出良好的功能。大多数建筑标准要求木材的含水量≤19%。这个含水量已经很低，木材没有机会发霉，收缩或变形的可能性也很小。室内使用的木材含水量一般为 8%～14%，而室外使用的木材的含水量则为 12%～18%。当潮湿或湿度大时，木材吸收水分。在干燥期间，木材就释放水分。在正常的使用情况下，木材的含水量随季节相关的温度和湿度而变化。一些户外应用，例如甲板和走廊，就应该使用防腐木和天然防腐的西部红柏这样的木材。加拿大不列颠哥伦比亚省是开发高压防腐木材处理产品技术的领导者，可以提供在任何潮湿环境下性能可靠的木材。

木材的弱点是需要较长的生长周期，在一般情况下有"十年树木"的时间，而对于一些质地紧密，材质优良的树木，成材时间有数十年，甚至更长，对生长环境也有较高要求。树木本身就是绿色生态的重要内容，随着人类建筑活动和室内家具装潢需求的急剧升温，很多地区的森林遭到狂砍滥伐，严重破坏了当地生态。美国"栗树之殇"是一例证。栗树曾经是北美大地最丰富的物种，一度提供美国东部 1/4 的建筑木材，夏季栗树花怒放，漫天皆白，山岭平原如白雪皑皑。1904 年，一种日本枯萎菌侵入，美国栗树遭灭顶之灾，这种高达 30m，数量近 40 亿株的树木在仅仅几十年间就不复存在了。类似的故事也在南美洲上演，葡萄牙人在巴西殖民时，有一个时代就被称为“红木时代”，无数繁茂数百年的高大红木被砍伐殆尽，取代的是橡胶树和可可树。

木建筑的另一弱点是不耐火，中外多少名扬史册的建筑，繁华兴旺的城市和乡村田舍，在熊熊大火中化为灰烬。

木材的第三弱点是强度远远低于钢材和石材，无法成为现代高层建筑的结构材料。由于木制建筑历经天灾人祸，至今留下的古代实物确实太少。直至今日，我们还没有足够的资料能够准确地复原历史上所记载的重大建筑物形象，面对那些被历史的烟尘覆盖许久的夯土和极为零散的柱础、瓦当，留在世人眼中的是一片茫茫荒野。

在史前时代，我们祖先立足的大地一片郁郁葱葱，绿荫遍布，地球上森林面积高达 8000 万平方公里，达到陆地面积 1/2 以上。我们祖先的生息繁衍活动，都和森林息息相关。

由于气候、温度不同，地球上森林类型也各不相同。在寒带和高原地带主要是针叶林（有人称为软木材），由松、杉、柏等组成，温带主要分布的是落叶阔叶林（有人称为硬木材），常绿阔叶林，主要由栎、榉、椴、杨、桦、桃、榆、栗、樟等组成，而热带低海拔地区森林主要分布形态各异，有种类超过 1000 万种植物的热带雨林。这些树木，尤其是温带和寒带的树木，都是史前人类重要的建筑材料。当然，人们开始在伐木建屋的时候，都是就近取材，随社会进步，才开始向深山老林进军。

草木同源，木建筑，也包括茅草和竹材。在很长时间里，茅草都是木建筑和土建筑中不可或缺的角色。中国商周时代的宫殿，还用茅草铺设屋顶。竹为高大、生长迅速的禾草类植物，茎为木质，分布于热带、亚热带至暖温带地区，东亚、东南亚和印度洋及太平洋岛屿上分布最集中，种类也最多。竹枝杆挺拔修长，四季青翠，凌霜傲雨，备受中国人民喜爱，有“梅兰竹菊”四君子、“梅松竹”岁寒三友等美称。中国古今文人墨客，嗜竹咏竹者众多。

2.2 木建筑的历史

2.2.1 从“有巢氏”开始

木材也是人类最早使用的工具和武器，现在考古学家很有理由相信，人类在石器时代之前或许与石器时代并存着一个木器时代。

猿人也和古猿一样，在树上木上栖息，但因树木易于枯凋，现仅见于文献记载。

先秦诸子多处都有巢居描述。如孟子“下者为巢，上者为营窟”，《礼记·礼运》谓：“昔者先王未有宫室，冬则尽营窟，夏则居橧巢。未有火化、食草木之实、鸟兽之肉，饮其血，茹其毛。未有麻丝、衣其羽皮。后圣有作，然后修火之利，范金，合土，以为台榭、宫室、牖户。”庄子说“古者禽兽多而人少，于是民皆巢居以避之，昼拾橡栗，暮栖木上，故命之曰有巢之民。”韩非云：“上古之世，人民少而禽兽众，人民不胜禽兽虫蛇。有圣人作，构木为巢以避群害，而民说（悦）之，使王天下，号曰有巢氏。”

神话中的有巢氏、燧人氏、神农氏等就是人类树居、发明摩擦生火、发明农业、发明制陶业的历史的缩影。

除了岩洞以外，旧石器时代的原始人还可以栖身于树上，将相邻的枝叶拉结起来，以枝叶编织构成。新石器时代的穴居与巢居，可能就是对这种天然岩洞和树上巢穴的模仿。

人类有过树居时代，也可以从民俗学上找到证明。许多民族有树葬的习俗。早期人类认为，死是生的继续，死是在另一个世界里生活。生时离不开树木，死后也一定栖息在树上，因而将死者葬于树上。

现在有些民族仍然过着树居生活。印度和新几内亚的热带森林中的土人，将房屋建造于离地几米乃至十几米高的树上，他们在树杈上架以树条，铺以树枝、树叶、竹片、茅草，树屋上有树叶制成的屋顶。我国独龙族人旧时的房屋也是造在枝叶繁茂的大树上；以横枝作梁，竖枝作柱，在横枝上平铺枕木作楼板，并以藤条将其牢牢捆缚于树上，周围以细竹作壁，屋顶则以芭蕉叶覆盖。当然早期人类构木而居，不可能造这样好的树屋，只能造简单的巢，但树屋是由树巢发展而来，它是古人类树栖生活的见证。

《韩非子》载古人最初只是直接缘木而栖，后来才发展为"构木为巢"，即利用树枝搭出简单树屋。显然，先民最早使用的木材是纤细、易于折断弯曲、上面带有许多叶片的树枝。

图 2-1　巢居

"有巢氏"时代，人们又学会将地面相距不远的几棵小树上部弯曲扎在一起，小树外部覆以兽皮、树叶，内部平整清除石块（图 2-1）。直到 20 世纪 50 年代，我国大兴安岭的森林民族鄂伦春人，仍然居住在这种被称为"仙人居"的建筑之中，至于较为粗大的树木，挥动石块的先民对其仍然无能为力。例如东欧的居民，直到数千年前掌握了铁制工具以后，才向大片原始森林进发。

茅草应是木建筑材料的组成，甚至在史前人类用树枝筑巢的时候，就一定会使用保温性好、易于采摘收集、遍布山丘的茅草，后来人们用茅草铺就屋顶，用茅草和黏土拌水涂覆泥墙，数千年间，农业社会除少量砖瓦木材盖起的宫殿和高档房屋之外，这种至今被称为"茅草屋"的建筑成为中国住房主体。直至 20 世纪 60 年代，笔者来到农村劳动，满目所见都是这类建筑，茅草单薄，破落，还不如唐代诗人杜甫的《茅屋为秋风所破歌》中诗句"八月秋高风怒号，卷我屋上三重茅"的境界。

早期人类要栖息在树上与人类当时还比较弱小有关。人类刚形成时，"爪牙不足以供守卫，肌肤不足以自捍御，趋走不足以逃利害，无毛羽以御寒暑"，早期人类为了防御猛兽，就构木而居，以避其害。直到现代，人们还有时树居以求安全。在新疆孔雀河畔绵延几百里的胡杨林中，树上搭有简易床位供旅行者歇宿，因为树林中有豺虎，树上住宿比较安全。越来越多的考古学和民族学材料表明，在中国南方民族社会时期，崇信鸟图腾的远古部族中确实经历了"有巢氏"时代。我国江南地区考古发现的干栏建筑和西南地区的竹楼民居，和昔日巢居形式有着一脉相承的关系（图 2-2）。

图 2-2　巢居向干栏居的演变

今日在美国加利福尼亚州莱顿维尔以北 40km 的树屋公园里，有一株高 76m，4000 年树龄的大红杉树，树内中空，人们将其砍凿成为一间高 15m，面积为 52.7m^2 的房子，并雕刻数十张木桌、木椅，可作为几十人会议或授课之用，这就是著称于世的树屋，应是百分之百的木建筑。美洲古老红杉，经历 1 万多年风雨，冰川时代的印第安人，是否在树上巢居，这只有靠老树回忆了。

2.2.2 早期木建筑

西方学者曾在埃及发现一个新石器时代的大居民点，其住宅基本上为两种形式：一种主要以木材为墙茎，上面用木构架和芦苇编墙；另一种以卵石为墙茎，上面用土坯建造。如此久远而又成熟的住宅建筑，在非洲民居建筑中彰显着独特风采。

非洲最典型、最传统、最常见并且一直沿用至今的房屋建筑样式，还是以木为梁柱，草叶为顶的茅草屋。茅草屋的建造方法是先在四角或周围立起木柱，也可以直接以树木为柱，用藤条围绕木柱编出双层篱笆，再将用黏土、棕榈叶层层铺平，其造型可圆可方，规模可大可小，或高或矮，或尖脊或平顶，可随主人的喜好和地形地貌的变化灵活选用。根据非洲传统建成的茅草屋，所有的材料都来自身旁，并与周围环境浑然一体，冬暖夏凉，容易搬迁与扩展，也非常适合高温多雨的热带气候。目前，非洲乡村居民也依然以茅草屋为主要居住空间。

在木材相对较少，以农业为主的平原地带，地穴使用时间通常较长，但地穴施工复杂，在森林较多、平原较少、以畜牧为主的欧洲，人们较快转向用树木搭建棚子。树棚在欧洲的史前建筑中比较有代表性，形制很像一把半开之后伞尖冲上竖立在地上的布伞。其建筑方法是将长度类似的树枝裁成圆形，然后把树枝顶聚拢扎捆，形成棚的骨架，再在骨架上铺满由小树枝密织的网，最后用植物树叶和动物毛皮铺成屋顶。这种建筑显然受到森林中交织一起的树木启发。时至今日，据说南美丛林中仍有这样的建筑住宅。随着技术进步，人们对于木材和石块的加工能力得以增强，再加上冰河消退以后留下的大小湖泊，先民又用筑巢的方法在滨河浅滩上搭建房屋，以邻近水源，避开野兽偷袭。这种建造在沼泽地区和湖泊沿岸的高架建筑群被称为湖居。据考古发掘，在瑞士苏黎世湖和波兰斯康平湖沿岸淤泥中有大量原始建筑的木桩，均是用整根树干打入淤泥之中，再在桩上跨水营建房屋，与此同时，也有了较成熟的采用木桩和梁板结构的道桥技术。

居住建筑除穴居、巢居等形式外，在森林地区还出现用树枝或藤蔓搭成拱形，穹窿形的枝棚屋，或者用石块垒成圆形的蜂巢穴，在游牧地区则出现了初期帐篷。

在偏僻荒凉的“保留地”中，一些印第安人至今还保存着他们特有的生活方式，他们住在交叉木棍搭建并覆以皮革的尖顶帐篷中。在美国西南查科地方发现过古印第安人村落，多达 400 余座，大约建于公元 9～11 世纪。当地民居采用土坯抹泥墙，抹泥平顶，内有地窖，为避酷热，很少设置门窗，房屋高可达 4～5 层，错落进退，组成极富乡土特色的生动建筑。

在印度古老史诗《罗摩衍那》中，诗人描述了用“树叶和林木”建屋的过程：“依偎在一片浓密的丛林当中……屋顶以树叶和编织在一起的树枝遮盖，盘根错节的树枝上砍伐的柴薪，灌木和树上采摘的花朵，小屋的外面用树皮装饰，还披上了黄褐色的外衣，那是长满遍野的画眉草。”

宽敞的小屋被树叶遮盖，湿润松软的泥土砌成围墙，庄严的竹子像柱子一样支撑着屋顶。树干和枝条相互交织，从屋脊到屋檐编织在一起，支撑着芦苇，构成屋顶。茅草也未完全退出建筑舞台，由于原料广泛，易于加工，国内外都在开发推广稻草板。

用石块能够砸断的小树和树枝、树叶、树皮和茅草，以及泥土、石块，是筑建窝棚的主要建筑材料。星罗棋布的窝棚大量出现，象征着民族社会的繁荣，是文明曙光进现的标志之一。

2.2.3 干栏式建筑

干栏式建筑是早期木建筑的高级形式。在中国古代传说中，黄帝时代开始建屋。但事实上，至少在冰川时代以前，先民就已用树枝建屋。黄帝时代，人们应该已经掌握粗糙的木材加工工具，例如石斧。浙江余姚河姆渡文化遗址，距今已有8000年历史，而中国过去的历史学家认为黄帝时代距今仅5000年。生活在河姆渡地区的居民，从鸟巢中得到了一些必要的营造观念和技术的启迪，建立起了木建筑的最初原型——早期干栏建筑形式。考古挖掘再现了河姆渡人建房过程（图2-3）。当时房屋的营造方法是：先掏挖柱洞，柱洞底部填以砂、石、碎陶片、红烧土和泥土，夯实后作为柱基，其上立柱、架梁、敷椽、盖顶，房屋四壁用树枝或苇束结扎，然后涂抹草筋泥，屋顶用树皮或茅茨覆盖。对建筑选址、规划，建筑材料的准备等已有完整的布置，证明当时技术已很成熟。现在遗址上发现别具一格的干栏建筑，木材显然已经加工，木制建筑以木桩为茎，带有榫卯工艺的大小梁柱，悬空地板、装饰美丽、布局合理，已经不是毫无经验的创作。河姆渡文化遗址是距今8000年前木建筑的最高水平。

图2-3　河姆渡遗址干栏式民居复原图

在南方较潮湿地区，“巢居”已演进为初期的干栏式建筑。如长江下游河姆渡遗址中就发现了许多干栏建筑构件，甚至有较为精细的榫、卯等。既然木构架建筑是中国古代建筑的主流，那么我们可以大胆地将浙江余姚河姆渡的干栏木构誉为华夏建筑文化之源。干栏式民居是一种下部架空的住宅，它具有通风、防潮、防盗、防兽等优点，对于气候炎热、潮湿多雨的地区非常适用。

无论穴居还是干栏居，在演变过程中，都保持和发展着住屋作为人类抵抗自然侵害的庇护所的基本功能，亦体现着朴素的环境观念。《墨子·辞过》篇对此有精辟的解释：“为宫室之法曰：室高足以辟润湿，边足以去风行，上足以待雪霜雨露。”

2.2.4 早期木建筑的营造

考古挖掘再现了距今7000年前河姆渡人砍伐木材的过程。伐木是男子的工作，他们用石斧伐木，操作方式与现代民间用铁斧伐木方式相似，应是沿拟定断线一周，先斜砍一斧，再横向砍断，劈裂一片，砍断一片，直至沿拟定断线，一周形成深槽，可以推倒式拉倒树木。采伐的木材截端略呈桩尖状，尖端稍偏向一侧，所遗留的树桩截面呈毛碴平面。巨大树木使用石斧、铁斧都难伐倒。古文献记载，四川居民进出伐木，不是将大树伐倒，而是用铁楔锯取大树的部分木材，河姆渡人也可能兼用这种方法。人们现场测试用石斧伐木，证明一棵直径十余厘米的小树，需要石斧连续不断砍伐数百下，约十多分钟才能砍断。河姆渡人建造一幢木构干栏长屋，就需木材数百立方米，单是伐木一项就很艰巨。

营造木构干栏式住宅，还必须将伐来的木材加工成桩、柱、梁、板等建筑构件。河姆渡人用石斧、石锛砍削、砍平，用石斧楔具加木锤捶击剖裂原木，这些工艺的劳动强度不亚于伐木。发明榫、卯、企口并用于建筑是河姆渡人的杰出贡献，是木建筑发展史上具有划时代意义的巨大飞跃。有了榫卯，后世的穿斗式屋架才能形成；有了穿斗式屋架，才有可能建造楼房。至今为止，尚未掌握其他地区的居民营造出这样的木建筑，也不见榫、卯和企口的加工工具，如石斧、石凿、骨凿和海凿。可以判断，河姆渡人营造木构干栏式住宅的技术，当时在世界上遥遥领先。河姆渡文化遗址是木建筑进入新的历史阶段的重要标志。在此之后的7000年间，木建筑在世界遍地开花，但是作为一种建筑材料，木材的所有加工工艺（包括中国精凿细雕的木刻）都能在河姆渡人的建筑中找到原型。

中国河南省邓州市八里岗文化遗址时间晚于河姆渡，现在没有一栋完整的建筑可供人仔细揣摩。但把各个残留部分的观察结果综合起来，人们还是能相当准确地了解了5000年前在中国八里岗先民的建筑技术。

这些房子都是地面式建筑。建造这样一座房子的准备工作包括从外面搬运来数吨重的黏土、砂、干草秸秆、大量木材以及预备捆扎用的藤条、竹篾等建筑材料。再平整场地并用土垫得比周围稍高。这种垫土比较密实坚硬，似乎经过了夯打捣实。之后就可以在这块铺垫平整的场地上开挖墙基槽了。墙基槽当然是为了建筑基础牢固的百年大计，但同时也兼有规划未来建筑格局的作用。遗址上的房子间隔大小基本一致，平面形状规整，显然是经过测算规划的结果。基槽宽50cm左右，深约1m，槽内几乎是挨个地设置直径为10cm粗细木柱，再以土埋实槽沟。这些木柱每隔30cm高度，两侧用木条夹板和穿绕藤条、篾索之类捆扎，便形成一道结实的木栅栏。当整个房子各道墙壁的木结构都结好之后，再用黏土于栅栏两侧填满木构缝隙，堆筑起墙体。用于堆筑墙体的黏土是掺和了许多草筋并仔细搅拌过的草拌泥，为的是防止干裂。有一点建筑知识的人还应当知道，即便是掺和了草筋的泥土，还需要放置一段时间——譬如3个小时或者半天，以便黏土中的水分吸收得更均匀，这同样是起防止干裂的作用。用这种方法建造的墙壁，考古学上叫做木骨泥墙（图2-4）。

八里岗建筑的房顶竟然也是用草拌泥建造的，而不是通常估计的茅草苫盖的。这块房顶没有发现任何屋脊结构。

八里岗的房子里没有十分粗大的柱子，房顶的重量是靠整个墙体平均承担的。推测是在墙头上等距地搭上椽子，上面铺满木条，再抹数层草拌泥。

当建筑的主体工程完成后，还有一项重要工作，就是装修。这些房子的室内地面处理得十分讲究。它通常厚十几乃至二十多厘米，用黏性不同的黏土、红烧土渣末、砂粒，间隔着层层铺垫起来，有时竟达七八层之多。不同土质，毛细管结构不同，便很好地阻隔了地底下的潮气，使室内经常保持干燥。最后，地面上还要涂抹一层厚约2cm的含沙的草拌泥，并一直涂抹满整个内外墙壁，遮盖住粗糙的墙体。

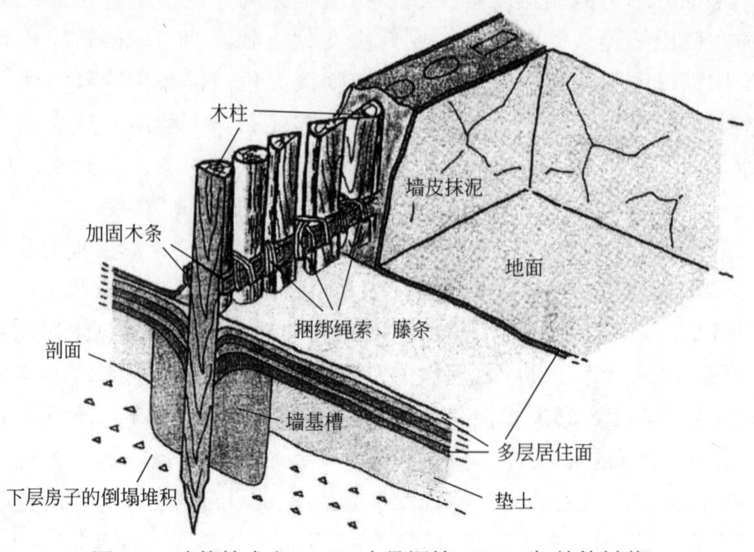

图 2-4　建筑技术之一——木骨泥墙（5000 年前的村落）

八里岗遗址上至今还没有来得及从头到尾地揭露出一整排建筑。但可以根据一些现象估计一排建筑中约有 6 栋房子。它们整齐地排列在一条直线上，显然是一个更大的集体。在河南淅川下王岗遗址上，也发现了长达 200m 的建筑。就规模来说，和八里岗遗址不相上下，唯一不同的是，那里的房子全部是连在一起的。而能把这些扩大家庭建筑整齐地限制在一条直线上，甚至把它们连成一个整体的力量，好像也只有血缘关系才能办得到。

巢居时代仅用石斧砍削连同树叶的树枝，随后是经过加工的木板、木杆、木材成为建筑的框架支撑的青铜时代，人们有了对木材锯、刨、削、凿的工具，出现了如鲁班一样一流的能工巧匠。木材导热率小、防潮、质轻，易于加工，是钢材水泥时代来临之前最重要的建筑材料之一，是建筑栋梁之材。传说中的秦阿房宫大厅能容万人歌舞，显然全靠巨木支撑。

现代学者认为，木建筑和石建筑都有同一源头，在古代世界，木材特别用于梁、屋面和门。早期的柱子，三陇板和其他一些结构构件最初也很可能是用木材建造，后来虽被换成石头，但保持了同样的形状和形态。埃及带条纹的柱子可能来自捆扎成束的纸草，而希腊神庙上的三陇板源头则是屋面椽子凿过的端头。保存下来的古埃及人民土小屋有木梁支撑的芦苇屋面，证实了这种推论。同样在希腊-罗马世界中，木材不仅用在庙宇和巴西利卡的屋面上，也用于普通住房。若非如此，暴君尼禄时期罗马连续数十天大火，盖世繁华焚毁一炬的现象就不会发生。

最早的基督教堂覆盖着名为 Capriatal（来自于“Capra”、“桁架” 和“固定接点”）的木屋架。这是一种常为三角形的固定梁组成的弹性结构，形态如同翻转过来的船的龙骨。（因此“中厅” 一词在意大利语中就是“船” ）。中世纪北欧海盗船的木结构成为传统的由承重柱支撑的木板教堂的范本也非巧合。

2.2.5　中国木建筑的演变

自建筑大师林徽因、梁思成开拓性的工作以来，经很多学者的共同努力，人们对中国木建筑体系的来龙去脉已有比较清楚的了解。

这就是以黄河流域为主的以穴居为源头，木骨泥房（约6000年前的西安半坡遗址）为其早期住居形式，发展到土木混合结构，最后形成以南方地区普遍使用的抬梁式结构为主要发展脉络的北方体系；以长江流域为主的巢居为源头，木构干栏（约6000～7000年前的余姚河姆渡遗址）为其早期住居形式，最后发展成为以穿斗式木构架为主要发展脉络的南方体系。在北方建筑体系中，主要源头为穴居或半穴居，其利用的主要建筑材料是黄土和木材，其最终能嬗变成纯木体系建筑，从土木混合结构阶段发展到抬梁式木构架阶段至关重要，它的技术变革使建筑产生质的飞跃。从材料角度观察，木建筑和土建筑走上各自发展之路，而建筑史学者傅熹年、刘杰认为中国南方以木（竹）材料榫卯结构的框架体系，7000年来从河姆渡干栏建筑直到以后广大民居都没有发生本质变化，技术特征非常稳定，在后世南方官式建筑（包括福州华林寺大殿、莆田元妙观三清殿、宁波保国大殿，苏州玄妙观大殿、泰宁甘露庵）清楚可见。自秦汉时期，甚至春秋时期，南方木构建筑技术就已北传。到隋唐时，南北建筑技术融合创新，南方木构建筑起关键作用。

穿斗式木构架的特点是，用穿枋把柱子串联起来，形成一榀榀屋架；檩条直接搁置在柱头上；在沿檩方向，再用斗枋把柱子串联起来，由此形成一个整体框架。这种木构架广泛用于江西、湖南、四川等南方地区。相比之下，穿斗式木构架用料小，整体性强，但柱子排列密，难以获得较大的室内空间，因此南方的一些庙宇和厅堂常常混合使用抬梁式和穿斗式。

干栏式木构架适用于南方多雨地区和云南、贵州等少数民族地区。一般底层架空，结构轻巧，上层常悬出挑廊，与地形结合甚佳。

井干式多出现于东北林区、其墙体也由原木拼成，开间和进深较小，利于保暖。

2.2.6 斗栱和金丝楠木

经过数千年精雕细琢的实践，中国古代技匠和工匠开创了许多极为高超的工艺，这是其他建筑材料都难以达到的境界，成为中国木建筑的重要象征。这里仅用制造复杂的斗栱和木中珍品金丝楠木为例介绍，可对中国木建筑的使用材料和工艺有所了解。

斗栱是我国木构架建筑特有的结构构件，主要由水平放置的方形斗、升和矩形的栱以及斜向的昂组成，在结构上挑出以承重，并将大面积的荷载传递到柱子上，如图2-5所示。斗栱又有一定的装饰作用，是建筑屋顶和屋身立面上的过渡。另外，斗栱还作为封建社会中森严制度的象征和重要建筑的尺度衡量标准。

斗栱在宋代以前被称为“铺作”，清代被称为“科”。根据斗栱所在位置的不同又有转角斗栱、柱间斗栱、柱头斗栱之分。宋代已有了详细的斗栱用材制度。

木材的材质也是建筑水准的重要标志。浙江宁波古保国寺，由于大殿梁柱使用的黄桧木材中含有一种飞禽昆虫闻而止步的芳香油，1000多年来，大殿飞鸟不栖，爬虫绝迹。北京明十三陵中的长陵祾恩殿是木建筑中的瑶池莲花，因为大殿中的所有古结构构件，如柱、梁、檩、椽和檐头全部用极为珍贵的金丝楠木制成，古色古香。1m多直径，十几米高的60根金丝楠木大柱，承托着2300m^2的重檐庑殿顶，雄伟壮观、举世无双。其中最粗的一根重檐金柱，高12.58m，底径达1.124m，为世间罕见佳木。金丝楠木殿呈现神秘色彩，清道光帝陵墓中的隆恩殿，也有用金丝楠木雕成的大量游龙、蟠龙，造成“万龙聚会，龙口喷香”的气势。至今人们走进大殿，那缕缕浓郁的楠木依然飘来扑鼻清香，金丝楠木生长缓慢、数量稀少，又经多年砍伐，现已基本绝迹。

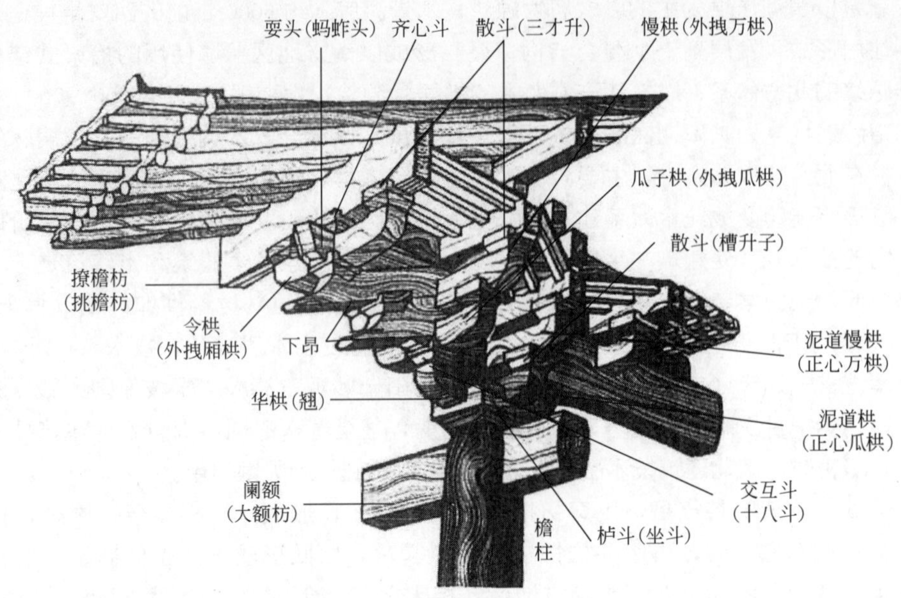

图 2-5 中国木构建筑之斗栱

2.3 著名古代木建筑

明清皇宫规模宏大，富丽堂皇，是世界最大的宫殿建筑群，占地 72 万多平方米，房屋数量至今没有精确统计，在建筑材料的选择上精益求精。修建皇宫的木料，都是从四川、广西、湖南、贵州、云南的深山老林中寻觅伐来。由于高山深谷难以搬运，大树砍倒以后，要等雨季山洪将其冲下，然后经长江运河水路运到北京。其中以建造大殿所用的金丝楠木最为珍贵，常有“千人进山，生还不足五百”的记载，惨烈程度超过战争。那些巨大、沉重的石料，大都采自盘山、房山，运输时采用“泼冰滚木”方法，即冬季严寒在通往北京的道路两旁，每隔 1 里（即 500m）凿井一口，泼水成为冰道，夏季铺设滚木，造成轮道来运送这些石料；而宫墙屋顶的琉璃更是按照严格程序，一丝不苟烧制而成，无数人呕心沥血，才建成这座巍巍宫阙。除故宫外，名垂史册的木建筑还有很多。

(1) 所罗门圣殿

在西方宗教史中，尤其在犹太民族的心目中，所罗门圣殿具有至高无上的崇高地位。这是被誉为智慧之王所罗门竭力殚智，动用举国之力，耗时数十年建立的宫殿。殿中金碧辉煌，放有“摩西诫”——在犹太教中这是上帝和犹太人所订立的圣约。所谓第一圣殿时期，第二圣殿时期，是犹太历史上的黄金时代。

在《圣经・列王记》中，详细记述了近 3000 年前所罗门建造第一圣殿的情景，除大量黄金以外，圣殿的主要建筑材料是石块和木材。

石块来自黎巴嫩的山区，所罗门王从以色列人中挑取服苦的人共有三万。派他们轮流每月一万人去黎巴嫩……所罗门用七万扛抬的，八万在山上凿石头的。此外所罗门用三千三百督工的，监管工人。王下令，人就凿出又大又宝贵的石头来，用以立殿的根基。

“所罗门建造殿宇，殿里面用香柏木板贴墙，从地到棚顶，都用木板遮蔽，又用松木板铺地。内殿，就是至圣所，长二十肘[1]，从地到棚顶，用香柏木板遮蔽。内殿前的外殿，长四十肘，殿里一点石头都不显露，一概用香柏木遮蔽，上面刻着野瓜和初开的花。”

《圣经·列王记》中的描述和真实历史相差不远。所罗门圣殿应是一座精雕细刻的石块-木材建筑。经过数十次战火毁坏，圣殿上所有涂覆的黄金早被掠夺一空，来自地中海海岸的珍贵木材都已化为灰烬，建造圣殿的大量石块也遭损坏，只剩一段断墙败垣，这就是举世闻名的哭墙。无数犹太人捧携《圣经》来到这里，向上帝倾吐自己的希望和哀思。

(2) 应县木塔

中国以及中国影响波及的地区，如日本、朝鲜地区的古建筑则以木结构为典型特征，成为建筑史上风格独特的建筑形态。山西应县木塔是中国古代木建筑的代表之一（图 2-6)。

中国山西应县木塔，即应县佛塔或应县佛宫寺释迦塔，建于公元 1058 年，至今已有约 960 年历史，经历过数十次地震而巍然不劝，塔高 67.31m，是世界上现存最高、最古老的全木结构佛塔。

有人推算，木材的强度和现代钢铁的强度相差近 20 倍，换句话说，用木材建筑高 60 多米的塔，相当于用钢建筑 1300m 的庞然大物。而应县木塔是今日硕果仅存的木塔，据文献记载公元 6 世纪时北魏洛阳的永宁寺塔竟高达 160m!

中国闻名的木建筑有秦代咸阳阿房宫、后赵长安洛阳二宫、唐南昌滕王阁、宋正定隆兴寺、应县木塔、明清时代皖南民居。

图 2-6 应县木塔

(3) 挪威木教堂

就在巴黎圣母院、圣保罗大教堂、科隆大教堂等石制教堂风光无限，成为欧洲大型建筑主流的时候，木建筑仍然表现出自己不可替代的特点，挪威的木结构教堂就是人类文化宝贵遗产之一。

北欧诸国森林茂密，有使用木材作为建筑材料的传统。北欧海盗建造的木船曾在欧洲所有水域（包括今日俄罗斯）耀武扬威，甚至远航到达美洲，证明早在中世纪初期，北欧的木材制造技术就已非常发达。挪威的木结构教堂可以上溯到公元 10 世纪，这种具有异国情调的外观和安谧宁静内部的建筑，容易引起人们心理上的对称感。这种教堂曾经广受欢迎。据史料记载，在 1300 年时，人口相对可谓稀少的挪威就有 1000 座木结构教堂，这些教堂结构具有很强的耐久性，它们中的一些居然历经 800 年的风雨幸存至今，和巴黎圣母院等并列于世，堪称奇迹。而其他消失的木结构教堂，绝大多数是因宗教观点和其他原因人为拆除，自然腐朽毁坏不多。证明木结构也可以有较长寿命。

(4) 日本合掌屋、凤凰堂和法隆寺

日本本州白川乡的合掌屋（三角屋）被称为是最合理、最理性、天人合一的建筑。合掌屋深藏于日本本州，由茅草构建的急斜屋顶形如双手合掌。在 13 世纪日本纪源平之

---

[1] 以色列长度单位，1 肘≈46～56cm。

役后，失败一方为躲避追杀而逃入深山，谁知如同进入世外桃源。这里四面环山，一派休闲静谧。人们就地取材，使用芦苇草搭起房舍，经过几个世纪的完善逐步定型。合掌屋大多面朝南北方向，与山脉走向垂直，能够阻挡沿地势刮下的寒风，并能调节日照量。合掌屋是五重结构，除下两重为梁柱外，其余全是稻草，其中没有一根钉子，却建得稳稳当当，屋顶设计为正三角形，60°斜角直伸地面，方便积雪的直接滑落，有效减少积雪对屋顶的压力。小屋分散在青山绿水之间。20 世纪 50 年代，德国学者发现这里，赞叹为童话世界。

日本宇冶市凤凰堂在设计时把佛教世界的香雪海、颂弥山、金城理论与建筑和园林有机结合在一起。凤凰堂平面和立面呈中轴对称，皆似凤凰；堂翼廊楼，斗拱层叠，飞檐高翘，正脊雕凤，是今日留存的唐式木建筑的经典。

法隆寺是日本第一个登记为世界遗产的国宝级文物，是成功吸收丝绸之路文化的世界上最古老的木结构建筑。始建于公元 607 年的法隆寺是佛教传入日本时修建的最早的一批寺院之一，是日本现存年代最为久远的古刹，其中西院伽蓝是世界上最古老的木结构建筑群。日本京都和奈良木建筑完全仿效中国唐代，无论在风格、技法与结构上，都充满了恢弘沉稳的大唐气势，反映了神道对树木、水源、山川的敬畏。

(5) 挪威木屋

卑尔根是欧洲著名的历史文化名城，在公元 12～13 世纪，曾是挪威首都。布吕根木屋群建于卑尔根市老码头，这里背山面海，保留着大量北欧珍贵的木建筑，木屋挤在平地上，山脊上是五颜六色的房屋，构成一个让人心驰神往的童话世界。

挪威人对木屋的追求体现了他们贴近自然的人文精神。木屋建筑古朴大方，如同孩童玩耍的积木垒起的房屋。绝色小木屋在木楼顶平台上，以桦树皮做屋毡，再铺上 20～30cm 厚的土然后植草，形成绿盖屋顶，还有小花点缀其间，整个木屋与花园浑然天成，美观实用；木石小屋则是用岩石垒墙，配以木质门窗和绿草屋面，门廊上以活树为柱，造型自然协调，极具美感；土草小屋造型独特，它那半圆形的土包和小小烟囱，远望好似覆盖绿草的土球。

(6) 威尼斯水城

在威尼斯水城，木材成为所有建筑的地基，这也是一种别具风格的干栏建筑。

威尼斯位于海边浅水滩上，平均水深 1.5m，人们建房之前，在水底泥土上面打下木桩，木桩一个挨着一个，成为地基，上面铺盖木板，然后建房。有人曾说，威尼斯城上面是石头（房顶），下面是森林。当年为建威尼斯，人们几乎砍空了意大利北部森林。由于当地泥土性质，木材在水下泥中不仅不会腐烂，反而历久弥坚。此前考古者挖掘马可·波罗的故居，下部木头坚硬如铁，出水以后接触空气才慢慢变朽。威尼斯有举世闻名的每年接待 300 万旅客的马尔盖拉港、圣马可广场。广场周围耸立着大教堂、钟楼等拜占庭和文艺复兴时期的建筑物。整个城市到处是蜿蜒的水巷，流动的清波，就像一个漂浮在碧波上浪漫的梦，诗情画意久久挥之不去。威尼斯甚至一度掌握欧洲最强大的人力、物力和权势。

(7) 阿散蒂建筑

阿散蒂传统建筑位于加纳第二大城市库马西，是历史上著名阿散蒂文明的痕迹，由泥土、木材和稻草构成，带有鲜明的西非特色，充满原始、朴拙之美。建筑由数幢住宅组成一个宽阔长方形院落。院墙套采用土坯建成，表面经过防水处理，房顶为混合泥层，不怕日晒雨淋。

(8) 俄罗斯纯木教堂

在俄罗斯与芬兰边界东约241km处，有一个坐落在奥涅加湖基日小岛上的乡村教堂（图2-7）。这个教堂不算宏大，却是联合国教科文组织认定的世界遗产之一。这座教堂的独特之处在于，它完全由纯木打造，甚至连铆钉和螺栓也都是木制的，整个教堂里找不到一点金属的痕迹。据悉，基日教堂高约37.5m，整个建筑群有超过150年的悠久历史。从建成至今，它一直保留着世界最高纯木建筑的荣誉。

图2-7 俄罗斯纯木教堂

(9) 中国山西省悬空寺

悬空寺位于中国山西省恒山山脚下，紧贴在一大片岩石的表面，好像一个被抛弃的人后悔先前跳崖的决定。整个建筑群——一组由厚木板铺就的倾斜栈道相连的黄顶宝塔状建筑——用木头横梁固定，横梁安装在石头上凿出的洞里。整个建筑群扁平地贴着粗糙的墙壁，似乎一根断裂的原木就能使整个寺庙坍塌，坠下75m高的悬崖。然而，这座寺庙在大约1400年的时间里岿然不动，促使全世界的建筑师和工程师到此一游，惊叹于它的组装。

(10) 中国最古老的无铁钉廊桥——清泉古廊桥

在重庆市酉阳土家族苗族自治县清泉乡，有一座奇特的百年无钉古廊桥，像一道彩虹凌空飞架在一道称之为龙函沟的深山峡谷里。

据考证，该廊桥建于清同治十年（公元1871年），距今已有140多年历史。桥下急流飞瀑，如雷轰鸣，两山林木掩映，悬崖峭壁，桥身凌空高横，屋瓦乌黑，朱漆栏杆，秀美壮观。

廊桥长32m，宽4m，桥上有9间瓦房，两侧是木栏杆。最奇特之处是这座大桥从桥下25m跨度的木拱到桥面上的柱梁、地板和两侧的木栏杆，没有一颗铁钉和螺丝，全部用公母榫配合固定。经专家考证，这是世界上唯一幸存下来的一座无铁钉廊桥。

2.4 现代木建筑

现代木建筑具有耐震荡阻热、基地保水、释碳量低、节能防火和有机回收五大特色，

根据最新研究显示，木建筑不仅耐震抗压，防火功能远优于其他建材，且属天然的再生材料，因此具有节能、环保、益于人体健康等优点，完全符合“绿色建筑”“生态建筑”的可持续发展精神。

近年来，不论是设计者回归自然的心性使然，还是木材本身轻质、环保、利于回收的优质性领导潮流，越来越多由木材构筑成的单一建筑、集合住宅和大型公共建设项目纷纷跃升到国际舞台，木建筑俨然成为21世纪的建筑新宠。

现代木结构建筑和传统木结构建筑相比，从材料、结构、施工工艺到辅助材料等都

有很大的不同。现代木结构主要采用分等分级的规格木料而非原木；连接处主要采用金属连接件而非榫卯；结构形式主要采用轻型木结构体系而非传统的梁柱形式；辅助材料则使用如保温棉、泡沫玻璃、硅酸钙等绝热材料及一些其他常用辅助材料以确保建筑物的耐久性和保温性。

单就施工而言，木结构建筑的优势显而易见。据加拿大魁北克木业协会介绍，当地一套普通的木结构建筑，所需部件全部在工厂生产，在施工现场只需三五个人花费几个小时便可以组装完成。还可通过将木材浸泡在含磷酸根或硅酸根的阴离子溶液中使其改性，提高强度。

在未来的10年中，我国需要向迁往主要城市及其邻近郊区的约3亿人口提供约7500万套多户住宅。与此同时，新型城镇化建设以及农村地区的住房也面临更新换代。现代化木结构建筑也是中国巨大的建筑市场需求的一种选择。

抗震性强是木建筑的一种优势。2013年云南鲁甸发生里氏6.5级地震，造成108.84万人受灾，617人死亡，112人失踪，同时地震还造成8.09万间房屋倒塌。而倒塌的房屋多数为以土坯为主体结构的农房。

而与之形成鲜明对比的是，鲁甸拖姑清真寺这一有着近400年历史的木结构建筑却能在地震中屹立不倒。类似的现象还有，紧邻唐山的天津蓟县独乐寺历经唐山大地震而完好无损，身处太行山地震带的山西应县木塔也已经历了千年而依旧耸立，这些都展示了木结构建筑在抗震中的先天优势。

中国现代木结构建筑技术产业联盟调查显示，木结构建筑具有天然良好的抗震性能，许多庙宇塔楼都经历过数次地震还能屹立不倒便是例证。而现代木结构除了具有自重轻等传统结构具有的抗震优势之外，其连接处更是采用了更加牢固的金属连接件，而且现代木结构在设计阶段就充分考虑到不同地区的抗震烈度指标，通过科学计算来设计方案，能够确保更完美的抗震性能。

有关专家指出“很多国家已经认识到木结构建筑在抗震上的优势。新西兰身处板块交汇处，地壳活动频繁，每年地震超过1万次。在新西兰政府的大力提倡下，新西兰住宅的主要结构形式便采用了轻型木结构建筑，40余年间实现了地震‘0死亡’。”在地震高发区，木结构建筑的安全性能比混凝土和砖结构建筑更好。

木结构行业前景光明。经过十几年的行业推广，现代木结构建筑的优势已经逐渐被人们认识，也得到了业界的认可。一些新木建筑也在陆续出现，如美国沃伯里多功能大厅，有直径208m的穹顶，该建筑是采用小木料胶合成杆件，然后再拼装成大跨度的圆顶网壳结构。它是世界上最大的胶合木结构建筑。

木材加工以后，强度大幅提高，可以直接做成木制插件，加以胶黏加固承重材料。2012年澳大利亚维多利亚港用木材建成10层公寓，2015年挪威建起49m高木制居民高楼。美国一研究院证明，用木材混和部分水泥建设125m的高楼完全可行，所用材料的能耗和温室气体排放量（碳足迹）仅为钢筋混凝土建筑的25%～40%。英国剑桥大学已开始“摩天木楼”的理论设计。

2001年挪威Vebjorn Sand用挪威松木在土耳其修筑长达百米的跨越高速公路的人行天桥，引起极大轰动。因为这座桥梁是文艺复兴时代巨匠达·芬奇于1502年为当时君士坦丁堡苏丹设计，500年来人们一直认为设计是异想天开，违反力学原理。现在事实又一次证明达·芬奇的天才，也证明了木建筑的发展潜力。

2.5 茅草建筑材料与竹建筑材料

2.5.1 茅草建筑材料

至少 10000 年前，人类从洞穴走出，建造原始简陋的茅草屋，原木十字架，两脚落地，呈三角形，披以茅草，坡度大于 60°，叫“天地根元造”。这是坡屋面的原形，坡屋面形式始于此。茅草是防水材料，它之所以能防水，全赖坡度大，雨水流速急；再是赖于铺草很厚，残存在草上的雨水不得下渗就已蒸干，但是雷雨连绵数日不晴，雨水就会从草缝中渗入。将草和木结构、砖结构、土结构相结合，以利用其质轻、防雨、保温隔热性能良好等生态效益，而且时间越长，其功效越强。例如，在我国胶东沿海地区，当地利用海草作为建材的历史可以追溯到 5000 年以前。

生活在南美高原的喀喀湖乌罗人用香蒲草修造的小屋是一种独特的草建筑。相传在远古时期乌罗人为躲避强敌，从极遥远的地方来到这里，他们用湖畔出产的香蒲草捆扎成小岛、住房，在湛蓝清澈的湖面上漂浮、生活、饲养家畜，呈现一种与美洲大陆其他各地都不相同的文化，成为湖面上独特的风光。这种草建筑是最理想的“生态建筑”，当底部的香蒲草腐烂并沉入水中以后，面上又会抽出新的枝叶及时填补了失去的部分，从而维持原有结构。6000 年来乌罗人的浮岛建筑成为他们亘古不变文化的组成。

茅草屋早已不是穷困潦倒生活的替代品，而是现代人生活中的一个梦，体现了人们渴望大自然，返璞归真的向往。

研发茅草瓦轻松解决了古代茅草屋存在的缺陷，其具有现代茅草屋的优点，同时还具有不受屋顶形状限制、安装成本低、使用年限长等优势。可以说寓景茅草瓦的出现满足了对茅草屋有向往的人们，给长期生活在城市中的人们给予了心灵的洗涤。

在英伦诸岛建筑工艺中，茅草屋顶是最古老的一种。茅草一直用于盖村舍和农场建筑物，也曾一度用于建筑城堡和教堂。盖茅草屋顶是一项独特的工艺，常常是家庭世代相传的。像我们所使用的茅草屋顶工艺从中世纪以来几乎就没有什么变化。许多房主选择茅草屋顶不仅是为了美观，而且还因为他们知道茅草能使他们冬暖夏凉。

茅草屋顶的铺盖工艺不断革新，逐渐地克服了因真茅草屋顶容易着火、生虫、被风刮走的缺点。将真茅草编织成一个整体的茅草屋顶，编织茅草结构紧密，里面是菱形编织，正面则像铺盖上去的一样，编织茅草屋顶抗风性能强。茅草的着火、生虫、腐烂是后天形成的，所以只要在施工时处理就行了。一般茅草屋顶施工完毕，在茅草屋顶上洒上石灰粉，再浇些水即可达到防腐、防虫、阻燃，甚至可以延长茅草屋顶的使用寿命。编织茅草屋顶，施工就像穿衣服、戴帽子一样简单，直接把编织好的茅草屋顶直接套在屋顶上即可。如英国最近建造出草木预制板搭成的房屋，简约美观，环保天然，冬暖夏凉。草屋墙体很厚，将近 0.5m，比普通砖混结构的房子隔热和保温效果都好，冬天可降低 80％的取暖费，因为原料来自稻草，“碳足迹” 很低。草屋掩盖石灰膏，防火防风但惧潮湿，设计人员满怀信心，声称如维护得当，草屋寿命可在百年之上。

仿真茅草，采用优质的进口铝加工生产，经过严格的氟碳工艺技术而制成。仿真茅草作为一种新型装饰性材料，它从原材料的选择到成品的加工都是由厂家自主创新的，仿真茅草颜色持久耐湿，装饰效果蓬松飘逸，它不仅轻质、防火、防腐、防虫，而且使用年限长，易于安装，是目前仿天然茅草最好的装饰性材料，也是当今旅游度假典型的标志性建筑。

仿真茅草的装饰效果人们有目共睹，它的自然展放给当地的建筑风格增添了另类的风景，同时也让茅草屋装饰建筑得以发展下去，成为中国园林不可或缺的建筑之一。

秘鲁阿普里玛克河畔的印第安人至今仍喜欢用一种叫“依素”（ichu）的草来架桥。每年4月雨季来临，依素草异常茂盛，人们用它拧成绳索，3天时间就可架成能使用2年的草桥。

2.5.2 竹建筑材料

竹材和木材同属天然生长，非均质和不等方向的材料。但彼此在外观形态、结构和化学成分上大有差别。竹材用于建筑艺术历史悠久。在汉代，能工巧匠利用竹子为汉武帝建造的甘泉祠宫，造型美观。盛产竹子的南方，竹楼是寻常百姓家的房舍。西南少数民族如傣族至今仍住竹楼，绿树芭蕉丛中掩映着座座竹楼，充满了诗情画意。竹子体轻质坚，皮厚中空，抗弯拉力强，浑身展现出力学美。科学家对竹子进行力学测定表明，竹子的收缩量很小，而弹性和韧性极强，顺纹抗压强度约为800kg/cm^2；顺纹抗拉强度可达1800kg/cm^2；其中刚竹的顺纹抗拉强度达2833kg/cm^2，享有“植物钢铁”的美称。

21世纪以来，竹子作为房屋建筑材料的重要性逐渐得到人们的关注（图2-8）。在亚洲，许多低收入家庭利用竹子搭建房屋构架。即便使用其他材料，竹子也是建筑单元的主要组成部分。与许多无家可归的人们所使用的塑料、木材和石头等材料建造的房屋相比，廉价的竹建筑是经济实惠而不失安全性的选择。许多竹房屋用处理过或天然的竹材来建造，必要时辅以木材、泥浆、砖块及混凝土等其他材料，以建造不同风格的房屋，并增加其耐用性。

(a) 竹屋　(b) 竹别墅　(c) 竹楼　(d) 竹廊

图2-8　各类竹建筑

建筑材料的全球性紧缺十分令人担忧，特别在发展中国家。木材及其他传统建筑材料的短缺及相应的价格上涨使以竹为原料的房屋建筑数量不断增加。

1. 建筑竹房屋

① 建造竹房屋：竹建筑技术最重要的优点是成本低廉但不降低建筑质量，而且经久耐用，占用空间少。此外，竹材利用也是弥补资源总量不足的可行选择。竹房屋比普通材料住宅的成本便宜20%。价格能够为贫困人口和偏远区的人们所接受。

② 创造就业机会：竹房屋的建造和应用为一部分人提供了就业机会，与此同时增加的就业还有竹林种植、收割、粗加工、运输以及销售等。

③ 灵活性高：竹建筑的设计和建造更具灵活性，优点之一就是能够通过更换损坏部分而得到经常性的维护。而且，传统技术在现代建筑设计中的合理应用则是竹子的另一个优点。

④ 技术要求不高：大多数竹房屋的建造基于当地的技术水平，无需高技术的指导。竹子的多功能性为经济型乃至高档建筑提供了丰富的技术选择，而且竹建筑比较容易与先进技术结合使用。

⑤ 安全性高：由于质量轻、弹性好，竹子的抗震功能非常突出。在哥斯达黎加的7.6级地震中，位于震中的30座竹房屋保存完好，而周边许多混凝土房屋和旅馆难逃一劫，全部倒塌。

⑥ 舒适性：热带农区夏季气温很高，人们更愿意生活在竹房屋。在中国南方，特别是云南南部地区，人们至今仍然喜欢建造竹楼来避暑，享受竹楼的凉爽。

⑦ 原料获取容易：根据计算，每年只需70公顷的竹林就可建造竹房屋1000座。如果以木材为原料，需要砍伐600公顷天然林。

⑧ 适应性：长期以来，竹子以一种或多种形式得到广泛利用，因此对人们而言，竹建筑并不是一件新鲜事物，而且通过自助方式建造竹房屋，可使竹建筑与人们之间的关系得到发展。

⑨ 建造速度快：竹房屋只需很短的时间即可安装完成。这种效率有利于自然灾害救助，对快速减少伤亡或恢复灾区人民生活非常重要。一座竹房屋可在4～5h内完成。

⑩ 耐用性：经过适当处理的竹材使用寿命可达30年之久，而且，竹材种类的精心选择、防腐处理、辅助材料的使用以及老化或损坏部分的定期更换等都能增加竹房屋的耐用性。对竹材的皱缩和预处理可增加竹建筑的耐用性和抗损坏性能，这种竹材已得到广泛应用。

⑪ 环境效益：环境效益是近年来的主要考虑因素。建筑项目应当尽量利用当地的原材料，采用节能型的设计，而且建筑材料本身不应对人体和环境造成危害，此外，劳动密集型技术可以安排更多的劳动力。研究表明，相同面积的建筑，竹子与混凝土的能耗比为1∶8。与钢材铁相比，相同过程中竹子的能耗仅为钢材的1/50。

⑫ 限制森林砍伐：在热带地区的许多发展中国家，农村住房仍然主要取材于木材、茅草等林产品。森林资源的过分消耗和树木成熟的季节周期性造成木材原料的严重不足，而且，因为建造住房，一些国家的木材资源已面临枯竭。由此，竹子便成为替代木材的切实可行的选择。自然灾害发生时，发展中国家的通常做法是砍伐附近的森林以建造临时住所，这种行为既不经济也不环保。竹子可以作为木材的替代材料用于临时住所的搭建，以减少对森林无节制的砍伐，保护环境。

⑬ 可持续性：社会、经济和环境的可持续发展是当前日益重要的问题。竹子本身所具备的特点符合可持续性发展的所有指标。竹子在 2～3 年内即可成材，而木材至少需要 25 年。竹子是世界上生长最快的植物，替代木材指日可待，只需利用当地的主要原材料和工具就足以建造简单经济的竹房屋。

2. 竹子特性——建筑方面的优势

竹子的机械性能因竹子种类、年龄、气候因素、含水率和竹茎高度的不同而有所不同。竹子密度一般在 $500 \sim 800kg/m^3$ 之间。竹子具有很高的强度，尤其抗拉强度。竹子强度与木材不相上下。据报道，竹子强度的增长主要出现在 3～4 年，此后强度逐渐减弱。因此，根据竹子的密度和强度，普遍认为竹子的成熟期为 3～4 年。竹子的主要机械性能如下。

抗拉强度：$1000 \sim 4000kg/cm^2$。

抗压强度：$250 \sim 1000kg/cm^2$。

弯曲强度：$700 \sim 3000kg/cm^2$。

弹性系数：$1 \times 10^5 \sim 3 \times 10^5 kg/cm^3$。

值得注意的是，竹子在弯曲强度方面的不足在一定程度上也是一种优点。由于竹子纤维的强度较高，如果超过弯曲强度，第一次开裂时并不会像木材一样彻底折断。这种特性为维修或更换竹建筑的损坏部分提供了可能性。而且相对于木材，竹子的抗震性在竹建筑中能够得以更好地体现。竹子另一个优点在于比木材更容易剪切。

根据竹资源清查和年采伐量限额的计算，可以预测人工竹林可收获的竹材数量，并制定相应的竹子管理计划。

竹材因其典雅秀丽，自然简约，源远流长，清新空灵，纹理坚韧细密，环保节能，成为一种很受欢迎的建筑材料。估计全球居住在竹建筑中的人口有 1 亿以上。在中国、越南、法国都出现了受广泛好评的竹建筑。

2.6 木塑材料

木塑材料已经不是原来意义上的木材，而是以木本植物、禾本植物、藤本植物及其加工剩余物等可再生物质为主要原料，通过物理、化学或生物技术，配混一定比例的高分子聚合物，经加工处理的一种可逆性循环利用的多用途材料。利用低值甚至废弃材料进行产业开发是木塑复合材料的一大特色。从广义上讲，木塑材料已经成为以各种植物纤维材料，甚至是无机材料为基体，可以与不同高分子树脂复合而成的一类新型生物质复合材料。

木塑材料原料多种多样，包括农林植物秸秆、壳皮，林木产品废料以及野生植物、初级生物质材料，可以认为木塑材料的闪亮登场改变了延续千年的木材加工和木材利用模式和使用概念。

木塑材料在理论上可以制作（人工合成）成任何形状、任何规格的产品，获得巨大自由使用空间，充实了应用价值。

木塑材料材积率高，维护成本低，使用寿命长，在实际使用中性能结构与中等硬木相近，综合经济成本占有优势，具有应用经济化的优势。

木塑材料是所有人工合成材料中最原生态的绿色产品，生产 1t 木塑材料相当于节约

3～4m^3 的木材，相当于种植 2 棵 30 年树龄的桉树，减少 10t CO_2 气体排放，具有再生低碳化、应用环保化的优势。

20 世纪 70 年代，木塑材料在北美建筑上已初露锋芒，欧美开始将木塑材料用于房屋建筑、室内装修、交通设施；日本则将木塑材料用于制作门板、地板、楼梯。以被获准进入北京奥运会和上海世博会为标志，中国木塑材料行业后来居上，发展一路欢歌，产量由 2001 年的 1 万吨、2007 年的 15 万吨、2011 年的 75 万吨，到今日已超 100 万吨，成为世界第一生产大国，仅年出口量就大于欧盟各国总和。在北京故宫修复工程、西安大明宫遗址、南京玄武湖公园、中山陵公园、莫愁湖公园、绿博园、黄山旅游区、深圳笔架山、汶川灾区重建工程等有影响的工程中，木塑材料都展现了风采，广受好评。现在高生物质塑化和纤维精细化是木塑材料的发展方向。例如日本和中国聚丙烯（PP）木塑材料的研制成功就引人瞩目。

3

泥土与土建筑

3.1 泥土与早期建筑

泥土是构成苍茫大地的主要材料，也是人类赖以生存的主要材料。在西方神话和中国神话中，上帝和女娲都是用泥土造人。在中国传统的五行理论里，东、南、西、北分别与木、火、金、水对应，而土居于天下之中。

泥土有良好的绝热性能，能和水搅拌，可塑性好，既能制土坯（土砖）又能夯实。在西安半坡遗址，可以见到先民用火烧烤竖穴之中的地面使其硬实的痕迹。泥土易于挖掘，易于搬运，夯实。很多古代用土堆积的城墙，厚度都有五六米，甚至十多米，上面可以安营扎寨，跑马行车。泥土易于加工，从农业社会延续千年的泰砖汉瓦、工业社会的玻璃，直至今日各种功能材料，都可以视为泥土加工的产物。

3.1.1 土堆、坑穴

我们的祖先在原始时代，从树上来到地下，开始赤足直立行走（他们用树皮和兽皮包住双脚行走，已是好几万年以后的事，又过了好几万年，树皮和兽皮才有了鞋的模样）。他们发现大雨过后，脚下的泥土会变得柔软，而经过日晒和风吹，泥土又渐渐变硬。泥土这一特性，是史前人群所能接触的其他材料如石块、树枝、野兽的骨头和贝壳所没有的。慢慢地人们学会将稀泥涂抹在树枝、树叶搭围的矮墙表面。

当人掌握简陋的石器和木器，有能力挖掘泥土以后，先民最早的工作就是让逝者入土为安。因为已有初始意识，他们还会在亲人遗体上撒上红色氧化亚铁颗粒和花朵，并用泥土堆在氏族首领安葬之处。这种土堆和坑穴并不能算什么建筑，但它的确是以后各种墓园直到金字塔的原始形态，是人类改变地球表面的最初尝试。这一过程始于距今 20 万年，而距今数万年的人们制成便于休息取暖的坑穴。在发现火堆附近的泥土变硬以后，人们又开始用火烘烤坑穴，使四周不再那么潮湿，也减少了蝇虫的活动。坑穴和上面由树枝搭建的窝棚，是黄河流域早期建筑的普遍形式。

农耕社会的到来，引导人们走出洞穴，走出丛林。人们可以通过劳动来创造生活，把握自己的命运，同时也开始了人工营造屋室的新阶段，并建立了以自己为中心的新秩序，真正意义上的"建筑" 诞生了。在母系氏族社会晚期的新石器时代，在仰韶、半坡、姜寨、河姆渡等考古发掘中均有居住遗址的发现。原始半穴居建筑复原图见图 3-1。北方仰韶文化遗址多半为半地穴式（图 3-2），但后期的建筑已进展到地面建筑，并已有了分隔成几个房间的房屋。

图 3-1　原始半穴居建筑复原图

图 3-2　仰韶遗址半穴居

穴居因所处之地势的差异而有不同的形式,《礼记·礼运》中说道,“地高则窑于地下,地下刚窟于地上,谓于地上累土而为窟”。文中“地高”的形式指黄土原上的穴居,为避风寒而穴于地下。“地下”的形式可能指平原、丘陵地带的穴居。这里体现了古人朴素的环境观,因地制宜。穴居实例以半坡遗址比较有代表性。有迹象表明,半坡穴居顶部已有通风排烟口。显示了旧石器时代人居环境下的人类充分利用自然条件的节能潜意识。

新石器时代出现了原始聚落这一人文景观。其群体布局、单体的结构与装饰,较岩穴类的自然庇护所有了更大的进步,从而与生态系统发生了初期的分离。此时,中国境内原始聚落最发达的地区位于东部和西部中间的黄河中上游地带,以渭水为中心,这里林木茂盛,特别是黄土层厚实,土质细密且含有少量石灰质,为穴居建筑提供了充分的条件。

因为还不懂得制砖砌墙,在土层较厚、黏度较高不易塌陷的地区,先民都是挖坑制屋,以土为墙。在西安半坡文化遗址,我们还可以见到这种窝棚。泥土和树枝成为一种建筑材料。先民逐渐学会建造竖穴居,就是在地下挖掘一定深度的室内空间,而后在其上覆盖树枝和芦苇、茅草或兽皮。例如据维特鲁威的《建筑十书》记载,居住在平原上的弗律癸亚人由于木材不足,就因地势挖凿洞穴,在土地允许的范围内开辟宽敞空间,在上面把圆木相互捆扎,用芦苇和树枝覆盖并堆积大量泥土,形成了冬暖夏凉的屋顶,也有用生长沼泽的芦苇建造草屋顶的。我们也可在法国的阿尔塞斯新石器时代遗址中发现竖穴。

建于地面的居所由于当时人类处于不断迁徙状态,所用材料多为植物和动物。例如树枝、树叶、茅草、兽皮,这些材料便于获取建造,但只能保有短暂时间,即使加入泥土等无机材料,也不够耐久。所以只有极少遗物能够暗示当时这些居处模样。

3.1.2 生土建筑(Earth Construction)

生土建筑主要是指用未焙烧而仅作简单加工的原状土为材料营造主体结构的建筑。

生土建筑始于人工凿穴,已有悠久的历史。从古代留存的烽火台、墓葬和故城遗址等,可以看到古人用生土营造建筑物的情况。生土建筑分布广泛,几乎遍及全球。1981年法国巴黎蓬皮杜艺术和文化中心曾举办世界各地生土建筑展览。现在世界上约有3亿人口居住在生土建筑中。

生土建筑是人类从原始进入文明的最具有代表性的特征之一,是中华民族历史文明的佐证与瑰宝,也是祖先留给我们丰富遗产中一项重要的内容。

生土建筑发源于中国的中西部地区,该地区干燥少雨,丰富的黄土层成为华夏文明初期的天然建筑材料。生土建筑结构体系大概经历了掩土结构体系(穴居、窑洞)、夯土结构体系及土坯结构体系三个阶段。早在石器时代,原始人就建造了各种生土建筑,距今7000年前的磁山文化、裴李岗文化、大地湾文化时期,已有圆形、方形的半地穴式房址。大约4000年前人类初步掌握的夯土技术,最具有特征的便是夯土建造的村社与城墙。土坯结构的出现,使生土建筑在保留人类与自然依恋关系与形式美感方面均达到很高的水准。我们今天能够看到的生土建筑有形史料,大都保留在黄土高原西北方向的地域。随着时代的进步,社会经济的发展,广大农村建房已逐步用黏土砖代替土坯、土夯墙体，使这一古老的建筑材料走向消亡。然而，随着生态文明时代的到来，这个曾经被工业文明遗忘的人类瑰宝又一次引起有识之士关注。

作为人类最早的建筑方式之一，生土建筑在很多地方的古文化遗址中，都有其文物遗留，像古长城的遗址、墓葬以及故城遗址等，都可以看到古人用生土营造建筑物的痕迹。生土建筑分布广泛，几乎遍及全球。中国黄土高原 64 万平方公里范围内的乡村居民，大多仍然居住在窑洞及其他生土建筑中。由于地理条件、生活方式、历史传统、民族习俗的不同，各地区的生土建筑在施工技术和建筑风格上也各有特点，这已经成为各国建筑文化的组成部分。而福建省永定地区的多层土楼，堪称世界建筑的一个奇迹。

生土建筑按材料、结构和建造工艺区分，有黄土窑洞、草泥垛墙建筑、各种“掩土建筑”，以及夯土的大体积构筑物。按营建方式和使用功能区分，则有窑洞民居、其他生土建筑民居和以生土材料建造的公用建筑（如城垣、粮仓、堤坝等)。

生土建筑可以就地取材，易于施工，造价低廉，冬暖夏凉，节省能源；它又融于自然，有利于环境保护和生态平衡。因此，这种古老的建筑类型至今仍然具有生命力。但是各类生土建筑都有开间不大、布局受限制、日照不足、通风不畅和潮湿等缺点，需要改进。

生土建筑最早、也是最普通的方式，就是夯土建筑。20 世纪 70 年代，中国一些地方的农村还在采用这种方式。以这种方式做成的墙，好像比一般火砖砌成的墙还要结实。有的住了 20 多年，生土夯成的墙还是刚夯成的样子（图 3-3)。

图 3-3　夯土墙

生土建筑的另一个方式就是先把生土做成砖，再用这种砖来砌墙。做砖的方法有碾压、和泥等多种，在水稻田比较多的地方，做砖多采用碾压的方式。由于生土材料的抗弯、抗剪、抗折强度很低，致使生土建筑在抗震能力方面存在着先天性不足。中国又是一个地震多发国家，绝大部分地区地震活动还相当强烈。历次地震后的宏观调查表明，生土建筑震害普遍十分严重，但也有一些生土建筑经历了几百年的风雨侵蚀和地震摇撼，依然完好无损。这就说明，生土结构只要设计合理，构造措施得当，也能满足抗震要求。

在人们普遍关注生态危机、能源危机、环境污染的今天，特别是中国西北地区，由于历史上的种种原因致使该地区经济落后，森林资源缺乏，生态环境脆弱，水土流失严重，大部分地区被缺水所困扰。我们从人居环境可持续发展的观念及生态文明的社会层面上，重新审视“生土”这一古老的建筑材料时，就能清醒地认识到“生土”是西北地区最有发展前景的绿色建筑材料。

3.1.3　泥砖

两河流域被古希腊人称为美索不达米亚（意为“两河之间的土地”），这里既没有山峦起伏，又无茂密森林，但最早进入文明门槛，最早迈进文明门槛的古国，都和河流密切相关，其主要原因，就是那里有良田沃土。两河文明，又称巴比伦文明，是人类文明的源头之一。他们在世界其他地区人们还在穴居的时候，就用土修造了青史留名的建筑。

近来考古学家发现两河流域的泥土大有来历，不能简单归结为每年一度的河水泛滥，而更与给人类留下惨痛记忆、对历史进程产生巨大影响的史前大洪水有关。

在古代，苏美尔人、亚述人、巴比伦人的传说中曾发生过一次史无前例的大洪水，《圣经》记录了他们的传说和诺亚方舟的故事。有多名学者在两河流域众多地区发现了同样的沉积土层。洪水毁灭了昔日的文明，又铺设一层厚泥土层为新的文明提供了取之不尽的加工材料。

由于两河流域石材匮乏，人们被逼全力营造土建筑，6000 年前苏美尔人就开始建造多级寺塔。这种寺塔都用生砖（土坯）筑成，下面的几级都没有内室，实际上是一层一层台基，神庙置于顶层。

苏美尔人的乌尔南姆庙塔已有 5500 年的历史。这也是一座灰土建构，外层精心贴着一层当时极为珍贵的砖块，砌着薄薄的凸出体。苏美尔人和其他古老民族一样，都认为山岳支撑天穹（如中国神话中擎天的不周山），山里蕴藏生命源泉，雨从山里涌出，山水注满河流，天神也住山中（如希腊神话中众神在奥林匹亚山巅，而在中国，仙人原意就是山里之人）。山是人与神之间的交通道路，于是在坦荡平原上建起祭祀高台。人类远古时期用土、石或土石混建的山形建筑，可能都有这种起因。

在两河流域南部发现了距今 8000 年前的木模制造土坯，日晒成砖的方法。由于日晒砖可以堆砌，牢固耐久，但不防水。因此虽然成为中东地区应用最广的建筑材料，但需采用防水并且坚固的屋顶和铺设有防水层的外墙。一旦屋顶遭到破坏，雨水入墙，建筑就会急剧崩塌。因此在史前时代，哪怕是雄伟宫殿，例如克雍及克宫旧址，今日残余只是一个巨大土堆。

这是由于地理环境不同，导致使用材料不同，当时同样辉煌的两河文明现在影响不如埃文明的重要原因，两河流域缺乏石头，当地建筑多以淤泥筑成。在早期，人们只是把杂乱无章的泥团夯在一起，不久以后，他们便在黏土中掺杂一些稻草、碎石、陶片等，用它们制成泥砖后放在当地强烈阳光下晒干。在筑房时，用灰泥把这些土砖连接在一起，以这种方法筑成的房屋，可以推测在文明进现时代，人们开始满怀信仰和激情，建造石建筑的同时，一定会建造难度相对较小的土建筑。只是这些土建筑现在已重新回归黄土、难寻踪迹。

《圣经》记载的尼尼微古城是曾显赫达 2000 年之久，后又屈服于火与剑之下，被人遗忘，在黑土下沉睡了 2500 年的亚述文明遗址。当时用黏土垒成的墙垣和幢幢住宅，都已化成座座土丘。原有域带就成为一个山丘。现在在伊拉克境内就有六千年多个，无数悲欢，无数追求梦想，几十代人的生老病死的信息，都埋葬在一个个山丘之中。考古学家挖掘这座土丘可能还需一二个世纪才能完成。这里又无森林成荫，甚至很多地区连漫山遍野的石块也很难寻，肃穆荒凉，白天酷热，夜晚寒冷，但是最早的文明却从这块缺石少木的半沙漠地方兴起，创立文明的苏美尔人，凭借的正是来自两河冲积平原上取之不尽的黏性泥土。苏美尔人用泥土完成两个“最早的”创举。一是用泥土制成泥板，用芦苇、木材或兽骨刻画出人类最早的楔形文字。人们在泥板上记录历史，记述脍炙人口的史诗，其中《吉尔伽美什》是人类最重要的早期神话和死亡与永生的探讨，而泥板所述的伊甸园、大洪水和吉尔伽美什方舟后来成为人类流传最广的《圣经创世记》的源头。泥土完成的第二个创举就是制成土坯，经过晒干或烧制成为建筑材料。和堆积的泥土不同，土坯可以大规模的生产、搬运、集中使用，土坯建造的房屋成为以后各类建筑的雏形。苏美尔人用土坯建造了成百上千幢住宅、宫殿和城墙。土坯和泥板，与它们相关的建筑与文字是人类文明史上的两大丰碑。苏美尔塔庙复原模型见图 3-4。

图 3-4　苏美尔塔庙复原模型

泥砖不但厚实、坚固，而且外表规则、美观。当然烧制的泥砖，特别是以沥青连接时，会使房屋更加耐久，但其造价很高，是当时名副其实的豪宅。因为美索不达米亚烧烤土坯的燃料木材，就连沥青等也需从很远的地方转运过来。因此一般只有王宫或神庙建筑才使用烧砖，而多数居民只有用晒干的土坯作为主要建筑材料。他们在屋顶铺上树枝和芦苇席，然后加上一层黏土，在夯筑的地板上有时也抹上一层石膏，这种房屋冬暖夏凉，居住舒适。只是每年冬天，必须在屋顶上再覆一层黏土，以防冬季绵绵细雨的渗入。房屋的地面也必须不时加高。因为产生的垃圾没有处理系统，于是在户外越堆越高，这点不如几乎同时代的摩亨佐·达罗（今日巴基斯坦信德省内）。如果室内地面不同时升高，雨天污水淤泥就会借机流入，于是必须在原来的地上基再夯上黏土，覆上灰泥，这个动作周而复始地进行。又过一段时间，后来居民干脆推倒前人辛苦建造的房屋基础，久而久之，整个城市升为土丘。

3.2　通天塔、土金字塔、空中花园

在两河流域生活过的苏美尔人、亚述人、巴比伦人用土坯建造的房屋取自泥土，现在又归还泥土。但当初人们创造的拱和穹隆结构，却被后来的罗马人加以发展，并被各个时代继承下来。两河时代，出现了几个跻身世界奇迹的建筑，如被称为“神之门”“百门之都”的古巴比伦城市、城墙、城门、通天塔、空中花园、《圣经》记录的尼尼微城等。在这些至今还被人念念不忘的建筑中，土坯都占有很大比重。如巴比伦城墙分内外两层，厚度都在 7m 以上，可以让一辆 4 匹马拉的战车转身，外墙用烧砖和沥青砌筑，相距 10m 的内墙全用土坯砌筑。大约 5000 年前，当世界其他地区还在探索制陶烧砖技术的时候，古巴比伦人已经用砖和土坯建房，并且在房的四周抹涂白色石灰，这就是名声遐迩的白庙。随后，就是后来不断为人传颂的通天塔。

3.2.1 通天塔

通天塔，在环顾古往今来影响历史进程的建筑时，位于两河流域的通天塔毫无疑问首屈一指——当然，这只是在神话传说中。

图 3-5 《圣经》中所描绘的巴别塔

远在 5000 年前，古巴比伦人用砖和河泥作为材料，建造了气势磅礴的通天塔——巴别塔（意为神的大门），这是《圣经》中第一次记载的建筑材料——砖的制造，第一次记载的建筑。毫无疑问在很长时间内，这是地球上最高的建筑（图 3-5）。

据称，号称历史之父的希腊时代学者希罗多德在公元前 460 年，曾在巴比伦城见到了早已荒弃的通天塔。他在著作中描述，巴别通天塔有一座高达 201m 的实心主塔，共有 8 层外面可以绕塔而上的螺旋形通道。他看到的塔基每边约 90m，高度也有 90m，塔顶有华丽雄伟的神庙，希罗多德叙述通天塔多次毁于战火又多次重建的历史。据史载公元前 539 年，世界征服者居鲁士大帝征服巴比伦时，曾为通天塔雄伟所倾倒。

但在波斯人彻底摧毁了巴比伦之后，巴别通天塔仅剩下一块长满野草的方形地基的残迹。在公元前 321 年，亚历山大大帝来到已经荒芜的巴比伦后，这位雄才大略的大帝也想重建通天塔，但是面对旷日持久的大工程，他最后只能放弃。

1899 年 3 月，德国考古学家罗伯特·科尔德韦在幼发拉底河畔进行持续十多年的大规模考古发掘工作，终于找到已经失踪两千多年，由新巴比伦王尼布甲尼撒二世在公元前 605 年耗举国之力重建的通天塔。据测量塔基与土层塔高（含神庙）高度都近 90m，而塔顶神庙高约 14.63m，墙壁包有金箔饰以淡蓝色的釉砖，估计该塔建造共用去 5800 万块当时极为珍贵的砖块。通天塔在河畔撑天柱地，俯视万物，尽现雄姿。但是神话故事更使通天塔万古传颂，在《圣经·创世纪》中，就有人们制造建筑材料并用其造塔的介绍。“那时天下人的口音言语都是一样，他们往东边迁移的时候，在示拿地遇见一片平原，就住在那里。他们彼此商量说，来吧，我们要做砖，把砖烧透了，他们就拿砖当石头，又拿石漆当灰泥。他们说来吧，我们要建一座城和一座塔，为要传扬我们的名，免得我们分散在全地上。”人类的豪情壮志，使上帝惊恐不安，于是混乱人世间的语音，从此人们互相言语不通，无法进行沟通交流。数千年来，通天塔为众多诗人画家提供灵感，成为人类尝试向上天挑战的象征。也有学者认为“巴别”一词在古巴比伦语中是“神之大门”意思，而在古希伯来人中则有“混乱”意思，上帝变乱语言的故事是一讹传。

有趣的是，2003 年在多国部队攻打伊拉克战争中，美国大兵又沿着残塔台阶拾级而上，又在通天塔遗址上神气活现。这一事实提醒人们，饱经沧桑的通天塔，还会面临无数新的折磨变故。

3.2.2 土金字塔

古埃及人最早使用的建筑材料也是泥土。2013 年美国考古学家安吉拉·米克尔根据谷歌地图提供的卫星图像，在尼罗河畔徘徊寻找了整整十年，终于找到2个相距近150km的不同寻常的大土堆，一处土堆底边呈约合190m的三角形，顶部平整，拥有非常对称的锥形外形，一处土堆则有4个三角形，1个明显的三角形底面。2个土堆虽因时间流逝而遭严重侵蚀，但明显不似天然成形。消息传出，引起轰动。有关学者指出，如果发现获得确认，这可能是有史以来发现的最大的金字塔遗迹，是之后驰名于世的石金字塔前身和原形，当然这也是迄今为止发现的最大土建筑遗址。因为两座大土堆从高处观看金字塔特征明显，而且在“大金字塔”周边还有三座较小土堆，也似小金字塔。这种排列形式与吉萨金字塔群——胡夫、海夫拉、门卡乌拉三大金字塔群相似，均按星空猎户座腰带三颗明星一字排开，而旁边尼罗河又与银河遥相呼应。这似乎显示土金字塔和石金字塔都由具有同样信仰的古埃及人造就。

也有资料表明在欧洲发现了人工堆积的大土堆，即所谓的希尔伯利山。这座由混杂石块堆成的土堆，有学者计算修造时投入劳动量有800万劳动时。

虽然经过夯实，但土建筑经日晒雨淋，总会出现“水土流失”，因此人们开始在土层外部铺设石块，这可以说是土建筑发展的新的阶段，而金字塔总的来说，两河流域时期最大的建筑设计特色就是砖的应用，这一时期的重要建筑物大量使用色彩华丽的玻璃砖贴面，玻璃面砖的装饰色彩、图案设计水平极高，形成了整套连续的建筑装饰设计手法，从夯土墙发展到土坯砖，再到精湛的烧砖筑墙技术，沥青陶钉石板或刻图式玻璃砖的墙面装饰手法，两河流域创造了以土为基本材料的建筑结构体系和墙面装饰手法。乌尔纳姆山岳台（ziggurate，即阶梯金字塔）位于苏美尔人居住的古城乌尔，这座献给月亮神的神庙如人造山脉，被誉为最伟大的最动人的早期神庙。山岳台拔地而起，每层都曾种植树木，以便保持与沐浴灿烂阳光的自然山脉的相似之处。

在乌尔山岳台后，又出现过古代世界最著名的山岳台巴贝尔塔，它很可能就是古巴比伦的伊特米南基神庙。巴贝尔塔表面镶嵌有当时罕见的蓝色彩釉砖，在边长90m的方形基底上拔起十层之高。传说中的空中花园，就建造在位于这个宏伟而芬芳的台地之巅的拱形建筑上。内部用泥土和沙石堆建，塔身分为五层，数百层台阶直通而上，台阶外表镶嵌巨大石板，整个金字塔体都用石块矗砌。

墨西哥特奥蒂瓦茨（印第安语“神之地”）古城的太阳金字塔就是一座土石建筑。金字塔高75m，体积达100万立方米，台基为边长225m的正方形，塔身为等边三角形，底边与塔高之比等于圆周与半径之比。金字塔的设计和阳光在金字塔上的移动时间、投影位置有关，显示出古玛雅人丰富的天文知识和数学知识。

3.2.3 空中花园

谈及古巴比伦时期的建筑不可不提入列“世界七大奇观”的空中花园。据说空中花园是层层叠叠的阶梯形建筑，由于高于宫墙，给人感觉如同悬挂空中。当年到巴比伦城朝拜、经商或旅游的人很远就可以看见花园城楼上的金色屋顶在阳光下熠熠生辉。在希腊文中，“空中花园”原意“梯形高台”（paradeisos），在英文中“paradise”意为天堂。

空中花园是一土石建筑，在一马平川的两河平原，堆成一百多米高的山丘。每层平台都是一个花园，由拱顶石柱支撑，台阶上都铺复石板、芦草、沥青、硬砖及铅板作为防水渗漏材料，上面土层很厚，足以使参天大树扎根生长。空中花园的输水抽灌系统令人称道。这一成就，早于阿基米德发明螺旋抽水的希腊时代。抽水、水管和水槽的使用使花园下部的许多房屋在屋内可以看到成串滴浇的水帘，在盛夏烈日感到凉爽，更使在长年平坦、只能生长耐盐灌木的土地上出现生机盎然的绿洲。防止高层渗水及保证各平台的供水系统，使空中花园出类拔萃，影响远远高于其他古代土建筑。

埃及古王国时代，人们已用大块花岗石板铺置地面，同时刻下大量浮雕并用于装饰拱券，学会烧制砖块并用砖和拱券结构。但是或许因为难以取得燃料并且使用大量木材制作模架，所以砖和拱券结构没有继续发展。由于尼罗河畔缺乏建筑木材，古埃及人便使用棕榈树、芦苇、纸草黏土和土坯造房。

3.3 古代埃及和也门土建筑

3.3.1 古埃及人的土楼

和古巴比伦人相似，古埃及人一般用晒干的泥砖来砌墙盖房。泥砖易受损而坏，加上埃及干燥的气候，房子只能供二三代人居住。棕榈椽子搭上木棍或木条构成屋顶，大房子尤其离不开棕榈木。古埃及人把芦苇席铺在地上以减少灰尘，窗户设在墙的高处，以减少热的散发，窗户上安石格子以防鸟儿破坏。

房屋的大小和美观程度由家庭的贫富程度和建房的地点决定。因城区土地昂贵，都市房屋比乡村房间窄小。

3.3.2 古也门人的沙漠土屋

自1000多年以前，也门人就在沙漠中运土筑屋，这些房屋每栋都有5～8层，高达30多米，500多幢外观雷同的建筑密密麻麻连成一片，全由泥土堆积而成，没有一砖一瓦，外由夯土城墙围住。整个建筑风格采用了垂直设计原则，屋顶和顶楼都涂有起保护作风的雪花石膏。城里道路几乎全是羊肠小径。在整年烈日当头的沙漠中间，密集的高楼可以最大程度地制造出避开阳光的背阴空间。各个楼房之间带有天桥过街楼相连，这使希巴姆城好似在一马平川的沙漠上拔地而起的一个巨大土丘，又好似一个构思精巧功能齐全的蚁穴。令人叹为观止的是，在干旱无雨的沙漠中，这些几经锻炼的土坯房屋居然完整保持几个世纪，现在还有人居住。也门希巴姆土希巴姆城1982年被认定为世界遗产，它犹如一片挺立在茫茫大漠中的海市蜃楼，又被誉为沙漠中高楼林立的曼哈顿。

3.4 印第安人土屋、中国统万城墙、福建土楼

3.4.1 印第安人土屋

美洲沙漠地区印第安人筑建的土屋是一种简单、古老、构思巧妙利用太阳能的储能产品。

沙漠气候在酷冷暴热两极摆动。白天，火红的太阳光经过沙石的反射和热量的累积，能把人烤死；夜晚，荒寒在一无遮掩的旷野中泛滥，又能把人冻僵。

尽管沙漠气候如此可怕，可印第安人却能凭借土屋，颇觉安适地生活下去。

印第安人土屋的墙壁是经过特别设计的，它的厚度恰到好处，白天，炽热的艳阳恰

晒不透向阳的墙壁，因为正将热透时，夜幕已经降临，而寒冷难耐的夜间，那被晒热了的土墙，正慢慢散发出它白天储存的热量，使室内变得温暖。

如果那墙稍薄一点，白天室内就会变成烤箱，夜晚它也不能散发出足够的热量；如果墙再厚一些，白天固然不至于炎热，夜晚却因透不过足够热量，而变得寒冷。

位于美国科罗拉多州的最大的考古废墟遗址，也是在北美首次发现的印第安人城市，房屋泥土砌成，屋顶已经散落（图 3-6）。从公元 11 世纪开始，印度以石块替代泥土和木材来建筑城堡，昔日的木制箭塔改由大块石块建造，石墙包围住旧的板筑和要塞，城堡由壕沟或护城河环绕。除城堡的石墙之外，石墙内部还要用碎石和燧石填充，这些碎石和燧石通常要混合，城墙的阔度一般在 1.8～4.8m 之间。

图 3-6　北美西北高原地区 Thompson 印第安族的穴居剖面图（取自 Nabokov P. &. p177）

3.4.2　中国统万城墙

在介绍土墙建筑时，中国鄂尔多斯草原的统万城（白城子）值得一提，统万城是由昔日叱咤风云的匈奴人所建，匈奴人已消失在历史岁月之中，融入今日中国人、中亚人，可能还有匈牙利人的血液之中，匈奴人的所有文物都不见踪影，只有统万城是他们在世上留下的唯一建筑遗址。

统万城规模不大，却极坚固，城墙高有 10m，四角墩楼高达 30m，城基厚近 30m，高 18m。这在世界筑城史上非常罕见。虽然是在漠漠黄沙之中，建筑材料来源受限，只能土夯。但筑城的用料十分讲究，用土都经过蒸熟，再掺和糯米汁、白粉土、黄沙和熟石灰。内城王宫的宫墙也由熟蒸土夯成，坚可磨刀斧。虽然被称为土城，但其质地和抗毁力坚硬如石。而宫内楼台馆舍相连，殿阁宏伟、雕梁画栋，豪华程度不亚于中原都城。

当时工艺要求极其严苛，筑成后以铁锥刺土检验质量，凡铁锥刺墙入一寸者，即判夯筑不合格，若谎报刺不进者，即属有意包庇。施工不力或者有意包庇者均遭酷刑或直接处死。参加筑城人数超过 10 万人，而遭杀害者近 1 万人，可以说这座当时固若金汤，后又在黄沙中深埋 1500 年，至今仍然极为坚固的城墙，是在一种极为残酷的威慑下建造出来的不可复制的产物。

3.4.3　中国福建土楼

福建土楼是土建筑中的奇葩，是在两宋时代，中原一带居民被迫南迁，在他乡明月照耀下造的住所。由于背井离乡、危险四伏成为所谓客家，南迁的中原人集体意识很强，创造出了体现群居特点的土楼。土楼形状奇特、坚实牢固，规模宏大，建筑布局融合了古希腊风格与苏州园林风格，每当大门关起，里面就是一个独立世界，“御外凝内”是土楼根本的用途。

土楼建设只能就地取材，以黏沙土混合夯筑，加竹板式木条作墙盘增强，墙厚数尺，子弹难穿，烈火不燃，楼高数米到十余米，可有数百房间。墙的基础宽达 3m，底层墙厚

1.5m，刀剑不入，向上依次缩小，顶层墙厚不小于0.9m，土楼夏天可以避暑，冬天可以防寒。另外土楼还有积蓄水源作用。福建两年降雨量约1800mm，并且往往骤晴骤雨，湿度波动很大，而土楼能够随环境变化释放吸收水分，有益于居民健康。

土楼有方形、圆形、四角形、五角形、交椅形、簸箕形等，其中圆楼最引人注目。福建现存土楼多达8000多座，分布在崇山峻岭当中，与青山绿水相辉映，具有浓郁民俗风情。20世纪80年代，美国卫星俯视这8000个直径17～80m、形状不一的建筑，曾怀疑它们是新式军事设施。

3.5 窑洞、土屋、石屋

远古时期，人类就开始利用天然洞穴防寒暑、避风雨和躲避野兽。50多万年前，北京猿人就居住在天然岩洞中。据仰韶文化和龙山文化遗址的考古发现，在距今7000～5000年前开始出现人工挖掘的居住洞穴，从简单的袋形竖穴到圆形或方形的半地穴，上面有简单屋顶。后来，开始在地面上建造住房，穴居逐渐不再是人类的主要居住方式。但古代陵墓仍然按照地上建筑方式在地下营建。有些粮仓也建在地下，如隋代开始修筑的洛阳含嘉仓规模宏大，占地43万平方米，从隋代至宋代500年间是中国最大的地下粮仓，贮粮近600万石（一石约为100斤）。直到今日，仓内剩余的粮食仍能发芽生长。含嘉仓现已列入世界文化遗产名录。中国西北、华北的黄土高原地区，由于黄土地层便于挖掘和气候干燥，穴居的传统一直延续至今。估计中国目前仍有3500万以上的人口居住在窑洞中。

窑洞是黄土高原的产物，陕北农民的象征。在这里沉积了古老的黄土地深层文化，人民创造了陕北的窑洞艺术。人们在黄土地上刨挖，生儿育女，小小窑洞浓缩了黄土地的别样风情。陕北的窑洞是自然图景和生活图景的有机结合，渗透着人们对黄土地的热爱和眷恋之情。

在黄河流域，黄土层广阔丰厚，土质均匀，含石灰质，有壁立不会倒塌的特点，便于挖作洞穴。因此在文明早期，竖穴上覆盖草顶的穴居被广泛采用。随着人们营建经验的不断积累和技术提高穴居从竖穴逐步发展到半穴居，最后被地面建筑替代。中国窑洞这样的浅层地下空间不仅具有良好的地温及较厚土层的围护作用，并且日照、通风、采光、居住者心理对外界信息，特别是日、月、星辰、晴、阴、雨、雪的感受与在传统地面无大差别，同时又不像中、深层地下空间那会遇到建造地下水的处理问题以及日照、通风、采光、紧急疏散与外界心理信息相通的难题，同时设计、制造都较简易。

深达一二百米极难渗水，直立性很强的黄土层，为窑洞提供了很好的发展前景，同时气候干燥少雨、冬季寒冷、木材缺少的自然条件，也为冬暖夏凉、经济适用、不需木材的窑洞创造了发展和延续的契机。由于自然环境、地貌特征和地方风土的影响，窑洞形式各种各样，建筑结构形式基本可分靠崖式、下沉式和独立式。

下沉式窑洞就是地下窑洞，主要分布在黄土堆区——没有山坡、沟壁可利用的地区。这种窑洞的做法是先就地挖下一个方形地坑，然后再向四壁窑洞，形成一个四合院。“进村不见房，见树不见树”，外地人又称它是“地下的北京四合院”。

天井窑院既是游览农村的一大景观，也是考察研究黄土高原民俗和原始“穴居”发展演进的实物见证。

靠崖式窑洞有靠山式和沿沟式，窑洞常呈曲线或折线型排列，有和谐美观的建筑艺术效果。在山坡高度允许的情况下有时布置几层台梯式窑洞，类似楼房。

3.6 砖

3.6.1 砖的生产

泥土不仅加水变软后可以任意变化，加热以后还可以固定成形，成为普遍适于生产、使用的建筑材料并在历史上出现沿袭数千年的砖瓦时代。

到数万年前，史前人类在点燃篝火时发现泥土变得坚硬，后来开始有意识地烘烤地面，在坑穴中求得相对干燥、蝇虫较少的环境，这已经是对泥土的早期加工，至少在距今1万年前，先民开始用泥土制陶。

由于树枝棚和茅草房被狂风暴雨冲垮，加上泥土的丰富弥补了树木的匮乏，那时的人们便烧制砖。两河流域就是最早发明了砖的地区。因为有砖，人们就能很方便地建造一个坚固的、能够挡风遮雨的空间，保障居住环境。砖的发明极大地促进了建筑业的发展。与地穴相比，用砖在地面之上建成的房屋优势日渐明显。为了方便挖掘建造，地穴常被挖成圆形。砖出现后，可将房屋造成方形，既便于规划，又充分利用了土地资源。

用烧砖替代土坯的过程持续了很长时间，这在史书中多有记载。还在氏族时代，人们就利用加工后的土坯房。后来黏土制成的砖开始流行。砖比石块施工迅速，成为古代应用最广的建筑材料。有的学者甚至认为，大河流域两岸原始文明的发展，在一定程度上依赖于制砖的原始材料——黏土的使用。首先使用原始的黏土，然后在工场中烧制、根据法规制成不同尺寸。

由阳光晒干的土坯只是砖的雏形。砖块发展的第二阶段，仍发生在两河流域，人们将黏土和黏稠的沥青灰泥混在一起，成为一种不似土坯那样容易干裂、破碎，今日名为沥青黏土的制品。

砖块发展的第三阶段是经受火的处理。真正成为现在意义上的砖，其实是在原始社会的窝棚之中。美国学者汤姆·菲艾在《历史上最伟大的100项发明》中有对砖块的描述。他写道：砖块的故事被认为开始于文明的诞生地，发源于底格里斯河和幼发拉底河的河岸，尽管这种场景可能在中国、非洲、欧洲或者早期人类聚居的任何地方轻易上演。洪水时代过去以后，厚的泥沙的堆积物和沉淀物被留了下来，暴露在阳光下，这种经过泥土、河流和阳光打造成型的“黏土”可以制成雕塑、家用器皿和砖块。人们发现在用篝火取暖、烧烤之后，地面变得坚硬的现象。砖块的前身是半经火烤的土坯。这在古代地中海沿岸各地，砖块以赤陶土（字面意思就是“烘焙的泥土”）形式迎来鼎盛时期。在乌尔等地，考古学家发现当地人们已发明一种密封的用于加热的窑炉，加热温度可以达到1000℃左右，有目的地将晒干的土坯进行“烧制”，并且判定发生时间为距今3500年前。在世界闻名的埃及大金字塔旁不远，有一砖砌的小金字塔。相比旁边的庞然大物显得纤巧，但当时它的建造者却以它的名义自鸣得意地树立碑文，介绍由河中取淤泥焙烧制砖的过程，声称自己建造的金字塔比大金字塔更出身高贵。最早的砖出现在两河流域。5000多年以前，来自北方山地的阿卡德人与最早创造文明的苏美尔人混居，开始建造以神庙为中心的城市。在这片土地上，干旱无雨，缺少森林，黄沙遍地，没有石块，人们通过晒制土砖，进而烧砖作为建房材料，并且创造出拱和穹窿结构。

巴比伦城共有100多座城门，壮美富有激情和人文气息。享有世界城门之最称号。其中掌管战争、胜利和爱情女神伊什塔尔城门高12m，雄伟壮丽，墙外壁都是色彩艳丽的彩釉砖，门墙和塔楼上嵌满蓝青色的琉璃砖，砖上饰有各类动物浮雕。在阳光照耀下，各种动物塑像具有高雅、光彩夺目的艺术效果。每块彩釉砖高达0.9m，整个城门上镶砌有575块，在只靠简陋手工生产的年代，显示出了古巴比伦人巨大智慧。在史诗《吉尔伽美什》中诗人在描述两河流域的著名城市乌鲁克时，写道："登上乌鲁克的城墙，沿着它往前走，观察台阶基础，审视砌砖艺术，难道它不是烧透的砖并且质地优良吗？"

砖的使用带来建筑的革新。最早描述第一个用砖建造的真正"拱门"可以回溯到公元前4000年的两河流域的乌尔（在今日伊拉克境内）。拱门是建筑发展过程中的一个重要部分，令使用砖块进行建筑成为可能。它在很大程度上取代了大块石板制成的相对不牢固的门楣，使建筑重量均匀压在所有砖块之间。

古代西亚文化发展与古埃及基本同步。我们所说的古代西亚建筑包括公元前3500～前539年的两河流域的建筑、公元前550～公元637年的波斯建筑和公元前1100～前500年叙利亚地区的建筑。

古西亚的建筑成就在于创造了以土作为基本原料的结构体系和装饰手法，从夯土墙开始至土坯砖和烧砖，随后又创造了用来保护装饰墙面的面砖和彩色玻璃砖。这些建筑材料对后来的拜占庭建筑和伊斯兰建筑有很大的影响。

公元前4000年，这里出现了用土坯、砖石建筑的窝棚，观象台和庙宇为中心的城市，这就是苏美尔文化（sumerian）。随后汉谟拉比在公元前1758年建立了巴比伦王国和巴比伦城。公元前900年，两河上游的亚述王国开始大兴土木，建立规模巨大的城市宫殿。

在没有印刷书籍的时代，建筑就是人们生活中的黏土和石头书籍，人们从壁柱面的残刻，历史与法律以及建筑的空间与造型中感悟诗歌与神话。

3.6.2 土墙和砖墙

(1) 古巴比伦土墙

古巴比伦人在用泥土筑房的时候，更用泥土堆建巨大的土墙。土墙环绕整个王国的西部，长数十公里，全部用砂和淤泥筑成，是当时极有成效的防御建筑。耀武扬威的古埃及人，多次觊觎东方财富，但土墙成为难以逾越的屏障，他们只能挥动简陋的武器在土墙脚下摇旗呐喊。

古巴比伦人以后其他文明古国也陆续修筑土墙，防御游牧民族、沙漠民族的突然袭击。在东方秦汉帝国和西方罗马帝国以后，都出现以泥土和石块、砖块合筑的墙。而基本由泥土修筑的土墙以"蛇墙"最为著名。前苏联大百科全书对"蛇墙"介绍："民间对横贯基辅以南，沿着第聂伯河及其支流两岸建造的古代土防御墙的称呼……蛇墙的遗迹目前仍在乌克兰地区的一些河流两岸隐约可见，有的地方长达数十公里，高约10m。类似的土墙在波德涅斯洛维耶也有。土墙的建造日期尚未确定。"

这座绵延几千公里的土墙（据学者计算，其仅在乌克兰境内的工程量即相当于埃及全部大小数百个金字塔的工程量）的真正起源还是距今3000～1000年前，但都是用于抵御亚欧草原的游牧民族。

（2）中国长城

中国长城是人类有史以来最大的砖石建筑，它横空出世，跨崇山、越峻岭、穿草地、过沙漠，长达1万多里。长城因地制宜，据险制塞，建筑类型非常完整，楼、台、庙、衙署连为一体，建筑布局、结构、雕刻都极具艺术价值。长城不仅是军事防御工程，曾为保障丝绸之路远出西域畅通、发展与欧亚各国的经贸和文化交往发挥很大作用，长城又是中国农耕区域和游牧区域的天然分界线，长城内外100km范围，日照、风速、气温都有明显不同。

万里长城是世界上独一无二可以分两种生态区域、太阳光不同影响的建筑。在沙漠地区，由于缺少砖石，长城采用当地出产的砾石和红柳，充分发挥砾石抗压性能和红柳牵拉性能。这两种建筑材料结合砌筑的城体非常坚固，经历2000多年风沙雨雪的冲击，不少地段仍屹立高达数米。

在西北黄土高原地区，长城大多用夯土夯筑或土坯垒砌，其坚固程度不亚于砖石。如甘肃的嘉峪关长城墙体，修筑时专门从关西10多公里外的黑山挖运黄土，夯筑时使夯口相互咬实，这种墙体土质接合密实，墙体下易变形裂缝。明代修筑长城以用砖、石砌筑和用砖石混合砌筑为主，墙身表面用条石或砖块砌筑，白灰浆填缝，平整严实，草根、树根很难在缝中生长，墙顶有排水沟，排除雨水保护墙身。

长城多沿蜿蜒起伏的山脊线延伸，山因墙固，墙因山壮，峻峭，气势磅礴，具有震撼人心的巨大艺术感染力，人的意志和力量的显现使长城突破单纯军事工程的意义而具有重要审美价值。

（3）摩亨佐·达罗城

从现存的遗迹来看，除了庙宇和塔，西亚民族在建筑形式上的一个创造对后世影响深远，这就是拱的发明。用砖、石制的拱可以分成叠涩拱和真拱两种。所谓叠涩拱其实就是渐次接近的两排砖的系列。把它按其对称轴旋转得到的三维结构，又称叠涩穹窿。欧洲最早出现的石头房就是叠涩穹窿的结构。亚述人发明了叠涩拱，但他们只是用砖砌出真拱的样子，而使用的砖还是四方的，真拱随后才得以完善。后来，古罗马人继承发展了这种结构，应用在罗马建筑之中。

在印度河流域最早的砖建筑在今巴基斯坦信德省境内，有一座距今2000多年的古城摩亨佐·达罗城。这里十分荒凉，一年之中有10个月干燥炎热，四周沙丘、砾石环绕，一片萧瑟。然而这里大街小巷按照方向排列整齐，数千间房屋如棋子散布全城，有着世界最早的城市建设。

走进摩亨佐·达罗城遗址，恍如来到一个个砖块矗成的山丘。几千年前，人们一直在印度河边取土和泥，脱坯入窑，用火将泥坯烧结成为大硬方砖，这种被称“火砖”的方砖，其三维尺寸按倍数递减，分别为28cm、14cm、7cm，砖呈土黄色，历数千年而不酥。

摩亨佐·达罗被誉为“青铜时代的曼哈顿”，是世界古代著名哈拉帕文化的主要代表。这个世界上最早种植和加工棉花的民族，也创造了令人惊艳的城市公共系统工程，这里住宅有水井和浴室、供水和废水排放系统、垃圾自动排放系统，这些用砖砌筑的系统，在上古时代无与伦比，甚至当今世界许多城市也望尘莫及。

(4) 世界最大土城——昌昌

昌昌位于南美西部高原，它的断垣残壁与周围漫漫黄沙颜色一样，现在所能看到的城垣和屋墙，大都只剩五六米高的墙基，令人难以联想昔日辉煌。古城被发现后的300年间有无数人在此搜寻翻掘，搜刮的稀异奇宝车载船运，轰动世界，但整个古城全被捣毁。直到19世纪末期，欧美学者开始保存性的考古，进行修复工程。

昌昌土城的城垣之内有各自独自的城堡，每个城堡和宫殿都有城墙，残留城墙长440m，原高15m，城址中心道路纵横交错，宫殿、祭坛、寺庙、花园、住房、市场、监牢、粮仓建设井然有序。

昌昌所有建筑的最大特点，就是所有的城墙和房屋都不见一砖一石，全部由土坯垒成。那里土坯有大有小，依不同建筑而定，砌得天衣无缝，常以品字形逐层砌造，以防地震破坏。1970年秘鲁发生特大地震，后人修复加固的城墙倒塌，而残存的古墙却毫无损伤。这些断垣残壁，历经五六百年的岁月冲刷，只是以不易觉察的速度慢慢变矮。原因是原契穆人的土坯是用黏土、贝壳、砂粒磨成细粉，混合渗水成型，以火焙烧制，成品呈紫红色，牢固程度不亚于现代混凝土。当地气候干燥，几乎终年无雨，使土坯长久不败。契穆人避开远地采石的困难，利用当地丰富砂土、贝壳。

昌昌兴旺时期，估计居民人数在5万以上，并有长达80km的引水工程。越来越多的珍贵文物、建筑、浮雕陆续被发现，证明昌昌有世界上最大土城的称号名副其实。

(5) 巴士底狱

对于全世界向往法国大革命的人来说，他们可能从来不知道什么是三级会议，什么是“网球场誓言”，却不会不知道什么是巴士底狱。法国革命的象征，就是攻陷巴士底狱。攻陷巴士底狱的日子——1789年7月14日是今日法兰西共和国的国庆日。

巴士底狱早已片瓦不存，人们只能在巴黎市历史博物馆看见它的模型和遗物。它曾是非常壮观的一座中世纪城堡，建于1370年，它有着厚达9m，高达30m的夯土围墙并由近24m宽的壕沟环绕，在挥舞宝剑的骑士时代，确实是庞然大物，令人有固若金汤之感。

在路易十六专政时期，巴士底狱是专制的象征，它化作种种传奇故事，出现在脍炙人口的文学作品中，大文豪雨果的《悲惨世界》和《九三年》、狄更斯的《双城记》、大仲马的《基督山伯爵》和《铁面人》等脍炙人口的著作中都有巴士底狱的身影。

3.7 瓦

我国砖瓦使用较晚，据史书记载，殷商时期的宫殿还用茅草和泥土铺顶，西周时才开始用瓦。瓦，古名甍。砖，古名甓，又名瓴甋。

在秦陵俑坑发现的砖墙质地坚硬，说明秦代已经出现承重用砖。砖的发明是中国建筑史上的重要成就。而到汉代，瓦的质量更大幅提高。笔者见过一块汉瓦，它已成为一个精细古董，被加工成高档砚台，有宋人诗词并刻制收藏家姓名。

瓦的诞生使屋面发生巨大变革，建筑跨入新时代。但是早期的瓦吸水率高，汲湿严重，通过人们不懈努力，后期的瓦擗密如石，敲击如磬，吸水率不足3%，甚至优于现在某些瓷器。与此同时再烧上涂釉烧结成完全不吸水的琉璃。秦砖汉瓦还研制过铜瓦、铁瓦。防水功能逐渐由构造防水向材料防水转移。小块的瓦上下左右搭接若做到滴水不漏、百年不渗是很难的。单靠一层瓦防水不够，人们又在瓦下增加青灰背，青灰背上再加10cm的灰背，由磨细石灰与细黏土混合拌匀、掺水、拍实，犹如现在的混凝土刚性防水层。瓦成为屋面防水的主材料，统治屋面近5000年，直到19世纪出现易卷曲、不破碎的油毛毡防水材料，瓦才渐渐失去了作为单一防水材料的辉煌。

古代瓦材是构造防水，高档建筑在瓦搭接有接缝处加上名曰铅易背的金属卷材。

在中国秦代，陶质砖、瓦及管道不仅用于铺砌室内外地面，还开始用于贴砌墙的内表面，并且人们在砖瓦的表面设计刻印各种纹样。在秦都咸阳宫殿建筑遗址以及陕西临潼、凤翔等地发现了大量秦代画像砖和铺地青砖，用作踏步或砌于墙壁的砖面上刻有各种各样、生动活泼的纹样。

砖瓦都是陶器在建筑上的应用。陶器是人类首次利用火改变物质分子结构的产物，茹毛饮血的远古时代一项重大的发明创造。陶器的产生使人类的生存方式发生了改变，它作为人类进步的见证物，身上蕴藏着最古老的科技信息、文字信息、艺术信息。

3.8 琉璃和瓷砖

琉璃和瓷砖都是一种带釉陶瓷，都是以难熔黏土为原料，经干燥、素烧、施釉、釉烧而成。琉璃和瓷砖质地致密、表观光滑、不易剥釉、不易褪色，色彩绚丽，使砖瓦如跳过龙门的鲤鱼，从此焕然一新，身价百倍。

琉璃和瓷砖也应该是玻璃近亲，其起源地也在两河地区。早在古巴比伦“百门之城”的著名城门和巴别通天塔顶部神庙中，人们就使用当时极为珍贵的瓷砖。巴比伦城的伊斯塔门外壁就用色彩艳丽的釉砖筑成，深蓝色的墙面上饰以形态生动的动物和姿态威猛的神兽，色彩斑斓，令人眼花缭乱。巴比伦城最神圣的建筑马尔都克神庙，庙砖都以黄金包裹，饰以蓝彩釉砖，在当地常年不雨的阳光照耀下，整个庙宇熠熠闪光。

琉璃、瓷砖技术西向欧洲、东向中亚、印度传播。在中世纪，西方著名宫殿和寺庙中，都有瓷砖琉璃和精心拼砌的墙壁、屋顶，在伊斯兰教建筑中有马赛克组成的精彩图案，而在基督教寺院则构成人物故事。

琉璃在中国的遭遇颇有戏剧性，经过开始自成体系、发展缓慢，接受先进技术，后来居上三个阶段。

在传说中，中国琉璃源自2700年前的古代越国。越国是春秋时代一个绚烂多彩的亮点。中国古代最美的女子西施就出自这里。相传琉璃是越国宰相、历史上有名的人物范蠡在督造王者之剑时发现的，认为这是天地阴阳所能达到的极致，被越王命名为蠡，后来西施眼泪滴在蠡上，人称为流蠡，并以讹传讹取名琉璃，这虽然只是传说，但能制造干将莫邪宝剑，掌握当时世界上最先进冶炼技术的越国是完全可能的。

近年以来，在湖北、陕西、河南、长沙等地出土墓葬中不断有琉璃饰物现身，化验成分都是铅钡玻璃，不同于西方钠钙玻璃。这一方面证明中国确有本土发明的琉璃；另一方面从原料稀少和生产工艺复杂，也证明了中国琉璃只是苦心经营的小本生意，只能作为显贵珍稀装饰，数量甚微，体积很小，无法满足需要，更不能大规模地用于建筑。

按文献记载，琉璃在中国出现在秦汉之际，开始成为极其珍贵的建筑材料。如汉武帝时号称博学的东方朔写道：方丈洲在东海中心……是群龙所聚。有金、玉、琉璃之宫，三天司命所治之处。恒宽在《盐铁论》中写道：“璧玉珊瑚琉璃，成为国之宝”。那时尺寸较大的琉璃来自海外，如“汉武帝时身毒国（今日印度）献连环羁，皆以白玉作之……白光琉璃为鞍，鞍在暗室中常照十余丈如昼日”。而身毒的琉璃技术更可能传于西亚。

似乎到南北朝时期，琉璃的制造技术才由西域传入中国内地，这在古书上也有明确记载。

“大秦国（罗马帝国）出青、白、黑、黄、赤、绿、绀、红、紫古种琉璃，又有五色玻璃，红色者最贵。（引魏书）有天竺国人至京，自言能铸石为五色琉璃，于是采石铸之。所谓琉璃者，谓其如玉也，若以石铸之，曾何促珍。”

“（魏）世祖时，其国人商贩京师，自己能铸石为五色琉璃，于是采矿山中，于京师铸之。既成，光泽仍美于西方来者。诏为行殿，容百余人，光色映彻，观者见之，莫不惊骇，以为神明所作。自此中国琉璃遂贱，人不复诊之。”

以上记载，清楚表明，琉璃制造技术源自西方。是古巴伦人对人类建筑的伟大贡献。在长达几个世纪时间，一些琉璃制品被视为珍贵宝物并且带有种种神秘传说。由西方商人沿丝绸之路带到中国，用来交换越溪寒女含辛茹苦纺织的丝绸。直到公元二三世纪，中国才掌握了东传的琉璃生产技术，并且很快结出累累硕果。

到了唐代，唐三彩已驰名海外，它的生产技术显然受到琉璃启发。唐代的宫殿已开始使用色彩鲜艳的琉璃，一改秦汉以来宫殿和所有房屋都以灰黑为主的格局，变得金碧辉煌，光彩照人，琉璃作为高档建筑材料的模式，一直沿袭到明清皇宫，被人们列为世界中世纪七大奇迹之一的南京瓷塔，笔者曾在大报恩寺遗址收集到瓦当和其他碎片，证明它们是加工精美的琉璃。我国古代重要建筑如亭台楼阁屋面常用琉璃制品。

在论及人类建材和建筑的历史时，应该提到琉璃，这是古罗马人对东西建筑都产生深远影响，给人类建筑带来美丽的发明。

3.9 著名砖瓦建筑

在数千年间，泥土及泥土烘烧的砖瓦，修造出的建筑遍布世界。但在岁月长河的冲击下，这些建筑的绝大多数都已“土崩瓦解”，回归尘土了。只有新月平原上连续不断的土丘和东欧草原上的土墙，记述当年的繁荣。通天塔空中花园都成一个美丽神话，存在数百年的砖瓦建筑在中国原有许多，由于兵灾、战火、自然毁坏，尤其将其视为“四旧”，在建设中的拆迁也损失大部，剩有的已是古迹。如安徽、江苏的明清民居，福建土楼，山西民宅，都受到保护，并日益显示其在建筑美术民俗文化中的独特魅力。

而砖石结构的建筑，属于世界中古时代建筑主流，其中著名者都是人类文化中的无价瑰宝。有的学者列举了中外著名砖石建筑，真是洋洋大观，列举如下。

著名砖石结构建筑有秦始皇陵、万里长城、唐代大雁塔、小雁塔、明清时代苏州园林、北京故宫，西藏布达拉宫、南京中山陵。

外国著名砖石结构建筑有希腊雅典的酒神剧场、印度桑吉大卒堵坡、法国尼姆水道、意大利罗马提图斯凯旋门、土耳其伊斯坦布尔圣索菲亚大教堂、意大利拉文纳圣维他雷教堂、意大利威尼斯圣马可教堂、英格兰达勒姆教堂、西班牙圣地亚哥德·孔波斯拉教堂、意大利比萨主教堂、西班牙科尔多瓦大清真寺、法国塞纳圣丹尼教堂、法国巴黎夏特尔大教堂、法国巴黎圣母院、英格兰坎特伯雷大教堂、英格兰剑桥大学国王学院拜礼堂、英格兰伦敦温莎堡、西班牙阿尔汗布拉宫、柬埔寨吴哥窟、意大利佛罗伦萨大教堂、意大利佛罗伦萨帕奇拜堂、意大利罗马坦比哀多（圣彼得小教堂）、意大利维琴察圆厅别墅，黑山亚德里亚海岸科托尔城墙，秘鲁安第斯山脉马丘比丘，印度默哈伯利布勒姆。在第 8 章,“地下建筑”中，我们还会介绍秦始皇陵和永清地下战道。

3.10 今日土建筑

3.10.1 今日土建筑的特点

用泥土烧就的砖瓦因为耗能和占用宝贵土地资源，同时性能无法与水泥、钢材抗衡，已渐渐被边缘化，但是在人们关注环保节能的时候，真正符合生态绿色的泥土茅草房屋，有在更高层次上出现回归的趋势。早已被边缘化的土建筑，因为节能、节约土地资源，又峰回路转受到人们的重视。对土建筑的研究表现在：①模仿 2 千年前古巴比伦人空中花园的构思，在建筑物外覆土种植；②将新的科技成果运用到窑洞等以泥土为主体的建筑；③开拓以泥土和岩石为主体的地下空间。泥土和岩石又有可能成为用量最多的建筑材料。

当各类新型建筑材料争先恐后涌出显示新的特性的时候，从另一个角度观看最传统的建筑材料——泥土的用途也在发扬光大。泥土是人类最早使用的建筑材料之一，是构成几千年来各类建筑的主要材料。近年来，泥土又因为绿色环保，以泥土、石块为主要材料的地下或半地下的建筑，节约土地资源和能源备受重视。如果将现代建筑看成地面上的营造部分（不论是高楼大厦还是平房别墅）和接连泥土为一个整体，存在有机联系，那么地下泥土就是建筑组成部分。以泥土和岩石为墙体的地下建筑和利用地下土壤（含岩石和水）实现太阳能热地下存储的方式都是泥土建筑材料用途的拓展。

3.10.2 掩土建筑与窑洞建筑

掩土建筑是其中一部分或全部用土掩盖的建筑。已有学者指出，因为土壤具有优良的绝热性能，掩土建筑在 21 世纪会有巨大发展。本书所指的覆土建筑艺术，不是单指以土覆盖着的建筑，也不单指地下建筑，而是指以土、石、木等作材料，与大自然密切联系着的建筑，英文称为 Earth Sheltered Architecture。它是建筑学中新兴的一门综合学科，伴随着环境科学发展起来，它和以保护自然环境为宗旨的生态建筑学（Ecological Architecture）有密切的关系。现实要求我们积极投身于发展、创造与大自然和谐的“文明建筑”（Gentle Architecture）。可喜的是，古代人类的覆土建筑艺术给我们提供了许多启示，这些建筑在如何巧妙地利用和顺应自然环境的条件方面作出了榜样。

掩土建筑节能节地，建筑上方种植各类绿色植物、菜蔬，既防震防风、隔声性好、防火、有效减少沙尘和放射性污染，又能营造良好的室内小气候。位于通风条件良好(可有微风)，利于排水，景观日照良好的坡地建筑（图 3-7）和新型窑洞建筑（图 3-8）都属于这类建筑。节约土地资源是建筑的基本要求之一。

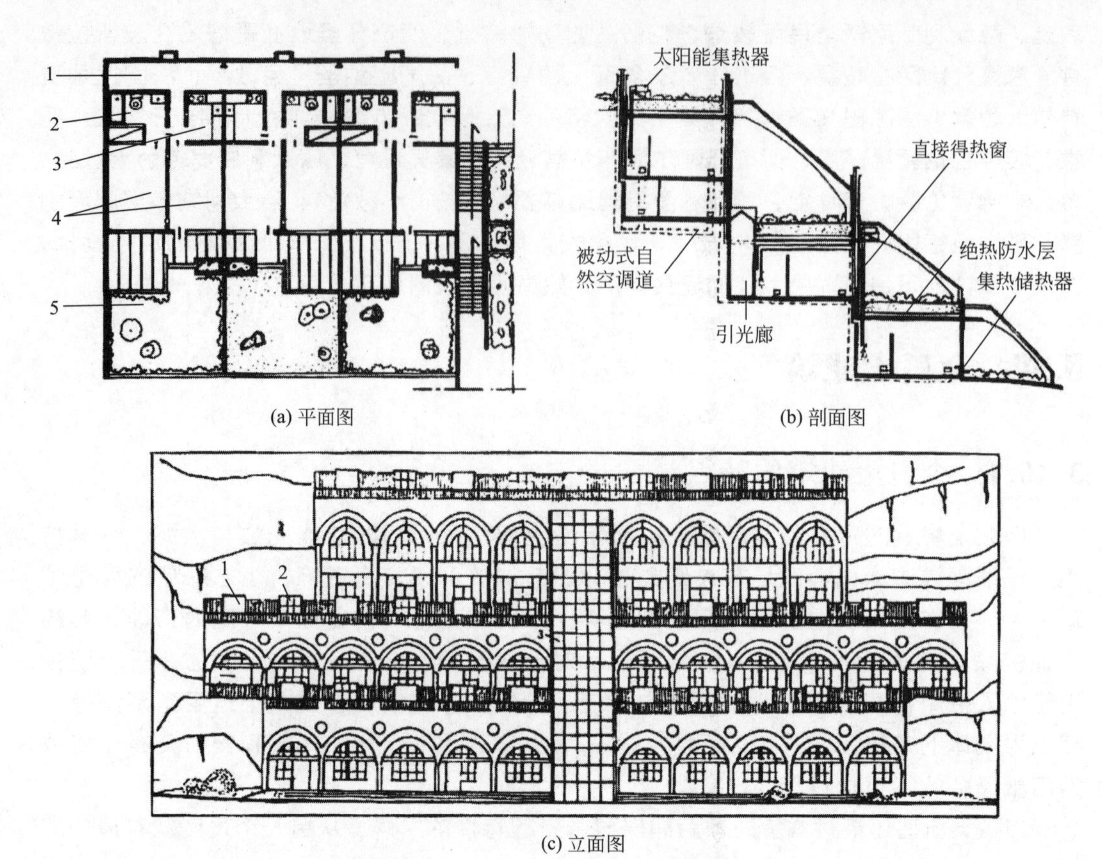

(a) 平面图　　(b) 剖面图

(c) 立面图

图 3-7　坡地双零住宅

1—引光观景廊；2—卫生间；3—厨房；4—居室；5—毗连大温室

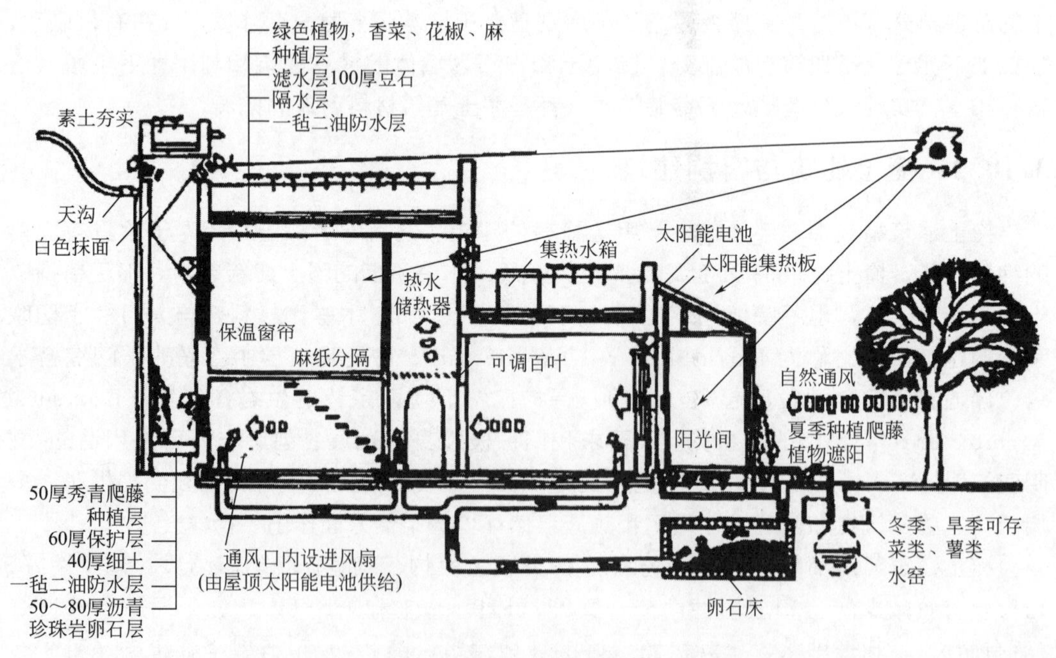

图 3-8　新型窑洞的设计原理图(单位：mm)

所谓省地建筑，主要体现在 4 个方面：①选择荒废坡地建房，不占平地；②设计采用高密度的台阶布局，不仅建筑间距为零，而且可得到最大的日照率；③整个建筑掩蔽于土壤之中，使每一阶的占地都被屋顶所弥补；④向地下及空中发展，通过解决一些很大的技术难题建立未来建筑理念。

图 3-9 是湘南台文化中心，由于一半以上的使用面积都在地下，因此地上部分得以预留出宽大的广场空间。

图 3-9　湘南台文化中心

(1) 窑洞建筑

西安建筑科技大学在陕西省延安市枣园村设计并建成了绿色窑居建筑（图 3-8）。新型窑洞的设计原理如下：在保持窑洞原有优点的基础上，设计利用附加阳光间增加太阳能利用；利用地道风改善窑洞室内通风问题，改善室内空气质量；利用采光井改善窑洞深处的采光质量。

(2) 掩土建筑

对于掩土建筑，设计者和建造者对现场还应考虑下列问题：与现场所处天顶方向有关的太阳辐射日波动和年波动情况，如斜面的，东、西、南、北面的等；土壤性质，即土壤的物理和化学组成。土壤在严酷气候条件下产生动态变化（特别是干旱区），这种变化常引起土壤和岩石在很短的时间间隔内产生收缩和膨胀，引起岩石塌方。并堆积到山脚。暴雨时出现滑坡、坍塌事故。

仔细研究了现场、小气候、大气候以及建筑物的使用性能，就可对房屋的位置进行 3 种选择：①全地下式；②地下式与半地下式相结合：③半地下（或地下）与地上房屋相结合。

将房屋或居所设置在地下存在的问题是：易遭洪水危害；砂土风暴环境中有砂土沉积，有时这种沙尘暴会造成掩埋房屋的危害；光线有限，增加了闭塞感，眼前视景狭窄。另外，通风和空气循环也可能受到限制。

位于山顶则通风条件好（有更多的微风），有条件做视景设计，透入室内的光线多，排水方便。但是，地下居所建于山顶，由于开挖岩石，造价将会增加。交通也更困难。

采用掩土建筑（含地面掩土建筑和地下建筑）是一个与严酷的室外气候相抗衡的好办法。设计和施工都好的掩土建筑可使室内得到满意的微气候。归结起来，掩土建筑有如下优点（与地面非掩土建筑比）：节能、节地，微气候较稳定，防震、防风、防尘暴，隔声好，防火灾蔓延，可减轻或防止放射性污染及大气污染。

中国北方常见的一些建筑，为了躲避冬季强烈季风，在房屋西北方向堆土，使之和屋顶连成一体，可以减少室内热量损失，起到很好的保温效果。这时的房屋可以看成是半边窑洞。

在外墙和屋顶种植花草树木是生态建筑的常用方式，利于遮阳，吸收热量，降低粉尘污染。这时，泥土也应视为重要的建筑材料。英国建筑师霍克斯设计了一栋独特的房屋。它不仅有一般家用建筑中少见的大穹顶，而且还是零排放的“生态房”。霍克斯给这座房屋命名为“交叉口”。他用传统黏土替代水泥，摒弃了水泥等现代建筑材料，采用当地传统的黏土瓦。建造出来的穹顶厚度不到13cm，十分节省原料。

穹顶的设计灵感来自中世纪建筑。这种建筑形式已有600多年历史，1382年首次出现在西班牙。穹顶一般用薄砖建造，轻质且坚固。霍克斯的房屋也是如此。

在屋顶上铺满砂砾和泥土，以便日后种植植物，并以此增加屋顶重量，助其稳固。这种穹顶房屋的另一个好处是可以保存阳光热量，夏天时室内气温也不会过高。“交叉口”共有4间卧室，每个房间都安装了超大落地玻璃窗，方便采光。

节约使用成本让这种生态房屋前景光明。空气在这一系统中流动后即被加热，通过通风孔在各个屋内循环。房间内不需要安装电暖气之类的取暖设备。房子的地板用玻璃瓶碎片压制而成，渗透性强，因此也可储存热量。掩土建筑是地下存储热能和利用土壤储热进行冬夏季能量交换的选项。建筑学家认为，随着可再生技术成本不断降低，这种生态房屋在未来建筑市场将大有可为。

3.10.3 夯土

海边玩耍的孩子都知道，需要少许水来保持沙堡的坚固度。科学家们发现，同样的，“夯土”——一种用沙子、砂砾和黏土制成的“绿色”建筑材料——所形成的坚固度很大程度上取决于其含水量。

作为一种可持续建筑方式，夯土越来越受欢迎，夯土通常会在被加湿后用于内部压实起支撑作用的框架。这项技术是中国在大约4000年前发明的，随后传向世界各地。中国的长城和位于西班牙格兰纳达的阿尔汗布拉宫的某些部分都是用夯土建成的。

人们越发对夯土感兴趣，其原因是，使用这种材料不仅十分环保，还可降低对水泥的依赖性。水泥生产商造成的二氧化碳排放量占人为二氧化碳排放量的5%。

达勒姆大学的科学家们对小型圆柱体夯土样本进行了测试，即对样本施加外力，以模拟这种材料的墙内的受压情况。

他们发现，略具潮湿度的土壤颗粒之间的吸力的形成是坚固度的一个重要因素。

夯土所造的墙像是一段沙堡。建造完毕待晒干后，这种墙体还保留有少量水分，从而维持墙的坚固度。

达勒姆大学工程学院的查尔斯·奥加德博士说：“夯土可经受时间的考验，但夯土形成坚固度的原因仍不得而知。如果不弄懂其原理，我们就无法有效地保存旧有土建筑，并为新建筑进行实用型设计。”

奥加德还说：“初步测试结果表明，夯土可形成坚固度的主要原因与其水含量有关。对这一点加深理解后，在设计新建筑物和维护用这种技术建造的古建筑时，我们便可开始考虑将夯土作为一种环保材料加以利用。”

英国生土建筑组织干事汤姆·莫顿说：“随着建筑业开始分析传统的环保型建筑方法，并使其适应21世纪可持续性建筑理念，此类科研工作具有十分宝贵的价值。”

3.10.4 覆土与土壤储热层

(1) 掩土建筑

掩土建筑是21世纪建筑中必须重视并值得大力发展的建筑。这里所指的掩土建筑是：其中有一部分或全部用土壤覆盖的建筑（广义的建筑）。它的主要优点来自土壤的热工性质，厚重的土层所起的绝热作用，使土壤中温度很低。在建筑物外覆土，除用土作为保温绝热材料外，还可利于生态。

英国伦敦建造了一个20.7m高的“垂直花园”，专家称有助于阻止英国暴雨期间出现的洪流灾难。垂直花园包含1万多株蕨类植物和草本植物，位于维多利亚车站附近一座建筑大楼，它能够收集从楼顶上落下的雨水，滋养植物生长。这里有16t土壤，能够存储1×10^4L水，是一个引人注目的花园，成为观光旅游的一个亮点，可有效解决洪流灾难。图3-10是植栽与土壤的隔热效果图。日本福冈Acros综合体（图3-11）夏季土壤植被温度和周围混凝土温度相差有20℃（图3-12），能有效减少制冷用能耗，缓解城市热岛现象。高层掩土建筑还有一个动听名称：垂直森林。意大利米兰垂直森林是世界上第一座绿色公寓，被誉为人与自然和谐相处的典范。我国台北扭曲的绿色建筑，中心部位又称悬浮花园，上面可种菜蔬植物，居民可以享用自己的种植成果。还有新加坡生态园、韩国生态园，都是有名的垂直森林。

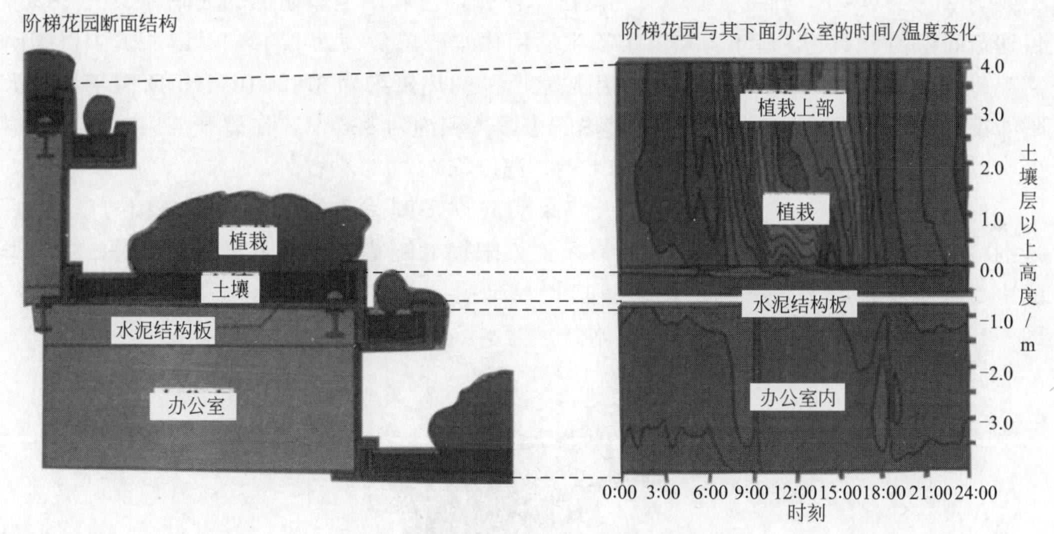

图3-10 植栽与土壤的隔热效果图

图3-11 福冈Acros综合体的屋顶花园

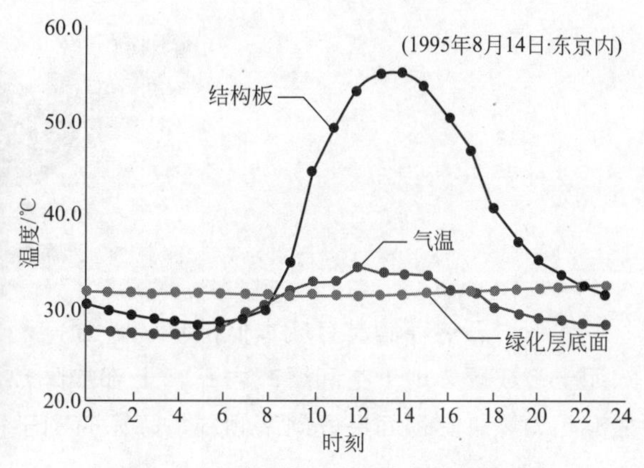

图3-12 屋顶绿化与非绿化部分温度比较

北京天九城市花园设计获得很高荣誉。该模式通过巧妙的错层设计，使得建筑外层空间得到充分利用。每层有1000m²的占地，其中有700m²的空中花园。15层建筑可以带来 10 倍占地面积的绿化，节约土地资源，并且通过别具匠心的设计，使上下左右的住户都无法看见对方，每家每户在喧嚣的都市中拥有独立的绿色秘密空间。

地下空间是未来建筑的方向，其主要材料就是泥土和岩石。我们将在第 8 章“地下建筑”中予以介绍。

(2) 土壤储热层

很多现代住宅都向地下延伸，维护结构在土壤中的深度 2m 以上，瑞士“迷你能源节能建筑标准” MINERGIE 就是成功的例子。

瑞士普通新住宅按现有的标准 SIA380/1，每平方米每年的供暖能源消耗是 100kW·h。而 MINERGIE 的居住建筑保温标准最大为 $42kW \cdot h/m^2$，即节能达 60%以上。为要达到这个标准，房屋需要有良好的保温，保温层多在 20cm 以上；气密性好；尽量避免冷桥；使用带暖回收的机械通风系统等。地下热存储在经济上都是可行的，并逐渐应用在一些国家的生产生活当中。图 3-13 为美国华盛顿地区利用土壤储热的太阳能系统。该项目建筑面积为 $140m^2$，每年所需供暖和生活用热水的总负荷为 $9.4 \times 10^7 kJ$，其中供暖所需热量约为 $6.3 \times 10^7 kJ$，而供给生活用热水所需的热量约为 $3.1 \times 10^7 kJ$。所需平板型太阳能集热器的面积约为 $50m^2$，用于储热的土壤体积约为 $820m^3$，在夏季结束时，土壤温度可以上升至 80℃，而在供暖季节结束后，温度降至 40℃左右。

地下含水层热存储（ATES）是近年来引起许多国家重视的一项储热和节能措施。是指将地下含水层作为储能介质，将夏季的太阳辐射能储存起来用于冬季供暖，将冬季的冷量储存起来用于夏季制冷，能量回收率可达 70%，多用于区域供热和区域供冷。图 3-13所示为双井式（设置有冷、热水井）含水层储热系统的结构示意。

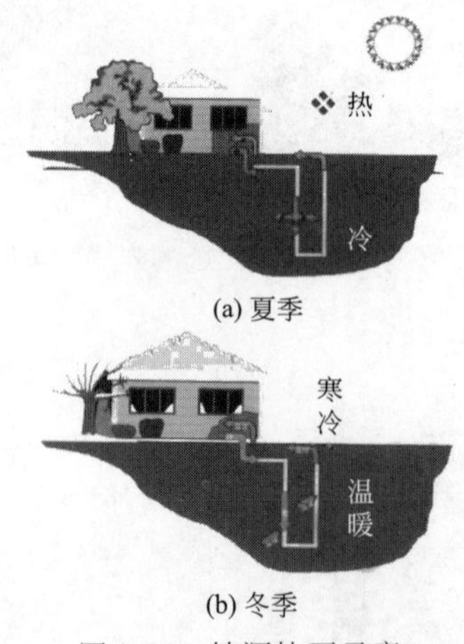

图 3-13　地源热泵示意

地下岩石热存储具有成本低的优点。通常利用山间小谷地或在平地上挖沟，将挖出的泥土筑成堤，地下空间填充岩石，上部加隔热层和防水层。岩石层的侧面和底面则依靠泥土隔热。其顶面最好向南倾斜，除了有利于接受太阳能以外还便于排水。

3.10.5　土工合成材料

现代砖瓦的原料、结构、生产工艺也在变化，主要特点是以工业废料或其他资源替代可以耕作的泥土，如页岩、煤矸石、粉煤灰、灰砂、炉渣；状态由实心砖过渡到空心砖；制造工艺由烧结法过渡到非烧结法，通过在制砖过程中加入一定分量的胶凝材料磨细、混合、搅拌、陈化、压制成型、蒸压养护而成。瓦也由泥土瓦过渡到水泥瓦、钢丝网水泥瓦、塑料大波瓦、沥青瓦等。

土工合成材料也可归入建筑材料。土工合成材料既源远流长又是最新技术。目前，世界对土工合成材料还没有统一的分类原则，但总体来说，可以分为土工织物、土工膜两大类及诸多其复合、合成方式加工的产品。

早在洪荒年代，我国已有编织技术，如伏羲“作法绳为网罩”，7000年前，人们已用葛布纤维织布造衣，出土的芦席残片、席层规整、均匀、紧密。

这些织物破烂之后常被混入泥土之中。当时人们使用稻草来改善土砖性能，用棍棒和树枝加固泥房。3000年前，李冰父子在指挥修筑都江堰水利工程时，创造性地提出采用竹笼石块围护江堤、分流江水等先进技术，四川平原从此多泽千年，成为天府之国。在17世纪的欧洲，英国采用木桩控制滑坡，法国移民开发美洲时，在港湾用棍棒加固泥堤。

现代土工材料一般都是以人工合成的聚合物，如塑料、化学纤维、合成橡胶为原料制成的各种类型产品，故称土工合成材料，它具有质量轻、柔性大、强度高、耐腐蚀、成本低、运输施工便利的特点。是一种新型岩土工程材料，一般置于土体内部、表面，现已广泛应用于水利、电力、公路、铁路、建筑、港口军事和环保工程。

土工合成材料为土、砂石增加了诸多功能，如在土体内部形成一道由粗颗粒到细颗粒的反滤层，水和气可自由通过，土颗粒却被有效截留控制，具有排水作用和隔离作用、增加土层强度稳定性能、防护作用（如软基加固、防护河堤坡面的坍塌、淘刷和失稳）阻止水汽和有害物质渗流和减载作用等。土工合成材料也减少了很多材料的用量和能耗。如在高速公路上加织物铺层，减少沥青路面层厚，增加抗裂抗压能力，延长工程使用寿命。这极大改变了许多建筑工程的设计理念。因为土工膜材首先在防渗、蓄水方面初露锋芒，我们在本书中将其放入防水材料章节。虽然在20世纪末期，土工合成材料已开始在长江三峡工程，秦山核电工程，黄河、淮河整治工程等大型工程中得以应用。

4

石材与石建筑

4.1 石建筑概述

4.1.1 石建筑的历史

石材是苍茫大地的骨架，石材坚固、耐久、厚重、干爽、地域化、色彩纹理丰富，能够抗击风吹雨打、冰冻霜侵、刀砍火焚，是人类始祖最早使用而又历久弥新的建筑材料。自冰川和洪水以后，直到产业革命开始近 1 万年的悠悠岁月，石材是许多流芳百世建筑的主要材料。石建筑的神庙、墓葬、教堂、宫殿、竞技场、浴场、博物馆、道路、桥梁等，是君权和神权固若磐石的象征，对社会风俗、民族心理和文化传统产生深远的影响。

石建筑历史久远，并能保持久远。考古学家在非洲奥杜韦峡谷发现了类似原始窝棚的圆形堆石地基，证明这是史前人类生活遗址。这个目前所知最早的人类住宅遗址，距今已 175 万年。在法国的泰拉阿马达，也发现一批原始窝棚的遗存，还有用砾石垒砌的防风墙。

人们给予一些石建筑富有传奇色彩的名称。如埃及卡纳克神庙被称为“石刻百科全书”“石头的历史文献”，婆罗浮屠被誉为“石块上的史诗”，又称“石制的佛教经典”，意大利白色石头雕刻的摩德纳大教堂被称为“石头制作的神秘游戏”，西班牙神圣家族大教堂被称为“石头构筑的梦魇”，巴黎圣母院被誉为“由巨大的石头组成的交响乐”，印度泰姬·玛哈尔陵被誉为“大理石中永恒的爱”，中国大足石刻被誉为“石头的妩媚”。而俄罗斯莫斯科圣瓦西里大教堂被誉为“一个石头的神话”，是莫斯科的标志。教堂外观色彩斑斓，设计巧妙，极具创造性。教堂的建设还伴随一个悲惨的故事，当年沙皇伊凡残酷刺瞎所有设计师的双眼，避免他们以后再用石块建如此美丽的建筑。

石建筑考古起源于 1798 年拿破仑·波拿巴征服埃及时随军学者在埃及的研究，回法国后，他们就著书立说，介绍金字塔和狮身人面像，激起了人们对远古世界的激情和兴趣，产生了永不磨灭的影响。

在 19 世纪初期的几十年间，探险家和考古学家奔向世界各地。他们研究已知的古代废墟，例如罗马纪念碑、希腊神庙、埃及金字塔和狮身人面像。他们寻找窥视遥远过去的新窗口，寻求被埋藏和遗忘了许多世纪的古文明证据，发现一些曾经繁荣一时、后又神秘消失的城市。这些遗址无疑是人类文明的最早胚胎，有的甚至可以追溯到人类的黎明时期。这些聆听远古心跳的遗址，多数又都是石建筑，这既因为石建筑较木建筑、土建筑、砖瓦建筑更能抗拒风沙冲刷，也是因为石建筑很长时间是建筑主流。对于比较重要、高大的建筑，当时人们总是选用坚硬、不易损坏的石块作为建筑材料。

这些遗址使人们知道许多故事。如兴旺 2000 多年被称为沙漠中的玫瑰城的佩特拉古城（“Jordan petra” 在希腊文中就有“岩石”之意），考古学家判定约旦境内没有花岗石，而城内花岗石柱来自埃及，成为修造皇宫和教堂的材料。在美索不达米亚地区，还有用土坯和石雕建成的尼尼微城，从而证实了《圣经》中有关古亚述人记载的真实性。在土耳其群山间，人们发现距今 9000 年前已有文明萌芽，而一些石建筑的挖掘，打开了古赫梯文明的秘密大门，但对这个风光一时、又在 3000 年前消失的民族，我们现在仍知之甚少。德国考古学家亨利·谢里曼在今日土耳其西沙里克挖掘到一段坚固石墙，这就是世界古代最伟大的诗人荷马在史诗《伊利亚特》中描写的特洛伊城墙，随后整个巨大城市和公元前1600～前1050年兴旺一时的迈锡尼文化陆续展现在世人面前，有的学者甚至认为谢里曼发现特洛伊城和哥伦布发现美洲大陆可以相提并论。

欧洲许多教堂，建筑周期都有几个世纪，改朝换代没有对其产生影响，欧洲的传奇古堡是令人恐怖的吸血鬼，睡美人，风华绝代美女和被终身禁锢王子幽灵，魔笛和无头骑士游魂的源头。在欧洲，似乎也鲜有发生毁坏，将前朝建筑焚之一炬的活动，而这在中国似成一种传统。当然，毁坏石建筑也难度较大。笔者曾在巴黎凡尔赛宫游览，联想到这座富丽堂皇的宫殿经历法国大革命、拿破仑帝国与整个欧洲的战争，普法战争和巴黎公社，第一次世界大战，第二次世界大战以后居然安然无恙，所有文物肤发无损，不由惊叹不已。虽然在各个时期这里都是重要政治和军事中心。

4.1.2 石材和石建筑类型

(1) 石材

石建筑常用材料有：①属火成岩类的玄武岩，其主要矿物组成是长石、石英，通常有灰、白、黄、红等多种颜色，具有很好的装饰性、抗风化性，且耐久性高、耐酸性好、随现代切割工艺进展，它可以被割得很薄，且利用率高；②属沉积岩的石灰岩，主要组成是方解石，大块岩石在建筑中大量采用；③属于变质岩的大理石，其主要矿物组分是方解石和白云石，构造致密呈块状，有白、浅红、浅绿斑纹，装饰效果好，吸水率小，杂质少，质地坚硬；④几百年间不断增添新的内容，逐步得到推广普及的人造石材。

(2) 石建筑分类

我们将石建筑分为地上和地下两大类型。地上类型是人们通过开始对大小石块的堆叠，对石材的加工，随后营造遍布世界各地的建筑，而地下建筑是人们最早对天然岩石洞穴的加工、拓延、改造，进而修建成各类用途的建筑。石建筑有石砌建筑、石雕建筑、石贴建筑等各种形式，人造石材可广泛用于建筑装饰。

(3) 对天然石穴的加工与穴居

天然岩石洞穴——早期人类居住的自然形成的岩石洞穴，作为防风避雨，防止野兽和敌对部落侵害的场所

《易·系辞》曰"上古穴居而野处"。大自然造化之功奇伟壮丽，雕凿出无数晶莹璀璨、奇异深幽的洞穴，展示了神秘的地下世界，也为人类在长期生存期间提供了最原始的家。在生产力水平低下的状况下，天然洞穴显然首先成为最宜居住的"家"。我国境内已知的最早人类住所之一就是天然岩洞。从早期人类的北京周口店、山顶洞穴居遗址开始，旧石器时代原始人居住的天然岩洞在北京、辽宁、贵州、广州、湖北、江西、江苏、浙江等地都有发现，可见，这种大自然所天然赐予的岩石洞穴是当时的主要居住场所之一，它满足了原始人对生存的最低要求。

穴居所住的天然洞穴大多为岩石洞穴，岩石洞穴除了具有一般洞穴可以遮风避雨的基本功能外还具有坚固不易坍塌、干燥防潮、冬暖夏凉等优点。

洞穴大多幽暗阴冷，似潜藏危险，更是虎穴熊窝，"北京人"必定经过反复探索与猛兽多次搏斗以后才能成为洞穴主人。

从远古以来，洞穴就以其神秘和安全吸引着人类，不论是宗教仪式场所，传说中的

仙人居所，还是度假探险之地，还是仅仅是栖身之地。同时洞穴的持久安全特质，使其成为许多文明发展的历史文化艺术珍品藏室。

北京周口店位于山峦重叠、连绵起伏的西山和广袤的平原交汇之处，这里褶曲发育、断裂很多的石灰岩层易被带酸性的地下水穿通，形成许多天然洞穴和裂隙，成为史前居民居住的理想场所。世界其他地区的许多洞穴，也是这样形成的。

“北京人”在周口店第一地点的洞穴东西长达 140m，宽度 2m 到 40m 不等，洞的中部南北方向又各伸出裂隙。考古挖掘表明，“北京人”在此穴居生活繁衍年代跨度竟然超过 50 万年！成为人类演化史上的不朽神话。

先民活动的著名洞穴还有代表史前人类艺术巅峰的阿尔塔米拉洞窟。阿尔塔米拉洞窟在西班牙北部桑蒂利亚即石灰岩上，总长度 270m，其中最大岩洞面积有 $100m^2$。洞中岩画，各种动物栩栩如生，细致入微，舞蹈和生活场面活神活现，显示出当时人们已经具有成套宗教意识，有人指出，这些史前画家无疑是艺术大师，有些作品比今日毕加索的名作毫不逊色。

由于地壳变动，或者受到地下水流长期冲击，在山岭内部常常出现大小不等的空隙，这就是地下洞穴。有时这些洞穴首尾相连、彼此相通可达数十里，科幻大师凡尔纳在名著《地心游记》中就描写一条可以直通地球内部的道路。古人也曾发现一些地下洞穴，并且将这些天造地设的洞穴、坑道加固、拓宽、延深、凿通，使之成为地下隧道。这些隧道也是一类地下建筑，因为事关国家民族利益，往往被视为最高秘密，带有神秘色彩。

古代隧道有许多扑朔迷离的谜，其中中国的巴人隧道和南美洲印第安人隧道都在地下形成成百上千里路的地下网络，虽至没有证实，但传说不断。

天然岩洞穴居方式作为主流居住方式虽早已退出历史舞台，但自古以来，在特定地理环境和社会环境下，仍有一些穴居的人群或部落。云南一个位于大山深处的穴居岩洞，是一个宽 115m、深 215m、高 50m 的巨大砂岩洞穴。该洞被称为“中洞”，居住了一个几百年历史的苗族穴居部落。岩洞是天然遮风避雨的“大屋”，竹木结构的房屋有序分布在洞中，木料支撑主体的房子大多没有屋顶，围墙用竹篱编制，户与户之间用竹篱相隔。若有人高声说话，声音便会回荡在洞中。

(4) 崖居

崖居在人类历史上是最早的具有建筑技术的居住形式之一。“岩居穴处”之俗，曾在我国南方少数民族地区广泛流行。清人陆次云曾说山民“择悬崖凿窍以居，悬竹梯或缘藤上下，高者百仞，栖以猿穴”。远在南北朝之际，萧子开就已记述武夷山北有栏杆山，“半岩有石室，可容六十人。岩口有木栏杆，飞阁栈道。远望石室中，隐隐有床帐案几之属，亦有仙人葬骨。”在武夷一带，凿崖而穴处是影响广泛、具有深厚基础的生存方式。

武夷山具有深邃幽远、沟壑纵横的特点。古武夷人大胆利用这种峥嵘怪石中的崖洞岩穴而居之，不但可以避免雨淋日晒，而且可防备禽兽虫蛇的侵扰，还可躲开瘴疫、湿气的感染，实乃一处安全、干燥的天然“房屋”，比居树木、钻地洞，好过甚多。随着时代的推移，这些土人栖身的崖洞岩穴又被转换成不同的用场：文人隐居、僧人遁世、道人修身、强人扎寨、富人屯财……又体现了一种新的文化现象。武夷崖居或高嵌于岩缝，或蜗缩于凹岩，或巧附于裂罅，或躬蹲于峰腰。因势而布，就洞安排。居高静处，恃险把守，一夫当关，万夫莫开。现今武夷山中尚有住人或保存较好的崖居有白云庵、莲花洞、虎啸岩、水帘洞、七十二板墙、鹰嘴岩等。

鹰嘴岩前的崖壁上，有一连串高低宽窄不同但毗连相通的岩穴，长约数十丈，木楼就崖构架，或藏洞内，或临崖畔；上倚危崖，下临深渊，左右环栏拱护，上下悬梯相通，很是壮观。

北京古崖居遗址是华北地区规模最大的崖居遗址，位于延庆县西部约 20km 处的张山营镇东门营村北的峡谷中。在峡谷中一条不到 10m 宽的山沟两侧，从谷底开始近 10 万平方米的陡峭花岗岩石壁上，遍布着人工凿刻的大小不同的石室。

居住石穴和佛教石窟这两种建筑类型虽是形成于不同的时期，并且功能上有所区别，但都是利用岩石的坚固不易坍塌的特性，或自然形成或人工开凿出的洞窟形态的具有围合或半围合性质的居住或宗教功能的崖居“建筑”。

悬崖宫群中较集中和较大的印第安人建筑遗迹主要有两处：一处是“峭壁王宫”，一处是“云杉之屋”。前者约建于 11 世纪，建筑形式像现代的公寓，分几种规格，总计有房间 200 多个。房屋下面开挖有 23 个地穴，最大的地穴有 7 间房间之大，供部族内部社交活动或敬神之用。这些建筑物虽然已废弃 700 多年，但依旧可看出当年的建筑规模与工艺技巧。

云杉之屋是第二大建筑遗址，约建于 12 世纪。共有峭壁房舍 100 多个。房舍周围还有 500 所古屋，包括用于敬神的太阳庙以及阳台屋、落日屋、方塔屋、雪松屋、回音室等。阳台屋是一栋由 25 个房间构成的楼房，楼顶房屋建在向外伸出的底楼栋梁上，故称“阳台屋”。楼下有小道通向地穴，每间地穴长约 3m、宽 2.4m。

佛教石窟是佛教建筑中最古老的形式之一。佛教建筑有许多种类，石窟是其中最古老的形式之一，在印度称为石窟寺。石窟本是佛教僧侣的住处，佛在世时就已经存在了。

4.2 上古时期的石块建筑

在 9000 年前的巴勒斯坦耶利哥遗址面积已达 $4hm^2$，内有仓库高达 8.5m 的塔楼，利用石块精心砌筑的围墙。图 4-1 是距今 5500 年前英国西肯尼特的巨石墓室。在中国，使用天然石块时间后于中东，但随着部落活动能力的扩大和世界其他地方类似，中国远古石建筑有列石、环石、积石墓等，其中石棚在地域分布、时间跨度、形式种类上都表现出独特性。

4.2.1 石棚与积石冢

所谓“石棚”，一般指几块大的石板或者石块竖立于地面作为壁石，上面覆盖着巨大石盖的建筑物。法国《人类学辞典》解释说，在三块或四块巨石上，支上扁平的巨大天井石，所以称为“石桌”。石棚在法国俗称“仙人之家”或“商人之桌”，在比利时被称为“恶魔之石”，在德国被称为“巨人之墓”，在葡萄牙被称为“摩尔人之家”。而在中国东北，一般习称“姑嫂石”，因为在农村有“姑嫂修石升天”的传说。

中国的石棚在辽宁、吉林和山东、湖南、四川都有发现，尤其以辽东半岛居多。日本学者鸟居龙藏曾经专门考察过中国东北的石棚，认为“中国有无石棚迄今尚无调查报告。中国考古学界，对于史前陶器之研究颇盛，而对巨石文化研究，则尚付阙如，实属遗憾!”这是很有见地的观点。至于笔者致力的材料与建筑历史，现在似乎更无人有心过问。

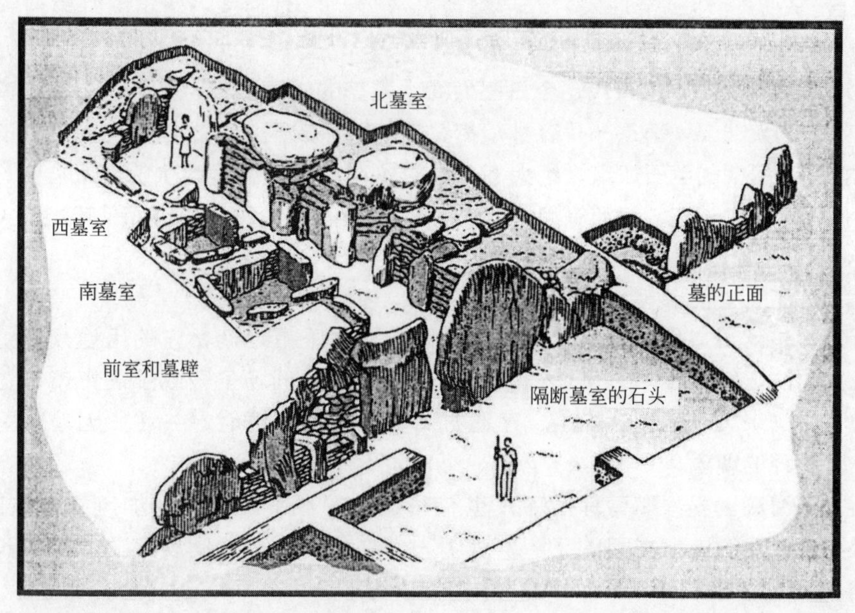

图 4-1　英国靠近埃夫伯里的西肯尼特的巨石墓室的内部，碳十四测年数据为大约公元前 3500 年（依 piggott，1965）。西肯尼特的墓葬很可能是公共墓，被一个家族团体使用了数代

辽宁省盖县石棚山遗址的石棚，盖石长达 8m 多，宽约 6m，厚 0.45m，重达几十吨；石柱高达 2m。壁石与盖石衔接的极其吻合，有些地方沟槽和基石紧密相扣。难以想象在几千年前人类是如何造就这样的巨型建筑的。

营口市南部石棚山上的石棚虽然已经经历过 4000 多年的风吹雨蚀，但是仍然矗立在山巅。营口地区保存最完好的石棚由 6 块石板搭建而成，高 2.6m。上覆巨石长 8.6m，宽 5.7m，厚 0.7m，重达 60t 以上。根据调查，此地方圆数十里以内并不出产搭建石棚所用的巨石。

红山文化，如女神庙、大型祭坛和积石冢遗址，在一定程度上填补了中国古代石建筑的缺乏，这些积石冢占地面积达 300～1000m^2，平均高度在 1m 以上。墓冢以石垒墙、以石封顶、以石筑室，对神庙形成拱卫之势，则是一派肃穆气势。建造一个积石冢需要数百到一千立方米石块。这些石块大都出自距石冢数公里以外的石灰岩山谷中，石质一般为石灰岩、页岩，加工工具是坚硬石器。这些积石冢面对河川、太阳，与牛河梁女神庙、广场和东山嘴的祭坛遥相呼应，再现了一幅 5000 年前的社会画卷。有人认为积石冢立于山巅，居高临下，象征着主人有至高无上的权力，也可能与对太阳和河川崇拜的原始信仰有关。

红山文化遗址范围近万平方米，基部直径 100m，高 20m，整个“金字塔”结构为夯土石砌圆形台阶式，在其周围，还有 30 多座积石冢群。这个巨大建筑，仅是夯土就达 10 万立方米，此外还有不计其数的巨型石块。

中国气候变迁、战争、劈山种地的过程远比中东、欧洲等文明古国剧烈，由土石堆积的人工山早已和天然山丘没有差别，但在中国古籍中，也有人工堆石成山的零星记载。如《山海经》中就有：“又西三百里，曰积石之山，其下有石门，河水冒以西流，是山也，万物无不存焉。”据说人工积石山系大禹所筑，位于内蒙古哈隆格乃山谷，汉代尚存。积石山和后来发现的美国密西西比河下游的泥石建筑相似，都是由碎石砌成。又如传说中的众帝之台——帝尧台、帝丹朱台、帝舜台、帝喾台，都应是石建筑。轩辕台等上面都有发达的石雕艺术。

在文明开始迸现的冰川时代，今日已为海水覆盖的中国渤海、黄海、东海、南海部分海域直至延伸的大陆架，都是一片森林茂密、禽兽繁盛的沃土，是当时先民活动的理想场所。以此推论，早期的巨石建筑，绝大部分也应出现在今日波涛起伏的海水之中，由于中国三海平原西部已为长江、黄河等河流携带的泥沙覆盖，很多石建筑又重归泥土之中。

4.2.2 巨石建筑

巨石建筑是巨石文化的组成，巨石建筑留下许多千古之谜，它的用途众说纷纭，如建筑与天文历法，祭祀庙宇日月运行，令人毛骨悚然的刑场圣殿或部落集市等。站在材料角度，石材的采集、运输、加工、建造方面的未解之谜更值得关注。因为这里存在许多至今难以解释的现象。

在西方的海底世界（如马耳他岛）也有石建筑的身影，这更增加巨石建筑的神秘，这涉及对扑朔迷离的史前文明的了解，表明人类进化历史远远比现在估计得要长，并经多次反复。

至少在5000年前，巨石文化在西方（含时间虽后，但发展处于同一阶段的美洲）大放异彩。又过几千年，在与中国邻近的中亚、南亚、东南亚，都出现加工精美的巨石建筑，甚至在太平洋的一些小岛中间，都出现了至今尚没有证实真实建筑年代的巨石建筑。

(1) 今古奇观金字塔

有的学者认为，现存最古的石建筑大约是距今5000年前位于尼罗河畔的金字塔和索尔兹伯利巨石群。大金字塔群及旁斯芬克斯狮身人面像属人类最伟大的纪念碑之列，是石材抗拒岁月侵犯的明证。大金字塔由石灰岩组成（图4-2），而斯芬克斯用整块砂岩雕成。但它们并不是冰川以后最早的石建筑。

图4-2 埃及大金字塔

埃及的乔赛尔墓被英国考古学家戴维·罗尔誉为“蹒跚前行的文明发展进程中一座划时代的里程碑，它不仅是第一座金字塔，也是最早用石头建造的重大建筑物之一。”而古代历史学家更称赞乔赛尔基的建筑师伊姆霍特普是建筑家、雕刻家、石板的制造者，是“将切割削石料用于建筑艺术的发明者”。看来伊姆霍特普是6000年前古埃及时代一位旷世奇才，在他之前，埃及国王的坟基主要由土坯建造，只有零星吊门和基室内壁使用切削石料，而在伊姆霍特普之后，王陵建筑全部改用似乎永恒、不易磨损的石料制造。时至今日，高达60多米，有六级巨大台阶的乔赛尔墓仍然巍然屹立在沙漠之上，以后的诸多金字塔，都由此一脉相传。

金字塔是古代石建筑当之无愧的代表之一，位列古代世界七大奇迹之首。时至今日，当时的七大奇观中，唯独胡夫、哈夫拉和门卡乌拉三大金字塔，由于工艺的高超、计算的精确、结构的严谨、石料的坚硬，历经4500年的风沙冲击，雷袭雨浸，山摇地动，仍巍然屹立，既未毁倒，也不变样。今日，人类虽已可以遨游太空，但对金字塔奇迹仍有许多不解之谜。胡夫（希腊人称齐奥普斯）金字塔高达 146.5m，相当于现今 42 层楼高度（大多数考古学家判定它竣工于公元前 2560 年），直到 1889 年巴黎埃菲尔铁塔出现以前，一直是全世界无可争议的最高建筑。胡夫金字塔体积庞大，无论是英国的西敏士大教堂还是梵蒂冈的圣彼得大教堂、美国国会大堂都可容纳其中，整个建筑用 2.5～15t 的石块 230 万块。金字塔的外观极为平整，所有石块都已削平磨光，并用叠砌方法层层垒建，虽然不加任何黏着物，但缝隙密合程度极高。18 世纪一位法国记者写道，这全用四边平整的石块砌成的、格调匀称的、异常高大的石堆开始使你充满庄严伟大的感觉。同时，金字塔并不止是简单石块堆积，而是具有复杂精密内部结构的巨大宫殿，金字塔修建需要丰富高超的数学、天文和建筑知识，精密的计算，具备必需的工具和技术劳动；地基、方位、倾角、采石、打磨、筑路、搬运、垒砌以及内部的通道、墓室、通信等，各项之间又必须相互协调配合，构成一个整体劳动结构。古埃及人在四五千年之前就将这些技术掌握得炉火纯青，使古代石建筑达到难以企及的高度。例如，如此巨大的胡夫金字塔，底面的东南角与西北角高度差仅 1cm，而四边精确正对东南西北方位。

在金字塔内部具有迷宫一般的通道和墓室，墙壁光滑、饰有浮雕，整齐台阶，脉络一样向墓室延伸，直到很深的地下。还有对准象征永生的天龙座和象征复活猎户座的气孔。这样的墓室已经发现了 3 个，至少还有 4 个仍然藏匿塔内某处，等待发现。这样精巧构思，今日设计人员也难超越。更令人奇怪的是，无论在哪座陵墓之中，都没有用火把之类的东西照明的痕迹，人们动用可以测试到微克物质的现代仪器，分析积存 4600 年之久的灰尘，没有找到烟垢，也没有找到刮掉烟垢的蛛丝马迹。

西方学者彼得·汤普金斯在《大金字塔的秘密》(Secrets of the Great Pyramid) 中特别强调了金字塔以石灰岩为材料的特点。“石灰岩与大理石不同，它会随着时间流逝与天气变幻变得愈加坚实，有光泽。想想那些地下洞穴中由石灰岩形成的钟乳石与石笋就像那样。因此，金字塔不会在建成之后随着时间流逝而失之光彩。”大卫·威尔库克写道：如果把如今的金字塔看作是一堆被时间和砂粒风蚀的石块，那确实没有什么好看的。但是如果只欣赏它的本来面貌，那就是另一回事了。“表面覆盖石灰岩的金字塔”在沙漠中犹如一座闪烁光芒的巨大白色雕塑。

金字塔石块的加工、建造使许多顶尖学者迷惑不解。根据古埃及人的当时人口和技术水平，他们估计仅仅完成一座大金字塔，就要携举国之力，修筑 800 年。

20 世纪后期，法国化学家戴维·杜维斯认为修筑金字塔的巨石是人工浇筑的。他化验金字塔上石块是人工浇筑贝壳石灰石组成，并由此推测建造金字塔是采用“化整为零”方法，即将搅拌好的混凝土运到正在建造中的金字塔基础之上。这样，只要掌握一定技术，就能浇筑出一块一块巨石，再层层加高。他还在石块中发现一缕长约一寸的头发，这可能就是当年工人的遗留。于是戴维杜维斯统计，修筑金字塔的工人仅需 1500 人，而非历史记载的 10 万人。这一见解，有颠覆性，引起广泛注意，如能证实，当是技术史上的重大事件，但是戴维·杜维斯提出的假设还有许多需要解释的疑点。

① 古埃及人为什么不在此后建造的一百多座金字塔、方尖碑等大型建筑中使用这项远胜加工石块的先进技术。

② 贝壳混凝土的耐久性能和天然石块经历 4600 年的寒来暑往、风风雨雨之后，应有明显差别，怎么会不分轩轾，无法分辨呢？

③ 古埃及人是如何对贝壳混凝土进行加工的。在没有研磨机械的条件下，如何保证

浆料细度?

④ 构筑金字塔的材料，除石灰岩外，还有大量取自数百里外的花岗石，如金字塔用贝壳混凝土构筑，为什么还要自讨苦吃，从事如此耗工费时，劳民伤财的活动呢?

⑤ 戴维·杜维斯是化学家，可能对具体操作过程不大在意。实际上现场浇筑混凝土，至少需要木模、水和搅拌器械，要使其搅拌混合物均匀才能充分反应。所以最多可能的遗物，应是木条木板碎片，但这些至今没有发现。

⑥ 还有一个旁证。所有的传说都认定胡夫是个暴君，为建造这座金字塔，他惨无人道地奴役了10万劳力整30年，甚至说他逼迫自己的亲生女儿为妓女，为建金字塔筹措资金。而她从每个客人那儿索取的报酬只是一块石头，可见当时石块的贵重。在图画中，胡夫女儿是个地道美人。她难道每次就以千金之躯换取一块贝壳混凝土吗?

⑦ 现在已大量发现的石块采集，加工现场和搬运痕迹，又如何解释呢?

金字塔就这么站在吉萨的高地上，站在时间长河之中，并将它们独特的轮廓刻印在历史记忆里面。它们像时间老人一样，见证着世事沧桑。正如一个法国学者所说：它们与没落的帝国同龄，目睹过我们永远也无法知道的文明，它们懂得我们正在努力通过象形文字猜出的语言，还知道那些对于我们来说梦境一样的习俗。它们在那里待了如此之长的时间，以至于连天上的星斗都变换了位置。

(2) 几个精加工的古代石建筑

叙利亚大马士革北部的巴尔贝克（Baalbek）平台。它坐落在安提黎巴嫩山地，全部用巨大石块垒成。对此，美国作家麦克·托恩曾经写道:“几千年来，它一直使游客惊讶赞叹。”平台最大的石板长20多米，至少重2000t，就是在现代，建造这类建筑物也是一项极其困难的工程，必须配备有超强力的起重、搬运设备。这项不可思议的工程，是在什么时候，用什么办法，出于什么目的建造的呢？至今没有一个人能够正确地回答出来。

埃及的卡尔那克神庙（The Karnak Temple Complex）是由公元前20世纪开始，历经2000年不断增建扩大而成的神庙，到处都有巨大的石雕帝王像。其中仅阿蒙神庙就长1000m，宽200m，塔门高44m，但它的最大奇观，是那134根拔地擎天的巨大石柱，每一根都有5人不能合抱之粗，全是整石雕成，柱上残留有彩绘，描绘太阳神故事和帝王功绩，柱顶圆盘可站立百人。阳光穿柱而过，光斑在石柱上转换不定，仿佛石柱也有了生命。雄壮的气势，逼得人不知所措，也不知自己身在何处。这是名副其实的石柱森林，实际上在大自然中，也没有数量达134根，高20余米，根部达8m的巨大森林。神庙中的公羊之路、方尖碑、卢克索神殿及离此不远的帝王谷（其中有巨大岩石挖就的地下宫殿），都是世界著名的古迹。

神庙无论石柱、石墙、柱子和石梁上全部密密麻麻刻满浮雕，内容详细记录了当时的历史和信仰。人们修建神庙时间竟然纵横1000多年，不知历经几朝几代，沧桑变幻，今天的考古学家正在试图对神庙进行修缮，但规划时间也至少100多年。才能稍稍复原这座体量可以装下十个巴黎圣母院，占地超过纽约半个曼哈顿城区的古老神庙。

南美提亚瓦纳科村的太阳门在秘鲁东南靠近玻利维亚的边境，是一座古城的遗址。古城地基呈长方形，地上有倾倒的石柱和巨大的石像。有一块重100t的岩石，顶上用60t重的石块砌成墙。石块与石块之间，用铜榫连接，在城市中还有石制排水管，这些古代文物像玩具一样，抛撒在地。这一切表明，这里曾经有过灿烂的古代文明，这座古城建造在4000m高的高原，那里气压低，空气中含氧量少，周围遍布盐渍地，无法进行农耕，不利于生活。

玻利维亚的古城堡废墟地处首都拉巴斯北郊密林中，建筑物用石头建成。令人迷惑的是这座建筑呈台形，四边中的两边是平行的。这座建筑物的门、窗、床全是台形的，周围有好几里长的导水沟。用台形作为古代城市建筑的基本形状，在南美的印加文明和世界任何一种古代文明中是前所未有的。

从 20 世纪 50 年代起，玻利维亚政府在著名考古学家庞塞·桑金斯的主持下对蒂瓦纳科（Tiwanaku）进行了大规模的发掘和研究。他们由此得知，蒂瓦纳科的建造和发展，经历了 1400 年，大体经过了 5 个时期。5 座城市的遗迹彼此之间重叠交错，十分紊乱。但依然存有尚未解决的疑问。

最大的疑问，仍是那不可思议的巨石建筑技术。在史前的南美洲，这种巨石建筑屡屡出现，如马丘比丘、皮沙克和萨克塞胡阿曼等，但最为突出的还是蒂瓦纳科。蒂瓦纳科所使用的巨型石块每块都重达数十吨以上，切割得非常完美，在整个巨石建筑群，石块之间拼接得天衣无缝，没有一处使用过灰浆或水泥之类的黏合剂，让人觉得这些施工者们切割这些巨石就如同切割黄油一样轻而易举。而且这些巨石棱角磨圆，甚至表面都做了抛光。实在令人难以相信古印加人用简陋的石镐就能完成这一切。

在蒂瓦纳科的西南端，有一处废墟，是蒂瓦纳科的最大建筑之一，名叫普玛普库。因为它已经彻底倾颓，所以今天的人们已经不知道它原来是宫殿还是庙宇，但它的废墟仍非常宏伟。其中最大的一个巨石平台，长 40m，宽 7m，高 2m，估计重达 1000t！这些巨石如同用最先进的机器、硬钢铣刀和钻机制作出来的一样，加工得非常精细，全部经过打磨和抛光。更令人无法置信的是，在那里还发现了一些大石块制成的预制建筑构件，这些构件上有多处精确的凹槽、轨道和孔洞，几何形状非常复杂。有人曾做过一个模拟实验，将其中 3 块预制构件的准确数据输入电脑，电脑很快就显示出，这些凹槽和轨道相互咬合得天衣无缝。也就是说，不用任何灰浆就能筑起一道没有缝隙的围墙。考古学家检测认为，这些巨石是从 200km 以外运来的，因为蒂瓦纳科附近并没有采石场。但是，采石场与蒂瓦纳科之间的道路状况非常糟糕，即便是现在最杰出的工程师，配合上最现代的科学技术，恐怕也没法搬运这些巨石。更何况当时的印加人没有可以负重的家畜，也没有发明车轮。

蒂瓦纳科西北不远就是的的喀喀湖。20 世纪 60 年代，潜水员在湖底发现了一些建筑和石块铺成的道路。这些石块琢磨精细，如同巨型的智力测验拼图。

(3) 巨石阵千古之谜

英国政府从 1983 年前开始修复令人百思不得其解的史前巨石阵遗址，从那时起，巨石阵已经成为英国最热门的旅游点之一，每年都有数百万参观者从世界各地慕名前来。

巨石阵创建于公元前 3000～前 1600 年。这些被称为巨形方石柱的灰白石柱圆阵，孤零零地竖立在英格兰南部一望无际的索尔兹伯里平原上，远远望去，显得十分渺小、貌不惊人。只有走至近前时，这座巨石阵遗迹才显得神奇、壮观。千百年来，风霜雨雪在砂岩石块那些薄弱的地方，侵蚀成奇形怪状的洞孔和罅隙，显示出大自然力量的神奇。许多石柱仍在原地兀立不倒，石柱上 4000 多年前人工雕凿的痕迹依稀可辨，更显人类智慧的伟大。

这些巨形方石柱能在史前的直立大石遗迹中独树一帜，主要是因为只有这些大石柱经过人工雕凿，并且搭成了一个独特的结构式样。直立的石柱顶上放着互相连接的楣石，但它们并不只是一块四边笔直的石板，每块楣石上，都小心凿出一定的弧度，拼凑起来，整个石阵合成一个圆形。直立石柱的中段较粗，形如许多古希腊庙宇的支柱，这显然是考虑到透视的效果，从下面仰望时，就觉得石柱都是笔直的。最内层那些楣石也凿成两头微尖的形状，同样也是考虑到透视的效果（图 4-3）。

图 4-3　英国巨石阵

巨石建筑遍布欧洲，成为谜一样的遗迹。整个英伦地区几乎遍布了 1000 多个这样的遗迹，是一种统一文化的有机组成。它们有的是单独的一块石头；有的是巨石组成的石环；还有的是巨石构成的石室。这些巨大而高耸的石块，被竖立在荒野、在山脚、甚至在过去的沼泽地区，而共同的特色是当地并不是石场，这些石块就如同金字塔的石块一样，是从远处搬运过来的。

在石器时代，人们用巨石修建的纪念物不止出现在英国，东到马耳他、西至斯堪的纳维亚半岛，巨石的足迹遍及了整个欧洲。例如爱尔兰的新格兰治墓地，是现今欧洲最漂亮的巨石墓地，并且被世界教科文组织认定为世界文化遗产。当年要兴建这处墓地至少需要 20 万吨的石头。巨石墓地在平时，以其建筑规模和精湛的技术丽令人叹服。而到了每年的 12 月 21 日，当初升的太阳将光线笔直地穿透其神秘夹缝，能够一直透射到最后一堵墙，更是令人惊讶。

在法国也有一处欧洲巨石的代表性遗址——卡尔纳克巨石阵（Carnac stones）。卡尔纳克地区有 4 个垂直石头群，它们按平行线排列，每一组从西到东仅有细小的差别，像林荫道一样，长达 3.2km，最高的石块高达 7m。所有的石块均为天然石，未加雕琢。在没有能力建筑高楼大厦的石器时代，欧洲人为后人留下了这么多巨大的石头建筑遗迹，同时也留给了后人猜不透、想不明的千古之谜。

1990 年英国索尔兹伯里平原上出现了奇怪的一幕：几名学者模样的男女，握着未加修饰的木棒汗流满面地对付一块巨大石头，他们又是推又撬，又在地面铺放木棍，这块重达 25t 石头果真慢慢移动了。但石头仅前进 100m，几名试验者就精疲力竭。经过 8 年研究考察，几名学者又开始了试验，这次石块重 4t，人们把滚木放在木轨上，并且在轨上涂上油脂，这是相信古人有能力设计出这种轨道。参加试验的人员更增加到 130 名。不出所料，这次石块可以连续缓慢移动了。就在大家欢欣鼓舞的时候，实验数据也出来了，即使古人采用这种“高科技”施工，建造这石阵至少需要 3000 万个人工时，所需的人数至少应在数千人。

与石块的搬运、竖立相比，举升横梁是建巨石阵的最大难点。巨石阵中每块直立的石柱顶部都有一个半圆形的凸榫，凸榫被装入横梁下凿出的榫眼里，每个横梁都有两个凿出的榫眼。这证实当时人们已经掌握了精确的测量技术，并且应用于建筑材料的加工。虽然进行了多年实验，有关学者表示他们只是尽可能地模仿和复原了那个遥远年代的技术，并不能由此判定古人就是采用如此建造方式。但是古人对石材加工的痕迹却是清清楚楚的。

4.3 古典时期的石材建筑

古典时期是石建筑日升月恒，声势显赫的时期。由于石材加工技术和营造技术的提高，由设计大师和能工巧匠修造。这一时期出类拔萃的石建筑组成世界文化遗产的重要组成部分。

4.3.1 石建筑的发展历程

古埃及人源自陵墓建筑的神庙是最早使用石头梁柱体系的建筑。埃及神庙内石柱粗壮林立，建筑空间昏暗压抑，映衬着王权社会的神秘气息。不少建筑史专家认为埃及神庙建筑是以后发扬光大的古希腊石建筑体系的源头，至少也给后者重大启迪和影响。典型的古希腊石梁柱体系建筑源于公元前 8 世纪初，至公元前 5 世纪成熟，逐步形成了建筑的型制、石质梁柱结构构件和艺术形象的整体系统。古希腊的神庙呈现出一种开朗、纯净的风格。以雅典卫城为代表的古典建筑，通过对在神庙造型中起关键作用的石柱不断进行推敲，发展出多立克、爱奥尼克、科林斯 3 种古典柱式，在构图和比例上都达到极高水平。早期的古希腊石构建筑柱子是用整块石材做成，后来发展到分段砌筑，各段中心制有销子。大型石构庙宇的型制多数是围绕廊式，因此柱子、额枋和檐廊的艺术处理，基本就奠定庙宇面貌。

就如蓝色大海上冉冉升起了美丽的女神阿佛洛狄忒一样，古希腊也诞孕了世界上最纯净、典雅、动人心魄的建筑。将建筑和诗歌、绘画并列为艺术的古希腊人，其建筑对欧洲、后对整个世界影响深远，延绵至今。

古罗马的建筑继承和发展了希腊古典柱式，在结构上创造出梁柱与拱券相结合的体系，从而推进石建筑技术。希腊罗马的石建筑雄伟壮丽，震撼人心，石建筑技术向有石块的广大地区传播。如今许多石建筑都可看到那个几近神话时代的身影。使石建筑再次攀向辉煌的是中世纪源自法国的哥特建筑，它在结构技术和施工水平上，创出许多崭新纪录，如使用骨架券、飞券、尖拱、尖券等。这有利减轻结构，充分发挥石材抗压性能，由结构构件转化而来的大小尖塔挺拔向上，仿佛由地面冲向云霄，体现人们对天国向往，达到结构构件与装饰构件的高度统一。最能体现哥特式建筑风格的首推教堂建筑，其中最著名者就是我们在著名建筑章节中介绍的巴黎圣母院。到文艺复兴时期，形体的匀称、光影的对比及建筑与环境的和谐重新成为人们关注焦点。在形式上借鉴古典的柱式和构图，在穹顶上又借鉴了哥特建筑的肋架拱顶和飞扶壁的原理，同时建筑的室内设计获得与外立面同等重要的地位，石头非凡的表现能力延伸到室内空间的塑造，取得令人震撼的艺术效果。佛罗伦萨大教堂和圣彼得大教堂是文艺复兴时期的巅峰之作。

石建筑的另一发展就是自阿拉伯诸国外传的伊斯兰式石建筑，西班牙、印度、叙利亚、巴基斯坦、俄罗斯等地的伊斯兰石建筑都达到高超的艺术成就，其独具特色的是尖穹隆顶和尖拱券以及“帕提”和“钟乳饰”主要装饰。作为一种富有特征的形式，洋葱头式的尖穹隆顶和如花瓣的尖拱形已成伊斯兰建筑的典型特征。和浪漫爱情故事相连的印度泰姬陵代表伊斯兰石建筑艺术的辉煌成就。

4.3.2 罗马道路——通天下

道路是古罗马人保持最为长久的纪念建筑，当时它将广袤的罗马帝国各个行省编织在一起，为帝国的强盛和繁荣做出巨大贡献。

古罗马人崇尚法制，追求有序和规则，帝国又繁荣富强，因此，交通运输都规模宏伟，交通大道一般以罗马为中心，呈辐射状向四面八方延伸。

罗马帝国用道路将意大利各地、英国、西班牙、法国、德国、巴尔干诸国、小亚细亚各部、阿拉伯各处和非洲北部联成整体，并把这些地区分为12个行省，以29条干道为主体，共有320条联络道路总长度达7.8万公里。

道路工程技术标准和便于通行程度极高，远远高于今日许多国家的交通干线，历史学家认为：道路工程是罗马“最有特色的文化纪念物”。

以公元前312年修建的“阿庇乌斯路”为例，它工程品质可靠，坚固牢实，“全天候”使用，无论雨雪风暴、翻山过桥都可保证畅通。道路宽度划一，足容数队军骑或来往车辆通行，还有保持路线基本平直，上下坡度力求低缓，桥涵设施配套齐全。道路使用的建筑材料经过严格挑选，路面铺筑四层，最下一层是基础层，铺以泥灰或黄沙，并夯实作为路基。第二层是石块与灰土铺筑，石块全都破碎如拳头大小，用以充实路面，保证一定高度。第三层是混凝土（或石灰）与下面一层粘牢，为路面提供牢实的基底，有时铺设碎石、粗砂掺以泥灰，再用滚压装置压平压实。最上一层表面，用平整的石块铺成，接缝处十分严密，石块整齐划一，每块长1～1.5m，中部稍稍隆起，便于排水。

路边再有石砌保护，有排水沟。主要军用大道宽12m左右。战时中间供步兵通行，两侧为骑兵奔驰，和平时期，路上商贾货物来往不断。

条条大路通罗马，在恺撒、图拉真等皇帝亲自监督下建造的大道，建筑规范、管理有序，连接成千上万座城市，促进了帝国繁荣强盛，使罗马文明传播四海，普照蛮荒。罗马这套伟大建筑工程成为欧洲的交通命脉，为欧洲陆地旅行在方便快捷方面作出无与伦比的贡献。时至今日在欧洲各处仍能随处看见罗马古道的遗迹，它们仍在诉说昨日帝国的辉煌。

今日欧洲四通八达的高速公路和铁路，仍然沿着罗马大道开辟的网络延伸、拓宽。应该承认，自古以来，对历史进程产生重大深远影响的建筑不是所谓“世界七大奇迹”，而是古罗马人留下的宝贵赠礼——罗马大道。

4.3.3 大理石建筑

大理石又称云石，在中国是由云南大理地区点苍山所产，具有绚丽色泽和花纹的石材得名，英文名Marble，这并非岩石学的定义。现在人们将大理石泛指大理岩、石灰岩、白云岩以及碳酸盐岩不同蚀度形成的矽卡岩和大理岩。人们根据产地和色彩，又给予其各种美好名称，分别称之为丹东绿、铁岭红、雪花白、艾叶青、汉白玉、白云石、镁橄榄石、晶墨玉等，与花岗岩相比，大理石相对较软，易于加工呈现荣华富贵、仪态万千之美，将众多著名建筑装饰得壮丽辉煌。帕提侬神庙（The Pathenon，万神庙）是古代希腊全盛时期建筑与雕刻的主要代表，是雅典卫城最著名建筑，被称为“神庙中的神庙”“希腊国宝”。神庙建筑以及表示雅典娜诞生和她与海神波塞冬争战的 92 块浮雕，全部由白色大理石筑成，此外宏伟的多立克山门和气势盛大的胜利神庙等都极有创意，并各具妙处，它们与帕台农和伊瑞克提翁神庙共同构成了雅典卫城这一无与伦比的建筑杰作。多少年来，它那超凡的魅力使难以数计的人为之倾倒。古罗马作家普鲁塔克写道：“伯里克利时代的建筑……都是如此的美丽，使人觉得它们从太古时代就屹立在这里，而它们却充满了生命的欢欣，直到今天，仍散发着动人的朝气”。一些名声显赫的石材建筑和雕像，如阿耳忒弥斯神庙，建于公元前 550～前 325 年，是古希腊时代最大神庙之一，是最早完全用大理石兴建的建筑，为搬运这些巨石，人们精心设计了拖滚石的工艺。

摩索拉斯陵墓（Tomb of Mausoleum）是建筑与雕刻呈现和谐之美的成功范例，其规模和气势在当时没有任何类似的建筑可以与之媲美。

大理石作为建筑材料使用并达到巅峰始于帝国初期，奥古斯都在其执政末年就骄傲宣称：“我接管的罗马是石砖之城，而离开时，它已是大理石之城。”其实罗马那时的大部分建筑都是用石砖和灰泥建成。大理石只是用于像卡拉卡拉大浴场这样的豪华建筑中。

佛罗伦萨大教堂是世界第四大教堂，其精致程度和技术水平超过古罗马和拜占庭建筑，尤其是穹顶，被公认是意大利文艺复兴式建筑的第一个作品。穹顶外墙以黑、绿、粉色条纹大理石砌成，上有精美雕刻，由“现代绘画之父”乔托始于 1334 年建造，高 85m 的乔托钟塔，外观调和了粉红、浓绿和奶油 3 种颜色大理石，底部有精致的浮雕，细致典雅。

米兰大教堂是世界最大的哥特式教堂，它的建筑工期长达 5 个世纪（始于 1388 年）教堂最高处达 108m，教堂大厅宽达 59m，长 130m，中间拱顶最高 45m，屋顶由 12 根高 24m、直径 3.5m 的大理石石柱支撑教堂广场地面为大理石铺就的马赛克图案。

位于土耳其依斯坦布尔的圣索菲亚大教堂（Hagia Sophia）被誉为世界最美建筑之一，为基督教徒和伊斯兰教徒共同的宗教博物馆，先后建筑超 600 年光阴。大教堂内饰华丽，内部墙身贴有来自罗马、雅典、以弗等地运来的白、绿、蓝、黑、红色大理石，华美无比。卢浮宫，法国近千年历史的见证，历经 700 年不断扩建重修才达到今日规模，馆藏 40 万件人类艺术的无价瑰宝。凡尔赛宫，西方古典主义建筑的杰出代表，欧洲皇家园林几乎全都遵循了凡尔赛宫设计理念，如圣彼得堡的夏宫、维也纳的美泉宫、德国的无忧宫和海伦希姆湖宫等。大理石都使这些宫殿极尽奢华。

最著名者如凡尔赛宫镜厅，墙壁使用淡紫色和白色大理石，柱子使用绿色大理石为这恍若灿烂仙境的宫殿增色。摩尔人（13 世纪在西班牙生活的阿拉伯人）建立的阿尔汗布拉宫是摩尔建筑精华，宫殿由光洁大理石筑成，正如“名曲中的名典”《阿尔汗布拉宫的回忆》诉说，透射圣洁光芒，尤其中庭回廊华丽耀眼，人们别出心裁用珍珠、大理石磨成粉末，再混入泥土，再堆砌雕琢而成。又有 12 只白色大理石狮子雕像，是古代波斯艺术的优秀代表。

泰姬陵（Taj Mahal）是公元 17 世纪著名沙杰汗王为泰姬王后所建的，沙杰汗王被誉为那个时代伟大建筑师，他将建于 1000 年前泥土筑成的军事要塞改为白色大理石城墙，为满足泰姬拥有一座神奇寝宫、睁眼看见满天星斗的愿望，又建造了这座大理石镜宫。宫殿内墙用白色软玉，90 万片各色玻璃、珍宝、金线银丝构成星河，地面灰色大理石磨得光滑透亮，令人行走其上，恍如云间漫步。

圣马可大教堂位于水城威尼斯圣马可广场，是一座由5个穹顶组成的拜占庭式建筑，教堂内空间幽深，拱券及穹顶上到处是金光闪闪的马赛克壁画装饰，色彩艳丽耀眼，墙面上贴有大理石，在引入阳光的照耀下，给人以扑朔迷离的感觉。

大理石建筑还有建于1556年的胡马雍陵。这是印度次大陆的第一座花园陵墓，它巧妙融合了伊斯兰教建筑的简朴和印度教建筑的繁华。陵墓主体取自印度特产的红砂石，陵顶是圆形白色大理石在圆顶中央竖立金色尖塔。

西班牙科尔多瓦（Cordoba）清真寺始建于公元785年，几乎与英国威斯敏斯特宫建设同步。当时主宰比利牛斯半岛的阿拉伯人踌躇满志，试图建造世上最宏伟的清真寺，为此进行长达202年的翻修和扩建。在清真寺中，有双重连环拱门和马蹄形构成的石柱迷宫，每根柱子风格各异，由斑岩、碧玉或各种大理石构成。这些石柱都各有来历，有的由法国尼姆、西班牙和塞维利亚掠夺而来，有的从古址太基的遗址废墟上精选而来。寺内壁龛的装饰由雕花大理石制成，被认为是清真寺内最珍贵之物。

由德国建筑大师密斯1929年设计的巴塞罗那世博会德国馆也是大理石材料的杰作。密斯·凡·德罗是石匠之子，自幼熟悉石材，参军后当过工兵，他擅长钢架与玻璃幕墙建筑，创造驰名的“国际式”或“密斯风格”建筑。德国馆是密斯“少就是多”建筑理念的体现。因为建筑体形简单，没有附加装饰，所以更突出了建筑材料本身固有的色彩、纹理和质感。密斯对材料使用非常讲究，其中地面用灰色的大理石，墙面用绿色的大理石，主厅内部的一片独立隔墙则选用红玛瑙大理石，还有玻璃和镀克罗米柱，使建筑具有一种高贵、雅致和鲜亮的气氛。

今日法兰西共和国总统府爱丽舍宫，也是一幢典雅庄重的大理石建筑。宫殿外形朴素，内部华丽，有一条秘密通道连接到丘比特地下室，由特制钢板和厚达3m的混凝土墙构成，在那里金色雕花门后是法国核导弹和空军战略部队指挥中心。

4.4 一些著名石建筑

（1）全石建筑

许多资料所谓的全石建筑是指全部石料砌筑的建筑，而在本书中的概念更进一步。全石建筑是指对巨大石块或整个山体进行加工的建筑，而这些建筑一般没有移动，仍然位于原来巨石和山体所在位置，但其面貌和用途都已大不相同了。以石材作为基本材料的建筑和全石建筑，应是石建筑的两种发展方向。

著名全石建筑几乎都与宗教有关，似乎证实只有宗教能够激起人们磨杵作针的创作激情和聪明才智。

20世纪最著名的石建筑考古发现有亚洲的吴哥、印尼的婆罗浮屠、非洲的津巴布韦，南美洲的契晨·伊特萨和马丘比丘，北美洲的科潘和梅萨维德（西班牙语绿色台地），危地马拉蒂卡尔神庙宫殿广场，墨西哥特奥蒂瓦坎太阳金字塔、月亮金字塔和死亡大道，秘鲁安第斯山脉马丘比丘，印度默哈伯利布勒姆和亨比神庙等。它们的相继问世使人们对古代石建筑的分布范围的知识明显扩大。

全石建筑也可上溯到远古时代，如马耳他石建筑时代久远，充满神奇。考古表明，早在公元前4000年左右，马耳他群岛就已经有人类居住。在公元前3500年至公元前

1500 年间，这些岛上的居民建造了 30 多处巨石神庙和地下墓穴。

马耳他的新石器时代和圣约翰骑士时代为人所瞩目，这两个不同的时代造就了马耳他的三处世界遗产。最为神秘的当属哈尔·萨夫列尼地下宫殿，有“史前圣地”之称。它位于马耳他岛上距首都瓦莱塔城南 1km 的帕奥拉市中心附近。这座地下宫殿约建于公元前 3200～公元前 2900 年间，为人们在地下 12m 深处的岩石中挖凿而成。

1902 年，在瓦莱塔城南不远处，有条过去从不引人注意的小路，忽然成了举世瞩目的焦点。原来，当地有户居民在挖地基准备盖房时，无意中在地下发现了一处暗藏的巨大洞穴。

考古人员通过勘察这个洞穴时发现，这是人工在石灰岩中凿出来的一座地下迷宫。整座地下建筑共 3 层，最深处离地面 12m。里面由许多上下交错、各层重叠的房间组成。经历了几个世纪后，整个遗址形成了一个有着 3 层、33 个房间的地下结构，成为名副其实的地下宫殿。里边有一些进出洞口和小房间，旁边还有一些大小不等的壁龛。中央大厅耸立着直接由巨大的石料凿成的大圆柱和小支柱支撑着的半圆形屋顶，天衣无缝的石板上耸立着巨大的独石柱，整个建筑没有发现用石头镶嵌补漏的地方。

哈尔·萨夫列尼地下宫殿的墓室均是在坚固的岩石中开凿出来的，其中有 20 间墓室的顶部雕出了房梁、门楣，有的壁画上画的是牛的形象。地下陵墓中央的礼拜室，是没有任何修饰的正方形房间，在礼拜室中的一个小的赤土陶器中，人们发现了一个 10cm 高的女神雕像。在这座地下宫殿里，岩洞的作用各有不同，有储粮、储水、殉葬、神谕室等。

这座地下迷宫建于距今 5000 年前，是古埃及人修筑金字塔的时代。古马耳他人也开始修筑规模如此恢弘的地下宫殿，任何人都会产生这样的疑问：在遥远的、生产力低下的石器时代，岛上的居民为什么要花费如此巨大的精力来建造这座地下建筑？它的用途又是什么呢？

更令人不解的是，经过多年的研究，人们发现这座庞大的迷宫并非用石块砌成，而是在一个石灰石质的山上将一整块巨石掏空而凿成的，整个工程大概用了几百年时间之久。

在 5000 年前的新石器时代，人们所用的工具只是石刀、石斧等简单的石器，那么他们是怎样开凿出这么巨大的地下宫殿的呢？

马耳他巨石庙也被人们称为“马耳他巨石文化时代的神殿”，在马耳他群岛的岛屿上，至今仍有 30 多处雄伟宏大的巨石建筑遗迹，在这些巨石建筑中，最引人注意的是戈佐岛上的吉干提亚神庙。这座神庙经考证建于公元前 2500 年前，当地人称之为“戈甘蒂扎”，意思是“巨人的杰作”。

全石建筑虽然省去搬运、切割、拼装工序，但一点施工失误，也难弥补，所以需要高超的石材加工技术，也需要高超的设计能力。

(2) 代林库尤地下城

著名的土耳其代林库尤，吸引全球目光，是迄今为止所发现世界最深的地下城，上下共有 18 层之多。为了便于居民长期居住，城里 1200 房间中有宿舍，商店，学校，教堂，仓库，饲养动物区域，逃生路线和完善的供水系统。一旦外敌侵犯，人们能迅速用巨石封堵坑道中枢。这里遍是质地柔软的火山石，几千年来，人们开始利用天然洞穴，随后不断开挖，拓延，经过赫梯人、弗里吉亚人、波斯人，躲避罗马军队的早期基督教徒前仆后继，铁杵磨针的努力，开发出这座面积超 258 平方公里，可以藏匿 2 万人口的城市。

(3) 埃及狮身人面像和中国乐山大佛

狮身人面像是由一块天然岩石雕成，长 73m，高 21m，静卧在大金字塔东侧。关于狮身人面像有许多扑朔离迷的秘密，至今连它的制造年代都不清楚，人们曾认为它建造于 5000 年前，又有人断言它出现已有 1 万余年，如果这一发现能够证实，古埃及史将要重写。

乐山大佛是世界上最大的石刻佛，建于 1200 年前，大佛劈山而建，通高 71m，头高 14.7m，头宽 10m。大佛内部有隐而不见的排水设施，设计巧妙，使大佛免受雨水侵蚀。乐山大佛正襟危坐，双手抚膝，法相庄严，雍容自若，更重要的是，大佛位于岷江、青衣江、大渡河汇流之处，三江由青藏高原奔驰而下，向以水势凶猛闻名，通过大佛设计的镇水功能，1000 年来三江一带杜绝水患，成为世界古建筑中独一无二具备水利功能的建筑。

(4) 拉利贝拉岩洞教堂

拉利贝拉岩洞教堂位于海拔 2600m 的岩石高原之上，是距今 1000 年前，基督教在东非繁荣兴旺的标志。它的诞生源于当时国王拉利贝拉（Lalibela）在梦中得到的神谕："在埃塞俄比亚造一座新的耶路撒冷城，并要求用一整块岩石建造教堂。"经过 2 万工人在岩石高原上胼手胝足，连续工作 24 年之后，大小十一座教堂降临人世。教堂有的巍然屹立，周围山石全被劈开、运走，成为中形通道，有的坐落在深坑中，有的直接在地下开凿，它们好似鬼斧神工，从岩石中挖出，但独立教堂的底部和地下教堂顶部又与周围岩石连为一体，显示固如磐石的气势，教堂内部装饰独特，由于是自上而下的雕刻，建筑师们自始至终是平视工作，不用竖脚手架，各种花纹由顶部一直延续到墙壁底部，其中有些浮雕被视为国宝。拉利贝拉岩洞是全石建筑中的一颗璀璨明珠。

(5) 佩特拉城

佩特拉（Petra）城依傍山势雕凿而成，是大自然和能工巧匠共同创造的成果。通往佩特拉城的必由之路是一段漆黑恐怖的西克山峡。经过山峡时令人毛骨悚然，被当地阿拉伯人视为禁区。西克山峡蜿蜒深入，直达山腰的岩石要塞，这就是加保·哈朗《圣经》中称为荷尔）的要塞。但一俟穿过西克山峡，就可以看见同整座石山雕凿成形的巨大建筑。这座被称卡兹尼的建筑高 130 英尺（1 英尺≈0.3048 米，下同）、宽 100 英尺，高耸的柱子，装点着比真人还大的塑像。由于是在砂石壁中雕凿，随着人们目光移动，建筑在阳光照耀下，粉色、红色、橘色及深红色层次生动分明，衬着黄、白、紫三色条纹，闪闪烁烁，神奇异常。

过了卡兹尼，西克峡谷豁然开阔，佩特拉城隐没于此，悬崖绝壁环抱、形成天然城墙，壁上两处断口，成为进口谷区天然通道，四周红色和粉色岩壁上，凿有住宅、寺院、浴室、墓窟、走廊、祭台。一座欧翁石宫，厅殿广达数百平方米，没有一根柱子，露天剧场有数十层石阶，每 10 层石阶筑有一个通道，整个剧场可容几千观众，还有市场，大蓄水池和水渠。原来有人认为佩特拉是一座亡灵之城，但此后石壁上镶嵌图案的精美装饰、陶器和羊皮纸卷的发现，证实这里曾经是一座兴旺城市，人口多达 3 万，规模高于欧洲很多同期城市。

(6) 阿旃陀石窟

阿旃陀石窟是印度佛教徒的佛殿、埃洛拉石窟群则是佛教、婆罗门教和耆那教共同朝圣之地。它们都是在整座山岩上雕塑而成的著名石建筑。阿旃陀（梵语无想之意）石窟背负文达雅山，足踏瓦果拉河，石窟环布在新月形的山腰陡崖上，高低错落，绵延550多米，29个石窟错落有致地排列在悬崖峭壁上。我国唐代高僧玄奘，对此做了详细记载：国东境有大山叠岭边嶂，重峦绝峭，爰有伽蓝，基于幽谷，高堂邃宇，疏崖枕峰，重阁层台，背岩面壑……精舍四周雕镂石壁埃格拉石窟群开凿于5世纪，一直持续到10世纪，自南向北坐落34个石窟，其中凯拉萨神庙包括全部装饰雕刻细节，前后耗时100多年，全部都是凿空雕镂山麓一整块巨大的天然花岗岩峭壁而成。估计开凿此窟需要移走岩石20万吨。

近几个世纪人们在荒草蔓野、黄沙泥土或者海下湖底发现了一些残垣断壁，它们大都是古代的石建筑，甚至是整座城市，它们的发现，使今天人们对古代社会形态，更对古人的生产技术有了更多了解。

(7) 婆罗浮屠

婆罗浮屠是整个东南亚历史上水平最高的佛教建筑，它将建筑、雕塑以及园林景观高度统一起来，整个建筑就是一座坐落在壮观的活火山与热带雨林之中。

火山岩石是雕塑婆罗浮屠的主要原料，其中千佛塔是一种由200万块火山岩石砌成的高大寺庙建筑，整个佛塔实心，没有梁柱和门窗，是百分之百的“石头方丘”。内有432尊真人大小的佛像、神态各异、千姿百态，描写佛经经典的浮雕近3000m，构成一部石头上的史诗，生动解释人由尘世走向极乐的路程。建筑动用了几十万名石材切割工、搬运工及木工，费时70～80年建成。

(8) 吴哥

使古代石建筑的百花园更加芬芳多彩。吴哥是世界最大石建筑群之一。巨石修筑的600余座庙宇，高塔围墙、道路、驿站，宫殿分布在森林中间。吴哥古迹的每一石块都是文物。

吴哥含吴哥城和吴哥寺（吴哥窟），吴哥城是高棉帝国最后一座都城，吴哥窟建筑面积195万平方米，是世界上最大的寺庙，东方丛林之中的吴哥和美洲高原深山之中的马丘卡丘一样，都是石块建造雕刻的城市（图4-4）。

图4-4 小吴哥

吴哥窟以建筑宏伟与浮雕细致闻名于世，吴哥窟占地 208hm^2，吴哥窟建筑群占地面积 400 多平方公里，是世界上最大的宗教建筑物，最大的石建筑物。

吴哥王朝前后动用了 1500 多万人工及数不清的大象，历时 37 年，才完成这一鬼斧神工的建筑。这里建筑全部用石块堆垒石，每一块重量在 100～1000kg，总共用了 3×10^9t 石块，最重一块重达 8t。

石料如同打磨过的大理石一样平整，砖石块间不用灰浆而以一种混合棕榈汁黏合，结合处几无缝隙。和马丘比丘原始粗犷的美不同，能够熟练挥舞金属工具，驾驭车辆的吴哥人精雕细琢，修筑世界上最长的浮雕长廊，数以万计的浮雕刻于每个墙壁、廊柱、栏杆、基石之上，栩栩如生，令人目不暇接。

石头都精雕细琢，遍布浮雕壁画，其技术之娴熟、精湛、想象力之丰富，惊人，令人难以置信。

法国学者亨利·莫哈特谈到他发现吴哥时的最初印象时写道：吴哥寺留给一位观光者的印象，远远不只是雄伟建筑群的威严和匀称；更使观光者敬慕的是它的巨大规模和无数的建筑石块。仅仅这座寺庙，石柱多达 1532 条。

(9) 大津巴布韦

大津巴布韦是非洲南部马绍那人的杰作，津巴布韦就是马绍那人“望族”的英语形式，以后人们就以考古遗址作为新独立的国家名称。津巴布韦高原的独特地质，给遗址的马绍那人提供了得天独厚的条件，使其他古代石建筑的建造者都羡慕不已，当地高原有许多露裸地面的花岗岩石。人们利用昼夜温差和火烤水浸，再用楔子打入，使岩石分为又光又平的薄片，用这种薄片可制作相互嵌合完善的石砖，并且砌成高墙和城堡。其中最著名的如鬼石墙，曾引起长时间的种族纠纷。大津巴布韦遗址曾被认为与《圣经》中示巴女王和所罗门王的宝藏有关而成热门话题。

(10) 萨克萨瓦曼古堡

萨克萨瓦曼古堡（Saqsaywaman，奇楚阿语“山鹰”之意）兀立在印加古城库斯科城以北海拔 3700m，建筑工程浩大、建筑技艺精湛。整个古堡的建筑用了 30 多万块石料，每块石料重量都在数吨到数十吨之间，石块加工精细，垒成石墙的石块之间未用灰浆黏合，便缝隙细如发丝，用手指都摸不出来。萨克萨瓦曼傲然屹立在安第斯山上，围墙石构筑高达 18m，周长在 360～540m，城墙上遍布坚固的堡垒，瞭望台。

在这些精心雕凿的巨石中，最大者高 9m，宽 5m，重 360t，多边形的石块被巧妙而牢固拼合，在几百年间多次强烈地震中许多西班牙后期建筑颓然倒塌，而山鹰城堡依旧雄视四方。

当时印加人用来切割、打磨、运输、放置这些巨石的工具和技术迄今尚不知晓，留下许多未解之谜。后来有位印加国王，试图效法修建萨克塞华曼的先人，从数十公里之外运来一块巨石，结果“20000 名印第安人牵引着这块大圆石，沿着崎岖陡峭的山路小心翼翼地艰难行进，沿途巨石忽然坠落悬崖，压死 3000 多名工人”。可见当时筑造艰难。

(11) 科隆大教堂

德国科隆大教堂、法国巴黎圣母院、梵蒂冈圣彼得大教堂并称欧洲三大宗教建筑。其中科隆大教堂全部由石块堆砌而成，耗去石材 40 万吨，整个教堂如石笋林立，教堂双尖塔高 101m，为欧洲之最。教堂始建于公元 873 年，施工时间达 632 年之久。

(12) 印度红堡

据说是根据古兰经对天堂的描述而筑，城堡内部及城墙全由红砂石砌成。所有内殿都是用大理石和名贵石料砌成，甚至用整块大理石镂空作成窗板，上面镶满各色宝钻，璀璨照人。

(13) 方尖碑

方尖碑是古埃及人的另一建筑杰作，其外形呈尖顶方柱状，由下而上逐渐缩小，顶端形似金字塔尖，以金、铜或金银合金包裹，在旭日下闪闪发光。方尖碑石材多用阿斯旺地区的花岗石，那里石质好，颜色多为有小黑点的玛瑙红，石体光滑润泽，直至今日，仍是高档建筑材料。

方尖碑一般以整块花岗岩雕成，重达几百吨，四面均刻有象形文字。古代世界的其他民族，如古伽南人，腓尼基人，也仿效埃及人制作过方尖碑。如今方尖碑的足迹已遍及欧洲、非洲、亚洲和美洲。美国白宫南面的华盛顿纪念碑就是一座模仿方尖碑的高塔建筑，著名者还有莫斯科的胜利女神纪念碑，美国的邦克山纪念碑、阿根廷的布宜诺斯艾利斯方尖碑等。

(14) 太阳门

太阳门被视作层峦叠嶂的安第斯高原上，前印加时期蒂亚瓦拉科（意为“中心之石”）文化最杰出的代表，是南美大陆最负盛名的古代文明奇迹。

太阳门用一整块高 3.05m，宽 3.96m，重达 12t 的巨石雕刻而成。它不仅是一个庞然大物，上面还雕刻极其精美的图案，人形、蛇像、勇士、飞禽，展现一个深奥神秘的神话世界。建造太阳门的石材产于的的喀喀湖上珂帕卡班纳半岛，古印加人在没有任何机械、轮制运输工具和绞车的情况下，全凭人拉肩扛，在高寒、低压、缺氧甚至呼吸困难的恶劣环境中，将巨石搬运数十公里到达海拔 3712m 的荒漠高原上，并且通过精确测量，使每年 9 月 21 日秋分时刻，黎明的第一束阳光总是穿过石门射向大地。有人估计，星散在被印加人视为圣湖的的的喀喀湖畔的巨石建筑总工程量和艰巨程度远远超过修筑金字塔的古埃及人。现在人们对建造太阳门等巨石建筑的技术、目的仍争论不休，甚至对建造这些巨石建筑的文明本身和他们科学水平的高低也众说纷纭。

(15) 法罗斯灯塔

法罗斯灯塔是古代少有的实用而非出于崇敬而建造的建筑，不仅具有导航作用，还可以在军事上发挥瞭望塔，天文学家登高仰望，以观星象的功能。

法罗斯灯塔所在的亚历山大城是古希腊和古罗马时代沿岸战略要地，也是一个地理位置极佳的天然深水良港，它为地中海东岸的海上贸易起了不可估量的作用，成为北非及地中海东部政治、经济和文化中心。

法罗斯灯塔建筑历时 15 年，灯塔高达 135m，当它高矗在法罗斯岛上之时，便一跃成为除金字塔外，世界最高的建筑物，也是当时世界上规模最大的一座灯塔。

灯塔的外部完全是由来自尼罗河中下游的白色大理石筑造，内部的石材则采自当地较为常见的白色石灰岩。大理石的材质比石灰岩更为坚硬，用于灯塔外部可以有效抵御风蚀和外力损害；大理石也用于灯塔内部的变力部位，以承灯塔自身的巨大重量。石缝间还灌入了熔化的铅水加以弥合，使塔体更加牢固，并且防止海水渗入造成腐蚀。

在长达千年的岁月里，灯塔巍然屹立，火光熊熊不灭。

(16) 赵州桥和玉带桥

赵州桥（公元600～605年）由当时著名匠师李春、李通设计，是世界上建造最早的古代敞肩式、单券石拱桥，河心不立桥墩，石拱跨径长达37m。桥体全部用石料建成，又称大石桥。在1400年的漫长历史中，它经受住无数次洪水恶浪，8次地动山摇的大地震和车辆重压，至今仍巍然挺立在河面之上，成为古代桥梁和石料建筑的经典之作，被称为“奇巧固护甲于天下”，被美国土木工程师定为中国唯一的“国际土木工程历史古迹”。而在福建漳州九龙江上的虎渡桥（12车桥），每根石梁重数十吨，最重一根达207t，在湍急水深江面架设石梁、修筑桥墩并非容易。其难度和国外一些石建筑难分轩轾，证明古人确有搬运、加工沉重石块的能力。

北京颐和园玉带桥，位于北京西北众多泉水汇聚的昆明湖上，西堤六桥组成“六桥烟柳”。玉带桥单孔净跨11.38m，矢高约7.5m，桥身、桥栏选用青白石和汉白玉雕砌，桥面是波形曲线，桥拱蛋类形状，如同玉带，纤秀俏丽。

(17) 墓岛和复活节岛

建筑材料的开采、运输、加工和建筑的建造技术仍然存在众多不解之谜。如鬼斧神工，超出人的能力极限，我们无法相信古人使用简陋工具胼手胝足能够完成。如在太平洋深处的一个小岛泰蒙，被称“墓岛”，在岛上一半时间漫没海水的沙滩和泥泞沼泽上，有大大小小89座坟墓，又似神庙远远望去如怪石嶙峋。

据专家考证，南马特尔遗址工程用了大约100万根玄武岩石柱。这些石柱是从波纳佩岛北岸采石场开凿下来，经过加工再用木筏子运送到泰蒙岛上。如果每天有1000名壮劳力从事开凿，光是采石就需要655年，将条石加工成为五角形或六角形棱柱加300年，最终要完成这项建筑的话，需要1550年。然而在遗迹建造时代，该岛人口不会超过2500人，其中壮年劳动力全部投入也无法保证工程进度。

复活节岛是孤悬在太平洋上的另外一座小岛，似乎与其他文明丝毫无关。但就在这座由荒芜火山熔岩构成，今日只有生活在原始社会的数百居民小岛上，竟陈列着600余个巨大神秘石像。这些石像线条粗犷，个头巨大，全以火山岩石为材，一般有7～9m，高超过20m，重数百吨，面迎大海、太阳。石像的起源、建造、搬运以及象征意义，至今人们还众说纷纭。不少著作认为这是史前沦没的一个大陆或外星人的杰作。但人们乘机坐船从最邻近的南海岸至少航行近4000km，来到波涛万里大洋之中，看见这些巨大石像，心中都会涌出一种敬畏、神秘感觉。而值得注意的是复活节岛石像，印尼婆罗浮屠和中国乐山大佛的修造年代基本同步。证明当时掌握石块加工的人们在各地满怀宗教热忱进行活动。

(18) 乾陵

在石块砌筑的陵墓中，特别坚固者非乾陵莫属。不论中外，历史上许多宏伟的陵墓都遭反复挖掘破坏，无法完整保存。唯独有一座皇陵，历经千年，却是完好无损。这就是唐代武则天的“万年寿域”乾陵。她的陵墓被无数盗贼、土匪，从黄巢到北洋军阀数十万部队用刀剑劈砍，锹锄深挖，大炮机枪扫射，烈性炸药轰炸，但都没有打开。

千年过去，汉武帝的茂陵被搬空了，唐太宗的昭陵被打开了，清圣祖康熙的骨头都凑不齐了，而乾陵却独善其身。

凭借盛唐雄厚国力，武则天对乾陵的修建不惜血本，乾陵建筑规模宏大，造型华丽，被称“历代诸王陵之冠”。唐书记载：“乾陵玄阙，其门以石闭塞，其石缝隙，铸铁以固其中”。1960 年人们发现乾陵墓道用石块 8000 块，石条之间使用铁栓板拉固，再灌铁汁，使整个陵墓成为一座石山。这种方式，保证了乾陵成为唯一未被盗掘的唐代帝王陵墓。

(19) 石墙

在巨石建筑以前，人们既然能够搬运、堆砌巨大石块，当然也会砌筑石墙。早期的石墙多是泥土和石块的混杂建构，如中国红山女神庙的石墙，随着人们对石材加工技术的提高，用加工石块砌筑的墙开始出现世界各地。最著名的有被耶路撒冷犹太民族自视为圣地的“哭墙”。

印加的巨大石造建筑物有许多以多边形巨石砌成的墙，砌得如此精细，以致在接口的地方连刀片也无法插入。印加工匠如何仅凭石造工具获得如此精细的加工精度，至今仍令工程师和设计师迷惑不解。印加工匠选用的是安第斯山极为极硬的花岗石、斑岩、石灰石，没有任何驮兽或者有轮车辆帮助他们运送石块——有些石块远在数十公里之外，其间有陡崖、深沟，重量达 100 余吨。印加工匠显然对于石块的交错接搭的形状，他们对每块石块细心削凿安放。位于太平洋沿岸的秘鲁地震频繁，不少砖石建筑被震倒塌，而许多印加时代的石建筑经历千年风雨屹立不倒。

(20) 阳山碑材

我国南京的阳山碑材，可能是世界古代石建筑（如果将碑材视为石建筑的一个组成部分的话）的已经走到尽头的一种象征。阳山碑材中最大一块长 60m，宽 12.5m，厚 4m，体积为 3300m^3，重量达 8910t，如果竖立，加龟趺（碑座）、碑额等高度可达 70 多米。但这块已经加工开凿的石材并没有搬运，成为明孝陵前的“神功圣统碑”，而是被弃之不用。有人认为是明成祖迁都北京而半途而废，但更大可能是力不从心，根本无法搬运。总之，石材自公元 1405 年起就一直静卧在阳山。此后在中国，文艺复兴和工业革命开始酝酿的欧洲，再也不见这种工程浩大的采石活动了。

4.5 石板和石贴面

石板和石贴面建筑在形式上与全石建筑是两种相对的石建筑。石板建屋的历史也源远流长，一些石材根据纹理易于加工成为板材。石贴面加工时间要后延许多年，可能晚于瓷砖时间。但全石建筑（也含艺术品）和石板建筑已渐渐淡出历史以后，石贴面依然兴旺，受到青睐。

(1) 石顶屋

用石板也可建造精致的小屋，这在中外都有很多。著名如意大利“天堂小镇”阿尔贝罗贝洛（意为“美丽的橡树”）就保持着 1000 多座石顶屋。房屋构造极其简单，只用石灰板垒就，石板之间没有任何黏合剂，但缝隙无间，而且不怕下雨漏水。建筑的烟囱，地板全由石块构成，屋顶由当地产的约 6cm 的扁平石块堆成（一般不上涂料），因此有的屋顶被青苔染绿，有的屋顶日久发黑，显得沧桑古朴。这种号称把鲁利风格的无灰泥建筑，据说源于中东地区，又经希腊传到意大利。但这些墙壁由石灰涂成素白的小屋，在地中海蓝天艳丽和小镇橄榄树绿荫衬托下，形成意大利南部魅力风情。

（2）褐石建筑

运用褐色的石材和砖石以及红砖建造的建筑，兴起于欧洲，兴盛于美国纽约。褐石建筑是纽约和新英格兰大多数历史名城的标志性建筑，多属于联排式住宅，建于整个19世纪到20世纪初。这类建筑得名于赤褐色砂石——一种沿用至20世纪初的建筑材料。这类房屋与相邻住宅共用一面墙，由此形成长排的房屋建筑，成为了纽约许多街区的风景线。厚重的墙壁、精致的挑高天花板、装饰壁炉或实木壁炉，还有雕饰的门厅，以及褐石街区独特的铁艺灯影、山花坡顶、八角飘窗、咖啡街角、被艺术化的景观小品，组合而成一幅文艺和奢雅的生活画卷，由此演变成为褐石风格。褐石风格代表着一种中产的、富足的、美好的、雅致的生活状态。美国波士顿和纽约百老汇是著名的褐石建筑所在地。

位于美国波士顿附近的剑桥城的哈佛大学，建于1636年，是美国最古老的大学。这个比美国还要古老的学校校园内，大都是百年的褐石建筑，在哈佛处处可以感受到一股浓厚的学术气息，而典雅的褐石建筑，让这所大学更显尊贵。

（3）石贴面

人们在搬运巨大石块，修建石建筑的同时也不断探索对石块的加工技术，至少到罗马时代，就已掌握将石块加工成为板材技术（开始时期应是加工纹理清晰、易于加工、色彩多样的大理石和板岩），既利用石材坚硬、厚重、粗犷特性，又减轻石材重量和成本。罗马时代能容纳5万名观众的著名建筑科洛西莫竞技场就是用碎砖、小块岩石、火山尘埃、石灰和水制成的混凝土构成，而在外部则有大理石贴面。今日色彩鲜艳的大理石已不见踪迹，只剩上面布满坑洞的混凝土结构，证明当时大理石向内一面加工并不平整。

自19世纪开始，以钢铁、玻璃、水泥、塑料为代表的材料迅速兴起，许多学者认为，由于新的材料显示强大优势，经过20世纪头几十年的激烈斗争，从古希腊以来经历了2500年之久的欧洲石质柱式建筑传统，终于被抛弃了。但石材虽然不再作为承重材料，石材时代并未结束，随着新式切割、钻孔、打磨机械，如水冷式链锯、喷气焊锯、人工金刚石旋转切割锯、金属丝锯、数挖切割、高压水流切割的先后出现，人们可以获得厚薄不一，表面光泽的石材，这些石贴面在建筑表面和室内获得应用，使众多建筑更加富丽堂皇。

大型预制石板在20世纪中叶后也开始流行，它们同时具有自然石料的外观和可预制的优点，具有复杂石加工技术的大预制板也可装配安装，这样就减少了建造时间，同时易于精确安装。石料的厚度一般在3～5cm，极大节省了不可再生的石材，并赋予石材新的特点。

虽然抗拉和抗弯强度差的力学性能成为阻碍石材广泛运用的致命缺陷，然而在今天，钢结构和钢筋混凝土结构已经作为主要的结构方式，使得结构体系与围护体系的完全分离成为可能。作为一种围护构件，石材是完全能够胜任的，在丰富多彩的当代建筑中，石头仍是一种主要的建筑材料。由SOM设计的耶鲁大学贝涅克珍本书及手稿图书馆，在钢筋混凝土的框架之间，安装了极薄的浅色大理石板作为外墙面材料，既满足了日常的采光要求，又保护了珍贵书本不受到阳光的直射，充分发挥了石材作为围护材料的优良热工性能，创造出奇妙的室内效果。黑川纪章建筑都市设计事务所设计的一座自然科学博物馆，则试图在传统与现代之间寻求一个平衡点。在浇注混凝土之前预先埋置抛光的大理石和花岗石，脱模之后石材与混凝土墙体融为一体，石头的嵌入使原本厚重的墙体产生了奇妙的虚实变化，通过新的施工技术拓宽了石材的表现力。

和其他的传统材料一样，石材在长期的运用中推动了特定建筑类型的发展，反过来又因为同某种建筑类型的密切联系而被赋予了特定的含义。香港的 Hing Wai Building 通过对不同材料的精心组合，表现出传统商业建筑的高贵气派，石材作为一种不可或缺的装饰材料，寄托着人们对于历史的情感。贝聿铭设计的美国国家艺术馆东馆简洁大胆的建筑型体和具有古典主义风格的老馆形成了强烈对比，然而通过采用当年老馆修建时使用的同一采石场的石头作为外墙面的材料，表达出一种对于历史与环境的尊重姿态。而赫佐格和德穆龙事务所所设计的位于美国加利福尼亚的多米诺斯葡萄酿酒厂，在金属编织的筐笼内放置当地出产的玄武岩，既有效地遮挡了阳光的照射，满足了酿酒厂必须严格控制室内温度的生产要求，同时又形成了独特的立面效果，开辟出石材运用的新天地。

随着薄板、超薄板的大量出现，石质薄板的加强式干挂技术已经有很大发展。大规模、工厂加工的薄石片合成板可以被安装在预制的衬背上。以铝质蜂窝结构为背面的石板已经成功地运用了十几年。用黏合剂将蜂窝状的铝片贴到大约 6mm 厚的石板上。在它们之间有一层纤维加强的环氧树脂，并且在后面有一个防水层。石板很轻，大约 $13kg/m^3$，一般有 2.45m×1.25m 和 8mm 厚，并且有很强的抗冲撞能力。也有一些产品采用了自然石面的薄板，这些薄板只有 3mm 厚，它们被黏合到一个 8～10mm 厚的硬聚合树脂板上。石薄板可以从背衬上获得足够的强度，这样的合成板既薄又轻。

各种颜色的石材和透光的石材不容易受到自然物质的腐蚀，并且他们的表面看起来好像是有一种神奇的抽象物质。这种视觉效果产生于大地的物质被自然的非物质化了，形成了灿烂发光的表面，变成了极好的奇观，极具特色。随着精确切割技术和现代的黏合方法的发展，带有透明坚固的背衬材料的产品得到了广泛的应用。而且全球新的石料市场已经确定了透明石料现在是经济可用的。

引人注目的瑞士 St. Pius 教堂是一个单一的巨型结构，从 Lucerne 湖上的平台上可以俯瞰。它建立在 2 个陡峭的山坡上。周围的山景是属于这个孤立的、抽象的大理石建筑的。这些大尺寸、灰色的元素使建筑的外立面看上去很深远，并且在表面别致、简洁、光滑的大理石上产生的阴影也富有节奏感。在室内，柱子被隐藏起来，大理石表面非常光滑并发着光，像是蒙上了一层面纱，透明的晶体结构将柔和的光传递到阴暗的教堂里面。建筑的四面墙体基本上是相同的，几乎没有开窗，但自然光却能到达室内，使室内的感觉与当地的天气状况相一致，例如，在阳光灿烂的时候，室内的大理石也会变得很温暖。

4.6 人造石材

由于石材自重大，开采运输困难，加工修琢及铺贴施工费事，工程造价偏高，色彩不一，辐射污染时隐时现，盛及千年的石建筑现在已风光不再，设计师们已经很少关注也难以在高层建筑上大规模应用石材了。如果从古罗马人的早期混凝土算起，2000 年来人们在千方百计地寻找石材代用品。随着现代化学工业进展，人造石材（又称仿石材料）出现，而且应用范围一直在稳步扩大。

人造石材按其所用材料不同，通常可分为树脂型、水泥型、复合型和烧结型 4 类。当前国内外普遍使用树脂型人造石材，以有机树脂为黏结剂，加天然碎石、石粉、颜料配制拌和、浇捣成型、固化、脱模、烘干、抛光而成。与仿木材料利用过去废弃无用的木屑，草片加工成为几可乱真的木材一样，人造石材根据施工工艺，有仿大理石、花岗石、玛瑙玉等花纹、颜色和质感，表面光洁晶亮，既有玻璃的光泽，又有花岗岩的华丽质感甚至可惟妙惟肖地模仿紫晶、彩翠、芙蓉石、和田玉等名贵石材，呈现一种自然之美。从 20 世纪 80 年代仿石卫生洁具、塑像、地面和墙壁开始，人造石材的应用范围在逐年扩大，现在大型建筑中已几乎可与天然石块平分秋色了。

5

混凝土与混凝土建筑

5.1 混凝土概念

混凝土是现代用量最大，应用范围最广的建筑材料，世界每年产量超过 100 亿吨，成为遍布大地和海洋的各类建筑的主体材料。

混凝土的概念本身就和石材密不可分。在 20 世纪中叶，人们创造了一个新的汉字“砼”（意为人工石）作为混凝土的缩写，而集料石块或石粉是混凝土中不可缺少的组成，本身就可视为石材一种。还有精心加工后的混凝土，硬度、色彩均与石材相似，但在运输、加工、建造等施工方面显然更胜石材一筹。

按现代定义，混凝土是由胶凝材料将骨料胶结成整体的工程复合材料的总称。按这定义，史前人类用泥土复合稻草、石块筑房，虽然强度很低，粘接疏松，但也是早期混凝土的雏形。

现在习惯意义上的混凝土几乎是水泥制品的同义词，通常用水泥胶凝材料、水、砂、石子以及外加剂按设计比例配制，经搅拌、成形、养护而成。在实现工业化生产以前人类使用水泥材料的历史就很久远。难以考证的原因之一，可能是水泥、石灰等同为胶凝材料，彼此关系如血乳交融，密不可分。石灰岩既是生产石灰的原料，又是生产水泥的主要原料，在对古代我国大地遗址考古的时候，无法分辨清楚。所以有的学者认为距今 7000 年前文化遗址曾使用早期水泥。甘肃秦巡大地湾仰韶文化大型房址，主室面积有 130m^2，室内地面呈青黑色，平整坚硬，外观近似水泥地坪，据仪器检测，地面平均抗压相当于现代 100 号水泥沙。大约在公元前 3000～公元前 2000 年间，古埃及人就开始采用煅烧石膏作为建筑胶凝材料，古希腊人则是使用将石灰石经煅烧后的石灰，而古罗马人则反复将石灰加水消释，与砂混合。人们将石灰-火山灰-砂子三组分称为罗马砂浆。它实际上是由黏土、石膏、气硬性石灰、火山灰、水硬性石灰组成的混合物，曾被用于砌筑石块和砖块，这种砌筑用的胶凝材料被称为原始水泥，这些早期的发现为现代水泥的发明奠定了基础。

古罗马混凝土的主要成分是一种富含火山灰质硅胶酸盐。在火山活动频繁的罗马（可以回想被埋于火山灰中的庞贝古城），这种材料极易获得。当古罗马人将石灰和砾石与这种火山灰混合在一起，产生了奇特效果，它的坚固程度和在造型上灵活性令人刮目相看，迅速成为建筑材料的新宠。大约在公元前 1 世纪，混凝土就已在建筑中被广泛应用，其衍生的混凝土技术也已相当成熟。

火山灰混凝土的使用大大促进了建筑的兴盛，古罗马人凭借这种以火山灰为活性材料、水化拌匀之后可以再凝耐压强度很高的混凝土，修筑了如大斗兽场等至今仍令人称赞不已的著名建筑。这种混凝土中加入不同比例、组分的骨料可以制成不同强度和容重、应用不同位置的混凝土。

火山灰混凝土优点：一是原料的开采和运输都比石材廉价方便；二是可混以碎石作骨料而节约石材，又可与浮石或其他轻质石材混用作为骨料以减轻结构的重量；三是除了少数熟练的工匠外，还可大量使用没有技术的普通奴隶，而用石块砌筑拱券则是只有专业工匠才能胜任的技术。

约在公元前 2 世纪，火山灰开始成为古罗马人的建筑材料，至公元前 1 世纪人们已经将其既用于建筑拱券，又用于筑墙。这种材料制成的混凝土表面常用一层方锥形石头或三角砖保护，再抹上一层灰或大理石板。浇注混凝土需要模板。当时的人们用建造拱券和穹顶的木板作模板，墙体则用砖石作模板，而且事后不拆，所以墙体显得很厚。

古罗马大角斗场的观众席用火山灰混凝土作基本材料，成为建筑结构中的杰作。首先观众席的底层有 7 圈灰华石的墩子，每圈 80 个，外面 3 圈之间是两道环廊，而 3、4 层，4、6 圈墩子之间砌着石墙，墙上架着混凝土的拱，呈放射状排列，第二层靠外墙有两道走廊，第三层也有一道。为了制作这一整套空间关系紧凑的拱，作为基础的混凝土选用了混合坚硬的火山石为骨料，墙是凝灰岩和灰华石混用，拱顶的石料则为浮石。整个结构井井有条，整齐简洁。

建筑是古罗马文化的精华部分，古罗马人已经熟练掌握多种建筑材料的制造和施工，设计方法取得令人瞩目的成就，可以毫不夸张地说，直到 17、18 世纪，甚至 19 世纪，欧洲才重新达到这一水平。古罗马人独领风骚 1000 年，古代社会中只有古罗马人能熟练应用火山灰混凝土，凭借石材和火山灰混凝土，建造出傲视古今的大竞技场、气贯长虹的高架水渠、典雅壮丽的立柱长廊，四通八达的罗马大道……2000 年后，人们还为它们磅礴夺人的气势和宏大壮美的造型所惊叹，为它们那种全方位开放式格局和傲视四海、气吞八方的霸主气概所折服。可以想象昔日在山头林间威风凛凛地蛮族酋长，来到永恒之域罗马以后，为什么立刻暴戾之气全无，低声下气愿意成为帝国的子民。

5.2 古代著名混凝土建筑

(1) 卡拉卡拉浴场

古罗马人将浴场、体育场和图书馆并列认为是生活中同样重要的场所，浴场遍布帝国各个角落。以罗马皇帝卡拉卡拉命名的浴场可谓豪华之极，这座建于 1800 年前的浴场占地面积超过 16 个现代足球场，规模相当一个城镇。整个浴场的地面和墙壁都是用来自帝国各处的彩色大理石铺嵌。墙壁上还饰以精美图案，色彩和绘画浴场的穹形屋顶和万神庙类似，用混凝土砌成，装有巨大玻璃窗，四面窗户也宽大透亮，确保光线充足，阳光在白天任何时候都能射进浴场。浴场镶嵌的玻璃与水面反射的光交相辉映，不仅使浴室内部更加明亮，而且还可使人们享受蒸汽浴的舒适。卡拉卡拉浴场可容 1000 人同时入浴，而后的戴克里先浴室甚至可容 3000 人。入浴之外，还设有竞技场、观众席、图书馆、交易厅和休息室。整个浴场的内部空间组合达到很高水准，以横轴线和纵轴线为经纬，各种空间形式有序组合搭配，形成大小和谐、开合有致、简洁多变，过渡自如的复合空间系列。卡拉卡拉浴室还有一套相当先进，可能领先于其他地区几个世纪的供暖技术。由于使用混凝土梁柱和拱券，墙体可以采用空心砖砌筑和架空建筑底部，这为来自锅炉房的热烟提供通道，使其循环流动，整个浴室温暖如春，异常舒适。

罗马浴场分散帝国各处有数千座之多，至今人们的矿泉疗养方式仍在效仿古代罗马，但古代罗马浴场的规模仍令人望尘莫及。

(2) 罗马万神庙

万神庙、大竞技场和卡拉卡拉浴场一同构成了古罗马建筑伟大诗篇的三部曲。这三座建筑代表着永恒之都罗马最鼎盛时期建筑艺术的最高成就，这一成就也达到了西方古代世界建筑艺术的最高峰。

在所有古罗马时代伟大建筑之中，能够相对完整保存至今的唯有万神庙一座。在一片古建筑废墟中它依然神采奕奕，持续引来人们赞叹，惊奇目光。

与阿耳忒弥斯神庙、帕台农神庙、宙斯神殿等著名神庙不同，万神庙被设计成别具一格的圆形。万神庙的穹顶无疑是整个神庙最出类拔萃的部分，当站在大厅仰望巨大穹顶、目睹天光时，人们不禁想起文艺复兴三杰之一米开朗基罗的感叹：这是天使而不是人的设计，感觉到如英国诗人雪莱斯所说的"宇宙的可见形象"。

万神庙是献给众神的庙宇，这里曾供奉过地跨欧亚非三大洲罗马时代最伟大英雄恺撒和屋大维（奥古斯都）的铜像。这里两扇高达 7m 的青铜大门是当时世界上最大、最宽的青铜大门，这里地面和墙壁都用色彩鲜艳的大理石砌建（图 5-1）。万神庙有科林斯式石柱 16 根，但万神庙的最大特色是整个庙宇都由混凝土浇筑，万神庙墙厚 6.2m，每浇筑 1m，就砌 1 层大块的砖，古罗马人在没有钢筋加固的条件下，建造出了 2000 多年前世界上最大的圆顶建筑。圆形神庙直径达 43m，墙厚 6m，圆顶呈半圆形，空间开阔，垂直顶高。这是万庙唯一的采光位置，使柔和光线照亮空阔内部，光线随太阳缓缓移动而不断变化，令所有游客都感到强烈震撼。万神庙是古代建筑史上的奇迹，除火山灰混凝土外，其他任何古代建筑材料对此无能为力。

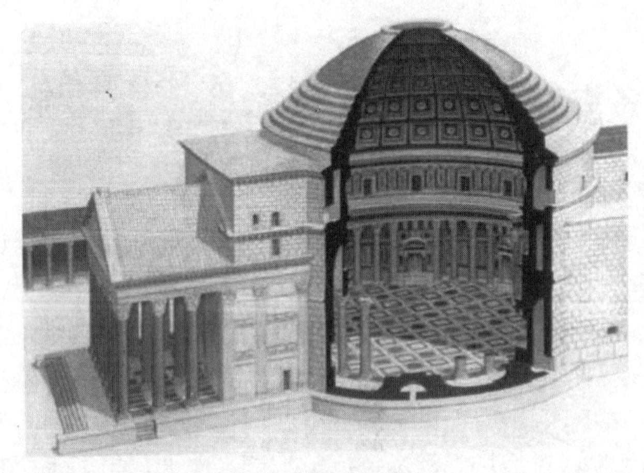

图 5-1 罗马万神庙

(3) 恺撒利亚港口

在介绍古代混凝土时，不应忽略位于地中海东岸的恺撒利亚港口，将怪石嶙峋，难以通行的海岸，修造成众多船只可以自由进出的人工贸易巨港，这是古代世界最宏伟的工程建筑之一。

公元前 22 年，在犹太王希律的指挥下，成千上万犹太民众开始建造巨大的防波堤。他们花费了十年时间，采用了当时能够找到和设计的最先进技术。由于建筑要在海水中进行，所以混凝土块也先要用木质框架定型，确保下一步工程继续开展。施工还要动用潜水工人，他们使中空的木头容器漂至用碎石打造的人工水底基础上方，然后用石头、灰浆及链条使其沉下。水泥桩凝固后，工人依柱堆砌卵石，以免被水冲走。经反复堆砌，最终在海中筑起两条巨型防波堤，防波堤宽达 70m，深入海中近 1000m，在东地中海的惊涛骇浪中保存一块风平浪静的水域。防波堤上铺设加工过的石料，并配备码头、仓库、引水渠和极壮观的巨型灯塔。

恺撒利亚连接当时重要东西贸易路线，历史学家评论它在古代工程奇迹中应该排在前五名之内，而这种在海下施工混凝土制品制造大型海港的技术，无疑是一项前无古人的大胆尝试。

随着罗马帝国的衰落，早期水泥的应用也偃旗息鼓很长一段时间，中世纪的著名建筑，大多用石块砌成。

5.3 其他胶凝材料

除水泥外，人们也知道使用其他胶凝材料（亦称胶结材料），知道这些材料从浆体状态经物理、化学变化变成坚固石状体，并能将散粒状或块状材料胶结成为整体的性能。

意大利考古学家在挖掘古罗马帝国皇帝卡德斯的住处时写道：这座大屋里的大量石灰再加上其他材料如砖块、砂子和大理石充分说明了这是当时装备非常好的建筑。

这些胶结材料有建筑石膏、石灰、菱苦土等无机胶结材料。但都是在空气中硬化的气硬性胶凝材料，耐水性差，不宜用于潮湿环境，相比之下，只有水泥材料等水硬性胶凝材料既能在空气中凝结硬化，又能在水环境中结为一体，并且保持很好的强度。

另外还有各种沥青、天然树脂等有机凝结材料。而合成树脂的出现，已是现代化学工业兴起以后的事情。石灰、石膏、菱苦土等都是古老的建筑材料。

（1）石灰

石灰是水泥的主要成分，但在升华成为水泥之前，石灰在数千年间就在建筑中广泛应用，成效卓著。

石灰原料石灰石、白云石、石垩、贝壳等随处可见。古代先民可能偶然将这些碳酸钙含量较高的石块或碎粒在高温下烧烤，发现这些破碎的材料在吸水后又会硬化。

早在距今 7000～5000 年前的仰韶文化遗址，就发现先民用“白灰面”涂抹山洞、地穴，这是中国发现最早的建筑胶凝材料。到西周时，人们已用石灰建屋砌墙，至少在距今 3000 年前，人们就已知道利用岩石烧制石灰。因为原料来源广泛、生产工艺简单，石灰得到广泛应用。中国明代著名大臣于谦以石灰比喻烈士崇高品质的诗句流传很广。“千锤百凿出深山，烈火焚烧似等闲。粉身碎骨浑不怕，要留清白在人间。”中国唐代诗人释绍昙诗云：“炉鞴亲从锻炼来，十分确硬亦心灰。盖空王殿承渠力，合水和泥做一回。”诗人借石灰的制造工艺，展示自己的铮铮硬骨，为人称颂。石灰浆体涂覆墙壁以后，颜色洁白，较过去的土墙或者砖墙显得光亮、整洁，也能抑制一些小虫的活动。至少在周代的宫殿中，就已使用石灰。砌筑或者抹灰，或掺入各种粉碎和原来松散的土中，经拌和、压实、养护后作为房屋基层，地面和道路路面基层。

（2）天然石膏

天然石膏是自然界中蕴藏的石膏石，主要为二水石膏和硬石膏。中国石膏矿产资源储量丰富，已探明的各类石膏总储量居世界首位。优质石膏资源主要分布于湖北应城和荆门、湖南衡山、广东三水、山东枣庄、山西平陆等地区，但部分矿点已过度开采接近枯竭，部分因与低品位石膏混杂难以分离而造成优质资源浪费。因此，中国实际能够开采并有效利用的优质石膏资源比例更少。按生产方式分，露天开采约占30%，地下开采约占70%。在地下开采的石膏矿山中，因种种原因使平均回采率低于30%，得到优先开采的优质资源并未得到合理开发和有效利用，资源浪费严重。

天然石膏中用途最广的是二水石膏，其有效成分为二水硫酸钙，一般根据矿石中二水硫酸钙含量对石膏进行等级划分。石膏应用领域较宽，产品种类也较多，不同的用途对石膏原料的质量有着不同的要求，高品位石膏多被用于特种石膏产品的生产原料，如食用、医用、艺术品、模型和化工填料等；二水硫酸钙含量低于60%的石膏矿则很少得到应用；高于60%的石膏矿石，则根据其含量的不同，被用于建材、建筑等各个领域。

世界不同国家对石膏的消费结构不同。中国的石膏消费结构大致为：84%用作水泥生产的缓凝剂，6.5%用于陶瓷模具，4.0%用于石膏制品、墙体材料，5.5%用于化工及其他行业。随着中国水泥产量的不断增大，对石膏的需求相应增大，同时随着中国经济的高速增长，石膏产业尤其是石膏制品将存在着一个极大的发展空间。由于优质石膏资源不断减少，石膏资源的开发利用将被愈加重视。

(3) 三合土

中国早期混凝土材料的一个鲜明特点是采用在石灰中掺有机物材料：如石灰-糯米、石灰-桐油、石灰-血料、石灰-白芨以及石灰-糯米-明矾等，驰名的三合土中掺入糯米和血料，使用最广还属糯米灰浆。中国古代早已应用糯米汤和石灰制成的砂浆。这是世界上第一种使用有机和无机原料制成的复合砂浆，它强度大，具耐水性。有的学者认为这是历史上最伟大的技术创新之一，用此修筑的墓穴、宝塔、城墙，很多经历千百年来的风风雨雨、强烈地震，至今仍在装点江山，有些地基连推土机都很难推倒。

三合土主要配方有河底泥、红泥、贝壳粉（主要成分石灰），复杂的还有鸡蛋清、糯米汁、树胶、黏叶汁等。三合土性能极佳，在枪林弹雨中不塌不毁，不会溅起。三合土的最初定义，即是土（经发酵成熟）、砂和石灰合三为一。三合土又分湿夯、干夯、特殊配方湿夯三种。将三合土称为古代混凝土，名副其实。在20世纪混乱年代，有人试图拆除一座土楼，虽然刀枪棍棒齐上，硬没敲开，无功而返。

实际上许多土建筑中都有类似三合土的概念，水泥、混凝土也可划归泥土的一种形态，如在“土建筑”章中介绍的中国漠北统万城、南美濒太平洋的昌昌城，也是一种混凝土建筑。

国外著名的砖石混凝土结构建筑有意大利罗马圆形大角斗场、意大利罗马万神庙、意大利罗马卡拉卡拉浴场、意大利佛罗伦萨鲁切莱府邸、意大利佛罗伦萨圣母百花大教堂、梵蒂冈圣彼得大教堂、俄罗斯莫斯科克里姆林宫、法国巴黎枫丹白露，意大利罗马圣彼得大广场（石料混凝土结构）、西班牙巴塞罗那圣家族教堂（图5-2）、德国波兹坦爱因斯坦天文台、意大利罗马四泉圣卡罗教堂、奥地利维也纳卡尔教堂、英格兰伦敦圣保罗大教堂、法国巴黎凡尔赛宫、法国巴黎卢浮宫、德国慕尼黑宁芬堡狩猎厅、法国巴黎圣吉纳维芙教堂、法国巴黎凯旋门、德国柏林勃兰登堡门、英格兰伦敦大英博物馆、德国巴伐利亚新天鹅堡、美国华盛顿林肯纪念堂、英国肯特郡红屋、英国格拉斯哥艺术学院、西班牙巴塞罗那米拉公寓。

图 5-2 巴塞罗那圣家族大教堂

5.4 现代水泥工业

5.4.1 现代水泥的产生

在世界大事典中，列举了人类有史以来的重大发明，水泥的发明毫无疑问也在其中。

水泥的发明是产业革命的产物，也是产业革命的动力，是大不列颠民族给人类文明诸多可贵贡献中的一项。1756 年英国人 J·帕克用泥灰岩烧制出一种水泥，因外观呈棕色，很像罗马时代的石灰和火山混合物，命名为罗马水泥。因为它是采用天然泥灰岩原料，不经配料直接烧制而成，故又命名天然水泥，它具有良好的水硬性和快凝特性，适于与水接触工程。1756 年，英国建筑工程师 J·斯米顿（1724～1792 年）在建造迪斯通灯塔时，发现含黏土量很高的石灰砂浆是水下建筑的理想材料。这是人类第一次在建筑上使用了水硬性石灰。

英国人 J. 斯米顿在研究某些石灰在水中硬化时的特性发现，要获得水硬性石灰，必须采用含有黏土的石灰石来烧制，而用于水下建筑的砌筑砂浆，最理想的成分是由水硬性石灰和火山灰配成，这个重要发现为近代水泥的研制和发展奠定方向。

斯米顿在含有黏土较少的石灰岩中，掺入不同比例的黏土进行比较烧制实验，试验表明，含有6%～20%黏土的石灰岩制成的水泥性能最好。

随后，许多建筑工程师开始研制更好的建筑材料。1813年，法国的土建工程师毕加发现，用三成石灰岩和一成黏土混合制成的水泥性能更好，但真正发明水泥的是瓦匠约瑟夫·阿斯普丁。

1824年，英国利兹城的一个泥水匠阿斯普丁获得英国的波特兰水泥生产工艺专利证书（因水泥制品颜色与当地波特兰岛岩石类似命名），从而一举成为流芳百世的水泥发明人。他使用的煅烧设备称为瓶窑。

1872年强生在瓶窑的基础上发明专门用于烧制水泥的仓窑，并获专利。他对熟料烧成划分干燥、预烧、煅烧3个过程的构思奠定了现代水泥窑型的基础。

5.4.2 钢筋混凝土

钢筋混凝土是20世纪以来最重要的建筑材料，但它的发明既不是工程师的设计，也不是建筑材料专家的开发，而是1867年修整花木的法国园艺师莫尼埃。受花木根系纵横交错，将松软泥土连成整体现象启发，莫尼埃将铁丝仿照植物根系的样子编成网状，然后与水泥、砂石一起搅拌做成花坛，改变过去花坛经常破损的弊病。之后，莫尼埃获得钢筋混凝土花盆，以及紧随其后应用于公路护栏的钢筋混凝土梁柱的专利。1872年世界第一座钢筋混凝土结构的建筑在美国纽约落成，人类建筑史上一个崭新的纪元从此开始。

钢筋混凝土的使用，可以说是现代建筑技术最大的一次突破。1774年，英国人艾迪斯通第一次在建筑上使用了混凝土，但当时的混凝土还只是单纯的由石块、黄砂、黏土等组成的混合物。1824年，英国第一次出现了酸性水泥。由于造价低廉，可塑性强，它初次亮相就受到建筑师们满堂喝彩。混凝土是当代最主要的土木工程材料之一。它是由胶凝材料、颗粒状集料（也称为骨料）、水，以及必要时加入的外加剂和掺合料按一定比例配制，经均匀搅拌，密实成型，养护硬化而成的一种人工石材。混凝土具有原料丰富、价格低廉、生产工艺简单的特点，因而使其用量越来越大。同时混凝土还具有抗压强度高，耐久性好，强度等级范围宽等特点。这些特点使其使用范围十分广泛，不仅在各种土木工程中使用，就是在造船业、机械工业、海洋开发、地热工程等领域中，混凝土也是重要的材料。

1900年，万国博览会上展示了钢筋混凝土在很多方面的使用，在建材领域引起了一场革命。法国工程师艾纳比克1867年在巴黎博览会上看到莫尼埃用铁丝网和混凝土制作的花盆、浴盆和水箱后，受到启发，于是设法把这种材料应用于房屋建筑上。1879年，他开始制造钢筋混凝土楼板，以后发展为整套建筑使用由钢筋箍和纵向杆加固的混凝土结构梁。仅几年后，他在巴黎建造公寓大楼时采用了经过改善，迄今仍普遍使用的钢筋混凝土主柱、横梁和楼板。1884年德国建筑公司购买了莫尼埃的专利，进行了第一批钢筋混凝土的科学实验，研究了钢筋混凝土的强度、耐火能力。1886年德国建筑家多切林发明了预应力混凝土。预应力混凝土梁与同样承重能力的普通钢筋混凝土梁相比，可以减少70%的钢筋和40%的混凝土用量，大大减轻了建筑材料的重量，极大地促进了混凝土在各个建筑领域的应用。预应力混凝土的出现，确立了混凝土在建筑领域的主导地位。1887年德国工程师科伦首先发表了钢筋混凝土的计算方法；英国人威尔森申请了钢筋混凝土板专利；美国人海厄特对混凝土横梁进行了实验。1895～1900年，法国用钢筋混凝土建成了第一批桥梁和人行道。1918年艾布拉姆发表了著名的计算混凝土强度的水灰比理论。钢筋混凝土开始成为改变这个世界景观的重要材料。

在19世纪中叶，出现了把砂、石灰与水泥混在一起配制成的一种弱混凝土，从此开始了混凝土的生产。继而又出现了水泥、砂子、石子的素混凝土，它在19世纪中叶曾一度显示了优越的性能。特别是对与水接触的工程，是一种极佳的工程材料。当时在一些铁路桥梁中开始用素混凝土来建造。

在德国伊勒河上，曾用弱混凝土建造了一座最长的铁路桥梁，该桥长64.5m。20世纪初，有人发表了水灰比等学说，初步奠定了混凝土强度的理论基础。以后，相继出现了轻集料混凝土、加气混凝土及其他混凝土，各种混凝土外加剂也开始使用。20世纪60年代以来，广泛应用减水剂，并出现了高效减水剂和相应的流态混凝土；高分子材料进入混凝土材料领域，出现了聚合物混凝土；多种纤维被用于分散配筋的纤维混凝土。现代测试技术也越来越多地应用于混凝土材料科学的研究。1907年，法国人毕耶利用铝矿石的铁矾土代替黏土，混合后石灰岩烧制成水泥，使水泥的品质和性能大大改善。由于含有大量的氧化铝，因此叫"矾土水泥"，这种水泥进一步提升了对海水的抗腐蚀性及地下建筑物的防渗漏问题等。作为除水泥、水、砂石以外的第五组成材料，化学外加剂是今日混凝土建筑材料与古罗马人早期混凝土、英国人马丁·阿斯普丁波特兰水泥具有质的差异的主要因素之一。

5.4.3 现代钢筋混凝土建筑

混凝土工程技术的发展，经历了塑性混凝土、干硬性混凝土、流态混凝土、高强度混凝土和高性能混凝土几个阶段，正逐步向生态混凝土方向过渡。在其每个发展阶段，都表现为建筑性能的提高。

1894年在巴黎建造的蒙玛教堂，是世界上最早的单层钢筋混凝土框架建筑。

1909年用钢筋混凝土在英国利物浦建造了世界上第一座框架结构大楼，高51m，连同顶端的钟塔在内共95m。

1903年美国辛辛那提建成的16层的伊格大楼，是世界上第一座钢筋混凝土高层建筑。

1875年法国的蒙尼耶建造了世界上第一座钢筋水泥桥，1903年美国辛辛那提市建造了一幢16层的钢筋水泥楼房。

1850年法国建筑师拉布鲁斯特成功运用了交错的钢筋和混凝土制成巴黎圣日内维耶图书馆的拱顶，为近代钢筋混凝土材料在建筑上的广泛应用奠定了基础。法国建筑师包杜设计的巴黎蒙玛尔特教堂，是第一个使用钢筋混凝土框架结构建造的教堂。1910年瑞士工程师马亚在苏黎世建造了第一座无梁楼盖仓库。

美国学者保罗·以色列认为现代钢筋混凝土建筑的建造部分应归功于爱迪生。爱迪生设计的长窑让水泥工业实现了彻底的变革，1911年这位发明大王表示：建筑不用钢筋混凝土，而用砖块和水泥，那设计师肯定是太愚蠢了，20世纪所有的建筑全部会用钢筋混凝土建成。幢幢摩天大楼拔地而起似乎证实了他的预见，但是第二次世界大战以后，钢铁框架结构已后来者居上，这以摩天大楼出现为标志，成为建筑主流。

摩天大楼（Skyscraper）一词最初是一个船只术语，意为帆船上的高大桅杆或帆，后来不断演变，渐渐成为建筑中的特定术语。

摩天大楼一词首先出现在美国。在摩天大楼变成现实中的建筑之前，人们为其取过各种诙谐的称号，如称为“高飞之鸟”（1840）、“一顶高顶帽或烟囱帽”或者是棒球比赛中“高飞的棒球”（1866）。而到 1883 年，一位喜欢幻想的作家提出摩天大楼的术语，这个称号迅速流传，100 多年以来，人们已建造了众多摩天大楼，鳞次栉比，耸立在世界各大城市的天际线上。于 1976 年建成的加拿大多伦多国立电视塔，高 553.2m，是当时世界上最高的钢筋混凝土构筑物。

1962 年用钢筋混凝土预应力折板建造的美国伊利诺伊大学会堂，是用折板组成的穹顶，直径为 132m，可容纳 2 万人。是当时世界上最大的现代穹顶建筑。

1958 年用钢筋混凝土拱壳结构建造的巴黎国家工业与技术展览中心大厅，平面呈三角形，每边边长 218m，高 48m，覆盖面积达 9 万平方米。是世界上最大的钢筋混凝土拱壳结构建筑。

摩天大楼是现代技术进步的象征，也是钢铁、水泥、玻璃 3 种建筑材料共同显示身手的完美组合。

首先是钢铁的主导作用。古埃及的金字塔、意大利丘陵镇子中那指向天空的瘦削塔楼、法国的哥特式教堂，尽管这些建筑外形各有特色，大相径庭，但它们也有一个共同之处，那就是它们都采用了石头结构或者石墙来支撑其大部分重量（即所谓的承重墙），包括楼面、其中的人和建筑物房间里面所有物体的重量。因为这点，石建筑的高度受到限制，限制在于它们的底部基础的结实程度以及它们本身的重量。这种普通结构的楼房，达到十层也许已登峰造极，承重墙已厚得惊人。

为了取得新的高度，人们开始用铁来强化石墙，然后支撑楼层，再是支撑楼层和墙壁两者。到了后来，人们彻底放弃了铁，转而用一种铆钉连成的钢架。

（1）歌德学堂

1928 年完成的德国歌德学堂，是一座像岩石一样的宏伟建筑，有着 $1.1\times10^5m^3$ 的体量，也是建筑史上首次出现最大规模的钢筋混凝土建筑。歌德学堂内部犹如洞窟，光线灰暗，两个圆形空间分别代表物质世界和精神世界，7 根 1 组的柱子分立其间，柱头上饰有雕塑，分别代表日、月、火星、水星、木星、土星和金星。

（2）帝国大厦

帝国大厦，是钢铁-水泥材料的标志性建筑，是摩天大楼时代来临的宣言书。这座落成于 1931 年的建筑，创造了诸多世界建筑之最：102 层楼，443.5m 高，建造时间 410 天，晴天视野远达 100km，眺望美国东部五个洲。帝国大厦雄踞世界第一高楼宝座 40 余年。由于使用钢铁水泥，帝国大厦成为使用材料重量最轻的建筑，如果使用笨重石块，大厦的重量要直线增加，更大可能是根本无法完成这种高层建筑。钢铁、水泥、玻璃的应用，也使建筑工期大为缩短，大厦除打地基以外，以平均每 2 周建 9 层楼的速度冲天而起，每天 4000 工人在上下劳碌。这一速度直到 20 世纪 70 年代也无人超越。帝国大厦从动工到交付使用，仅仅用了 19 个月的时间，若按 102 层计算，大厦施工速度为每 5 天多就造一层（实际连同地基、装饰，不足 5 天），难怪大厦的建设者斯塔利特上校有句名言：“和平时代最像打仗的事情莫过于建造摩天大楼”。自帝国大厦以后，摩天大楼成为世界各地流行的词汇，无数以钢铁、水泥、玻璃为材料的高楼争先恐后出现。帝国大厦周围很快成为高楼林立的场所。

帝国大厦不仅建设速度惊人，大厦的坚固性至今仍然堪称经典。1945 年 7 月 28 日，一架 B-25 米切尔型轰炸机在雾中撞击大厦，而大厦结构安然无损，整体构架不受影响。根据当代专家检测，大厦的承重体系十分牢固，足以承受 200 层建筑重压。同时大厦的建设资金仅为预算的 80%，实属“多快好省”典范。大厦至今仍然具有经久不衰的魅力，成为 100 多部电影和无数文学艺术作品歌颂对象。

帝国大厦是全球闻名的摩天大楼，矗立在纽约曼哈顿区，美国土木工程师协会宣称的“现代世界七大奇迹”之一，20 世纪十大建筑之一，帝国大厦一直保持着世界第一高楼的称号，并雄踞这一地位长达 40 年。2001 年 9 月 11 日世界贸易中心大楼在恐怖袭击中轰然倒塌，帝国大厦又回归纽约第一高楼称谓。

102 层楼的帝国大厦连同无线发射塔高达 443.5m，总重量超 35 万吨，其中使用钢材 5.7 万吨，可以容纳 2.5 万人同时办公。

(3) 澳大利亚悉尼歌剧院

悉尼歌剧院是悉尼的城市象征，以造型新颖、风姿绰约而著称于世，犹如扬帆出海的船只，又似恬静修女（图 5-3）。歌剧院结构为三组相互叠盖的巨大贝壳耸立在钢筋混凝土结构的基座上。这些贝壳形尖屋顶，是由 2194 块、每块重 15.3t 的弯曲形混凝土预制件，用钢缆拉紧拼成，外表覆盖 105 万块白色或奶油色的瓷砖，既使歌剧院在大海、海港大桥、高楼的浓荫的背衬下熠熠闪光，又可减少海风对混凝土构件的侵蚀。悉尼歌剧院又称海中歌剧院，是世界上最著名的歌剧院之一。

图 5-3　悉尼歌剧院

悉尼歌剧院主体采用贝壳形结构，外观为三组巨大的壳片，耸立在南北长 118m、东西最宽处为 97m 的钢筋混凝土结构的基座上。壳形屋顶中最高处为 67m，相当于 20 层楼高度。剧院有当今世界最大的室外台阶，由桃红色花岗岩铺面，壳体开口处由 2000 多块高 4m、宽 2.5m 的玻璃镶成，临墙眺望，美丽海湾风光一览无余。

(4) 荷兰围海大堤

可能人们很少注意现在世上规模最大，也许也是最重要的混凝土建筑之一——荷兰围海大堤。

荷兰又称低地王国，充满童话色彩，歌德和海涅赞美过的莱茵河从这里入海，境内27%的土地低于海平面。

在历史上荷兰人深受北海之苦、海水入侵使千里沃野变成泽国。公元1282年，海水突破海堤，北海与马伏列沃湖连成一片。从13世纪至今荷兰国土被海水侵吞56万公顷。

面对海水肆虐，荷兰人在中世纪起就开始修筑堤防，建造堤坝、水闸，形成一整套防水系统，进而围海造陆，开疆拓土。随着混凝土技术进步，人们抗击海洋的能力也步步提升。其中规模最大的正是20世纪开始的被称为世界第一长堤的围海大堤。

荷兰围海大堤是以巴里尔拉海大坝为主的众多海堤的总称，是人类围海造田最伟大的工程之一，堪称世界奇迹。其中，阿夫鲁戴克拦海大堤将原来的须德海变成一个内陆艾瑟尔湖，并抽干部分湖水成为良田，故工程又称须德海工程。大堤全长32km，宽90m，大堤平均高于海面7.25m，现在是欧洲高速公路（E22公路和A7公路）的一部分，每天成千上万辆汽车在大堤上沿着大海奔驶，从此须德海自地图上消失，而荷兰增加了一个新的省份。

从13世纪以来，面积仅仅4万平方公里的荷兰共修了总长达2400km的拉海大堤，围垦7100平方公里土地，相当于今日荷兰面积的1/5。

中国长江三峡大坝被誉为世纪工程之一，浇筑高近200m的大坝，耗用5000万吨混凝土，荷兰造就了一个波涛万顷的大湖，而中国造就了一个世界最大的水力发电站，一个世界最大的水泥混凝土大坝。

(5) 著名钢筋混凝土建筑

19世纪末20世纪初，欧洲出现名为“新艺术派”的大众实用艺术新潮流，主要内容之一就是尝试通过各式曲线造型柔化建筑内外冷硬的新型金属材料构件，解决建筑功能与形式的矛盾，从而展示建筑结构的艺术韵律。19～20世纪，世界著名的钢铁玻璃结构和钢铁框架结构和钢筋混凝土结构建筑如下。

美国华盛顿美国国会大厦（钢铁、砖石结构）英格兰伦敦英国议会大厦（砖石、铸铁结构）、法国巴黎歌剧院、英格兰伦敦水晶宫、英格兰伦敦圣庞克拉斯车站、法国巴黎埃菲尔铁塔（钢铁结构）、美国纽约自由女神像（钢铁结构）、比利时布鲁塞尔塔塞尔旅馆（钢铁砖石结构）、荷兰乌德勒支施罗德住宅（钢架、砖、水泥结构）、德国魏玛包豪斯校舍（土结构）、法国波伊西萨伏伊别墅、法国马赛国际公寓、法国伏日山区朗香教堂、芬兰诺尔马库玛利亚郊外别墅、美国宾夕法尼亚州流水别墅、美国纽约古根海姆博物馆、美国纽约帝国大厦、美国纽约西格拉姆大厦、钢筋混凝土结构和钢框架结构、美国纽约世界贸易中心、英国伦敦国家剧院、美国芝加哥西尔斯大厦（钢框架结构）、美国华盛顿国家美术馆东馆、巴西巴西利亚议会大厦、马来西亚吉隆坡石油大厦、美国新奥尔良意大利广场、美国纽约国家电报电话公司大楼、美国波特兰市政厅、法国巴黎蓬皮杜艺术中心、香港汇丰银行、德国魏尔维特拉博物馆、西班牙毕尔巴鄂古根海姆博物馆。

5.5 FRP 筋增强混凝土

虽然钢筋混凝土在建筑上仍然具有压倒数量，但其他类型的筋材也陆续出现，如有些植物纤维、钢纤维、石棉等矿物纤维都可以作为混凝土增强材料，尤其是 FRP 筋材发展迅速。FRP 是纤维增强塑料的英文缩写，其中纤维有 20 世纪新近登场的玻璃纤维、碳纤维、凯夫拉纤维，塑料有各类热塑性树脂和热固性树脂。FRP 筋材在一些场合的表现可圈可点。

例如暴露在腐蚀环境中的钢筋混凝土（积雪后用冰盐处理过的桥梁、道路，有海风吹拂的建筑，化工企业等）在适宜温度和湿度下，随着碳化物和氯化物的侵入，钢筋受到腐蚀，导致混凝土开裂，剥落。为此人们想方设法，如增加混凝土厚度，用添加剂提高混凝土透气性，采用阴极保护和电防蚀，钢筋涂覆，都劳而无功，直到玻璃钢筋材出现，取代钢筋这个产生腐蚀的元凶，才解决了这个困扰了人们一个世纪的难题。现在 FRP 筋材，尤其是价格和制作工艺具有优势的玻璃纤维筋材，已广泛用于海岸堤坝、海岛建设、公路桥梁，由于 FRP 筋材是电绝缘体（碳纤维除外）并具有非磁性，在靠近高压线、要求非磁性和电磁性的混凝土建筑上有很大应用价值。

5.6 钢筋混凝土建筑的发展

5.6.1 高层建筑

20 世纪开始，世界各地纷纷大兴土木，争先恐后建造摩天大楼，争夺“世界最高摩天大楼”荣誉称号，从而提高所属公司的无形资产。

同时，自摩天大楼问世之日起，为了把建筑物建造得更加牢固、更高，同时更轻，人们便不停寻求改进建筑材料和方法的途径。

建造摩天大楼的宗旨，就是使它们持久、稳固，因此所使用的材料也就必须坚固、结实、耐用，能抵抗风吹雨打的自然恶劣天气。而且还要价廉物美、取材便利，除钢材外，具有通用性的水泥混凝土就是最常见的材料了。

根据建筑物的不同需要，还可以改变混凝土的成分。为了使混凝土更硬、更坚固，可以在其中安置钢筋加以强化。根据设计的需要，使用不同添加剂可以使其固定或硬化得更快或更慢。

玻璃也扮演了重要角色。摩天大楼必须使用钢架来支撑建筑物本身。悬挂在钢架上的墙壁犹如帘幕，因此建筑术语“幕墙”（Curtain wall）一词由此而生。而既能阻风挡雨，又能采光的玻璃就是理想选择。玻璃墙比石墙和混凝土墙要轻，也要便宜，第二次世界大战以后开始普遍流行。

用现浇或现场预制钢筋混凝土建造大跨度结构建筑，具有高效合理、造价低廉，施工简便、形式新颖美观等特点，后来对体育场结构建设影响很大。这类建筑包括 1960 年奥运会场罗马小体育宫、诺福克中心（Norfolk Scope，1968～1971 年）等。罗马小体育宫屋顶一球形穹顶，由沿圆周均匀分布的 36 个 Y 形斜撑承重。穹顶由 1620 块用钢丝网水泥预制的菱形槽板拼装而成，板间布置钢筋现浇成“肋”，上面再浇一层混凝土，形成整体兼作防水层。混凝土表面不加装饰，显得强劲有力，穹顶与底部分离，又显得格外轻盈。

5.6.2 薄壳建筑

如东南大学著名建筑理论家童寯指出："钢筋水泥不仅能在传统框架结构形式比用木材增加坚固性并相对缩小构件体积，更重要的是它的可塑性与通过体形增加强度，如桶壳、摺壳。"这种薄壳建筑问世之后，就令人耳目一新。继 1916 年法国巴黎机场飞艇库后，1922 年德国用 0.60m 长钢筋扎成半圆网状球体，敷以仅 3.2cm 厚的水泥浆，使薄壳建筑逐步发展。随后德国、法国、瑞士、西班牙的薄壳水泥建筑陆续出现。1952 年墨西哥大学的宇宙射线实验馆，水泥薄壳厚度只有 1.6cm，已经和膜建筑难分伯仲。1957 年墨西哥南郊的霍奇米尔科水上公园餐厅，使用 8 块相同的各 4cm 厚的水泥双曲拱，形成一朵占地 900m² 的莲花空间，受到广泛好评。后来某些薄壳发展到具有屋顶连墙整体造型，安装玻璃以后即可竣工。巴黎工业技术陈列厅是这类造型中最大一例。

(1) 薄壳结构发展

钢筋混凝土薄壳结构的产生和发展，更使现代建筑发展出有机整体且富于变化的空间形态和顶部构造。最早的薄壳建筑于 1933 年出现，用于市场的顶部结构，又被用于体育场馆。图 5-4 为日本福冈老人儿童活动中心。

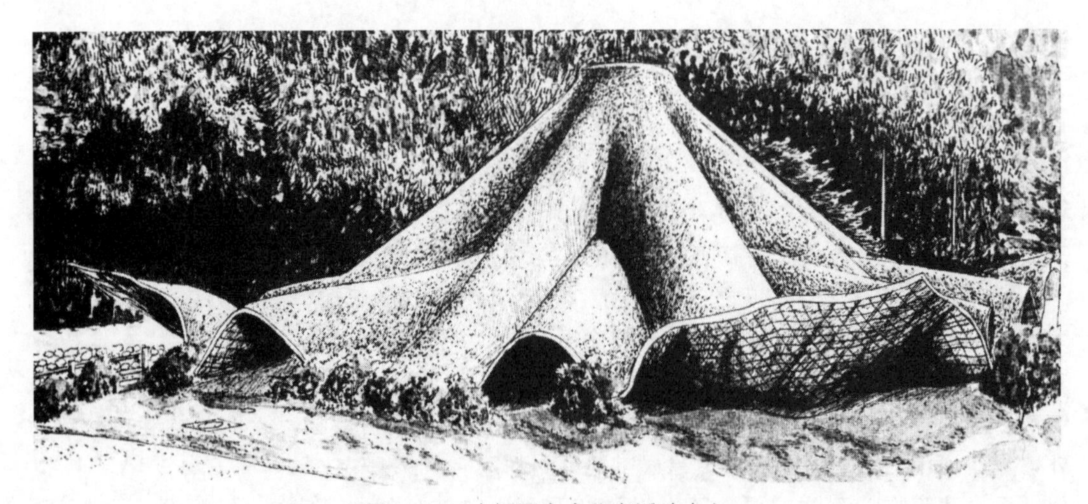

图 5-4　日本福冈老人儿童活动中心

薄壳结构给人们带来简洁而充满活力的现代建筑表现，在 20 世纪 60 年代成为广受世界重视的新型结构。这时英国又发明了名为塞姆·菲尔的耐碱玻璃纤维，玻璃纤维增强水泥（GRC）可以采用喷射等工艺成型，制成根据不同设计形态各一的建筑，出现以后很快风靡各地。

(2) 流体建筑

流体建筑一词出现于 1995 年，流体建筑也是薄壳建筑的一种类型，是指通过数码建模技术建造的变形虫状、流线型建筑。通过建模程序，人们可以设计出很多以前难以想象的建筑形状和样式，使设计到建造的过程更加合理，建筑具有流动性，又保留了空间实用性和独特性。这些建筑是由电脑程序，黏合剂及连接器构成，再在可延展的网上喷射混凝土砂浆，是一种正在兴起的全新建筑形式，也是混凝土应用的全新形式。一些流体建筑真如流水可任意弯转，如龙蛇盘旋，比薄壳建筑更进一步，似乎没有任何承重部分，与现有建筑没有相似之处。著名建筑有荷兰斯帕尔讷医院公交车站（图 5-5）、尼尔杰水世界、西雅图音乐馆、柏林图书馆、华沙黄金大舞台、横滨港集散站等。

图 5-5　尼奥建筑事务所：斯帕尔讷医院公交车站（建于 2003 年，位于荷兰霍尔多普）

(3) 大跨度钢筋混凝土结构

在钢筋混凝土框架结构的运用发展中，解决跨度问题直接影响了现代建筑给人的空间感。1950 年意大利建成跨度达 100m 的"都灵展览中心"，1955 年国际风格里程碑式作品米兰皮瑞里大厦竣工。皮瑞里大厦的支撑跨度就达 25m。建筑表现出一种节奏美感，富于读意和艺术性。

5.6.3　水泥和混凝土改性

随着科技和生产发展，各种重大钢筋混凝土结构，如跨海大桥、海底隧道、海上采油平台、核反应堆、超高层建筑等建造需要持续增加，水泥和混凝土的性能改进已经引起广泛关注。

今日世界混凝土的年产量已逾 100 亿立方米，而水泥在生产过程中需要消耗大量黏土、大量能源（煤炭和电能），产生大量有害气体和微尘，是一些地区污染环境的元凶。

砂、石等作为混凝土的集料，采掘受能源、资源和生态环境的约束日益明显，在许多地区、优质砂石集料的供应已捉襟见肘。因此，降低水泥用量、降低能源与资源消耗、最大限度使用低品位骨料和工业废渣、变废为宝，已是水泥混凝土走向生态化、绿色化迫在眉睫的课题。

同时，忽视混凝土结构耐久性设计与保障造成了超越建设成本数倍的人力与物力浪费。

(1) 化学外加剂

20 世纪后期，世界各国开始研发以高质量、高性能、多样化特征、低能耗、低原材料、高自动化水平技术为特征的高性能混凝土。进入 21 世纪后，混凝土逐渐向使用者的需求设计配合比的方向发展。这些创新性的配合比大大减少了混凝土建筑及基础设施工程对环境的影响。

现代混凝土耐久性提升的关键技术是混凝土阻裂和钢筋阻锈。而在混凝土拌制过程中加入改善混凝土性能的化学外加剂，已成为现代混凝土不可缺少的"第五组分"，对绿色混凝土的发展起到了不可替代的重要作用。

现代结构工程愈趋复杂，不同结构混凝土要求多功能化各不相同，如含高强度、高耐久性、防变形开裂。现在开发的有不同外加剂成分的特种水泥，按其用途有油井水泥、大坝水泥道路水泥、海工水泥等；按其性能有快硬早强水泥、膨胀和自应力水泥、抗硫酸盐水泥、白色水泥和彩色水泥、耐高温水泥、耐酸水泥、低水化热水泥和防辐射水泥等。

混凝土早期技术的发展经历了从低强（小于 15MPa）到高强（60～100MPa），直至超高强（大于 100MPa）的以提高混凝土强度为主线的发展历程。

（2）世界上最大的混凝土强度等级——C100 高强混凝土

目前，260 以上的高强混凝土在国外已广泛使用。日本已开始将 C100 混凝土使用在某些特别工程中。德国采用超声波进行高频振动，从而使混凝土抗压强度达到 $140N/mm^2$，日本在实验室中获得 $200N/mm^2$ 的混凝土，并准备进行批量生产。

据统计，采用高强混凝土制作框架，可降低结构自重的 20%，节约钢材 20%～25%，节约水泥 15%～25%。在建筑材料工业中，混凝土在今后仍然是建筑工程的基本材料之一。

人们都极力在提高材料的性能上下工夫，研制高强混凝土，今后普遍采用 C100 混凝土已不成问题，并预计可能出现更高等级的 C700。

（3）金属混凝土

金属混凝土是一种金属外壳内浇混凝土结构。2011 年，新加坡中部建造了一片面积巨大的人造森林，森林中的巨树高达 20～50m，由金属和混凝土制成。这些巨树长着巨大的混凝土树干，重量达到数百公吨（1 公吨＝1016kg，下同）。树枝和树冠采用盘条和钢筋管，共耗费数千根。

人造森林已成为岛国新加坡的一个新地标。金属混凝土森林坐落于滨海南地区，在这里形成了一个巨大的绿色空间，成为了“世界植物学之都”。滨海南花园是一个休闲娱乐区，每天到此游玩的人多达数千，面对这些高耸的超级树，他们就是想视而不见也难。

每棵超级树都安装了一个重 20～85 公吨的树冠，液压千斤顶需要 3～4 小时才能完成这项工作。在此之后，钢结构加装在两侧，充当暗淡的树皮。根据环境专家的计划，7 棵超级树安装了太阳能电池板，所发的电用于照亮下方区域，整座结构在竣工时容纳了一连串绿色温室。树内是来自世界各地的植物。滨海南园是新加坡花园节的举办地。

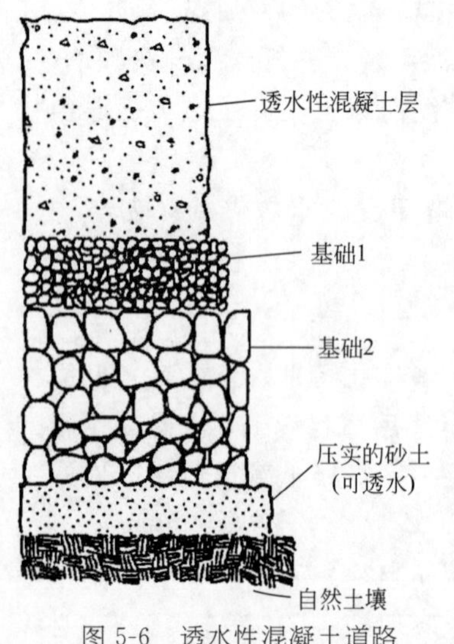

图 5-6　透水性混凝土道路断面图（美国佛罗里达）

（4）废弃混凝土的再处理

废弃混凝土和破碎砖瓦是在城市化进程、旧城改造和基础设施建设中产生的建筑垃圾主要组分。通过资源化处置，将城市垃圾转化成为可以继续使用的建筑材料，是社会生态发展的迫切需要。

现在通用方法是将废料破碎、筛分，使其变成再生骨料以取代天然骨料，普通砂浆，修建工程中路面基层和底层，非烧结砖（再生透水砖、护坡砖、空心砌块等）。这些再生建筑材料，将重新成为有用之才。例如，以再生骨料、水泥、外加剂、颜料加水搅拌并蒸汽养护后的透水砖，在海绵城市建设中会有广泛应用（图 5-6）。

6 玻璃建筑

6.1 阳光和早期玻璃

光明与温暖是任何建筑必须考虑的因素。石器时代的先民修造的半地穴式住房的门，总是自然而然地选择朝向西南方向，目的就是为了最长时间地利用日光。在古埃及，人们信奉来世，因此他们建造坟墓，保护遗体，企图获得来生。今日大地上已没有法老王国，可是追求光明，试图与太阳相接的金字塔雄风犹在。《金字塔铭文》（Pyramid Text）上写道："天空把自己的光芒伸向你，以便你可以去到天上，犹如拉（太阳神）的眼睛一样。"人们读后，依然浮想联翩。

罗马时代著名建筑万神庙的最大亮点就是圆顶上可以射入阳光的巨型圆孔，阳光由圆顶泻入形成巨大光斑，在神像之间缓缓移动，使万神庙具有庄严、宏大的气势。但是由于没有玻璃或其他透光材料，圆孔不能避风雨。

在很长时间，人们只能在墙和屋顶上凿洞开孔作为透光的窗户。人们追求既能御寒防暑、遮风避雨，又能享受阳光、观赏室外风景的材料，但在漫长岁月中两者不可兼得(中国长期使用涂油的窗纸，并不透明)。天然透光的材料只有尺寸和透光程度大受限制的水晶、云母和受热就会融化的冰块，于是在许多国家和地区都有水晶宫的神话。所以当玻璃作为唯一一种透光材料出现于世时，就对整个建筑和人们的生活方式产生了意义深远的影响。

无论是埃及法老的陵墓选址，还是玛雅文化中的金字塔方位，还是印第安人蛰居洞穴的选择，人们都有类似的环境解释和操作模式，都旨在于茫茫大地上给自己定位，以便建立起和谐的"天-地-人-神"关系，实际上也就是天（太阳)-人（建筑)-神（各种风俗、概念）之间的关系。

玻璃是古埃及人（或古巴比伦人）在烧砖制陶的过程中产生的伟大发明。据说在5000年前，生活在尼罗河畔的牧羊人在架起几块石头（半沙漠地区的石块不可胜数，含有石英和石灰岩的成分）在上面烧烤或煮烹食物以后，发现石块之间融熔以后形成半透明状的物块，这就是最早的玻璃。用木棒蘸融熔液体再快速牵引，就成细丝，成为玻璃纤维的雏形。

以上故事只是传说。但现在多数学者认为，是古埃及人最早掌握了制造玻璃的技术。人们曾从距今3000年前的墓葬中发现近于红色半透明状的玻璃。

在埃及沙漠边缘的湖泊岸边，常堆积着混有天然碳酸钠的石块。在制造陶器的过程中，古埃及人发现，将天然碱与砂石混合，经高温熔化，得到一种美丽透明的物块——玻璃。

玻璃制造技术的发明，是人类建筑史和材料史上的不朽丰碑。玻璃晶莹、美丽，尤其其透光性能使建筑能够和阳光有机结合，从而使玻璃从所有材料中脱颖而出，发挥不可替代的作用。

玻璃的使用即对光明的追求，也是中国崇尚王权的建筑与倡导神权的西方建筑的主要差异之一。由于使用材料不同，中国和西方通过不同设计理念获取采光效果。

玻璃制造技术由埃及慢慢扩散到邻近的西亚各国，在纪元前又传到当时文明中心希腊、罗马。

古罗马人对玻璃制造技术进行了富有成效的改进，生产出美观明亮的各种制品，还逐步掌握了借添加铁、铜、铅等金属，制造彩色玻璃的方法。从此罗马玻璃在各类制品和建筑上大放异彩。在庞贝古城废墟中发现的玻璃器皿已可按颜色分层，并有生动的雕花。

在很长一段时间内，人们只能通过简陋的生产工艺，生产小块玻璃。但这些玻璃透光、带有各种色彩，被人们视为如宝石一般的珍品，只使用在教堂和宫殿之中。玻璃作为建筑材料是古代欧洲建筑的一大亮点，太阳因素对欧洲宗教建筑发挥了强大而持续的影响，它引导了教堂建筑的设计定位，使得进入教堂的人们能够领略到“天堂之光”的梦幻效果。

中国古代的建筑（更不用说印第安人的美洲和撒哈拉以南非洲的建筑）长期没有具备这种特色。中国古代所谓的琉璃，有些似乎就是通过丝绸之路东传的玻璃。“吴孙亮，作琉璃屏风，甚薄而莹澈……使四人坐屏风内，而外望之如无隔，唯香气不通于外。”国人当时没有见过的玻璃的神奇性能，视其为珍宝。

6.2 古代彩色玻璃

在中世纪，彩色玻璃生产技术有了巨大进步。它不仅在哥特式教堂中有上乘表现，在民用建筑中也有不俗应用。

哥特式建筑最早萌芽于公元 11 世纪，到 12 世纪 30 年代开始流行，逐渐成为中欧和西欧各地的主流建筑形式，13 世纪、14 世纪则达到鼎盛时期，15 世纪开始衰落，被文艺复兴风格替代。

哥特式建筑最早诞生在法国巴黎附近地区，其主要特点为有着高大的尖拱券和暴露在外的飞扶壁结构，尽管这些建筑特征在之前的建筑风格中早已存在，但哥特式建筑风格的最大创新在于将其结合并发展出了新的建筑结构，将以往厚重的墙体弱化，改变了以往建筑内部空间狭小的状况，尤其大面积的开窗给室内带来更多的采光。

在中世纪，基督教建筑运用更纯粹的外形和更精致的拱券，使得室内光线充沛。法国巴黎法兰西岛的圣德尼修道院大教堂，由修道院院长絮热建于公元 1130 年，被认为是第一座哥特式教堂，其“因晶莹剔透的窗户而长久地闪耀在绚烂的光晕之中”。

中世纪哥特式教堂的理念最重要的就是对光线的追求。

① 教堂建筑应该强调和谐的布局。

② 应体现“上帝之光”。

首先，和谐是指完美的数学比例，体现出上帝创造这个世界的神圣法则；其次，他将上帝理解为“超越一切本质的光”，将上帝的美视为一种属性，认为上帝像太阳一样具有光的性质，世界万物都是神的放射。这种对上帝之光美感的崇敬，直接导致了教堂中彩绘玻璃窗的发展。

到了哥特式盛期，哥特式建筑已完全脱离了古罗马影响，以尖券、尖形肋骨拱顶、坡度很大的两坡屋面、飞扶壁、彩色玻璃窗等构成建筑的形象和结构要素。彩色玻璃窗达到极高艺术水平，精美的花窗布满整个墙壁，其直升的线条，奇特的空间推移，透过彩色玻璃窗色彩斑斓的光线，创造了一个“非人间”的境界，给人以强烈的向上升腾和充满理想的感受。哥特式教堂不仅是宗教活动中心，也是市民举行节庆婚礼活动的重要场所。在此时期，还出现了反映城市经济特点的城市广场，市政厅、手工业行会等世俗性建筑，这些建筑的形制及内部设计无一例外受到哥特式教堂造型的影响。

法国美学家丹纳在《艺术哲学》里有一段关于教堂的精辟论述，都和玻璃有关，“教堂内部罩着一片冰冷、惨淡的阴影，唯有从彩色玻璃中透入的光线变成血红色，变作紫英石与黄玉的华彩，成为一团珠光宝气的神秘火焰，奇异的照明，好像开向天国的窗户……玫瑰窗代表永恒的天堂。混沌引向光明和秩序，并用光把世界显示为善和恶。光无所不在就如同上帝无所不在一样。上帝的荣耀就是上帝的神性光辉。”

中世纪的建筑大师将“对天堂之光的追随提高到一种对上帝信仰的高度，教堂因其中间发光的部分而闪耀”。光亮就是与明亮事物交织在一起的光线，光亮就是沐浴于希望之光中的壮丽建筑。当时切割、吊装、黏结石头的技术明显改善了新的哥特式建筑设计，结构工程技术获得进步。不足一个世纪，（公元 1180～1270 年）法国就建成了 80 多处大教堂和 500 处修道院，有绚丽色彩的哥特式建筑由法国一直传播到英国、德国、西班牙和比利时。

如英国 13 世纪末到 14 世纪初的埃克塞特大教堂，窗子花格形式丰富，大小不一的尖券与玫瑰窗缠绕交织在一起，将从法国辐射式继承而来的轻盈剔透的特征发挥得淋漓尽致。巴黎圣母院是古老巴黎的象征。圣母院第二层玫瑰窗色彩斑斓，用彩绘玻璃刻画的《圣经》故事，是这座被大文豪雨果称为“由巨大石头组成的交响乐”中最激昂的乐章。而被称为“彩绘玻璃珍宝屋”的英国约克大教堂是世界上设计和建筑艺术最精湛的教堂之一，建造时间为 1291～1340 年。它的东窗是英国最大的窗户，面积足有一个网球场大小，由 100 余个图案组成，是世界上最大的中世纪彩绘玻璃窗，它的玻璃染色、切割、组合工艺均为一流，西窗悬挂在入口墙正中央，高达 16.5m，上有被称为“约克之心”的华丽图案，而位于入口正北面的五姐妹窗户，建于公元 1250 年，由 10 万片以上的绿色、灰色玻璃镶嵌而成，描述耶稣和圣贤故事。2000 多年来，约克大教堂及其原址一直是教徒心目中的圣地。而法国沙特尔大教堂也有 $2000m^2$ 的彩绘玻璃窗，玻璃以蓝色、紫色为主调，瑰丽雄伟，还有 1 万多尊石头玻璃塑像，所谓“沙特尔风格”风靡欧洲。

米兰大教堂于 1386 年开始兴建，直到 20 世纪初正墙面 5 扇铜门装置完成，历时 500 余年。教堂全部用砖建造，外表覆盖着洁白的大理石。美国文豪马克·吐温称赞它为“一首用大理石写成的诗歌”。这座可以容纳 4 万人的教堂镶有 20 多扇世界上最大的彩绘玻璃，窗画以耶稣故事为主题，窗棂高达 20 多米。巨大的尺度感和错落的空间感令人立刻有自上而下的压力，更显宽广肃穆。教堂屋顶有一小孔，正午时分，阳光正射在地板南北向的金属条上。人们以此计时，称为太阳钟。随地球旋转和阳光移动，太阳钟一年四季均可准确指出每天的中午时刻。

由于原料中间各类杂质无法提纯及温度因素，最初人们得到的都是有色玻璃。这些玻璃虽然色彩斑斓，可以装饰环境，但透光性差，脆弱易碎，人们想方设法都无法做出尺寸较大、厚度较小均一的制品。

到公元 1291 年，意大利工匠运用高超技艺解决了诸多技术难题，玻璃制造技术占据世界领先地位。意大利为了垄断，下令将所有工匠都送到一个与世隔绝的孤岛上生产玻璃，并且终生不准离开。

直到公元 1688 年，一个名叫纳夫的人发明了大块玻璃的制作工艺，玻璃才大步走向市场。被誉为欧洲三大宗教建筑的德国科隆大教堂，中央大礼堂四壁共有 1 万多平方米的窗户，全部镶嵌着绘有《圣经》人物的彩绘玻璃，精巧繁复。

始建于 1700 年前的索菲亚教堂被誉为既是上帝在人间的寓所，又是真主尘世的荣光。自君士坦丁大帝以后，拜占庭历代皇帝都在这里加冕。教堂整体都由酱红色的石头砌成，而地板则采用来自安纳托利亚、希腊和意大利的优质大理石，在55m的华彩穹顶上，闪烁着从不同方向、不同高度的几百个天窗洒进的光线，犹如天界圣光舞动，交织成神秘幻影，使人宠辱皆忘，灵魂超脱净化，感到上帝真主的莅临。圣索菲亚大教堂内部空间相当宏伟，既统一又有变化，大小半圆顶错综排列，特别是中央大穹顶无明显支点。组成穹顶的40个肋的下部，每两肋之间都开窗子，这40个窗，不仅可作内部采光，在视觉上，当幽暗的大殿上部出现一圈亮窗，会使人产生穹顶宛如飘浮在空中的感觉。所以当时的拜占庭历史学家普洛可比乌斯曾说："仿佛由天空的铁链悬系着。" 教堂中光影浮动，流光溢彩，"满溢着直射与反射的阳光"，令步入教堂的信徒感到自己如同步入上界。

据传当索菲亚大教堂落成献祭之时，查士丁尼大帝曾骄傲地自夸道："所罗门，我已经超越了你。" 无论什么季节，无论在每天的任何一个时间，教堂内部都沐浴在一片阳光之中。而奥斯曼清真寺的室内与索菲亚大教堂截然不同，这里阳光从四面八方射入，又被镶嵌在较低墙面上的色彩亮丽的瓷砖表面反射。

6.3 温室

6.3.1 水晶宫

1851年5月1日，首届世界博览会如期在伦敦水晶宫里举行。水晶宫共用了5000根钢柱、30万块玻璃，一改千年以来石头建筑的笨重风格，新颖独特。由于柱子和墙身仅占建筑面积的千分之一，整个建筑似乎只有铁架和玻璃，内部没有任何装饰，在阳光照耀下晶莹剔透，人们处于水晶宫透明空间，恍如身处大自然中，根本无法辨认内外（图6-1）。

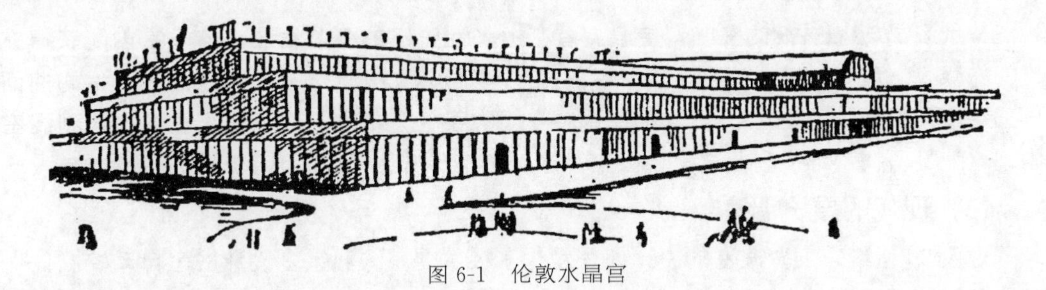

图6-1　伦敦水晶宫

水晶宫的出现曾轰动一时，被誉为"19世纪第一座新建筑"，被认为是建筑工程的奇迹。水晶宫是新的玻璃材料通过设计产生的不朽建筑艺术，在世界建筑史上，水晶宫开创了大规模使用预制构件的时代。同时，由于玻璃大量使用，使得新艺术获得一次审美的表现机会，引起强烈反响，建筑材料进入钢材、玻璃、水泥时代。在世界建筑史乃至工业设计史，都影响巨大。

玻璃建筑都有温室功能。水晶宫内广种草木，生机盎然，对展览温室发展产生了示范和推动作用。

6.3.2 展览温室

展览温室是科学技术、经济和文化发展到一定水平的产物。展览温室的发展，在早期跨越的时段较长，它的形成、发展与建筑材料和技术进步密切相关。展览温室是在一个人工控制的相对稳定的环境条件下，通过科学地、艺术地布展珍奇植物，供人们游赏的室内空间；同时，也是进行植物收集、栽培和适应性研究以及植物科普宣传、教育的基地；是青少年和游客认识自然界植物多样性的重要场所。主要展示内容是热带、亚热带的珍奇植物和在本地难以露地生长且具有高观赏价值或经济价值的植物，如热带植物，包括如热带雨林的高大建群植物，热带的果树、棕榈类、天南星类、凤梨类、蕨类、兰花和水生植物等；其他像仙人掌和多肉植物类以及高山植物等。布展可以布置成室内森林，也可以布置成室内花园。展览温室一直是园艺学，也是建筑学的研究对象。它的发展大致经历了展览温室的雏形、早期的和现代的展览温室 3 个时期。

(1) 展览温室的雏形

从远古到 17 世纪末，那时的温室构造简单，室内设施缺乏，保温性能差，只勉强满足单一植物在冬季维持生长的需求。它是专门为达官贵人建造的，平民百姓难以享用。罗马最早进行反季节的果树和花卉栽培，第一个温室是在公元 30 年为古罗马皇帝提比略建造的，其时玻璃还没有推广，温室叫做光室。屋顶材料是由小块半透明的云母精心装配而成的。黄瓜种在篮子里，篮子的底部是正在发酵的厩肥。其产生的热量可以维持黄瓜的生长。当时的目的只是为了皇帝能吃上不当时令的黄瓜。这个提比略温室虽简陋，但它创造了一个新时尚。17 世纪，柑橘在欧洲成为奢侈品，柑橘在温室能越冬和观赏，因此，这种温室被叫做柑橘温室。它进一步形成了展览温室的雏形。1616 年德国园艺师索罗蒙在海德堡建成第一座可移动柑橘温室，冬天推到柑橘种植场。虽然比较笨重，但效果还不错，这个温室一直存在至今。从 17 世纪中叶起，这种温室逐渐成为欧洲上等花园的必需品。

(2) 早期的展览温室

17 世纪末薄板玻璃的发明，使温室有了透光性能好的覆盖材料，冬季室内能获得充足的光源，出现了玻璃屋顶和玻璃幕墙的温室。发展到 19 世纪初，伦敦的研究认为曲面屋顶是最佳形式。因为它不仅能承载雪的重压，且冬季在白天都有光线垂直入射到温室内，这就是所谓的维多利亚式穹顶温室。这种结构形式影响了一代又一代的温室。

(3) 现代的展览温室

进入 20 世纪，展览温室的设计理念发生了根本变革。温室多设计成可自动控制任一环境条件的多个独立空间，使每种植物都可在其最适合的条件下生长发育。现代展览温室已超出了单纯建筑的范畴，且它是园艺、建筑与美学的完美结合。比较著名的现代展览温室有密苏里植物园、芝加哥植物园、莫斯科植物园、蒙特利尔植物园、布鲁克林植物园的展览温室和尼亚加拉瀑布展览温室等。其中具有代表性的是美国特拉华州长木公园（Longwood Garden）和日本大阪世界园艺博览会的展览温室。

建于 1914 年的长木公园展览温室，当初的面积较小，后经多次扩建形成现在的温室群。它高超的园艺水平结合巧妙的艺术配置吸引了世界上成千上万的游客，已成为世界上著名的室内花园之一。其建筑面积超过 20000m^2，展示主题 20 多个；展览的植物种类有 4500 种。温室的主展厅是四季花园主题植物展示区，春季的球根及其他花卉，夏季的荷花、睡莲和王莲，秋季的菊花和冬季的圣诞花等。其他展示的品种主要按照植物的类型设置：仙人掌类、热带兰花、蕨类、食虫植物、天南星科植物、凤梨类、棕榈类及栽培果树和花卉展示，还设儿童植物展示区等。

大阪 1989 年为世界园艺博览会建造的展览温室面积 4750m^2，最高点高 29m，耗资 54 亿日元。整个展室共分为 11 间，展示的主要植物类型包括热带雨林、热带花木、仙人掌和多肉植物、食虫植物以及高山植物等。各个展览区域通过玻璃划分成不同的空间，每一间的环境单独控制。由于展示的植物类别比较齐全、布置很精巧，非常适合中小学生接受生物多样性的教育。它是大阪世博园内永久性的景点。

北京植物园展览温室由 8000 片形状各异的中空钢化玻璃拼成，内设热带雨林四季花园、沙漠植物、专类植物分区。室内繁花似锦，和玻璃建筑交映成辉。

6.3.3 现代世界著名玻璃建筑

玻璃除透光性外，还具有各种各样的功能，在现代建筑中发挥重要作用。但就作为一种建筑材料，玻璃创新的外形设计加上耀眼的材质，结合现代技术，建造出的大楼外观美轮美奂，实用性与审美趣味完美结合，是城市和风景名胜中最吸人眼球的亮点。

(1) 玻璃农庄（Glass Farm）

玻璃农庄由荷兰著名建筑事务所 MVRDV 设计。MVRDV 利用很高明的手法重新诠释了这块用地，将艺术家摄影作品转化成建筑表皮的图案，利用熔接技术将影像印在玻璃上，创造出砖墙与茅草屋顶的幻觉，使看到它的人内心充满对它的向往，从而将玻璃这一现代元素与传统农庄的形象完美结合起来。

(2) 浦东苹果公司旗舰店

圆柱形玻璃幕墙建筑，透明玻璃结构的圆形柱建筑就像一个巨大的水晶灯罩与东方明珠塔遥相呼应。浦东苹果店全透明建筑的梁、柱全部采用了玻璃完成，完全颠覆了传统建筑设计，光线通透，未来感十足。该建筑使用的玻璃是迄今世界上最大弯钢化玻璃，标志中国企业在建筑玻璃加工技术方面已经走到了世界的最前沿。

(3) 玻璃金字塔

提到玻璃建筑一定有很多人想到那座享誉世界与卢浮宫比肩生辉的建筑。这座赫赫有名的建筑就是出自著名设计师贝聿铭之手的玻璃金字塔。

贝聿铭设计建造的玻璃金字塔，高 21m，底宽 30m，耸立在庭院中央。它的四个侧面由 673 块菱形玻璃拼组而成。总平面面积约有 2000m^2。塔身总重量为 200t，其中玻璃净重 105t，金属支架仅有 95t。换言之，支架的负荷超过了它自身的重量。因此行家们认为，这座玻璃金字塔不仅是体现现代艺术风格的佳作，也是运用现代科学技术的独特尝试（图 6-2）。

图 6-2 玻璃金字塔

钢化玻璃一改玻璃脆性、易裂易碎的特点，可以直接成为建筑承重材料，美国大峡谷玻璃走廊和中国张家界玻璃天桥，是成功典范。在挑战游客心理的同时又完成建筑史上的一抹宏笔。

图 6-3　大峡谷玻璃走廊

(4) 美国大峡谷玻璃走廊

美国大峡谷玻璃走廊挑战人类心理的极限高度（图 6-3）。它宽约 3m，中间 1m 多宽是透明玻璃，左右两侧的边道呈半透明，供不敢走在玻璃上的游客使用。整个建筑从飞鹰岩向外延伸出 21m，距大峡谷谷底约 1200 多米。为进一步强化支撑，天空步道本身是用 3 英寸（1 英寸＝2.54 厘米，下同）厚热处理强化玻璃（半钢化玻璃）建造，并以约 1.5m 高的玻璃墙围住。

(5) 张家界大峡谷玻璃桥

国外媒体图文并茂地长篇幅关注报道世界最长、最高的中国张家界大峡谷玻璃桥。张家界大峡谷玻璃桥桥长 430m、宽 6m，桥面距谷底约 300m，可站 800 人。桥面全部采用透明玻璃铺设，整个工程无钢筋混凝土桥墩，是世界首座斜拉式高山峡谷玻璃桥，并创下世界最高、最长玻璃桥等多项世界之最，成为世界桥梁建设的典范。游人过桥之时，见天高地阔，风云变幻，无不惊心动魄（图 6-4）。

图 6-4　张家界玻璃桥

张家界天门山的玻璃栈道，玻璃台伸出栈道长约 5m，专供游人拍照，是继横跨峡谷的木质吊桥后打造的又一试胆力作。为了让游客零瑕疵地透过玻璃桥看到美丽的风景，上桥的游客均要求戴上鞋套，以保持玻璃桥的透明和干净。玻璃栈道刺激震撼，因而有了东方"天空之路"的美誉。

(6) 瑞典斯德哥尔摩奇形大楼

2010 年，这座造型奇特的大楼获得了斯德哥尔摩年度最佳建筑奖项（图 6-5）。构思精巧的设计让人产生一种大楼被一分为二的错觉，其实仅仅是靠一块透明的玻璃幕墙将看似分隔的两半结合在一起，而裂缝内部的墙面镶嵌着渐变的橙色玻璃。光学错落带来的视觉观感使得看到它的人

图 6-5　瑞典奇形大楼

不由得赞叹。整体而言，这座建筑给人一种梦幻般的感觉。

(7) 世界之眼

让·努维尔的世界之眼是一个位于法国巴黎的矩形建筑，建于1987年。它乍看起来极具抽象风格，但玻璃外部全被金属屏所覆盖，这些屏又由单个可以移动的、像眼睛虹膜可以张合的孔径组成，能够控制阳光的进入量。既能在温度升高时保证内部的凉爽，又能在晴天为房间注入充足光线。设计参考了传统伊斯兰建筑风格，采用雕刻的屏和墙来控制完成。这种结构被称为“是世界大多数创新性金属和玻璃外立面中最好的”（图6-6）。

图6-6 世界之眼

(8) 美国迦登格罗芙水晶教堂

美国著名设计师菲利普·约翰逊（Philip Johnson）设计的迦登格罗芙教堂，用空间钢架和镜面玻璃，晶莹明亮，似乎没有屋顶和墙，宛如水晶殿堂，游客称赞与过去的教堂相比，上帝对这里也会更加中意。

教堂空间结构把屋顶和墙壁连在一起，由直径为50～76cm的钢管构成的结构既起承重作用，又是空间的界限，镜面玻璃透光率达80%，厚8mm，内部仍极明亮，另外玻璃厚9.5mm，错乱分散在墙和顶的四处，以避免因谐振而造成某些声符消失。教堂外部当反射天空云彩和周围景物时，厚薄不同的玻璃会产生种种有趣图案。

(9) 巴斯克卫生署总部

巴斯克卫生署总部其棱角分明的玻璃板仍使它成为世界上最先进的建筑物之一（图6-7）。

图6-7 巴斯克卫生署总部

世界著名玻璃建筑还有中国上海浦东玻璃大厦、美国密尔沃基艺术博物馆、美国纽约几何状建筑、英国伦敦反射面建筑、奥地利维也纳建筑、英国盖茨黑德大厦、德国波鸿大厦、俄国莫斯科首都大厦、瑞典斯德哥尔摩奇特大厦、西班牙巴斯克卫生署、伦敦大英博物馆、英国泰恩威尔音乐中心、日本神奈川工科大学等。

6.4 新型玻璃材料

除只具有透光性能的平板玻璃、压花玻璃、夹层玻璃外，同时具有变幻光强度和能量换化功能的玻璃品种正不断出现，并且各显神通，这导致建筑设计理念的深刻变革。这些各具特色的新型玻璃，也是一种能源建筑材料。

(1) 高强度玻璃

在德国杜塞尔多夫的国际玻璃展览会上，有一个引起轰动、给人印象深刻的试验：人们开动大卡车和坦克车分别从直径16cm、长3m的玻璃管、大理石柱和钢筋上压过。在125t的负荷下，大理石粉身碎骨，钢筋压扁变形，而壁厚仅15mm的透明玻璃管依然不动声色。这个试验目的是向人们展示：玻璃也可以作为承重材料！因为按照安全建筑标准，承重材料在遭遇巨大压力（如爆炸引起的强烈冲击）时，至少应能坚持15min，保证人们具有离开建筑物的时间。而这种玻璃管即使在被许多倒钉刺穿的苛刻条件下，也能承受巨大压力96个小时，相当于标准规定的484倍！于是有人称赞，这是建筑史和建材史上的又一次革命，意义相当于钢筋混凝土取代木材，21世纪将是玻璃的世纪。

(2) 温屏玻璃

温屏玻璃层是一种光学和热学性能优越的中空低辐射镀膜玻璃，是最新一代低辐射镀膜玻璃，具有极好的隔热、隔声、无霜露三大优点。低辐射镀膜玻璃又称低辐射玻璃、“LOW-E”玻璃，对波长范围4.5～25μm的远红外线有较高反射比。实验证明，在相同的外界环境下，普通单片玻璃的能耗是温屏节能玻璃能耗的4倍以上。因此，温屏节能玻璃作为优质的节能建材被广泛应用。

(3) 吸热玻璃

吸热玻璃是一种可以控制阳光，既能吸收全部或部分热射线（红外线），又能保持良好透光率的平板玻璃。常见的吸热玻璃不仅有茶色，还有蓝色、灰色、黄色、红色等。

(4) 防炸弹玻璃

防炸弹玻璃是由强度高于钢化玻璃3倍的高强度玻璃基片与专用抗爆高分子聚合物经高温黏合而成的玻璃组合，同时配合铝合金和缓冲片共同组成。

(5) 热增强玻璃（半钢化玻璃）

热增强玻璃适用于大型规格玻璃隔墙。

(6) 太阳能热反射环保夹层玻璃

太阳能热反射环保夹层玻璃的主要热反射材料是可选择波长的膜材料。膜材料在玻璃内侧使用，可满足设计需要的热能控制要求，可选择性地阻挡紫外线和近红外线，可见度、透明度高，耐久性强，吸热少。复合夹层技术可过滤阳光中99.9%以上紫外线，保护室内饰物不因紫外线照射而褪色。玻璃具有绝热材料性能，一年四季可以提供令人舒适的温度，达到环保、节能效果。

(7) 光电玻璃

光电玻璃是一种玻璃与太阳电池光电技术结合的产品，既能透光，又可产能。其实质为一种透光的太阳电池。

（8）电致变色玻璃

电致变色玻璃是通过施加电压或者通入电流来控制其透过率的调光玻璃，是最具操控性的调光玻璃。电致变色玻璃的基本构造是透明电极将电致变色玻璃层以及为其提供离子的电解质层和离子储藏层夹在中间，让电解质中的质子和锂离子进出电致变色层来进行调光。

（9）温致变色玻璃

温致变色材料是指光学性质可以根据周围温度的变化产生可逆变化的材料，涂上拥有这种性质的薄膜的玻璃被称作温致变色玻璃。将这种材料用在建筑物的窗户上，冬天能够透过太阳光的红外光成分，夏天能够折射阳光的热线成分，可以减少采暖冷气的负荷。虽然不能像电致变色玻璃那样进行自由控制，但是具有膜的构造简单、投资较少的优点。

（10）热致变色玻璃

与温致变色材料相仿，热致变色玻璃随周围温度变化自动调节光的透过率。它是在两片玻璃之间装入水凝胶的高分子材料，利用凝胶体对光的散射性能实现这个功能。

在某个转移温度（制作时该温度可以设定）之下无色透明，光可以通过，超过转移温度则呈白色浑浊状态，光被散射，无法看清对面，可以遮光，但热能却能透过。热致变色玻璃可以控制透过能量的特点与温致变色材料有所不同。

（11）气致变色玻璃

气致变色玻璃就是通过改变夹层气体形态、密度进行调光的玻璃。

（12）光致变色玻璃

不管电致变色玻璃，还是气致变色玻璃，都是通过薄膜部分吸收太阳光进行调光。因此，阳光的照射变强会导致薄膜部分的温度上升，并且会对室内进行再辐射。为了避免发生这种情况，科研人员一直希望不用吸收而用反射的原理来控制变色，却一直没有发现这种材料。直到 1996 年，荷兰人利用钇、镧等稀土金属薄膜制成了具备控制反射阳光特性的玻璃。

（13）中空玻璃

中空玻璃中间充灌氪、氩或者空气，其热导率很低，具有良好的保温性能。从性能和经济方面综合考虑，中空玻璃内腔以充灌氩气为佳。我国常用的中空玻璃有两种，即槽式中空玻璃和复合胶条式中空玻璃，现在多采用后者。然而，我国目前中空玻璃的使用普及率不足 1％。中空玻璃是实现玻璃幕墙节能的重要途径，以中空玻璃逐渐代替普通玻璃在我国将成为必然趋势。

（14）真空玻璃

玻璃材料从单片玻璃、中空玻璃，发展到真空玻璃，已有三代产品。真空玻璃的隔声性能、透光折减系数均优于中空玻璃。从空调节能的性能来看，真空玻璃比中空玻璃、单片玻璃分别节能 16％～18％和 29％～30％。

（15）镀膜玻璃

镀膜玻璃通常是在玻璃表面镀上一层金属薄膜，改变玻璃的透射系数和反射系数，它可以与中空玻璃、真空玻璃结合起来使用。近年来发展起来的镀膜低辐射玻璃对可见光具有较高的透射率，可以保证室内的能见度，同时对红外光具有较高的反射率，达到保温节能的效果。

(16) 纳米涂层玻璃“智能窗”

美国研究人员研发了一种嵌入了纳米晶体薄涂层的更加智能的玻璃“智能窗”，能通过动态控制照进的光线，提升居住舒适度而且环保节能。

据美国媒体报道，能源部劳伦斯伯克利国家实验室的科研人员研发了这项技术，该纳米涂层可对可见光和产生热量的近红外光（near-infrared）进行选择性控制，以便在任何天气情况下，都可最大限度地节约能源，而且能增加居住者的舒适度。

对近红外光的独立控制，意味着居住者在室内拥有自然光的同时，感受不到光照带来的热量，这将减少空调和人工照明的需要。

同时，“智能窗”同样可切换到同时阻止光和热的黑暗模式，或者切换到完全透明的模式。

7 钢铁建筑和塑料建筑

水泥、钢材、玻璃和塑料被称为“改造世界”的材料，以它们为代表的建筑成为现代建筑主流，容纳了数十倍于中世纪的人口，创造出使一切古代奇迹相形见绌的建筑，如工厂、桥梁、码头、铁路、车站、展览馆。

钢材由于具有强度高，塑性和韧性好，能承受冲击和振动荷载，可焊可铆，易于加工，便于装配，可以回收利用等特点，使产品生命周期的能耗和环境指标远远优于砖瓦砂石。钢材、玻璃、混凝土成为工业时代的建筑材料，迅速替代了使用了几千年的传统材料。

工业时代的典型建筑，由于使用了与砖瓦、木材和石块完全不同的材料和技术，创造出了农业时代无法想象的建筑速度，建筑周期由过去的数百年、数十年压缩到数年，甚至更短。

钢材里程碑式建筑：巴黎铁塔，制造时间仅 26 个月；钢材、水泥里程碑式建筑：纽约帝国大厦，全部建造时间仅 1 年零 45 天。

英国约瑟夫·帕克斯顿为 1851 年的世界博览会设计的水晶宫制造时间只有数周，与中世纪数十年甚至更长时间精雕细琢的建筑迥然不同。难怪当时的建筑师对它嗤之以鼻，认为它只是一项工程，根本不算艺术。但随时间推移，水晶宫成为建筑新时代的标志之一。

在 20 世纪，玻璃、钢铁、水泥都已发展成为种类繁多，性能不一的庞大体系。随着建筑业中各项加工技术和制造技术的进步，它们的应用领域也日益扩展。我国有关部门几次下达重点推广新技术。在建筑业十项新技术中，除施工过程监测和控制技术、建筑企业管理信息化技术两项外，其余八项都与钢铁、水泥建筑材料的应用有关。这种新型建筑材料和建筑技术的相互依存、相互促进，有力推动了建筑产业的高速发展。今天耸立在世界各处的各类建筑，已比数十年前更加美观，也更坚固结实。

钢铁及其他金属建筑、混凝土建筑都源远流长，在产业革命获得技术突破以前都经历了长期发展过程。它们的历史，也可上溯到农业时代。

7.1 古代金属珠宝建筑

在钢铁之前，人们也就尝试着将金属用于建筑，如古代七大奇迹的空中花园，在一些部位就在干燥渗水的砂土上用铅皮作防水层；在南京明城墙上曾用铁汁黏结剂；古巴比伦的城门上用铜饰面。但是在农业时代，金属来之不易，数量不多的铜和铁需要制造武器，工具，铸造货币，在建筑上应用极为稀少。

早期建筑使用过的金属可能是铜。史诗表明，人们在距今 5000 年前，青铜时代晨光进现时，就已经用这种宝贵的金属装饰建筑了。古希腊历史学家曾这样记述巴比伦城：城外为深广的、充满了水的壕沟所围绕，砖砌和涂料浇筑的城墙延伸于城的四周，城墙两边耸起一对对的层塔，它们中间只留出四马并行的通路。城墙开有一百座城门（许多之意），整个是用铜铸造的、铜的门框和横梁。

人们也诚惶诚恐地用金银、珍宝装饰寺庙、教堂和宫殿，以表示对神明的崇敬，显示帝王的无上权力。

例如建筑工期长达 5 个多世纪的米兰大教堂，可以容纳 3.5 万人，最后收官之作是完成于 1896～1965 年的五扇铜门，铜门刻有生动历史，最大铜门用铜 37000kg。号称东方艺术三大瑰宝之一的仰光大金塔，始建于公元 585 年，经过 1000 多年的多次修缮，到 15 世纪的德彬瑞蒂王曾用相当于他和王后体重 4 倍的黄金和大量宝石，为塔表面贴金，

1774 年辛漂信王在塔顶安装 1260kg 的金伞，使塔高达到 112m，金伞上饰有 5448 粒钻石和 2317 粒红宝石，塔四周挂有 1065 个金铃和 402 个银铃，铃声清脆，声动八方，塔顶全部用黄金铸成，镶嵌 7000 颗罕见宝石、钻石，灿烂夺目。

中国武当山金殿（金顶）坐落在海拔 1612m 的武当天柱峰之巅，是中国现有最大铜鎏金建筑，进深为 3 间，高 5.54m，长 4.4m，宽 3.15m，总重 90t。

麦加大清真寺的圣殿，有两扇高 3m，宽 2m，离地 2m 的大金门，用 286kg 赤金精工铸成，为这气势磅礴的伊斯兰教第一圣寺增添光辉，俄罗斯冬宫装饰华丽，许多大厅用孔雀石、碧玉、玛瑙装饰，如孔雀大厅就用号称俄国宝石的孔雀石 2000kg。

俄罗斯圣彼得堡州卡捷琳娜宫琥珀厅，是世界上独一无二用琥珀作为内部装修建筑材料的宫殿，价值连城。古代欧洲对明如宝石的琥珀存敬畏之心，认为是天使的眼泪，凝固的阳光，琥珀厅曾是俄罗斯传世国宝，但在二战后下落不明，至今还被列入世界几大失踪财宝之一。但在此后，人们都不再会用琥珀作为建材了。

泰姬陵可能是伊斯兰世界最美的建筑，被称作“印度的珍珠”。泰姬陵的外形端庄华美，墙壁用翡翠、水晶、玛瑙、红绿宝石镶嵌着色彩艳丽的藤蔓花朵、光线所至，光华夺目。泰姬陵头顶蓝天白云，脚踏碧水绿树，更以整体利用日光月华，每日不同时刻变幻色彩的特色名扬于世。尤其每日傍晚，斜阳夕照，泰姬陵由白色到灰黄、金黄逐渐变成粉红、暗红、淡青色，随着月亮的冉冉升起，最终回归成银白色、皎洁迷人、恍若仙境。早中晚不同时间景色时时不同，因此泰姬陵可能是世界上唯一在不同时刻入场，门票价格可相差 5.5 倍的旅游景点。

黄金珠宝也有用黄金作为地板的记载。汉元帝迷恋表姐阿娇，曾言若娶阿娇，以金屋贮之，后为果为阿娇修造黄金宫殿，这就是金屋藏娇典故由来。中国南北朝时期，《南史·齐本记下第五》（卷五）就记东昏侯萧宝卷对宠妃潘玉儿的宫殿进行超豪华装修，潘玉儿所经之路皆铺上雕凿有莲花文饰的纯金地板，称是“此步步生莲花”也。

在人类早期史诗《吉尔伽美什》中写道：他在乌鲁克建造城墙，一座伟大的壁垒，并且为天空之神安努和爱情女神伊斯达修受到祝福的伊安纳神殿。檐口飞扬的外墙上镀的铜闪闪发亮，内墙光彩华丽、无与伦比。

雅典卫城的帕提农神庙，用白色大理石砌成，铜门镀金，山墙用黄金装饰，外檐壁上饰满雕刻，以红蓝色彩为主装饰，华丽厚重，既肃穆又欢快。

以各种金属作为建筑装饰材料在我国建筑中也有源远流长的历史。北京颐和园中的铜亭，山东泰山顶上的铜殿，云南昆明的金殿，武当山头的“大金顶”，江陵的“小金顶”，西藏布达拉宫金碧辉煌的装饰都是古代留下的金属材料典范。被称为世界屋脊明珠的中国拉萨布达拉宫，体现了藏、汉、蒙，满各族工匠的高超技艺和藏族建筑艺术。宫中五世达赖喇嘛的灵塔全部包镶金皮，共耗用黄金 11 万两。十三世达赖喇嘛的灵塔通高 14m 塔身用黄金包裹，并镶嵌万颗珠宝，另有一座由 20 多万颗珍珠串成的宝塔熠熠生辉。

这些黄金珠宝虽然可使建筑金碧辉煌，但不论是所罗门的金殿还是阿巴扬贴金佛殿，金属材料相对其他材料的用量没有很多。

7.2 建筑用铁的历史

铁的开采、冶炼、加工难度较高，但人类使用铁的历史极悠久。因为在地球上，铁只能以氧化状态存在，但天外来客陨石，却有含量很高的铁元素。陨铁是一种合金，它的成分不同于地球上的铁。

迄今发现的最早的铁制品就是用陨铁打造的，英国考古学家 1911 年在埃及的伊尔·格泽赫村一个前王朝时期的古墓中发现了一串尸体佩戴的项链，英国伦敦大学学院皮特里博物馆的科学家借助伽马射线分析发现，制作这些项链珠子的金属源自外太空的一块陨石。它们和天青石、玛瑙、黄金等地球上的奇珍异宝一起被制成项链。

上述研究团队在样本中发现了镍、磷、钴和锗。这意味着它们只可能来自地球以外。同时，X 光扫描结果显示，为了制作成死者死后佩戴的珍贵珠宝，这些陨铁已经过了反复加热的锤炼。这说明早在公元前 4000 年左右埃及人就已掌握了较为先进的锻造工艺。古赫梯人是现在公认的铁器的发明者。这个彪悍野蛮的民族凭借铁器攻城略地，把铁器的生产视为不传之秘，是希腊文明的先驱之一。

位于小亚细亚以弗所城的戴安娜庙是希腊不朽建筑的杰出范例。该庙供奉着一块被认为是至圣的黑色金属巨石，它来自天空，是采自神的一个标志，人们认为它来自月亮，是戴安娜女神的象征。过了不多世纪，甚至几乎同时，另一块黑色巨石从空而降，落在阿拉伯半岛。这块黑石被放置在被称作卡伯（Kaaba）的麦加神庙中，它随伊斯兰教勃兴起至关重要的影响。至今世界上近 10 亿伊斯兰教徒，每天还朝黑石所在的天房方位祈祷行礼。两块黑石代表人类最早接触的金属，随后人们在苍茫大地上找到类似的氧化铁石块，开始了金属冶炼。

即使铁器已广泛应用于工具和武器之中，但作为建筑材料，在很长时间内，铁器只是化成铁汁用于固定砖石。中国唐代女皇武则天的乾陵、明代南京城墙，都在砖石中浇筑铁汁，真正做到“固若金汤”。一直到了 1750 年以后，由于生产技术的进步，才使铁具有了足够的抗拉强度，凭借自身的质量作为一种建筑材料得以广泛应用。首次用焦炭代替木炭来熔炼铁矿石的是英国人亚伯拉罕·达比。铸铁因此精炼成钢，钢铁质量有了飞跃。

1712 年英国托马斯·纽科莫发明第一台蒸汽机，各类机械的轰鸣声音常伴人们进入梦乡，钢轨开始横亘在欧洲大地上，以蒸汽机为动力的铁制火车在钢轨上面呼啸而过，沿途腾起的白色烟雾存留在许多当时画家的画面上。1805 年，铁器时代从英国蔓延到德国、法国、荷兰，北美。1869 年，美国建成了第一条横贯大陆的铁路，产业革命以钢铁为代表的新的阶段开始了。

铁也开始成为建筑材料，特别是铁良好的抗拉性、延展性、塑性以及加工方便的优点，使其逐渐成为一种可快速建造的结构材料。1775～1779 年，在英国塞文河上建造世界上第一座生铁桥，结束了桥梁只能用木材和石块制造的时代。塞文河铁桥跨度为 30.65m，高 12m，结构上完全模仿木结构拱的形状，但其稳定性和精密程度远远超过木桥、石桥。此后第 2 座铸铁制大桥——伦敦的桑德兰桥建成，桥的长度达塞文河桥的 2 倍，而重量却降低到后者的 75%。这是当时世界最长的单跨桥梁。造桥运动也在法国开始。横跨巴黎塞纳河的艺术大桥，用以连接法兰西研究院和卢浮宫的中央广场，因此有“艺术的殿堂”之称。

1843～1850 年建造的巴黎圣日内维夫图书馆是当时各种技术和材料结合最好的建筑，中心大厅布满外露的铁柱及装饰的铁拱。

铁作为主要建筑材料真正被用于房屋，首先是从屋顶开始。因为大跨度建筑最难解决的就是屋顶的建造。用传统建筑材料建造屋顶，石材自重大，而且只能采用拱或穹窿的形式以求获得稍大的跨度，这对墙体和立柱又产生巨大荷载；木材易受材料长度限制，并且易于燃烧、腐坏。铁作为屋顶结构构件，可使屋顶以轻型结构出现，造型可根据跨度大小通过力学计算来确定。1770 年巴黎万神庙门廊设计采用了铁制柱架；1786 年维克多·路易斯（Victor Louis）设计的巴黎法兰西剧院就采用了铁作为结构材料。随着大工业生产要求，生产厂房建筑内部高大明亮，结构部分之间有足够的距离，铁构件结构便在工业建筑得到推广。1801 年由瓦特和鲍尔顿设计的英国曼彻斯特萨尔福特棉纺厂有七层生产车间，采用生铁梁柱和墙混合承重的结构，铁构件首次采用了工字形断面。在民用建筑中，铁的应用显示新奇和时髦。到 1830 年，仅在英国曼彻斯特，这样的纺织工厂已有百家。布莱顿皇家别墅重达 50t 的大穹窿就支撑在细瘦的铁柱之上。

在这个时代，工程师代替了建筑师，他们设计了各种各样的码头、工厂、铁路以及重要建筑，建筑技术随之加速发展，设计思想、理念也发生许多变化。

由于混凝土材料脆性断裂的难题一直无法克服，西方建筑长期以来一直沿用厚墙或巨大柱墩承重的结构体系，造型沉重，建筑层数受到限制。直到铁被作为建筑材料用于梁柱和墙混合承重以后，铁构件锋芒毕露，其优越性能得到认可和重视。经过一段时间的研究和探索，人们发现用生铁做成的梁柱框架，可以替代墙体承重，并能大大降低结构构件自重，也解决困扰西方建筑学者千年难题。

1873 年维也纳世界博览会工业宫的圆形大厅高 84m，直径 108m，使用煅铁 4000t，圆形大厅比伦敦圣保罗教堂大 3 倍多，比罗马圣彼得教堂大 2 倍多，也是钢铁时代开始时的著名建筑。

7.3 从水晶宫到鸟巢——著名的钢铁建筑

7.3.1 水晶宫

19 世纪末出现了大型钢轧机，为制造大型钢结构创造了条件，有力推动了钢梁和钢柱构件的发展。焊结技术广泛应用及近代结构力学的进步，都大大加快了钢铁作为建筑材料的速度，有力推动了铁路、桥梁、车站和高层建筑的建设。

水晶宫指定修建时间仅有 9 个月，是一座由工厂预制构件搭建的由玻璃、钢材、木材三种材料组成的庞然大物，建筑总面积达 7.4 万平方米，长 1851 英尺（563 米），宽 408 英尺（124.4 米），1851 年建造，中间高向两边跌落式，共五跨，以 8 英尺（1 英尺≈0.3 米，下同）玻璃长度、4 英尺的 2 倍为模数，3300 根铁柱按 48 英尺的间距分布在 1/3 英里（1 英里≈1.6 千米，下同）的长度中，18000 块玻璃填充于铁柱所支撑的铸铁骨架里。展馆外形的灵感来自设计师对树叶结构的观察，就像树叶上的叶脉和叶肉一样，标准化的铸铁和玻璃块构成了这座透明建筑骨架和皮肤。作为世界上第一座大规模预制件建筑，水晶宫标志着建筑在规模、新型建筑材料和建筑技术的运用、施工速度等方面的巨大飞跃。

水晶宫更是人类历史上第一幢完全透明的建筑，是人类迈向太阳能建筑征途上的重要里程碑。在水晶宫中，暖风轻拂，花草树木欣欣向荣，人们第一次可以在室内随意观看蓝天白云，欣赏室外车水马龙，月光星辉。水晶宫是人类第一幢能够多方位，全天候利用阳光照射的建筑。水晶宫的成功直接启迪众多太阳温室的建立，对太阳能建筑理念的形成和发展，产生积极影响。

水晶宫成为划时代的建筑，在人类建筑与建筑材料的历史上具有极大象征意义。它是第一座应用现代建筑材料营造的建筑，是第一座能够在同一天容纳 10 万人的大型建筑，是第一座使用成批工厂工艺建造的建筑。

7.3.2 埃菲尔铁塔

1889 年巴黎世界博览会以埃菲尔铁塔和机械馆的建立而名扬建林建筑史册。埃菲尔铁塔近 1000 英尺（328 米）高度，在很长时间内保持世界最高建筑头衔。和水晶宫一样，铁塔也是巨大拼装之物，由 1.8 万根钢铁部件和 250 万颗铆钉构成，施工周期仅 17 个月，由于设计精密合理，整个建筑一气呵成。由于它的高度和位置使得巴黎处处都可见到这座透风轻盈、纤巧秀美的建筑，铁塔的知名程度一举超过巴黎圣母院，成为巴黎的标志建筑。机械馆建于埃菲尔铁塔后面，是一座空前大跨度的结构，刷新当时世界纪录。它主要由 20 个构架组成，四壁都是玻璃。埃菲尔铁塔和机械馆的成功建成和使用进一步证明钢铁与其他建筑材料无与伦比的优越性能，不仅可以制造超高建筑，也可以制造大跨度建筑。当时埃菲尔等不仅简单考虑建筑造型，而从建筑材料和结构进行探索，就此意义而言，在记述太阳能建筑的发展过程中，也会提及这两建筑。

钢铁也显示了石块和木材无法企及的强度。当时有位资深数学家根据石块和木材的强度推算后言之凿凿告诉媒体：铁塔建到 221m 时将被自身重量压垮，还有人断言铁塔将被大风吹倒。但是埃菲尔铁塔虽然重达万吨，但在晚霞中更显娇美，亭亭玉立，甚至轻巧玲珑，被巴黎人亲切称之为“铁女郎”，这并非一种错觉。计算表明，如果将塔身的铁全部熔化后铺在 4 只脚墩之间的地面上，铁的高度仅为有 6cm。设想以铁塔四脚的外接圆为底做一个等高圆柱形容器、容器中的空气重量竟然超过了铁塔。钢铁显示出远远超越木材和石块的优良特性。

埃菲尔铁塔当时席卷世界的近代工业革命的象征，也是现代巴黎的标志之一（图 7-1）。

图 7-1　埃菲尔铁塔

这座顶天立地的 A 字形“镂空雕塑” 是当时世界最高的建筑，成为工业发展的凯歌和科技进步的“铁证”。散发出蓬勃向上的浓郁时代气息，每年 300 多万游客，在铁塔周围流连忘返。

如果按照当年合同，埃菲尔铁塔应于建立后20年的1909年拆除，但此时的巴黎已经不能没有自己的象征了。作为世界首座著名钢铁建筑，埃菲尔铁塔为法国作出不可替代的作用。除了巨大纪念意义外，铁塔上的无线电报中心使法国海军拥有世界最先进的通信手段，在"马恩河会战"中耳聪目明。

此后，埃菲尔铁塔截获了大量德军机密情报，包括破获著名的玛塔·哈里间谍案。埃菲尔铁塔上建起空气动力和气象观测的高空实验室；1910年5月23日埃菲尔铁塔开始整点报时，夜间信号覆盖5200km，此后铁塔成为最高的广播和电视发射台，而沃尔夫通过测试塔顶和塔底不同的辐射强度还发现了宇宙线，成为20世纪科技史上的重要事件……

一个建筑，如埃菲尔铁塔一样，既用先进技术和材料开创一代先河，又在人文、旅游、科技军事、文化众多方面发挥作用，在世界建筑史上极为少见。

1889年巴黎世博会上，与埃菲尔铁塔同时修建的机械馆，也值得一提。这座巨大建筑表现全新空间观念，运用当时桥梁结构上最先进的钢制之铰拱结构和技术，使其跨度达115m，长度达420m，高达55m，刷新世界建筑记录，成为有史以来第一个钢结构建筑，被誉为"建筑艺术的巅峰"。

7.3.3 大厦与大桥

铁框架结构最先在城市化快速发展的美国得到应用。1854年纽约哈帕兄弟大楼采用的就是生铁框架结构，这标志着美国"生铁时代"的到来。在1850～1880年间，美国建造出很多用生铁构件的门面或框架的商店、仓库和政府大厦，仅西部贸易中心圣路易斯市的河岸上就聚集了500多幢生铁建筑。虽然这些建筑在立面上以纤细比例的生铁梁柱替代了古典建筑的沉重稳定，把框架生铁柱之间的墙体改造成大面积的玻璃窗户，但依旧保留了柱式、檐口线条，甚至拱券等古典形式。

由于生铁框架结构的成功运用和垂直交通工具的发明，高层建筑建造成为可能。1883～1885年，第一座按照现代钢框架结构原理建造的十层芝加哥家庭保险公司大厦建成。此后，高层建筑在世界各地陆续出现。

特别是以钢铁作为建筑结构的主要材料则始于近代。和石块相比，钢铁强度大，重量轻，价格相对较低，便于加工，这使建筑数量开始大幅增长，又使从前异想天开的设计成为可能。从此以后，建筑与工业以过去难以想象的紧密程度联系起来。钢铁往往被用于桥梁、拱廊、展览大厅、车站等建筑。它所带来的直接影响是出现了例如博物馆、办公楼等新的建筑类型，取代了教堂、宫殿而成为了新的建筑。正是这些建筑类型满足了新型社会的需求，出现了新的建筑技术，传统的石砌技术已经不能适应新的建筑类型在功能、审美上的需要了。在钢铁等新型建筑材料和新技术的应用下，出现了一种被概括为开放空间（Open Space）的完全不同于传统空间的概念。低合金高强度结构钢是在碳素结构钢的基础上添加一种或多种合金元素制成，从而提高钢的屈服强度，抗拉强度，耐磨，耐蚀与耐低温性，主要用于各种型钢，广泛应用于钢结构和钢筋混凝土结构，特别适用各种重型结构，大跨度结构，高层结构及桥梁高层。

钢铁开始大规模地应用到建筑上，高楼、桥梁都耗用成千上万吨的钢材，这在19世纪末期的美国表现明显。如纽约的布鲁克林大桥横跨纽约东河，连接布鲁克林区和曼哈顿岛，1883年5月24日正式交付使用。大桥全长1834m，桥身由上万根钢索吊离水面41m，是当年世界上最长的悬索桥，也是世界上首次以钢材建造的大桥，落成时被人誉为世界"第八奇迹" 工业革命时代全世界七个划时代的建筑工程奇迹之一。建成时桥墩高达87m，是当时纽约最高建筑之一。当时纽约的三大市标就是帝国大厦、自由女神像和布鲁克林大桥。

金属纽约自由女神像有趣的是，其内部结构也是埃菲尔的不朽杰作。纽约自由女神像由金属铸造，高46m，底座高45m，是当时世界最高纪念性建筑；自由女神像外壳用27t铜制成，内有113t钢材作支撑，基座由花岗石混凝土制成，高27m，总重2.7×10^4t，是当时最大的单体混凝土浇筑物。

自由女神是构思巧妙的艺术品，具有巨大象征意义的纪念物，也是闻名于世的建筑。人们可在神像内部和普通建筑一样叠梯而上，直抵它的头部，高大华冠又有25个可以眺望沧海蓝天的窗户。

布鲁克林大桥不但刷新了当时的跨度记录，而且在构造上采用了钢加劲桁架和多根斜拉索的技术，从而有效抵御风暴和周期荷载振荡，为悬索的发展奠定了基础。桥的悬索共4根，直径各0.4m，由平行钢丝组成，采用空中编缆法就地施工。

除布鲁克林大桥之外，金门大桥也是著名大桥，有人誉其为近代桥梁工程的一个奇迹。金门大桥是世界著名钢铁大桥之一，被誉为近代桥梁工程的一项奇迹。金门大桥是旧金山的象征，它以雄伟磅礴的气势，吸引着无数的游客。大桥雄峙于美国加州1900多米宽的金门海峡之上，巨大的桥塔高达227m，每根钢索重达6412t，由27000根钢丝铰接而成，钢塔耸立在大桥南北两侧高342m，其中高出水面部分227m，相当于一座70层的建筑物。塔的顶端用两根直径0.927m，重2.45万吨的钢缆相连。大桥桥体凭借两侧两根钢缆所产生的巨大拉力高悬半空，大桥全长达2000m，大桥跨度达1280m，为世界罕见的单孔长跨距大吊桥之一，从海面到桥中心的高度为60m，即使涨潮，巨型船只也畅通无阻。

悉尼港湾大桥是早期悉尼的代表建筑之一，横跨港湾南北，是当时世界上最宽的长跨度大桥。大桥整个钢材用量5.18万吨，使用铆钉600万个，最大铆钉重达3.5kg，另耗用水泥9.5万立方米，桥塔、桥墩共用花岗石1.7万立方米。它傲然屹立，与悉尼歌剧院隔海相望，成为悉尼港最醒目的标志。

迪拜帆船酒店建于填海建造的人工岛上，酒店有250根基桩打入海底以下40m处，这幢高321m的酒店使用了9000t钢铁、26t黄金，极尽奢华之能事。酒店工程总造价至今无法统计，外形如一艘扬帆远航的大船。

帝国大厦是一栋超高层的现代化办公大楼，它和自由女神像一起被称为纽约的标志。

纽约帝国大厦是纽约的标志性建筑之一，在美国灾难片电影中，帝国大厦多次被摧毁，成为现代文明被摧毁的标志，正是这样的体现，帝国大厦在电影中呈现出新的类别，从建筑转化为人类文明的象征。

东京电视塔是日本最高的独立铁塔，超过了法国巴黎的埃菲尔铁塔13m，使用的建筑材料却只有埃菲尔铁塔的1/2，建成后震惊了全世界。

吉隆坡双子塔（Petronas Towers）是马来西亚首都吉隆坡的标志性城市景观之一，是世界上目前最高的双子楼（图7-2）。

马来西亚双子塔高452m。两栋大楼的格局采用传统伊斯兰教建筑中的几何造型，结合了四方形和圆形。双塔骨架当然采用钢铁结构，同时整个外立面都采用欧洲的优质不锈钢，在热带骄阳照耀下，闪着亮光。从地面仰视闪光从云层上端透出，似通天宇，给人一种高度眩晕。

图 7-2　马来西亚双子塔

7.3.4　中国国家体育场

国家体育场（“鸟巢”）为特级体育建筑，是被誉为“第四代体育馆”的伟大建筑作品。

在介绍世界著名钢铁建筑时，如不谈及“鸟巢”，必定会使人感到一种缺陷。因为“鸟巢”与埃菲尔铁塔、金门大桥一样，一眼望去就知道是钢铁结构的堆集。

鸟巢是 2008 年北京奥运会的巨型主会场。设计者们没有做任何多余处理，而是坦率地把钢架结构暴露在外，从而自然形成建筑的巢形外观，从上俯瞰，鸟巢给人以视觉震撼。这个由钢架组成的外形，犹如树枝编织的巢，孕育生命和希望。鸟巢最美之处在于它完全是一张巨网，内部没有一根立柱，看台是自然形成的碗形，无任何遮挡，保证 10 万观众都有最佳视野。这里将中国传统文化中的镂空手法、陶瓷纹路、吉祥红色，与最先进的钢结构完美结合，在现代体育馆场中独树一帜（图 7-3）。

图 7-3　国家体育场——鸟巢

7.4 金属装饰材料

在现代建筑中，金属材料以它独特的性能——耐腐、轻盈、高雅、光辉、质地、力度赢得到建筑师的青睐。从高层建筑的金属铝门窗到围墙、栅栏、阳台、入口、柱面等，金属材料无处不在。如法国蓬皮杜文化中心是把金属技术与艺术有机结合的典范，创造了现代建筑史上独具一格的艺术佳作。日本则有把金属材料用于装饰上视为技术美学的新潮。图 7-4 为飞舍尔表演中心。盖里设计的这座表演中心以褶皱的金属饰面为最大的特色，外部变化的金属饰面依托内层钢架支撑。图 7-5 为一金属饰面的办公大楼。

图 7-4　飞舍尔表演中心

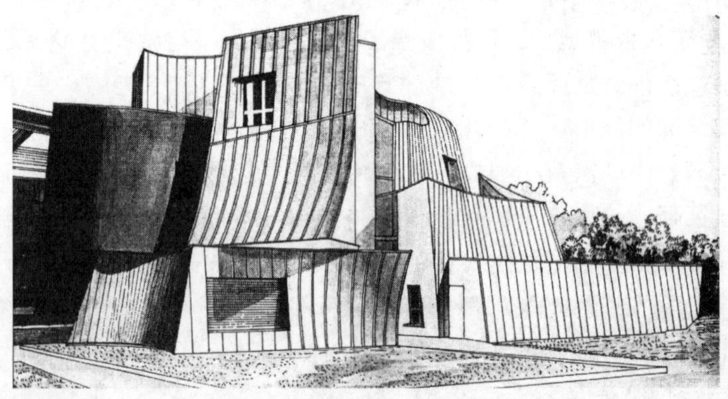

图 7-5　金属饰面的办公大楼

金属材料主要是指铝和铝合金。

铝外观呈银白色，属轻金属，可塑性好，可加工成管材、板材、薄壁空腹型材，压延成极薄铝箔，具有极高的光、热反射比，但强度和硬度较低，常用合金。

随着电解炼铝技术日臻完善，自 20 世纪中叶以来现代建筑工程中除大量使用铝合金门窗外，铝合金还被用于多种其他制品，如各种板材、楼梯栏杆及扶手，百叶窗。铝箔、铝合金搪瓷制品、铝合金装饰品等广泛用于外墙贴面、金属幕墙、顶棚龙骨及罩面板、地面、家具设备及各种内部装饰和配件以及城市大型隔声壁、花圃栅栏、建筑回廊、小型房屋、亭阁等处。

在普通钢材基体中添加多种元素或在艺术上进行艺术处理，可使钢材成为金属感强、美观大方的装饰材料。在现代建筑装饰中，越来越受关注。如柱子外包不锈钢、楼梯扶手采用不锈钢管等。目前建筑装饰工程中常用的钢材制品，主要有不锈钢板与管、彩色不锈钢板、彩色涂层钢板，彩色压制钢板、镀锌钢卷帘门及轻钢龙骨。其中各类彩钢板和绝热材料配合使用已广泛用于大型装配建筑，如大型工厂车间、仓库商场、车站等。

在现代建筑中，铜仍是高级装饰材料，用于高级宾馆、商厦装饰，可使建筑光彩照人、美观雅致、光亮耐久，并烘托出华丽、高雅的氛围。青铜和黄铜可以包覆建筑，还可用于制作外墙板、机手、把手、门锁、纱窗、卫生器具、五金配件。

北京中国国家大剧院（钛金属外壳）的建筑屋面造型新颖、构思独特，呈半椭圆形，由具有柔和色调和光泽的钛金属覆盖，前、后两侧有两个类似三角形的玻璃幕墙切面，整个建筑漂浮于人造水面之上。钛金属外壳、生命和开放成为国家大剧院的设计灵魂。

钛金属板经过特殊氧化处理，其表面金属光泽极具质感，且15年不变颜色。中部为渐开式玻璃幕墙，由1200多块超白玻璃巧妙拼接而成。椭球壳体外环绕人工湖，湖面面积达$3.55\times10^4 m^2$，各种通道和入口都设在水面下。行人需从一条80m长的水下通道进入演出大厅。

1958年布鲁塞尔世博会上，沃特金设计的标志性建筑原子塔是一座用铝和钢管制成的模拟铁晶胞原子结构的建筑。这座作为世博会的“临时建筑”也和埃菲尔铁塔一样被永久保留下来，并且成为比利时的象征。

沃特金“偷窥”了大自然的设计蓝图，原子塔外观是一个放大1650亿倍的铁晶胞。其中每个球的直径为18m，由钢管联接钢管恰如原子之间的金属键，而圆球在夜间发出熠熠闪光则象征着电子云。塔内是人们参观游览场所，电梯可在23s内从地面到达102m高的顶端圆球。和“原子塔”象征原子时代一样，美国西雅图的标志性建筑“太空针”代表宇航时代的来临。太空针高184m，拔地而起的3支钢架凌空会合又彼此张开，上面轻轻托起一个直径42m的硕大飞碟。太空针足以承受320km/h的飓风和9级地震，由于下部安装10m深，6000t重的钢筋水泥结构，太空针达超常的稳定性和安全性，其重心仅仅高于地面1.5m。太空针充满神奇浪漫的科幻气息，成为密西西比河西部首屈一指的地标。

毕尔巴鄂市古根海姆博物馆在半个多世纪里，在众多世界艺术大师和建筑大师的共同努力下，已经成为当今世界顶尖级的现代艺术博物馆。毕尔巴鄂博物馆由一块块不规则的双曲面板块组合而成。这些外形弯扭错落、复杂跌宕的表面采用经过特别加工制成的钛板材。钛板有利于塑造外形，具有特别的色彩，不仅避免玻璃面板常有的刺眼光线，而且能够捕捉到光线的细微变化，根据金属表面反光程度的不同呈现出梦幻般的色彩，令人联想到印象派的绘画。

金属因为具有空间框架的天然优势，在国际主义建筑中运用极广，并日益向精细化方向发展，金属张力也开始深入研究。如布克敏斯特·富勒以金属空间单元构件组合生成巨大空间体，结构以几何形式组合形成张力网，无需柱支撑，非常成功地创造了新型空间结构。1967年蒙特利尔国际博览会美国馆，就是富勒金属几何球的杰作。

7.5 塑料建筑

相对各类传统材料，塑料建筑的历史很短，几可忽视不计。除数量很少的沥青（石漆）和油脂（涂料）之外，直到20世纪，作为人工合成的塑料才开始登场。但不鸣则已，一鸣惊人。

塑料的出现，标志着人工合成材料大规模地进入建筑领域。这一过程始于20世纪前期开始的材料革命，如1906年酚醛树脂的人工合成，而20世纪30年代冶炼技术、合成化学、机械加工技术，尤其石油工业的高速发展，保证源源不断的原料供应，给塑料工业巨大推动，猛着先鞭。

目前世界建筑工业每年消耗塑料超4000多万吨，已占全球塑料总量30%，在应用塑料中居于首位。塑料已与水泥、钢铁、木材一齐被列入四大建材。建筑塑料迅猛发展，除制品本身性能优异，还在于地球森林面积的大量减少，人类生态环保意识的增强以及国家对森林资源、土地资源的保护政策。显而易见，建筑塑料的使用能耗和生产能耗远低于其他建筑材料。例如PVC的生产能耗仅为钢材的1/5，铝材的1/8。PVC管用于给水工程比钢管节能62%～75%，用于排水工程比铸铁管节能55%～68%。塑料门窗可节约采暖和空调能耗30%～50%，因此，塑料的推广应用，已成为当今建筑技术发展的重要趋势、越来越受到设计、生产部门的重视和使用者的青睐。例如我国在“十五”期间，塑料门窗年产量达5000万平方米，占全国建筑门窗总量80%，塑料管道产量达70万吨以上，占全国各种管道用量的50%以上，塑料防水材料用量在全国防水材料工程中占50%以上。

塑料也开始进军承重材料的世界领域。据报道，日本已成功将不可降解的塑料废物，经高温高压成为型材，其强度可与钢材媲美，甚至超过钢材。

塑料建筑模板不吸湿，耐酸碱腐蚀，特别适于在地下和潮湿环境中应用，尤其玻璃纤维增强塑料模板强度高、耐冲击、耐磨损、使用寿命长，使用周期可达40～50次，模板重量仅为金属模板1/3，支拆模方便，降低搬运操作劳动强度，提高施工效率。

建筑中塑料无处不在，除大量用于输水管道、防水材料和门窗外，上文介绍的现代透明膜材，也可归入塑料建筑范畴。

以玻璃纤维增强塑料（英文缩写FRP国内俗称玻璃钢）为代表的纤维复合材料，在建筑上也有很多应用。美国波士顿港耗资70亿美元，建长14.5km，直径0.75～8m的玻璃钢污水处理管道，而澳大利亚悉尼也建道达海底55m深处，设计寿命超100年的玻璃钢管道。

而玻璃钢的出现，标志着人工纤维复合材料成为建筑组成部分（图7-6）。纤维复合材料也源远流长。敦煌塑像中的泥胎、宫殿圆木表面的披麻覆漆，享誉海外的福建脱胎漆器，乃至民间建筑中用稻草掺入泥浆中的砖砸、古巴比伦人用沥青裹着亚麻修被船只，古埃及人用麻布和涂料层层包覆期待复生的法老木乃伊，都是纤维（增强）复合材料的应用。

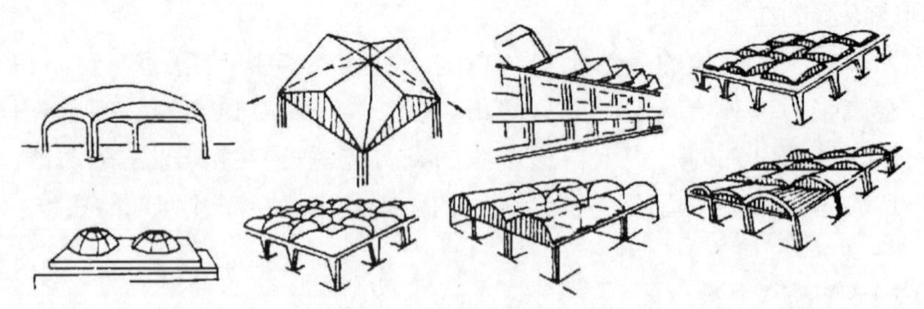

图7-6　新型玻璃钢建筑

20世纪初期，酚醛树脂人工合成以后，人们就尝试将其与石棉纤维、纸张、木棉制成复合材料。到玻璃纤维实现工业化生产，并且发现它与塑料可良好结合并显示优异性能以后，纤维复合材料成为一个蒸蒸日上的产业。

玻璃钢建筑材料如玻璃钢桁架、玻璃钢围护结构、玻璃钢瓦（波形瓦）、混凝土模板、防腐蚀地坪、建筑上的修补材料和木材、金属的包覆、衬层现在都获广泛应用，而玻璃钢夹板制成的易于移动、拆卸的玻璃钢帐篷（蒙古包），耐水、防潮、防鼠和昆虫，抗腐的玻璃钢仓库、牛棚、鸡舍、防护工事，垃圾屋也很受欢迎。荷兰复合材料已研制出玻璃钢盒屋，解决荷兰大学学生临时住房；印度 Suvarna 纤维技术公司制造玻璃钢活动房屋捐给海啸灾区，现登山、野外考察和部队临时营房，都常用玻璃钢活动房屋；英国 Celette 工业建筑公司推出可以按照使用要求进行制造安装的玻璃钢工业用房；在巴黎凯旋门旁，有色彩鲜艳的玻璃钢广告柱，天象馆和天文台圆形玻璃钢外罩很引人注目。图 7-7 为玻璃钢折板屋面。图 7-8 为丹麦 Kolding 玻璃钢桥结构、施工及全景。

图 7-7　直径为 20m 的玻璃钢折板屋面

(a) 结构

(b) 施工

(c) 全景

图 7-8　丹麦 Kolding 玻璃钢桥结构、施工及全景

建筑是全球复合材料最大的市场之一。纤维增强塑料已广泛应用于建筑业之中。与木材和钢材相比，它们的优点是质量更轻、需要更少的支承结构、优良的耐蚀性和抗腐烂性等。更轻的质量更利于操作，减少安装成本和运输成本。更少的维修量意味着更低的生命周期成本。此外，复合材料还具有更大的设计灵活性，可塑造复杂的形状。

纤维复合材料板材，用以建造节能型结构而不需混凝土、木材或钢材，显著节省建筑成本和时间。一户标准住房可在 1～3 天内用预制构件制建成。纤维复合材料板材是承重、绝热的夹芯板材，其结构性面板由浸渍耐火环氧树脂的 E 玻璃纤维布制成，芯材是泡沫塑料，可制造外墙、内墙、梁、柱、型材和屋面板。

自通天塔时代，人们其实已经知道用沉重的泥土和砖瓦无法建造巍巍高楼，纤维复合板材是现代高层建筑的主要选项。测试表明，用纤维复合材料板材建造的一户 111.5m^2住房比用混凝土墙及其他传统材料建造的住房少征用61%能源。

拉挤成型的FRP框架结构墙筋可以成功地取代木材和其他材料。这种5cm×10cm的复合材料墙筋用玻璃纤维无捻粗纱和聚酯树脂拉挤成型，用作建筑板材的骨架，用不锈钢螺丝把水泥板固定在此骨架上就形成了建筑板材。一个五人小组可在一天之内完成一户185.8m^2住房的安装和围护。

拉挤墙筋比钢材更强，比木材更轻，其框架结构的重量只是木框架的几分之一，而价格与其相当。与纯挤塑制品不同，拉挤墙筋在整个长度上有连续丝束增强，丝束在树脂槽中浸渍之后，被高达10t的力量拉过模头，从而形成高强度的构件，就像拉伸钢缆用来提高预应力混凝土的强度一样。纤维复合材料适应建筑需要材质轻、自动化程度高、大构件和低成本、耐腐、防震，尤其适应高层、海岸、地震多发地区的建筑。以各类功能纤维混杂捻丝束渗渍环氧树脂，干燥以后可以绕在大卷轴上运输，在工地现场加工成各种形状，只需蒸汽喷吹就能固化成型，操作简单，用以替代钢筋。

英国苏格兰建成的一座世界上最长的塑料大桥全长120m，仅用了2个高18m的塔架作为桥墩，另外使用了20根缆绳。全桥仅重15t，不需要起重机械就能迅速组装。

研究人员称，钢铁大桥最大极限长度大约是4km，而采用纤维增强塑料造桥其长度至少可达1×10^4m。这是由纤维增强塑料既有钢铁的强度，又具有质轻的特点决定的。

总部设在美国加利福尼亚大学的一个学术-工业联合集团正着手从事研制塑料公路桥梁的计划。这座桥的跨度为130m，完全由玻璃纤维、碳纤维和聚合物纤维增强复合材料（原军用飞机用的材料）构成，它将横跨州际5号公路，把校园的两部分连起来。

塑料桥的优点有耐腐蚀性、抗震和比传统钢筋混凝土桥梁造价低及耗费时间少。

这个项目还将导致用塑料对现存有缺陷的桥梁结构进行改型翻新。初步设计需要一块24m宽的桥面，用固定在一个“A”形桥塔上的缆绳支撑，整个结构甚至连缆绳都采用非金属材料制成。

塑料已经成为人类日常生活中间最常见的材料之一，但其不可降解的垃圾特性也使其成为环境保护的头号公敌，成为各国科学家致力攻克的课题。现在，人们在相关领域已取得很大进展。如英国雷阿德博士（READ）领导的国际团队利用编码组合同时设计材料的可降解性和性能特性，又如有人宣传正在研制能满足人们各类需求的塑料。更值得重视的是，塑料是前途远大的3D打印技术施工建筑的材料（喷射立体模型材料和喷射黏结剂），是易于纳米涂覆的材料。这些技术的应用将颠覆传统的建筑概念。

也可以认为纤维复合塑料是建筑塑料中最有前途的材料，共主要表现为不久将来可以覆盖山川，改变地貌的膜建筑，和混有光导玻璃（塑料）纤维增强塑料、混凝土，可以传递构件内部信息，使其具有神经功能和自我修复功能的生命建筑。

8 地下建筑

土建筑和石建筑都延伸到地面以下，窑洞可能有更大深度，但本书中的地下建筑已不同于以往概念，而是指在地下开辟了一个新的空间。现代的地下建筑，可能地面以上是山水、田园等自然风光，甚至是湖泊、海洋，下面却是规模宏大的工程。建筑材料也不仅是土石，而是汇聚抗压、抗震的特种钢材，特种混凝土和集通风、采光、防渗等众多功能的材料及特有配件、动力和输水管道。污水和废料处理也增加了大型挖掘机等地面施工不需要的建筑机械。地下建筑是 21 世纪建筑的组成部分。

8.1 古代地下建筑

8.1.1 洞穴和隧道的开拓利用

由于地壳变动，或者受到地下水流长期冲击，在山岭内部常常出现大小不等的空隙，这就是地下洞穴。有时这些洞穴首尾相连、彼此相通可达数十里。史前人类脱离荒居野宿，开始穴居的时候，利用天然洞穴防寒暑、避风雨和躲避野兽，也就开始了对地下空间利用的探索。对天然石洞的简单修饰，原始窝棚中必须清除土地上的石块、树根，于是挖掘成半地下式坑房，再用火烤使土壤坚硬，成为人们向地下进发的起始阶段。50 多万年前，北京猿人就居住在天然岩洞中。据仰韶文化和龙山文化遗址的考古发现，证明在距今 7000～5000 年前开始出现人工挖掘的居住洞穴，从简单的袋形竖穴到圆形或方形的半地穴，上面有简单屋顶。

科幻大师凡尔纳在名著《地心游记》中就描写了一条可以直通地球内部的道路。古人也曾发现一些地下洞穴，并且将这些天造地设的洞穴和坑道加固、拓宽、延深、凿通，使之成为地下隧道。这些隧道也是一类地下建筑，因为事关国家民族利益，往往被视为最高机密，带有神秘色彩。例如我国重庆地区的巴人隧道、美洲古玛雅人的地下隧道和所罗门秘密通道，只留下云蒸雾霭的谜团。

(1) 巴人隧道

巴人距今 4000 多年以前，在今日重庆、湖北、湖南、四川地区活动的民族，他们在长江两岸种植水稻、小麦，在峡江诸地建立发达盐业。巴人以骁勇强悍闻名当时，与中原各族进行过多次恶战。战国后期，强秦厥起。公元前 316 年秦国出兵灭蜀，直抵巴国，巴人与强敌经数十次惨烈战斗，失去所有城池和土地，剩余十几万人败走酆都（丰都），几乎一夜之间突然消失，不见踪迹。从此之后，在任何史书中都没有巴人记载，而丰都从此被称作鬼城。

直到 20 世纪中期以后，重庆地区的建设活动，尤其是长江三峡的水利工程建设中发现巴人遗址和墓葬近千座，更有一些沿途常有巴人遗物，不知延伸到何处的隧道，人们猜测，这就是传说中的巴人洞式暗道，巴人就是借助这条隧道，摆脱秦兵的重重包围。有人甚至认为巴人隧道长几百里，一直可达湖南风景秀丽的张家界，这就是陶渊明在《桃花源记》中记述“避秦时乱”来到世外仙境的居民。十几万巴人在很短时间内突然蒸发，迄今没有发现大批被杀或自杀的痕迹；另一方面，重庆地区的群山之间，确实存在通路很长的山洞，有些山洞中还有昔日巴人遗物，因此存在巴人举族利用隧道远遁的可能。至于这些隧道是否通到数百里外，就不得而知了。

(2) 印第安人隧道

1941 年 12 月美国考古学家戴维·拉姆夫妇声称在墨西哥恰帕斯州发现了传说中的地下隧道及守卫隧道的印第安人。人们早就听说恰帕斯腹地存在着早已荒废的古玛雅人城市，在这些城市地下分布着构成网络的地下隧道。

后来，又有人在秘鲁的库斯科发现向北通向利马、向南通向玻利维亚的地下隧道。这些隧道位于安第斯山脉之下、长度可能达到 1000km 以上。隧道已被联合国教科文组织列为世界文化遗产。

到 1965 年 6 月，阿根廷考古学家胡安·莫里茨声称在厄瓜多尔发现一条更大规模、绵延数千公里的庞大隧道体系。这条隧道位于地下 240m 深处，形成了一个庞大、复杂的系统，估计全长 4000km。莫里茨等在隧道里见到宽阔、笔直的通道和墙壁，多处精致的岩石门洞，加工得平整光滑的屋顶和大厅。

(3) 所罗门秘密通道

犹太人，这个智慧的民族，至少在距今 3000 年前在修建所罗门圣殿的同时，就在亚伯拉罕圣岩下修建地下室和秘密隧道。这就是在几千年来沸沸扬扬的所罗门财宝之谜。

所罗门被誉为智慧之王，这虽然有待证实，但当年所罗门圣殿地下室和秘密隧道的设计人员肯定才智超人，设计机关天衣无缝，2000 多年以来存放无数财富的地下室和地下隧道，虽然有无数的人垂涎三尺，有无数的人在圣殿山胡乱挖掘，发现多条被砂石掩埋的隧道，但隧道真实去向至今无人知晓，所罗门财宝仍被列为世界十大失踪财富之秘的首项。

8.1.2 古代地下石建筑

开始在地面上建造住房以后，穴居逐渐不再是人类的主要居住方式。但古代陵墓仍然按照地上建筑方式在地下营建。有些粮仓也建在地下。古代地下建筑，开始可能是用石块，泥土或砖块建造的墓穴。中国商代，帝皇墓穴规模已经很大，殉葬人数有一百多人。在石建筑时代，已有大型地下建筑出现。

(1) 马耳他地宫

马耳他在地中海碧波环绕之间，面积仅 316km^2，人口仅 43.1 万，但在 1902 年，人们在施工时发现一座人工开凿的坚硬岩洞。这座巨大地下建筑共分三层，最深处距地面 12m，构造错综复杂，它由上下交错、多重层叠的多个房间组成。中央大厅耸立着直接由巨大石料凿成的大圆柱、小支柱，它们支撑着半圆形的屋顶。整个建筑线条清晰、棱角分明，甚至那些粗大的石架也不例外，没有发现用石头镶嵌补漏的地方。地下建筑的石柱，屋顶风格与马耳他许多古墓、庙宇如出一辙。

有人认为，这是一座地下庙宇，因为其中有一个状似壁龛，但传声效果极佳的回声室，这座造型独特、声音可以丝毫不改地流淌至大厅各处的石室被人联想起庙宇最神秘的神谕室。而且人们毫不怀疑当年的建筑者们已经掌握了声音传播的知识。

根据挖掘出牛角、鹿角、凿子、楔子、两把石槌以及做精细活的燧石和黑曜石判断，根据其建筑风格推测，此地下建筑建于 4600 年前。由于在一间石室中发现 7000 多具先民遗骨，地下庙宇更显扑朔迷离。

(2) 佩特拉古城

全球九大地下建筑村落佩特拉古城以玫瑰红色的岩石而闻名，大约公元前 312 年，古阿拉伯人一支纳巴泰人在此定居，佩特拉古建筑开凿于亚喀巴与死海之间的峡谷，海拔 914m 难以到达的岩石中。如今佩特拉古城已经成为约旦最著名的景点，众多好莱坞电影的经典场景都在此取景。

佩特拉的地理位置神秘特殊，峡谷宽度在 2～7m 之间，甬道四环曲折、险峻幽深，峭壁岩石似刀削斧砍，顺峭壁仰望苍穹，蓝天一线。

(3) Vardzia 洞穴修道院

格鲁吉亚 Vardzia 可能是最不为人知、最神秘的洞穴修道院了，这座修道院始建于 12 世纪，在岩石下拥有 6000 间房间，能容纳 4 万人。如此恢弘的建筑即使是现代科技也难企及。

(4) 克里科瓦大酒窖

在中世纪，摩尔多瓦人凿山取石建造地下隧道，在地下 50～80m 深处，建造了隧道总长度 120km，总面积 $64km^2$ 的克里科瓦大酒窖，使其中温度长年保持在 12～16℃，湿度保持在 97%，是最适于酒的成熟和贮藏的条件，是世界酒文化的顶尖之作。

(5) 土耳其的地下迷宫

土耳其卡帕多奇亚的格尔里默谷地，看起来和月球表面很相似。这里的火山沉积物上矗立着奇形怪状的石堡。石堡是由火山岩硬化后，经风蚀雨浸而最终形成的。

早在公元 8～9 世纪的时候，这里的居民就开始开凿空石堡，将其改装成居室。人们甚至在凝灰岩体上凿出富丽堂皇的教堂，在其中供奉色彩绚丽的圣像。然而，卡帕多奇亚真正引起轰动的发现埋藏在地下，那就是巨大的可居住成千上万人的地下城市，由纵横地道和通风口、蓄水池联接。整个地带布满了地道和房间。地下城市是一种立体建筑，分成许多层。位于卡帕多奇亚高原的代林库尤村的地下城市仅最上层的面积就有 4 平方公里；上面的五层空间加起来可容纳 1 万人。今天人们猜测，当时整个地区曾有 30 万人逃到地下躲藏起来，仅代林库尤的地下城市就有 52 口通气井和 1.5 万条小型地道。最深的通风井深达 85m。地下城市的最下层建有蓄水池，用以储藏水源。到今天为止，人们在这一地区发现的地下城市不下 36 座。现在所发现的地下城市相互间都通过地道连接在一起。连接卡伊马克彻和代林库尤的地道，足有 10km 长。不可思议的地下城市建造者、建成时间、用途至今还扑朔迷离。

土耳其乌奇沙在一片平原之上，数个巨岩形成庞大社区，巨岩上洞口不可胜数。据说当外敌入侵时，洞穴中储有水粮的居民，可以几个月不用外出。土耳其葛勒位于远离尘世地区，可谓世界上最著名的洞穴村落，自然风光和拜占庭时期教堂和壁画融为一体，夕阳西下，漫步古镇，仿佛走进童话，如梦如幻。

(6) 中国花山谜窟

揣测纷纭的花山谜窟，位于安徽屯溪，21 世纪初才再见天日，地质学家考证确定其始建于约 1700 年前的晋代。这一发现证明中国古代也有和西方类似的地下掘石建筑。

花山谜窟全由人工开凿，内壁上人工凿痕整齐美观，清晰可辨。现已探明的大小石窟有 36 处，分布黄山周围连绵群山之中，是目前中国发现规模最大、品位最高、谜团最多、面积最大的古石窟遗址。

35 号石窟宛如一个地下宫殿，总面积达 4000m²，26 根周长约 10m 的异形石柱顶天立地，石柱周长有十几米粗，一派豪气、霸气、帝王之气，环绕大殿有 36 间石房，墙壁厚薄不一。奇怪的是在这深 176m、总体面积 12000m² 的人工石洞中既无壁画又无佛像、没有任何文字记载，甚至没有任何口头传说，只有时可看见清澈流水。开凿石窟目的也至今不明，因为被掘的几十万立方米石料不翼而飞，不知运往何处。

8.1.3 地下砖瓦建筑

古代地下建筑中，名声遐迩的多是帝王陵墓，如图坦卡蒙法老墓、秘鲁埃尔布鲁霍皇后墓、英格兰萨顿胡皇家墓地、意大利西西里地下墓地等。我国地下陵墓工程浩大，中国古代权贵都极重视深埋，视厚土为最好庇护，要求墓穴深大，不泄富贵气息。长沙马王堆汉墓深 16m，墓室周围有 30cm 白膏土和万斤木炭，上用五花土夯实，以保室内密封，恒温。5000 多年的中国历史，朝代更迭先后出现过大大小小近千个帝王和文臣武将，现在仍有迹可寻的帝王陵寝就有 100 多处，高官显贵的坟墓超过千座。它们一些仍然被云遮雾挡，不为人知，其中气势恢宏，创中国历史之最的是秦始皇陵，保存最完整的是明十三陵，它们都是砖、石材料构筑的地下建筑。已经挖掘的明清时代的皇陵，都是名幅其实的地下宫殿，使用的建筑材料和建筑方式，如果与地上宫殿有差别的话，就是更加坚固、仔细。

我国古代利用地下空间储存粮食也历史久远，隋朝洛阳的大型粮库，在数百年间一直正常运转。具有永恒魅力的敦煌洞窟和无数岩洞，黄土高坡的窑洞，也可看成我国古代开拓地下空间的努力。我国地下建筑领先于世的，似乎是大型地下砖瓦建筑。与石块建造比较，这种材料的施工方式并不简单，地下砖瓦建筑在西方并没有发现。

(1) 秦始皇陵

秦始皇陵气势恢宏，是规模宏大的砖土建筑工程。虽然我们今天还没有看见秦始皇陵的庐山真貌，但由史册披露的种种记载和科学仪器探测雄壮轮廓可以断言，这座砖瓦和石材砌筑的陵园是中国，也许是世界上规模空前绝后的一座陵园。秦陵工程一共投入多少资金，人们已无法确知，但这一定是个让人惊惧的天文数目。不过工程前后耗用时间却非常清楚，共计达 38 年之久。这在我国陵寝建造史上首屈一指，甚至比埃及大金字塔还长 8 年；工程所征调的劳工共达 70 余万，甚至比建造万里长城所用的人工还多 2 倍有余，陵园面积达 56.25 平方公里，相当于 78 个北京明清故宫。英国学者戴维斯·肯特说道：秦陵工程之所以成为奇迹，每一步都是成功的，造陵者不仅在选址上独具慧眼，而且在陵园的总体布局上也是匠心独具。当时歌谣流传，搬运巨石之大，可以令渭水塞而下流，陵寝的设施和地上宫殿完全一样，按此规模，修筑秦陵的所有建筑材料，表明它是一座可能有一座城市规模的地下宫殿。

秦始皇陵位于骊山之北，渭水之南，陵寝从公元前 246 前开始修建，70 万人胼首胝足，耗时 38 年。据现代考测地宫面积超 18 万平方米。据《史记》记载，陵寝就是人间天上在地下缩影，其中珍禽异兽、奇珍异宝、天文星宿、日月江河，无所不有。地宫上部更用泥土堆积，巨大封土现高 50m，总面积 25 万平方米，是中国最大坟丘，至今如山丘巍然屹立。

人们对陵位外部土壤中的微量元素进行分析时，发现汞（水银）含量超标，推测陵寝中用巨量水银浇灌成，符合《史记》中“以水银为百川江河大海”的记载，虽然地宫尚未挖掘，但秦始皇陵是巨大砖土建筑的结论应不会错。因为整个地宫已知均是厚达 4m，青砖包砌的宫墙。目前钻探到地下 26m，仍是夯土层上层，整个地宫还在砖土深处。陵位旁边兵马俑方阵对此可以作为一个证明。

虽有不同声音，但兵马俑最大可能是陵墓的附属部分。兵马俑现已发现 7000 多个，实际数量肯定过万，没有采用石质雕凿，而用泥土塑造，虽然塑造有粗塑初胎，结合堆、捏、掐、贴、刻、画等诸多工艺。但都和砖瓦一样烧烤成型。在这方面与陵墓的砖材没有什么差别。巨大陶俑军阵，显示秦始皇当年带甲百余万，车千乘、骑万匹，驰骋疆场，荡平群雄横扫六合的盖世气势。那么可以想象对于秦始皇陵地宫主体，至少将会数倍超过兵马俑的规模。秦陵的挖掘工作正在极为慎重地进行，得到秦陵的神秘面纱揭开之时，人们一定会看见地下宫殿震惊世界的雄姿。

（2）杨六郎的地下古战道

河北省文物部门近年来在雄县、永清和霸州等地，均清理发掘出了各种类型的地道，整个地道范围东西延伸约 65km，南北宽约 10～20km，涵盖面积约达 1300 平方公里。

距今 1000 多年前的北宋，曾与契丹族建立的辽国、女真族建立的金国前后作战 200 年之久。当时，在无险可据的华北平原，以步兵为主的宋军是如何与北方游牧民族的铁骑对峙 200 年的？随着地道的发现，世人终于明白了当年的秘密。专家认为，结构复杂、设施完善的古战道，是北宋时期抵抗辽国的防御工事。也有专家将这些地下古战道和长城相提并论，称之为“地下长城”。

永清县的古战道由青砖构筑而成，呈立体布局，深及地下 1～5m，环环相绕，彼此勾连。

洞内则高矮各异，宽窄不一，延伸曲折，走向不定，既有宽大的藏兵洞囤粮处，又有窄小的迷魂洞、迷障巷道等。同时，还备有通气孔、放灯、蓄水缸、土炕等生活设施。在古今中外的地下建筑中，能用青砖砌筑精心设计的如此大规模工程，至今还独一无二，是世界建筑史上的壮举。

8.1.4 地下水道

水是生命之源，进入农业社会以后，与水有关的修路、掘沟，开凿运河、搭建桥梁和修筑港口等，都是人类重要的建筑活动，其中引水隧道，也是一种重要的地下工程。

美索不达米亚的灌溉系统，甚至可以追溯到 8000 年前简单的引水沟渠，在距今 5000 年前，达罗毗荼人在今日巴基斯坦的摩亨佐·达罗古城就已开始挖掘排水沟和引水渠，建造复杂的污物和污水处理系统，不仅在上古时代无与伦比，就是当今世界的许多城镇也望尘莫及。古罗马人庞大的引水工程更是人类挖到自然的典范之作。

这时人们开始建造地下引水工程。古罗马地下水道是古代最著名的地下输水工程。

至少从公元前 5 世纪开始，希腊的一些城市就已经开始用水管从远处泉水引水，罗马人学习前者经验，耗用几个世纪时间，在整个罗马兴建了庞大的输水供水系统。古罗马人引以为傲，他们认为数量众多，水量巨大的引水系统，与那些呆笨的埃及金字塔和那些无多大用处却非常著名的希腊神庙相比绝不逊色，甚至更胜一筹。

由于古代没有扬水设备，几乎所有的水渠，都是采用重力系统来运送水流，这意味着水渠的任何一点都不能比水源高。在碰到各种障碍，例如山丘，就必须绕行或挖凿隧道。在铺设水渠工程时，开挖隧道无疑是最困难、最艰巨的工作。古罗马人在这方面成绩出色，专家在研究罗马尼姆水渠系统中的内毛苏斯隧道时发现，有 6 支施工队分散在 60m 宽的地方，同时开挖，工作 2 个月后才完成相关工程。

公元前 312 年的阿皮尔引水渠是古罗马人第一条地下水渠，为了防御外敌的破坏，总长 16km 的引水工程全部隐藏在地下，用坚硬防水的火山岩砌成，水源是罗马城东部清澈的泉水。

罗马帝国的引水工程持续几个世纪，形成遍布全境的庞大供水网络，为利用重力，水渠有时深入地下，有时在地面重叠数层，总长度达 450km，设计、施工技术均属一流，古代学者认为，这些水渠工程才真正是古代世界最伟大的奇迹之一。不仅是一种具有实用功能的城市设施，而且是显示国力，呈现豪华气派的一种纪念性建筑，充分体现了罗马人的聪明才智，作为“人类杰出工程师”的建筑才能。

罗马以后的 1000 多年时间中，人们在地下引水工程方面似乎没有取得更多进展。直到产业革命以后，欧洲各大城市才开始建造巨大、完善的排水排污工程。在很多电影中打斗、侦探、恐怖活动的镜头都在建造完善、有时类似地铁通道的排水系统中进行。

现在，地下水道已是所有城镇必备的工程。

8.2 现代地下建筑

8.2.1 单体地下建筑

随着施工工具的改进，小股人群也可从事颇有规模的地下活动。例如现代人们也在挖掘各种各样的隧道，著名者如冷战时期柏林墙地下的偷渡地道。又如美国-墨西哥边界的偷渡、走私、贩毒地道，至今仍有成百上千的人天天挖掘不止，与缉毒人员打拉锯战。在地道内，照明系统、通风系统、电力系统一应俱全，而且还装有一部电梯。美国-墨西哥边界被称为“拉链边界线”，成为 2016 年美国总统大选的热门话题。

拉法隧道名声沸沸扬扬，被称为在地下的激烈争夺，近战双方是以色列人和阿拉伯人。拉法位于巴勒斯坦和埃及之间的交通要冲，曾被南来北往的商人称为黄金城。阿以冲突以后，以色列人在拉法中心建立“玫瑰色防线”——一道密不透风的混凝土隔墙。从此拉法濒于死亡，拉法人想死中求生，不和外界断绝来往，就从地下想办法，拉法城有许多秘密隧道与埃及相通，所有的人都知道有这回事，但无人提及。隧道是一个关乎城市生死存亡的话题，也是人人畏于谈论的禁忌。以色列人的高墙和阿拉伯人的隧道，两种建筑不停修造象征着敌对两种力量的连续搏斗。最初的隧道仅几米深，人们能从地下神不知鬼不觉地越过混凝土隔离墙畔以军防线。但以色列人开始沿着防线大道开挖深沟，这些早期隧道全都暴露，被迫放弃。于是阿拉伯人开始挖掘更深的隧道，而以色列人又开挖更深的沟渠，随后阿拉伯人又挖掘更深隧道，这种猫鼠游戏已经循环数次。

当代许多国家特别是发达国家已经建造了一大批掩土建筑与地下空间。例如，美国有地下住宅、实验室、图书馆、数据处理中心、高级计算机中心、100 多所地下学校等。尤其一些有名的大学为了保护环境，都建有地下图书馆。又如，日本已成为发展大型地下空间的先导国家之一。日本已有30多座城市建有地下购物城“Underground Shopping Cities”，称其为“chikagai”（即地下街）。有的地下街有300多家商店，每天可容纳80万顾客流动。

8.2.2 太阳能热水的地下储存

充分开发利用地下空间，建设节能型城市还包括充分利用地下土壤、地下水的天然能源作为冬季热源和夏季冷源，然后再由热泵机组向建筑物供热制冷。地源热泵技术就是这样一种利用地下可再生能源、既可供暖又可制冷的新型中央空调系统，它包括地下埋管式地源热泵和抽取地下水然后回灌的水源热泵。埋管式地源热泵技术目前正在国外大面积推广，在欧美等地区和国家已得到普遍应用，是一种成熟可行的可持续发展的节能新技术。目前，地源热泵正进一步与太阳能结合。太阳能辅助供热可实现系统向地下排热与取热的平衡，从而使得地下温度场保持稳定。它既可克服单独使用地源热泵时土壤温度场不断降低（或升高）后不能有效恢复的局限性，又可克服单独使用太阳能空调系统时太阳辐射受天候因素制约的局限性。为了充分利用太阳能、风能等不稳定能源以及低峰负荷时的多余电能，如德国还开发地下压缩空气库技术，在地下岩层中建成贮气压力8MPa的29万千瓦地下压缩空气库。该技术利用不稳定的风能、太阳能和低峰时的多余电能等压缩空气，这些空气在高峰负荷时就可以用来发电。美、德等国还正在研究开发地下永久非枯竭的清洁能源——深层干热岩发电，美国Los Alamos实验室在卡尔德拉的芬登山上建成了一个10MW的HDR（深层干热岩）发电站。该电站主要由2个深度为3000多米的钻孔及其连通孔组成，冷水由一个钻孔灌入，另一个孔产生200℃的蒸汽，蒸汽进入汽轮机发电。

土壤本身具有蓄热性，热泵置于地下更为有效。在夏季，因冷负荷不大，只使用土壤中的冷源来进行空调，同时把容易收集的充裕的太阳能储存到土壤之中，使太阳能与深层土壤储能相结合，以备需要时利用。在冬季，采用热泵技术，联合使用太阳能和地源热能作为热泵的低位热源，以满足冬季较大的采暖热负荷需求。实际上，太阳能-地源热泵系统综合了太阳能采集、深层土壤储能和地源热泵技术，实现了太阳能的跨季利用的目的。在地面上的现代建筑也更多向地下延伸，利用土壤实现空调功能。

土-气型地源热泵系统是替代传统锅炉的新一代供热制冷一体的空调系统，它采取利用土地温度的稳定性和延迟性的换热方式效率很高，因此在产生同样的热量或冷量时，只需小功率的压缩机就可实现。

该方案只需在建筑物的周边空地、道路或停车场打一些地耦管孔，室外水系统注满水后形成一个封闭的水循环和地下土壤换热，将能量在地下土壤和空调室内进行换热。

项目附近如果有可利用的地表水，水温、水质、水量符合使用要求，则可采用开式地表水（直接抽取）换热方式，即直接抽取地表水，将其通过板式换热器与室内水循环进行隔离换热，可以避免对地表水的污染，可以节省打井的费用，室外工程造价较低。也可采用抛放地耦管换热方式，即将盘管放入河水中（或湖水）中，盘管与室内循环水换热系统形成闭式系统。该方案不会影响热泵机组地正常使用；另一方面也保证了河水（湖水）地水质不受到任何影响，而且大大降低室外换热系统的施工费用。地下热存储的几种形式见图8-1。

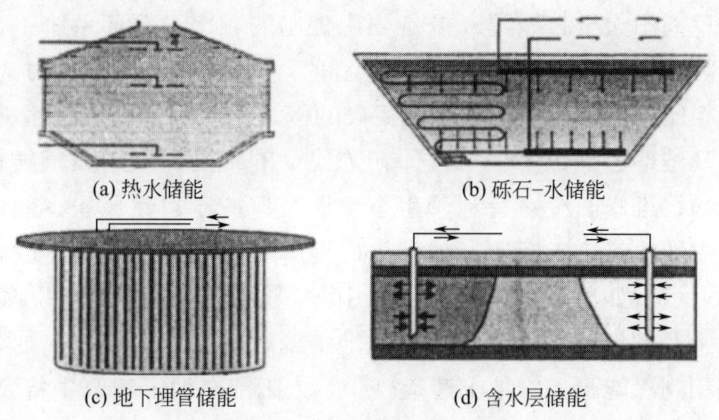
(a) 热水储能　(b) 砾石-水储能
(c) 地下埋管储能　(d) 含水层储能

图 8-1　地下热存储的几种形式

8.2.3　现代地下空间的开发

产业革命以后，由于矿业和交通事业的发展，矿井、巷道、公路隧道、铁路隧道等相继建成。1863 年英国伦敦建成世界上第一条城市地下铁道。第二次世界大战期间，地下建筑在防护上的优越性受到重视，一些参战国把重要的军事设施和军火工厂、仓库等建在地下，并为居民修建防空洞。20 世纪 50 年代末期以来，由于经济的发展和科学技术的进步，城市人口的迅速增加，环境污染日益严重，能源危机以及战争危险的存在等因素的影响，地下建筑在日本、美国、瑞典、前联邦德国、法国、瑞士、挪威、加拿大、中国、前苏联等许多国家，有了高速度和大规模的发展。由于地理构成、社会发展、经济发达程度和战略指导思想的差异，各国发展地下建筑的出发点和所要解决的矛盾不尽相同。目前，世界上已有 80 多个城市修建了地下铁道，还有许多城市正在兴建。中国、前苏联、瑞士、瑞典、芬兰等国从战备要求出发，建造了大量地下防空工程，有一部分在平时可作各类公共建筑使用。日本国土面积较小，大城市人口高度集中，城市各种矛盾突出，因而大量修建地下高速交通网和地下街、地下商业中心。美国从 20 世纪 70 年代中期开始，致力于把地下建筑作为节约能源的措施，发展出一种半地下覆土建筑，除留出必要的朝阳面外，房屋的其他部分都用一定厚度的土掩埋或覆盖，并结合太阳能的利用，取得节能 50%以上的效果。一些能源缺乏的国家，利用地下建筑大量储存能源作为战略储备，例如瑞典、芬兰等国建造的地下水封油（或气）库的规模都很大，单库容量已超过 100 万立方米。瑞典、挪威、意大利等国水力资源比较丰富，许多水电站建在地下，以增加水的落差。加拿大气候寒冷，因此在大城市发展地下商业中心，蒙特利尔市的几个地下商业中心已经连成一片，建筑面积达 $8.1\times10^5\,m^2$，形成了地下城。

此外，工业发达国家还注意发挥地下建筑在保护城市传统风貌、改善城市环境、扩大城市空间等方面所起的积极作用。例如，日本名古屋市结合城市干道的改建，在地下布置了商业街和停车场，地面除留出必要的行人、行车道外，在中心部分建成一座大型街心公园。其他如东京、大阪等处也设有地下商业街。又如美国一些大学为了保存历史性建筑物的统一风格和缓解用地紧张，建造了一些地下建筑，如图书馆、体育馆、教学馆等，取得良好的效果。这些事实反映了地下建筑的应用范围日益广泛。地下空间开发利用与地上空间开发利用相比有其独到之处。地下空间在恒温性、恒湿性、隔热性、遮光性、气密性、隐蔽性、空间性、安全性等诸多方面远远优于地上空间。在日本建筑能源界知名人士、早稻田大学教授尾岛俊雄先生提出的城市再循环系统中，地下建筑发挥了很大的作用。因此应大力开发、利用地下空间，发挥地下空间的潜力。

与地面建筑相比，地下建筑防止废气污染的侵入；洁净（医学菌落试验已证实）；安静，有利于创作及推理思维；有利于人体新陈代谢的平衡；因为微气候较稳定，较安全（歹徒入户途径少）；维修面少；有利于生态平衡及保护原自然风景。但最大的劣势就是没有天然采光，主要依赖人工照明。如何更好地解决地下采光问题，成为未来地下建筑必须解决的问题之一。如果能将天然光资源引入到地下建筑空间中，那才是真正的未来地下建筑。大力开发地下空间，节省宝贵土地资源，已成人们共识。地下建筑能源消耗的主要方面采暖和制冷能源相对地上建筑减少，太阳能在地下建筑中将会发挥重要作用。古代隧道有许多扑朔迷离的谜，都至今没有被证实，但传说不断。现代世界上更存在许多被称为 places you will never visit——你永不能访问的地方，这些地方要么难以寻找，要么戒备森严，是流言、神话和真假传说交织的话题，其中不少是地下建筑。如涉及各国核心机密的数据库、种子库、军事指挥中心、探测宇宙起源的实验中心、恐怖分子洞穴网络、偷渡和贩毒通道、天外来客的飞船基地等。图 8-2 是瑞士用于储存机密文件和数据的诺克士地堡剖视图。瑞士在阿尔卑斯山脉中间修筑了 26000 个要塞和地堡，每个地堡都是一个功能齐全的城市。

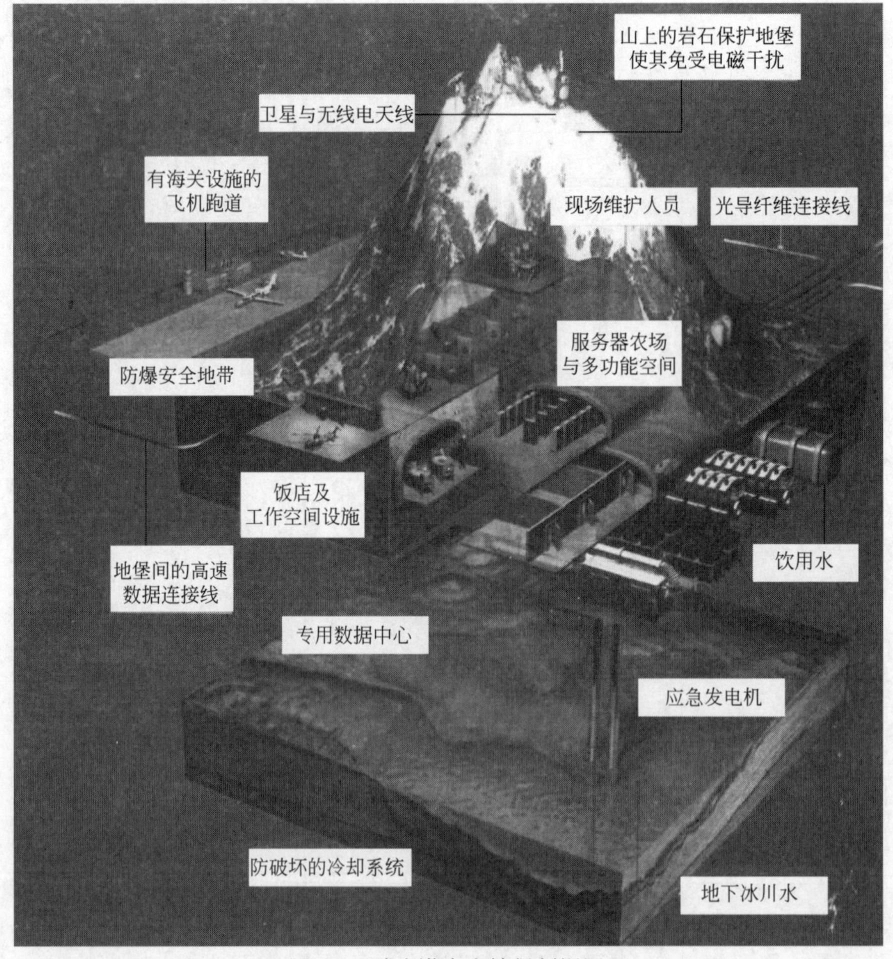

图 8-2　瑞士诺克士地堡剖视图

建筑（含海底建筑）开始大规模地进军地下，是人类建筑史上一件具有里程碑意义的大事，从此人类的活动、居住空间开始从地球表层延伸到传说中的地下冥府和海底龙宫，遗憾的是很多著作对此介绍较少。

8.3 地下建筑

8.3.1 地下建筑学的兴起

地下空间的开发利用和地下空间的生活居住两个概念并不重合，在第 12 章强调指出的居住设计难点通风与采光，仍然是在地下生活工作首先需要面对的课题。

由于地下建筑的大规模发展，地下建筑学正在形成，它的研究内容包括地下建筑发展历史和发展方向、地下空间的开发和利用、城市地下空间的综合规划、各类地下建筑的规划设计以及与地下建筑有关的环境、生理、心理和技术等问题。地下建筑具有良好的防护性能、较好的热稳定性和密闭性以及综合的经济效益、社会效益和环境效益。地下建筑处在一定厚度的岩层或土层中，可免遭或减少核武器、常规武器、化学武器和生物武器的破坏，同时也能较有效地抵御地震、飓风等自然灾害。地下建筑的密闭环境和周围存在着的比较稳定的温度场，对于创造恒温或超净的生产环境和在低温或高温状态下储存物资，防止污染，特别是对于节约能源，都是有利的。在城市中有计划地建造地下建筑，对节省城市用地、降低建筑密度、改善城市交通、扩大绿地面积、减轻城市污染、提高城市生活质量等方面，都可以起到重要的作用。地下建筑也有缺点，如建筑成本高、施工复杂等。

与地面相比，地下建筑环境有如下一些特性：a. 封闭性；b. 恒温性；c. 人为因素的从属性；d. 围岩介质和围护结构材料等自然因素的侵蚀性等。

建造在岩土中的地下建筑物为一封闭体，既受到围岩介质的物理、化学和生物性因素的作用和影响，也受到建筑物的功能、材料、经济和技术等人为因素的制约。地下建筑物内部缺少阳光直接照射，光线暗淡。围岩和建筑材料可能放射出有害气体或射线，人们的生产和生活活动也会产生有毒物质、臭味和尘土，引起空气污染。室内潮湿，壁面温度低，空气中负离子含量少，蚊、蝇害虫及细菌、病毒繁殖快，生存期长、生产和生活活动会使环境噪声级增强，引起人们神经系统不舒适。

针对上述缺点，可采取以下措施。

① 加强通风换气。改善小气候和排出空气中的污染物。通风设计还要防止有害气体从室外侵入。

② 围护结构表面加设防潮、保温和隔热材料，减少壁面对人体的负辐射及提高舒适感。

③ 合理的采光和照明。把天然光线和自然景色引入地下，增加照度和自然气氛；适当地提高地下照度标准，采用人工照明；增设一定数量的保健灯，利用紫外线杀菌、抗佝偻病，促进免疫，抵抗疾病。

④ 进行必要的装修装饰。从造型、色彩、质感和光源等方面综合设计，以满足视觉舒适和降低噪声。

⑤ 对机械设备采取减振和隔噪。

⑥ 坚持环境设计。把室内空间作为整体环境综合设计，除符合使用功能外，还应尽量满足人体的生理和心理要求。室内空间的分隔和造型艺术要力求创造一个较好的视觉环境。内部采用高明度、浅淡和明亮的后退色，可使房间有宽敞之感；在狭长的过道内，设计明亮色彩的侧墙，或用几种不同的色彩，可以打破单调、漫长和沉闷之感；室内空间尺度要布置合适，使其尽量通透；家具设备和门洞间的尺度要符合人体工程学的要求；各部件相互之间的比例要协调；光和色要经过科学和艺术处理。

⑦ 进行科学管理。对环境质量进行定期卫生调查和监测；对主要污染源进行控制和治理；秋、冬季节进行湿式扫除以减少尘埃；根据需要增设降湿机、吸尘器、空调机等机械设备；建立专人管理负责制等。总之，需要采取综合措施，才能经常保持良好的地下建筑环境。

8.3.2 地下建筑的优势

开拓地下空间是构建资源节约型、环境友好型社会，城市节地、节水、节能的需要。城市规划、建设和运营的一个重要方向。把城市交通（轨道交通、快速公路、越江跨海通道等）尽可能地转入地下，把其他一切可以转入地下的设施（例如停车库、污水处理厂、商场、餐饮、休闲、娱乐、健身设施）尽可能建于地下，实现土地的多重利用，提高土地利用效率。

充分开拓地下空间，是建设节能城市的需要，如充分利用地下土壤、地下水的天然能源作为冬季热源和夏季冷源，然后再通过热泵机组向建筑供热供暖，太阳能辅助供热，并可修建地下水库，充分利用收集雨水，再生利用污水，实现城市水系统的良性循环机制。地下压缩空气库和地下深层干热岩发电技术，也已有成功范例，正在推广之中。

充分开拓地下空间，也是长途运输的发展方向。高速公路、铁路侵占大批良田。为保护国家生存攸关的粮食安全，为子孙后代保留一块可耕之地，必须采取有力措施，而将一些建筑移至地下，应是主要措施之一。

地下建筑有利于保护生态，也有利于保护自然风光。如南京玄武湖湖底有几条隧道横贯，如果在湖面上横七竖八铺设桥梁，在南京城墙上砸开许多缺口，有东西南北的车辆在上奔驰，那么这个国内最大的皇家湖泊园林和世界文化遗址南京城墙，就会面貌全非。

城市节地的一个主要方面在于宏观上努力实现土地的多重利用。开发利用地下空间，就有可能实现节地的要求，如南京的玄武湖公园和玄武湖湖下交通隧道、上海人民广场和广场下的购物中心以及停车库。积极合理开发地下空间，效果相当明显。以北京旧城区为例，有专家估算，其可合理开发的地下面积为 41.2 平方公里，以地下有两层建筑计，可提供 0.55 亿平方米的建筑面积，比旧城区原有建筑面积还多。土地的多重利用有助于城市减肥，相对减少城市面积，制止城市超限扩展，有助于建成“紧凑型”的城市结构。“紧凑型”城市减少了居民的出行距离和机动交通源，相对降低对机动交通，特别是私人轿车的依赖度，相对增加居民步行和骑自行车出行的比例，这一切将导致能耗大户——交通能耗的降低，实现城市节能的要求。当然，要真正建成“紧凑型”城市，还必须从城市总体规划上优化城市布局，尽可能缩小生活区与工作区之间的距离，商业与文教体等服务设施应与生活区、工作区紧密配合。

8.3.3 河海隧道

穿越大江大河和海峡的隧道是地下建筑的一个亮点。在穿越泥沙和岩石以后，加固的钢筋混凝土衬砌块安装灌浆、施工轨道敷设等技术和盾构技术，沉管技术可保证地下隧道的运输安全可靠。过江隧道与长江大桥相比，就显示出了其自身优势。

自南京长江大桥1968年建成净高空为24m，以后陆续建成的大桥均以此为标准，这致使本来万吨巨轮可直抵武汉的黄金航道，通行能够力锐减到4000t，而且撞船、撞桥事故时常发生，大桥每年经历多次热带风暴（长江沿岸是必经之地）、大风、雨雪天气影响，无法长年运行，交通枢纽又是敌方实施轰炸的明显首选目标，而且斜拉桥和悬索桥一旦索塔被毁，就导致桥体倒塌，根本无法维修，相对来说，隧道被发现和击中的概率要低许多。越江跨海隧道著名的有：①世界上最长的海底隧道，连接英国和欧洲大陆的英吉利海峡隧道；②对自然环境、山水风景、动植物影响为零或接近零，近乎理想的连接丹麦和瑞典的厄勒海峡桥隧工程；③沟通亚洲大陆和北美大陆的白令海峡跨海工程等。

对于风大浪高，水深流急，数万、数十万吨巨轮进出的海峡，隧道比跨海大桥更有自身优势，连接英国和法国（欧洲）的英吉利海峡隧道长达40km，接近法国的加来港和英国的福克斯顿港。英吉利海峡隧道也被称为欧洲隧道。隧道对岩石进行充分利用。人们注意到海峡底部恰有一层石灰岩层。这种岩层质地松软，比较利于挖掘，有很强防水性能，可以避免塌方。所以隧道有的地方距离海底25m，有的地方则深达46m。据说仅是运送到英国一边的碎石渣就为英国海岸增加了30多万平方米的面积。在挖掘同时，人们用大钻孔机上连接的起重臂为隧道铺设钢筋混凝土。据说使用的建筑材料相当于300栋55层高的楼群，堪比将一个大型城市，搬至海底。尽管隧道隐藏在海洋之下，但它的影响显而易见，它使英国和欧洲命运更紧密连接一体。不论从经济角度还是从政治角度来看，这条隧道都不愧是20世纪最伟大的工程之一。

连接日本北海道和九州的青函隧道，长度达50km以上。世界多条海峡隧道也在紧锣密鼓的调研设计之中。

1993年，美国国会花了20亿美元，建成了14英里（1英里≈1.609km，下同）隧道的超导超级量子对撞机。按设计，它是世界上最大的粒子回旋加速器，位于德克萨斯州地下，隧道总长54英里。从20世纪70年代起，纽约市开始建设一条新的下水道系统以取代残缺不全、到处泄漏的老下水道。据称，下水道的建设工程要到2020年方可完成，它将包含宽度为10～24英尺，长为60多英里的地下水道。

瑞士人正在建设ALP高达特地铁转接线，全线计划于2017年贯通。完工后它将是世界上单线最长的地下隧道：全长35.4英里。

我国人口众多，土地资源匮缺，开发地下建筑具有更大意义。有专家指出，我国建筑发展方向应该是地上地下结合，陆地海洋结合。特别注意开发利用浅层地下空间，大力发展各种山地、坡地建筑。

8.3.4 军事设施

在军事设施的建设上。许多国家对地下空间的现代化利用较之民用建筑更是有过之而无不及。

除了充当公用设施外，地铁在大城市中扮演的最重要的角色就是国防工程。无论是在伦敦还在莫斯科，庞大的地铁系统就是一个复杂的地下国防工程，都隐藏巨大秘密。例如伦敦地铁就有直通英国议会大厦和唐宁街 10 号（首相府）的秘密通道，这些通道在第二次世界大战期间发挥相当大的作用，避免了遭德军轰炸的恶果；莫斯科地铁系统更加复杂，战争期间，苏军许多作战指挥中心就在地铁秘密坑道办公。莫斯科的许多地铁道路不知道通向何方，据说是为前苏联领导人生存准备，一些地铁直通克里姆林宫地下。据报道，日本军方也不断加大对地下城的建设，已经在东京首相府和一些区间新建地下堡垒，规模巨大，坑道复杂，地下秘密总指挥部和地下堡垒组成了整体军方工事。

如果由 1863 年 1 月 9 日英国伦敦地下铁路开通算起，现代地下建筑的历史仅仅 150 年，但地下建筑已经是现代社会和人们生活必不可少的一个部分。在纽约和东京匆匆忙忙奔波求学和工作的学生和职员，很多人每天因乘坐地铁在地下几十米处花费的时间有 2 个小时；上海街头车水马龙，而全市 1/2 的人口选择的交通工具还是地铁；加拿大的蒙特利尔，气候条件恶劣，冬季寒冷漫长，在长达 6 个月的时间内积雪厚度在 2.5m 以上，而夏季又闷热令人窒息，所以其地下城具有不减的魅力和活力。

在 2002 年蒙特利尔的室内人行道至少超过 32km，位居世界第一，地下城成为城市形象品牌、旅游观光热点。伦敦和巴黎的地铁，在战争期间都曾成为数十万人的避难场所，伦敦地铁 2005 年 7 月 7 日遭受血腥恐怖袭击，但是也有记者写道：伦敦地铁不断出现在文学、电影和音乐当中，笼罩在它身上的名气和传说也越来越多，这个被称为“管子”（tube）的最古老又最时尚的地下铁道为作家、作曲家和艺术家提供了无穷的灵感。

在加拿大多伦多市，随着地铁修建，沿途原本不被看好的央街、布鲁尔街与艾灵顿一段，高楼大厦联袂而起，人们赞扬是地铁造就今日新多伦多。现在世界上已有数十座城市建造了四通八达的地铁，每年载客达数以十亿计。其中中国后来居上，北京、首尔、上海、伦敦地铁长度位居世界前四名。莫斯科、巴黎、东京、香港、纽约、纽伦堡、墨西哥城、多伦多的地铁都各有特色，各有自己的故事。

第一次世界大战以后，法国耗费 2000 亿法郎巨资，在法、德边境修筑的马诺防线，长达 400km，由 5500 多个永久工事如地下暗堡、掩体和通道构成，也许是钢材、水泥在军事上的较早大规模的应用。现代军事上的防空设施、地下弹药、粮食仓库，地下车库、地下飞机场都在络绎不绝地修建。其中最引人注目的是战略导弹部队。有资料表明，建造长达几百公里、几千公里的地下隧道，（这些隧道至少要比过江、穿山隧道要求更高，而且需要铺设轨道），让导弹在隧道中随机移动，使敌方无法探测其精确位置取得战略主动。我国建立这样的战略防御体系是对国际反华势力的巨大威慑。

还有海底建筑也在开拓之中。在一些风景宜人的近海地区，已有海底旅馆投入营业。这些旅馆大多采用抗压玻璃，使住客能够随意欣赏海底美丽景色。随着这项技术的逐渐成熟，将会有如科幻电影《星球大战》中描述的海底城市出现。

地下商城著名的还有北京地下城、巴黎 Les Halles 地下综合体、东京八重洲地下街等。

8.3.5 地下工程扩建

世界三大皇家著名宫殿之一的卢浮宫的地下空间扩建，为各国历史文化街区地下空间开发保护提供了范例。卢浮宫位于花都巴黎繁华市区，不能修建任何建筑，更不能破坏宫殿布局和完善造型。著名建筑大师贝聿铭利用地下空间成功解决了保留原有建筑格局，又满足现代博物馆使用要求，成为现代建筑一项杰作。卢浮宫地下大厅的入口由玻璃天窗构成，其中主出入口的金字塔形天窗，既与原有宫殿保持和谐，又利于地下采光。

在 20 世纪末，很多学者就已预见地下建筑巨大发展的可能。

1991 年《东京宣言》提出 21 世纪是人类地下空间开发利用的世纪，1997 年蒙特利尔地下空间国际学术会议主题是“明天——室内的城市”，1998 年莫斯科“地下城市”国际会议提出地下空间是 21 世纪城市发展主题之一。现在，全球每年在地下空间参与各种活动的人次多达数百亿，超过世界人口的若干倍。地下建筑深入地下数十米，由一层、二层到地下十层以上，范围急剧扩大，在今后的数十年间，将是人类开拓地下空间的黄金时期，各个大、中城市都会把开发地下空间作为使城市扩容一倍到数倍的主要措施。而人类向极地、冻原、雪域进军时，地下建筑很可能是主要法宝之一，相比“上天”已经可以攀月摘星、遨游太空，人类“入地”的步伐还是显缓慢许多，至今最深可以通人的矿井深度也就在 10km 左右，这对于直径 1.2×10^4 km 的地球，如同苹果的一层表皮。也许随着社会和科技的发展，人类将保持、重塑地球表面伊甸园的自然风光，而将地下空间作为自己活动的主要场所。

9

柔性材料——膜建筑

膜建筑（膜结构建筑）是一种与厚实墙体、肥梁肥柱相对应的、仅用一层很薄的材料覆盖支架的建筑，其主要特点应是膜材料构成的墙体可以卷曲，随支架变动变化形状，易于拆卸、搬运、重装。遗憾的是迄今为止世界各地讲授“膜建筑”的高校为数不多。

膜建筑既是一种源远流长的古老建筑，又是前途远大的未来建筑。现在，很多国家的学者都在研制玻璃的改性，将宁折不弯的玻璃改造成为可以随意弯曲，折叠的产品，从而颠覆传统玻璃的概念，使玻璃和膜的界限变得模糊甚至消失。

膜建筑可能是最倾向于直接从结构性能和建筑材料来寻求解决方案的一类建筑，在古代，逐水草而居的牧人、林中的猎人和城乡中用于遮阳防雨的帐篷、凉棚、遮阳棚，都是用可以移动搬运在短时间内装配的骨架支撑，覆以兽皮、油布，这就是膜建筑延续几千年的基本形成。

9.1 古代膜建筑

天然膜材建筑是指膜和支撑部件都选用天然材料，如兽皮、树皮、栉布和木材的建筑。

古代膜建筑，如覆盖兽皮的窝棚产生时代应极古老。在离开炎热非洲草原，向气温变幻悬殊的欧亚大陆迁徙时，人们对保温御寒有了更大需求。开始是用兽皮和树叶制成衣服，随后是建造可以休歇的围护结构。尽管洞穴和天然地貌结构是最初形式，但仍有迹象表明人们已经开始建造。在靠近法国尼斯的史前遗址中，发现了大约 40 万年以前的棚屋。棚屋由相互依靠的树枝构成，由石块固定，上部覆有兽皮。棚屋大小 6m×12m，可为 15 人提供庇所。后来，棚屋发展为半埋半掩的半地下式永久结构，地面也由沟火烤实。在中国黄河沿岸，半坡文化和龙山文化遗址，类似的棚屋星罗棋布，象征着民族社会的繁荣。直到近代，我国云南边陲的独龙族人还生活在这种棚屋之中，据清代文献记载：“俅人（独龙人）居澜沧江大雪山外，其居处结草为庐，或以树皮复之，宛若太初之民。”

兽皮、兽骨也是早期建筑材料。建筑被誉为人的第二套衣裳，在史前时代，有时第二套衣裳和第一套衣裳都用防寒的兽皮。至少就欧洲来说，石器时代的先民拥有他们所需的一切肉食、毛皮、兽骨和象牙。

在这片遍布禽兽的广阔土地上，每群人数不过 30 左右的游牧部落到处漂泊，在一个地点定居数年或数月以后，继续迁徙。虽然有时气候严寒，但人们已会用骨针将兽皮和毛皮缝制成皮衣，人们也能在悬崖下、山洞口，甚至必要时在空旷地方建造永久住所。这些住所有些是帐篷式结构，地面低陷，兽皮围墙，树枝搭架，没有石基，还有产生热力的沟炉。在今日俄罗斯地域，有些建筑可能彼此相连，是一些由兽皮搭盖，互相连接的圆顶建筑。

突厥帐，又称毡合或穹庐，是游牧人起居之所。这种仿自天幕的毡房，构成突厥时代独特的人文景观：“其畜牧为事，随逐水草，不恒厥处。穹庐毡帐”，与农业文明大异其趣。

“穹庐有二样：燕京之制，用柳木为骨，正如南方罘罳，可以卷舒，面前开门，上如伞骨，顶开一窍，谓之天窗，皆以毡为衣，马上可载。草地之制，以柳木织定硬圈，径用毡挞定，不可卷舒，车上载行，水草尽则移，初无定日。”这种草原上的流动性宿营用具，是唐代突厥兵的著名“辎重”之一。

蒙古人也沿用了便于携带的建筑——蒙古包。蒙古包可以在短时间安置在草原沙漠和多山丘陵地区。蒙古包都大同小异，具有相同的内部结构，一般均为圆形，由枝条编成的格子和预制的轻型柱子构成墙体，这种墙体框架能够伸长缩短。这种帐篷由圆柱形格子框架、顶部形似车轮轮辐的圆盖形结构和羊毛制成的可防渗水或漏水的毛毡覆层构成。通常，毛毡的颜色和帐篷的大小可以反映主人财富多寡和权力的大小。顶部可以透气，散烟，也可射入阳光。

圆形帐篷也可设计成适于骆驼运输的可折叠式和适于车辆运输的马车帐篷。

蒙古包无棱无角，呈流线形，包顶为拱形，可以承受草原上沙暴，十级大风、冰雪和大雨。通过天窗和反光，可达冬暖夏凉境界，蒙古包装卸简单，运输便利，两人拆卸只需十几分钟，两匹骆驼可载运行千里。

图 9-1　西方帐篷

虽然由于岁月冲刷，人们已经无法直接观察古代帐篷，但诗歌、史册和古代绘画中还是保留一些有关帐篷的记录（图 9-1）。敕勒歌中“天似穹庐，笼罩四野”，可以想象帐篷形状。草原民族和沙漠民族，如蒙古人、阿拉伯人、奥斯曼人都广泛使用帐篷。当年的“世界征服者”亚历山大、恺撒奥斯曼、成吉思汗等都在马匹和篷帐中度过自己的征战岁月。

公元 13～14 世纪，统治今日东欧俄罗斯广大地区的蒙古人不愿在城市生活，却将一座金碧辉煌、可以移动的帐篷作为皇宫（可能是在羊皮上覆盖金箔，远处望去金光灿烂），这就是历史上极为有名的金帐汗国。当时俄罗斯的发源地莫斯科大公等数十个公侯，一面彼此尔虞我诈，一面争相跪倒在金帐外面，乞求大汗册封自己为最顺从的仆人——弗拉基米尔。

继金帐汗国以后，帖木儿又建立庞大帝国，他住在帐篷制成的移动皇宫里南征北战，占领西亚、中亚、印度大片土地，一直来到中国边界。

直到 21 世纪初期，北非利比亚的独裁者卡扎菲仍然把帐篷作为权力的象征，也是为了避免暗杀，可以到处移动。此公死得难看，当时却威风八面。几十年间，电视不断播放他在不同帐篷中发号命令，接待外宾的镜头。到纽约参加联合国大会，他还空运去一顶华丽帐篷，想在时代广场安营扎寨。当然他没有如愿以偿。

实际上在雪地、草原、沙漠、密林中间，无法获得充沛食物，又无法从事农耕、手工业和经商，人们不能在同一地点生活很长时间，而且可供利用的建筑材料又很稀少，因此可以灵活搬运和安装的帐篷就成人们的最佳选择。

居住在西位利亚北端的恩加纳桑人所用的帐篷直径可达 8～9m。通常建造帐篷时一般要用 4 张驯鹿皮缝起来，然后盖在搭好的木质搭架上，再用绳子将毛皮捆紧。帐篷内部可以生火取暖，这种帐篷还有两个必不可少的雪橇作为附件，一个供运送帐篷杆子、木板、支架、垫子，另一个供运送鹿皮，证明恩加纳桑人始终坚持将帐篷视为一种可供移动的建筑。

西伯利亚雅库特放牧人的圆锥形帐篷固定成分更多一些，这种帐篷用若干根木杆支起后在顶部固定成圆锥形，帐篷可高 10m，而底部直径 6m，外面复盖材料不是兽皮，而是桦树皮。

生活在北美草原上的印第安人的圆锥帐篷结构更加巧妙，其中每根支杆都有特定功能，既能抵挡风势，又可获得尽可能大的室内空间，保持室内空气流通。建造这样一个帐篷需要 15～50 张野牛皮。这些牛皮都要经过日晒处理，用骨锥和牛腱缝合，裁剪成容易立起又方便拆除的半圆形。

阿拉伯人和伯伯尔人的帐篷最适于沙漠生活方式。它使用木材极少，覆层使用既顺滑又天然防水的羊毛、驼皮或棉布夹层，并且要求可以随时修补、更换。帐篷的式样既可拆装方便，又能防止暴晒和强风。

还有伊朗北部居民的帐篷，既非圆顶，又非圆锥，式样自由，但为抵御严寒和暴风，形状更为陡峭。

气势与规模令人惊叹的罗马大角斗场，长轴 188m，短轴 156m，而当角斗士与猛兽生死搏斗时，柱廊顶上站着一批水手。他们像操纵风帆一样摆弄着悬索上的巨大天篷，与太阳运行节奏同步，为场内观众遮阴。而构成天篷的材料，可能是棉布或者兽皮。

在古代，帐篷与军事关系密切。至少在距今 3000 年前，古亚述帝国首都居民的石雕上就刻有军营中的军帐。在壮丽瑰丽的罗马帝国浮雕上，更有军营帐篷的详图。当时帐篷以木制框架结构，顶部和四周覆以羊皮，意大利著名浮雕“佛罗伦萨源礼堂的天堂之门”中展现以色列人的军用帐篷，这类帐篷在中世纪流传。

在中国，很早就有“运筹帷幄（军用帐篷）之中，决胜千里之外”的描写，当时的军队将帅，无不在大帐之中发号施令，“升帐”成为一种通用军事用语。行军打仗，帐篷与粮草一起运输，成为重要物资。在金庸著名小说《碧血剑》中，就有袁承志和玉真子在帐篷中恶战，皇太极与多尔衮在帐篷中厮杀的场面。而对于闯荡半个欧亚大陆的多姆人（茨岗人），帐篷也是必备携带的物品。欧洲的文学大师在许多著作、诗歌中都有帐篷的描绘。有些帐篷就直接安架在车辆上，印度电影《大篷车》中有反映真实情景的镜头。

9.2 天篷式建筑

18～19 世纪，产业革命的勃兴也使膜建筑进入新的阶段，各种织物，如厚实的帆布和钢铁支架迅速成为帐篷建材的主体。大约在 18 世纪 70～80 年代，西欧帐篷样式的花园建筑十分流行。在法皇路易十四时代的凡尔赛宫设计中，矩形和圆形帐篷（号称土耳其式帐篷）是重要部分。德国卡塞尔王宫花园的多边形帐篷的绳索和帐帘“浓妆艳抹”，从而给人一种整个建筑以布料织物制造而成的感觉。

这时期的帐篷结构远比过去壮丽辉煌，一些宫廷用于庆典的帐篷高达数丈，装饰豪华，可容数百人举行聚会，而美国走南闯北的马戏团帐篷，已以轻质金属制成格梁，高达 25m，直径可达 50m，足能容纳 2500 人观看表演。在连续爆发的帝国主义战争中，漫山遍野的军事帐篷成为战场上的常见风景。除帆布、油布外，薄铁皮也大量使用，直到第二次世界大战期间，很多军队营房还有用薄铁皮弯卷成半圆柱形活动房屋。

20 世纪 30 年代开始的材料革命对膜建筑予很大推动。开始是在帆布上涂覆防水涂料，随后不久，帆布本身也为化学纤维织物取代，小型帐篷的钢铁或合金支架也更换成为重量更轻、防水防腐的玻璃钢（FRP）支架。这有利于帐篷的工业生产，这使在遭遇地震、洪水、战争等突发灾害时，国家有可能一次调拨成千上万顶帐篷救助难民。而耐冲击、防水、防霉、不锈的玻璃钢薄板，也很快使薄铁皮相形见绌，成为建造活动房的常见材料。

帐篷结构自古沿用至今，形式不断优化成为经典的轻质结构形式，也是由撑杆或撑架，加上钢索，膜材和拉固点共同构成，在轻质高强、耐高低温、防水、防尘、防紫外线和透明度方面有很大改进。帐篷结构现大多运用在建筑的屋顶，用料最省且引人注目，造型能力突出，可单独设置、也可成组配合、或规则、或随意，可正放、可反置，结构和形式美高度统一。

20 世纪 60 年代开始兴起的，被人们形象称为现代膜建筑的天篷建筑或充气建筑成为了一种能够代表当今建筑技术和材料科学发展水平的新型结构体系。膜结构是张力结构体系的一种。它以具有优良性能的柔软织物为膜材，通过一定的方式形成具有一定刚度、能够覆盖大空间的结构体系。随着钢结构在建筑业越来越广泛的应用，新型膜材的不断涌现，许多成功的应用实例使膜结构建筑作为永久、半永久建筑已经被人们所接受，膜建筑已经逐渐成为大型场馆建设所采用的主要建筑形式，并且已经被专业人士认为是今后的重要发展方向，建筑领域已经形成了“织物建筑”的专门分支。国际上也出现专门的膜材料生产商如美国特科尼克（Taconic）公司，还有一些专业的膜建筑建造商，较著名的如日本太阳工业株式会社。

而也就是近二三十年之间，动感轻盈、开放、有韵律感、和谐而又典雅，节能环保而又易于加工，色彩斑斓的膜建筑在世界各地闪亮登场，引人注目，开始了建筑史上大红大紫的一页。其主要原因，就是建筑材料的变革。膜建筑材料原为棉布和 PVC 防水油布，而到 1938 年美国工程师 Roy J. Plunkett 发明了 PTFE 膜材（聚四氟乙烯，又称铁氟龙或赫司特氟龙），1970 年后，人们制成直径 3μm 左右的玻璃纤维 PTFE 复合膜材，这种膜材轻质、强度好、透光、耐严寒酷暑、抗风雨和酸碱侵蚀，可以裁剪加工，迅速风靡世界。慕尼黑奥林匹克体育场的穹顶由厚重的半透明有机玻璃板材覆盖而成，虽然当时被称为 20 世纪自由形态建筑先锋代表作，但在此后类似建筑全由玻璃纤维 PTFE 膜材取代。

国外著名建筑有蒙特利尔世博会德国馆、慕尼黑奥运会场馆（图 9-2），美国丹佛飞机场，英国格林尼治千年穹顶、日本广岛巨浪大厦等。

伊甸园工程位于英国康沃尔市奥斯持尔，由 8 个相互联结但大小不一的穹顶形成世

图 9-2　慕尼黑奥运会场馆

界最大的温室。聚四氟乙烯膜材具有高透明性，紫外线透射率更高达 90%，采用多层结构隔热、调控天气对室内影响和喷雾装置。图 9-3 为伊甸园内生机勃勃的热带雨林。

(a) 结构示意

(b) 情景图

图 9-3 英国圣奥斯特尔伊甸园工程

9.3 膜结构及材料

9.3.1 膜结构特点

现代膜结构体系分为三大类：一类称为充气膜结构（Air Supported Structure），常用来建造健身房与体育馆，它依靠室内的正压（由空调的通风机提供）支撑膜面；第二类称为张拉膜结构（Tensioned Membrane Structure），是依靠膜自身的张拉应力与支承杆和拉索共同构成结构体系；第三类由骨架和覆盖其上的膜材料组成，称为骨架式膜结构，与张拉膜结构最大的不同是膜材料在安装时没有预张力。目前大型建筑中较多采用的是第二类、第三类膜结构。膜结构及材料具有如下特点。

（1）自重轻，造价相对较低

用此种材料的大跨度结构建筑要比传统的结构轻一个数量级，用量一般为 35kg/m^2 左右，与传统建筑相比基础造价可降低 50%以上。

（2）减少能源消耗

膜材自身的透光性较好，透光率在 15%左右，可以充分利用自然光，白天使用不需人工照明，膜材对光的折射率在 70%以上，使室内形成柔和的散射光，给人以舒适的感觉。且具有温室效果。

(3）造型优美、富有时代气息

膜结构建筑突破了传统的建筑结构形式，易做成各种造型，在光线的配合下易形成美妙的夜景，给人以现代美的感受。

(4）施工速度快

膜材料可在制作工厂内预先完成大部分工作，施工现场进行张拉和少量的制作工作即可。

(5）使用安全可靠

由于其自身重量轻，抗震及抗风雪性能好，不会整体倒塌。如倒塌不会威胁生命。

(6）自洁性及耐老化性能好

膜材的涂层具有很高的防腐及耐候性能，自洁性优异，能减弱紫外线的照射，并能承受大范围的温度波动。

(7）结构跨度大

膜结构自重轻，可以从根本上克服传统结构跨越很大跨度或实现大面积无柱覆盖的困难，可创造传统结构无法实现的大面积无柱覆盖空间。

(8）良好的抗震抗灾性

膜结构自重小，地震反应小，不易倒塌，是抗震防灾的良好建筑形式。

(9）最适合可开启式屋盖结构

轻盈的膜结构屋盖，比传统结构更易实现屋盖的开与合，更易使人类接近自然。造型活泼优美，富有时代气息；自重轻，适合大跨度的建筑，充分利用自然光，减少能源消耗；价格相对低廉，施工速度快；结构抗震性能好。膜结构材料的优良性能促进了这一结构体系的快速发展，使之成为一种能够代表当今建筑技术和材料科学发展水平的新型结构体系。

9.3.2 膜结构材料的分类

膜材料的基本性能要求具备高强度、耐候性、防火性、自洁性。从基材上分类，主要有玻璃纤维膜材和聚酯纤维膜材。玻璃纤维膜材强度高、弹性模量大，但它不易折叠，价格较贵；聚酯纤维膜材强度低、弹性大、易老化、徐变大。在玻璃纤维膜材方面，因其采用的玻璃纤维的单丝直径不同，有 3～4μm、6μm 和 9μm 三种。从强度、耐折性方面考虑，单丝直径为 3～4μm 的玻璃纤维，也称 β 级玻璃纤维（贝塔纱），具有无法替代的优越性。因此在膜结构领域提到玻璃纤维，一般都是指由 β 级玻璃纤纱织造的基材。

基材为玻璃纤维的膜材从涂覆的材料上来分，可分为改性聚氯乙烯（PVC）玻璃纤维膜材、改性硅聚物玻璃纤维膜材、聚四氟乙烯（PTFE）玻璃纤维膜材、ePTFE 膜材、ETFE 膜材等。

9.3.3 膜结构材料的特性

影响膜材性能的因素是由基材与涂层材料两方面共同作用的。理论上，基材与涂层材料可以有许多组合形成膜材，但是经过人们的长期实践，目前应用最为广泛的膜材只有两种：一种以 β 级玻璃纤维为基材，表面涂覆聚四氟乙烯，简称 PTFE 膜材；另一种以聚酯纤维为基材，表面涂覆聚氯乙烯，简称 PVC 膜材。

PTFE 膜材料相对于 PVC 膜材料有许多不可替代的优点，由于玻璃纤维本身具有强度高、变形小、不燃烧、抗蠕变等特性，再加上聚四氟乙烯具有抗氧化、耐腐蚀、低表面能等特点，所有这些赋予了 PTFE 膜材料高透光性、高强度、耐久性、防火性、耐腐蚀性、抗紫外线、自洁性等特点。

其主要性能如下：a. 用于 196～300℃温度范围；b. 表面张力极小，不易黏附任何物质，具有自清洁功能；c. 能耐强酸、强碱、王水及各种有机溶剂的腐蚀；d. 摩擦系数低，是无油自润滑的最佳选择；e. 透光率达 6%～13%；f. 野外使用耐候性优良，寿命可达 20 年；g. 具有高绝缘性能。

玻璃纤维涂覆聚四氟乙烯制品以其优异的各项性能广泛应用于航空、电子、纺织、食品、建材、医药、服装等各个领域。

超细玻璃纤维（β 纱）增强聚四氟乙烯、硅聚酯塑料膜材，是构建天篷式建筑的主要材料。天篷式建筑以设计简单、安装方便、体积巨大、形状色彩变化多端而引人注目。

9.4 现代膜建筑

根据所处区域气候条件差异，天篷式建筑的膜材亦不一样。如在 0.05～1cm 膜材厚度波动范围可达 20 倍以上。膜材结构有单层、双层、充气和复合结构等不同类型，膜材之间还可以充填各类气体、液体、固体颗粒，如透明或半透明的绝缘体，发泡聚氨酯泡沫塑料等。一般在严寒地带采用双层或多层复合结构，使其保温，节省能源，而在热带或亚热带地区则采用单层结构，利用膜的反射性能，降低内部温度。

天篷式建筑已在欧美、日本等工业先进国家陆续出现，并且产生一批著名建筑，如美国佐治亚州克拉泰公园园艺中心、芝加哥闹市长廊办公楼、加拿大温哥华展览中心、美国洛杉矶奥林匹克露天运动场及沙漠丛林机场等。

发达国家已经应用玻纤增强聚四氟乙烯材料设计出一系列典型图样，图样采用预制件天篷薄膜与金属支架衔接，安装方便，节省营造费用和时间。

在 1967 年加拿大蒙特利尔世博会德国馆、1970 年日本大阪世博会，1972 年德国慕尼黑奥运会上，膜建筑闪亮登场，仪态万千，获得一片喝彩。1981 年沙特阿拉伯建成吉达国际机场哈吉航站（Hajj），至今仍是世界上最大的膜结构建筑，由 210 个白色玻璃纤维顶篷搭建而成，总面积达 42 万平方米，全部使用 PTFE 涂覆玻璃纤维织物，织物面积超过 50 万平方米；膜材的阳光透射率约 7%，投射的阳光有 76%被反射，所以篷内温度明显低于室外，温度宜人。

1994 年，美国建造了丹佛（Denver）国际机场，候机大厅的屋顶由双层玻纤 PTFE 膜材构成，中间间隔 600mm，以保证大厅内温暖舒适并不受飞机噪声的影响；篷面面积为 2 万平方米，可透过光线使整个场所都有充足的采光，该工程被看作寒冷地区大型封闭张拉膜结构的成功范例。

1999 年建成的迪拜海滩酒店也使用了 200 多米高的 PTFE 膜材来保护旅客不受紫外线照射，据称这幅硕大的织物是在工作宽度为 5.45m 的片梭织机上织成的。

1992 年的德国慕尼黑机场远看像一个飘浮的帆船，由 7 片巨大的 PTFE 膜材组成了屋顶的一部分，高度约 40m，总面积约 8000m^2。

位于德国波恩的老牌汽车展览馆，号称是世界上最大的半透明织物膜材天篷建筑。

经过近40年的发展，膜结构建筑已进入大型建筑领域，在美国、澳大利亚、新西兰、日本及欧洲一些发达国家的发展十分迅速，单个建筑面积可达几万平方米至几十万平方米，成为一种崭新的具有发展潜力的建筑潮流，有关专家预测膜结构建筑将成为21世纪一场建筑领域的革命。据资料统计，迄今为止世界上已建成的膜结构建筑有几十万座，广泛应用于体育场馆、展厅、娱乐场馆（剧院、游泳池、网球馆）、住宅小区环境美化等公共设施及旅游设施。日本和韩国联合举办的2002年世界杯足球赛中20个赛场有11个采用了膜材，这也预示着大型体育场建筑采用膜材的发展趋势。

膜结构除适用于时代的大型建筑外，也越来越多地用于其他类型的建筑，如公园景观建筑、停车场屋顶、加油站、收费站、城市雕塑、人行走廊、天桥顶篷、海滨建筑和可移动防护罩等，这类建筑构成了膜结构的另一大市场。因此，膜材的市场正处于一个快速增长的阶段，具有良好的市场前景。

2009年，温布尔登网球场安装了可伸缩顶棚，1000多吨重的顶棚能以203.2mm/s的速度合上，只需424s，这个世界上最著名的网球中心球场就能变成一个室内场馆，半透明的顶棚，还有室内明亮的灯光。还有德国裕宝银行大楼也安装了可伸缩阳光顶棚。

近年来国内膜结构建筑呈现出一个快速发展的时期，几乎在每个大中城市都开始出现了膜结构的建筑形式，主要应用在体育场馆、游泳池、小区的休息娱乐场所、海滨场所、展览馆以及宾馆、码头的建筑小品，上海八万人体育场的看台挑篷是用钢骨架支撑的膜结构，总覆盖面积36100平方米。另外上海的虹口体育场、大连的五彩城广场也是近几年来比较有名的膜建筑。从目前建筑行业的发展趋势来看，膜结构在大跨度建筑的应用有形成发展力及竞争力的潮流，而目前我国的体育场馆等大跨度建筑正蓬勃发展。2000年我国第一个自行设计和安装的青岛颐中体育场建成，是采用整体张拉式索膜结构的工程，膜覆盖面积30000m²。2001年秦皇岛体育馆则是国内第一个采用双层膜材料的工程。2008年北京奥运会游泳馆水立方的内外立面膜结构覆盖面积达10万平方米、展开面积为26万平方米，是世界上最大规模的膜结构工程，也是唯一一个完全由膜结构进行全封闭的大型公共建筑（图9-4）。可以说水立方幕墙是目前世界上技术难度最大、最复杂的膜结构工程项目。水立方被认为美轮美奂，极大成功，一批新的世界纪录由此诞生。

图9-4　中国国家游泳中心——水立方

2008年北京奥运会场馆“鸟巢”和“水立方”都采用了ETFE膜材，是国内首此采用ETFE膜材的膜结构建筑，“鸟巢”采用双层膜结构，外层用ETFE膜材防雨雪防紫外线，内层用PTFE膜材达到保温、防结露、隔声和光效的目的；“水立方”采用双层ETFE充气膜结构，共1437块气枕，每一块都好像一个“水泡泡”，气枕可以通过控制充气量的多少，对遮光度和透光性进行调节，有效地利用自然光，节省能源，且具有良好的保温隔热、消除回声效果，为运动员和观众提供温馨、安逸的环境。“水立方”是目前世界上规模最大的膜结构工程，也是唯一一个完全由膜结构来进行的全封闭的大型公共建筑。

与水立方遥相呼应的“鸟巢”是一巨大钢架结构，但外壳也用半透明色膜材覆盖。这使屋顶能够防水，将直射光线调节成为漫射，又为室内草坯的生长提供光线。膜还具有吸声功能，可以保证场内10万观众，不论位于何处，都能清晰收听广播。而水立方则完全是膜建筑。它外表采用ETFE膜材，蓝色的表面柔软充实，馆内乳白色的建筑与碧蓝的池水相映成趣，形状凝结中国天圆地方的传统哲学思想，而其建筑立面貌似随意但遵循了严格的几何规则，由11种不同形状拼成，酷似水分子结构又成为完整平面。展开面积达26万平方米。气枕具有有效的热学性能和光学性能，可以调节室内环境，冬暖夏凉，带来更多自然光。外部气枕的第一层薄膜本身呈梦幻般的蓝色，弯曲表面反射阳光使整个建筑如同阳光下的晶莹水滴，在独特视觉效果中的水之神韵完善体现。易于修补是ETFE膜材的另一特性，只要在膜按上补丁破裂部位，便会自行愈合。内外立面膜采用气枕构成的方式，在膜建筑中的方式独树一帜。

2010年上海世博会又一次集中展示了膜材的新技术和新创意。世博轴顶棚采用了SHEERFIL®Ⅰ型膜材，共69片膜，最大的膜单片面积达$1780m^2$，展开总面积约$77224m^2$，最大跨度约97m，是迄今为止世界规模最大的连续张拉索膜结构。日本馆外墙的超轻膜结构采用了首次面世的“发电膜”技术，在两层ETFE薄膜构成的气枕里嵌入了非晶体太阳能电池，从而使外墙能够自主产生能源。德国馆外墙使用1.2万平方米的网状膜材，这种膜的表层织入一种金属性银色材料，因此对太阳辐射具有极高的反射力，同时网状结构透气性好，可防止展馆内热气的积聚，达到节能效果。挪威馆的屋顶由采用了美国戈尔公司的TENARA-4H20HF建筑膜材外加一层中国竹板构成，这是该类建筑膜材在国内的首次使用，同时还设计将空调、水、能源供应、照明显示及其技术都整合到第二层里，体现了很强的设计性。

此外新建的西宁体育馆在膜材顶面涂有自清洁涂料，可使建筑膜材表面的污染物分解成无害的气体，保持其光亮的白色，这种新式的涂层进一步拉开了SHEERFIL膜材与其他PTFE膜材的差距。

西安国际会议中心使用$2000m^2$的吸声膜，此膜材是玻璃纤维和聚四氟乙烯的多孔复合膜材，半透明，不燃烧，不仅能减弱声音，而且用在膜材的内衬时能改善屋顶的热性能。另外在入口的屋檐下有逾$6300m^2$的网眼膜材，银色，可让空气通过，保持该区域干燥。

美国威斯康星大学麦迪逊校区的室内运动场今年刚换成新式绝热屋面膜材（约41930平方英尺）（1平方英尺≈$0.09m^2$，下同）。此膜材可使阳光漫射进入运动场，提供热阻值为R9的绝热效果，不刺眼的日光将有助于学生运动员提高效率和成绩。

尽管英国2000年的千年展遇到了技术和经济方面的诸多问题，但是为此次展览会专门在伦敦建造的千年穹顶却是一个相当出色的建筑。1996年的建筑总体规划纲要中将临近零度子午线的格林尼治半岛指定为建造地点。新的城市街区将在一个遗弃的煤气站上建立起来，宏伟的千年穹顶拉开了工程序幕（图9-5）。

图9-5　伦敦千年穹顶

此展览馆的外形和大小对设计者、工程技术和参与的公司都提出了很高的要求。大厅直径为 356m。12 根桅杆布置成环形，跨度为 200m。穹顶高度为 50m，10m 高的基座支撑着 100m 高的钢杆。竖起钢杆仅用了不到两周的时间。

釜山是韩国的第二大城市，它依傍群山，濒临西洛东江和大海。这里是 2002 年 FIFA 世界杯的比赛地之一，并且同年在此地举办了亚运会。为这些盛事而特别修建了釜山亚运会主体育场，该场馆能容纳将近 55000 人。

膜材的半透明性为媒体创造适宜的室内采光，并且使看台的观众在各种体育赛事中都能获得良好的观看效果。还有另外一个优点，那就是它创造了良好的室内音响效果。

膜建筑在 21 世纪会大有作为，是改变大地山河面貌的巨型建筑的组成，在第 14 章中还会介绍。

10 功能建筑材料（一）

在长期的建筑活动中，材料的强度、结构、施工和装饰功能是人们考虑的主要内容。20 世纪材料革命兴起后，人们才开始有目的地关注材料各种功能对建筑性能的影响，陆续开发出以保温绝热、防水、防火、隔声吸声、防辐射、电屏蔽等为主要用途的建筑材料，这些种类繁多的材料统称为功能材料。功能材料的加入使建筑材料家族人丁兴旺，使建筑从此不仅有了钢筋水泥的骨架，也有了各种功能、色彩鲜明的衣服，从此建筑不仅是人们栖身之地，也能满足人们的生活、工作诸多需要。尤其太阳能电池、光导纤维等成为建筑材料后，整个建筑概念都出现颠覆性的变化。从此建筑开始了从耗能大户向产能基地的历史性转变，由单纯材料和构件组合的一个单元向对外界变化产生反应并具有调节机能的方向转变，由毫无知觉向智能方向发展，建筑节能开始进入一个崭新阶段，人类所在的整个生活环境也随之改变。

10.1 绝热材料

10.1.1 绝热材料的概念

绝热材料是最重要的功能材料之一。据美国能源学会统计，人类使用的能源 50%以上以热能形式出现，而在建筑能耗中这个比例更大。绝热材料在建筑节能和工业节能中都是主角之一。来自英国的统计数据表明，仅仅对实心墙安装绝热材料，独立住宅、半独立住宅、平房、公寓每年可以分别减少碳排放量 1900kg、1100kg、720kg、740～610kg。英国国家统计局证实 2014 年英国的 CO_2 排放量减少了 8.7%，其中绝热材料做出主要贡献。

绝热材料开始称为保温材料，后和保冷材料统称绝热材料，又因具有吸声功能，称为绝热吸声材料，最早的绝热材料无疑是篝火燃烧后的灰烬，是用树叶和兽皮编扎的披衣。在风雪交加的夜晚，人们总是小心翼翼地用厚厚柴火将象征温暖、象征生命的火种存于陶器之中，由德高望重的老年妇女仔细保管。

洪荒时代，人类始祖就用兽皮、树叶裹身取暖，就使用石块，黏土、草木等天然材料结庐而居，从而大大增强生存繁衍、防御风雨和向寒地迁徙的能力。人们使用黏土、锯木屑、石棉、牛粪、茅草、羊毛、棉麻等绝热材料已有长久历史。

古代中国皇室显贵，取暖讲究。汉代宫廷中设有温室殿，以花椒为泥涂室作保温材料，再挂锦绣壁毯，设火屏风，再用大雁羽毛做成幔帐，地铺西域毛毯。以花椒为保温层的方法，亦为后人效仿。西晋首富石崇便“以椒为泥涂室”，南朝庾信诗中有“香壁本泥椒”。

今天，绝热材料是指不易传热，对热流有显著阻抗性能的单一材料或复合材料。自 18 世纪，欧美各国就致力于绝热材料的开发与应用，到 20 世纪，受益于机械、冶金和石化工业的进步，欧美陆续开发出岩矿棉、玻璃棉，聚乙烯等新型制品，并且开始大工业生产。

绝热材料的内涵也在不断变化。按照 20 世纪 50 年代的定义，热导率不大于 0.23W/(m·K) 的材料即为绝热材料。而今天对绝热材料比较普遍接受的定义，是指只有在平均温度等于或小于 350℃（623K）时，热导率不大于 0.174W/(m·K)、密度不大于 $350kg/m^3$，同时防止传导传热、辐射传热和对流传热作用的材料。按此定义一些旧的绝热材料被淘汰出局，而新的材料又不断涌现。同时，人们将热导率小于 0.055W/(m·K) 的绝热材料称为高效绝热材料。

10.1.2 绝热材料的分类

绝热材料种类很多，除按绝热能力划分外，还有不同的分类方式。

按化学性质分类，有无机非金属材料、有机高分子材料和金属材料；按状态划分，有纤维状材料、微孔状材料、气泡状材料、粒状材料和层状材料；按来源分类，有天然材料和人造材料；按适用温度分类，有耐火材料（使用温度 1000℃以上)、高温绝热材料（250～700℃），低温绝热材料（250℃以下），适用温度在 0℃以下又称保冷材料，还可进一步划分为普冷材料和深冷材料等；按密度分类，有轻质、超轻质和重质材料；按压缩性质分类，有可压缩 30％以上的软质材料，可压缩小于 6％的半硬材料和硬质材料。

建筑节能的主要方式就是使用绝热材料，进行绝热设计。我国绝大多数的现有建筑，由于很少或者基本没有绝热结构，造成夏季酷热，冬季严寒，采暖、空调耗费大量能源。按照 20 世纪 90 年代国家开始强制推行的建筑节能标准，我国建筑将要使用绝热材料或大幅增加绝热材料厚度（例如欧洲建筑的绝热材料厚度约为中国正在推广标准的 1 倍以上)。

现在主要用于建筑的高效绝热材料有岩（矿）棉、玻璃棉、耐火纤维、挤压聚苯乙烯、聚氨酯、硅酸钙绝热材料等，天然绝热材料主要是从植物、动物或昆虫等完全天然的资源和回收产品中制得，还有正在开发的纳米、亚纳米绝热材料及各类涂料。

绝热材料可阻止热流在建筑中的流进渗出，可以通过设计改变热流在建筑中的运动方向。在太阳能建筑中，绝热材料也将扮演重要角色。

在绝热工程结构和节能墙体中间，以往的绝热材料只能隔离热流由里向外或由外向里的运动，达到保温（保冷）效果。而储能材料不仅可以通过吸收热量以保温（保冷)，还可将部分热量转换以后储存起来，待热流状况（温度）发生变化以后再释放热量，它们不仅同样可以达到阻止（减少）热能流动而且对被绝热对象产生影响。对建筑而言，这相当于空调功能。应该承认太阳能光伏材料、太阳能可选择吸收光谱材料、相变材料由于能将太阳能转化为电能、热能和化学能，从而通过释放、吸收太阳能也能改变建筑热流的运动方向和强弱，它们是绝热材料概念的延伸，是更高层次的绝热材料。例如，在一个温度宜人的屋顶下，人们无法区分屋顶上铺设的是阻止热能传入的绝热材料还是可以吸收并转化太阳能的装置。相变材料、太阳能光伏材料和太阳能可选择吸收光谱材料等用于建筑将会减少传统绝热材料的用量。各类太阳能装置和绝热材料的配合使用是太阳能建筑有关设计的内容。

10.1.3 建筑用绝热材料

绝热材料种类繁多，性能不一，更重要的是随不同使用条件（温度、湿度、施工状况及部位）而有差异。绝热材料的各种性能之间存在相互影响、相互制约的关系，这些因素在工业和建筑绝热设计时应予以考虑。

绝热材料（包括颗粒状和纤维状制品）都易形成多孔组织，具有重量轻、疏松、富有弹性、吸声防震的特点。

(1) 纤维类绝热材料

纤维类绝热材料是绝热材料家族中人丁兴旺、种类众多的一支。其中既有自然矿产，如石棉，又有人工制造的各类纤维，如岩棉、矿棉（又称矿渣棉）、玻璃棉等，其中用量最大者为岩棉、玻璃棉。而石棉致癌由于已成定论，现已基本退出市场。

根据纤维材料的分类及使用温度，在欧美等地将岩棉、矿棉、玻璃棉等归入人造矿物纤维或玻璃纤维范畴，因为它们都是纤维状玻璃态材料。而在中国，虽然已在标准术语上也接受上述定义，但习惯上将连续（理论上长度无限）的玻璃态纤维称为玻璃纤维，将长度有限的棉状玻璃态纤维称为矿物棉纤维，简称矿物棉。

纤维的直径和组成是决定制品绝热、过滤、吸声性能的重要因素。矿物棉纤维直径在几微米到几十微米之间，远远低于一切有机纤维和金属纤维，能耐较高温度。因纤维细微包裹大量空气，具有很低的热导率，是优质绝热材料，在绝热领域具有很大优势，非常适合应用于建筑工业熔炉、热网、交通工具上。纤维类绝热材料占据世界绝热材料市场的60%以上。据专家统计，我国每年通过绝热材料的使用，节约能源7%～10%，其中通过使用纤维类绝热材料节能折合标准煤1亿吨以上，可见纤维类绝热材料节能工程中作用举足轻重，功不可没。

玻璃棉、矿棉具有优良的隔热、吸声和防火性能。对建筑物进行隔热的好处，除节约燃料之外，还可在冬天提高内墙表面的温度，并在夏天降低内墙表面的温度，从而减少内墙表面的冷凝，而且还可提供较为舒适的生活环境。

据报道，以普通木结构建筑，面积为100m^{2}的二层楼住宅的能耗为计算基准，在日本的东京地区（纬度相当于我国的济南、青岛地区），如果对住宅不进行隔热，则在冬天由屋顶、墙体和地板造成的热损失量占整个住宅损失量的83%。如果在这些部位用厚50mm的玻璃棉毡隔热，则其热损失量就可下降到58%；用厚100mm的玻璃棉毡隔热，就可下降到45%。图10-1为玻璃棉在建筑中的应用示意。

图10-1 玻璃棉在建筑中的应用示意

(2) 硬质绝热材料

硬质绝热材料具有固定形状和一定强度，它们可以单独使用，也可与纤维绝热材料配合使用，相得益彰，常用的硬质绝热材料有硅酸钙材料、膨胀珍珠岩、泡沫玻璃、空心玻璃珠、膨胀蛭石。图 10-2 为泡沫玻璃建筑保温结构。

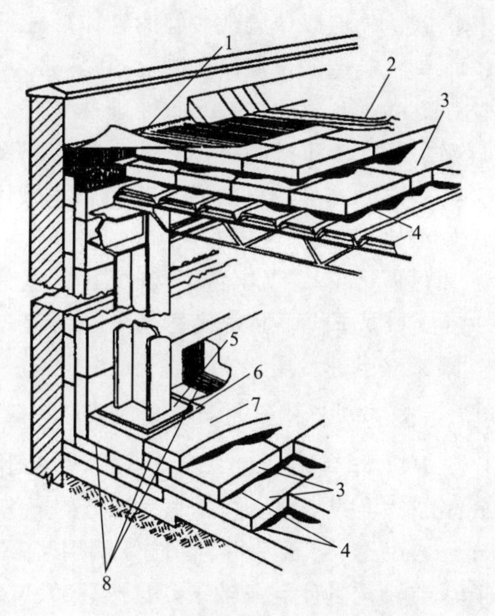

图 10-2 泡沫玻璃建筑保温结构

1—阻汽层；2—屋面防水层；3—泡沫玻璃；4—沥青；5—垫板；6—混凝土垫层；7—混凝土地板；8—防水层

(3) 有机高分子绝热材料

有机高分子绝热材料是以各种树脂等高分子材料为基料，气体为填料，加入助剂，经加热发泡而成的一种轻质、吸声、防震、隔热材料，各类泡沫塑料在其中占有很大比例，很多场合成为有机高分子绝热材料的同义语。

泡沫塑料以塑料为基本组分，含有大量气泡。因此，泡沫塑料也可以说是以气体为填料的复合塑料。与纯塑料相比，它具有很多可贵的性能，如质轻、比强度高、具有吸收冲击载荷的能力、隔热和隔声性能好等，其用途极广。近十几年来泡沫塑料发展很快，特别是在一些工业发达的国家，泡沫塑料已成为一个单独的化学工业部门。

泡沫塑料与一般的合成材料相似，可以通过改变配方及成型工艺来改变其性能及用途，以适应各种不同的需要，这是一种极有发展前途的塑料品种（图 10-3）。

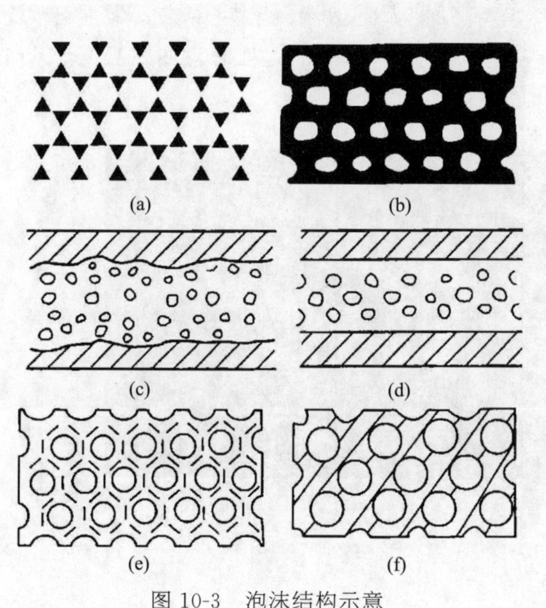

图 10-3 泡沫结构示意

泡沫塑料的品种繁多，分类方法多种多样。根据发泡倍数的不同，可以分为高发泡泡沫塑料与低发泡泡沫塑料；根据泡体质地的软硬程度，可以分为硬质泡沫塑料、半硬质泡沫塑料和软质泡沫塑料；根据泡孔的结构可分为开孔泡沫塑料与闭孔泡沫塑料。

(4) 金属绝热材料

金属绝热材料又称层状绝热材料，是利用金属对辐射的反射而使外来热（辐射热）传回空间或返回热力设备和建筑，从而取得绝热效果的材料。

金属绝热材料是用铝、不锈钢、铜、锡、钛等金属加工或 0.2mm 以下薄板（金属箔）所制成的一种绝热材料，主要是铝箔和不锈钢箔两种，近年各国均以铝箔为主。

英国于 1955 年首先在热力工程上采用金属绝热材料。20 世纪 60 年代前苏联、美国等国家也先后以单层或多层的结构形式采用金属材料进行绝热。

美国制造的金属绝热制品由多层金属箔组合而成，材质坚韧，可抗撞击，耐高压，防水性强，耐候性佳，防火性能达到美国国家标准最高等级；主要用在屋顶或东西晒墙以及设备，施工简单，隔热效果历久不衰。

我国金属绝热材料最先在核电领域初露锋芒，这是因为它具有自身优势，能适应核电站绝热工程的特殊要求。

最近，金属泡沫绝热材料又引起人们重视。金属绝热材料在我国的研究和应用始于20世纪80年代，随着我国综合国力提高，金属绝热材料的应用正从核电领域向工业和建筑领域迅速发展。

(5) 纳米孔硅质绝热材料

1992年美国学者A. J. Hunt等在国际材料工程大会上提出了超效绝热材料（super insulator）的概念。与此概念相近的还有“高性能绝热材料（high performance insulating material)”，之后很多学者陆续使用了超效绝热材料的概念。一般认为超效绝热材料是指：在预定的使用条件下，其热导率低于“无对流空气”热导率的绝热材料。“纳米孔超效绝热材料”的概念在我国的提出只是近年的事情。

2011年方才亮相的气溶胶是由非晶态二氧化硅和空气构成的，现已迅速走红，被称为世界上最好的粒状绝热材料。其每一颗粒均由非晶态二氧化硅网络及其中所含的90%以上空气构成，这使其绝热性能为静止空气的2倍。将此产品加入涂料后使得涂料在能源应用、资产防护、安全舒适方面得到显著改善。

气溶胶的热导率为12mW/mK，远低于聚氨酯泡沫（热导率一般为30mW/mK）之类的传统绝热材料和玻璃或陶瓷微珠之类的添加剂。当含气溶胶的涂料是含水配方时，此涂料的热导率可达到30～50mW/mK，其绝热性能比标准涂料高7～10倍。这种保温材料以空心微珠为核心原料，热导率极低，还可以把太阳热漫射到空中去，保温效果很好。把它涂在屋顶或外墙，夏季能使外墙表面降温12～20℃，内部降温5～10℃，节省能源40%～50%（图10-4）。

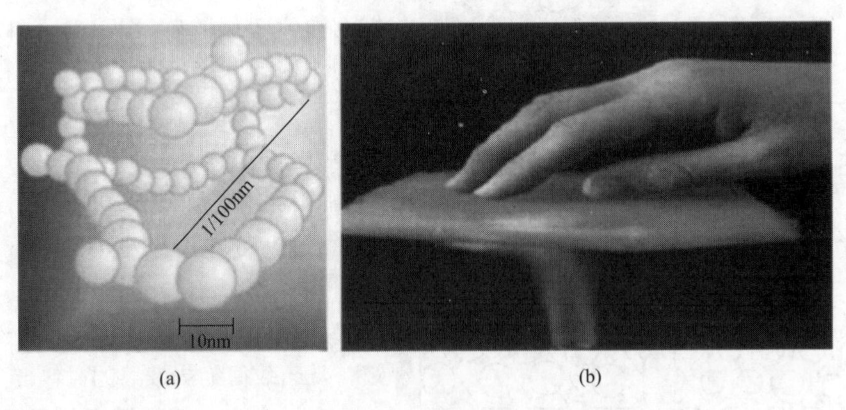

图10-4　纳米SiO_2结构示意、保温效果

(6) 绝热材料板材

近年来，所谓免费绝热，即直接利用空气层发挥绝热功能的方式日益引起人们重视。在一些专著之中，都将空气层及能够隔离空气层的玻璃等划为一种特殊形式的绝热材料。

静止空气热导率很低。通过将板材、容器中的空气（或某种气体）固定，使其不能流动，那么这部分空气就相当于一层绝热材料，含孔隙绝热材料的基本原理就是利用空气绝热。利用玻璃或者绝热材料围护固定空气层，达到绝热隔声效果，是节能墙体的常见形式。也可以将空气层视为一种特殊的夹“芯”墙体。而铝箔玻璃和墙体、屋面都可隔置出空气夹层。

夹芯板材是以绝热材料为芯材，金属材料、非金属材料、复合材料为面材，经胶黏复合制成的板材。一般在工厂内完成的称预制夹芯板材；在施工现场由面材与绝热材料组装在一起的称装配式夹芯板材。需要根据使用条件委托设计、施工单位选择不同形式的板材进行施工安装。通常将每平方米板材质量（面密度）不大于 60kg 的称为轻质材板。它集绝热、防水、装饰、轻质、高强为一体，用于有绝热要求的大跨度公共建筑、工业厂房、净化厂房、宾馆、饭店、机场、码头、战地医院、办公用房、别墅及应急性建筑等的屋面、墙体材料。

不同的灾害应选用不同类型的板材。为预防地震与洪水造成的灾害，应优先选用钢丝网架夹芯板和轻钢结构、金属面夹芯板材建筑房屋；战争、传染病造成的灾害应优先选用各种类型的夹芯板与拱形结构、盒子房等建筑房屋。图 10-5 为金属面夹芯板结构。

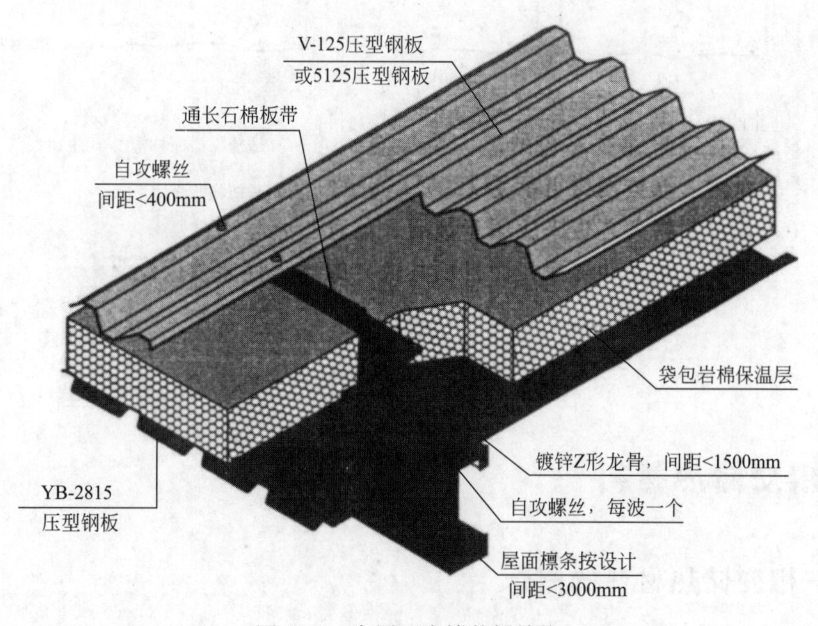

图 10-5　金属面岩棉芯板结构

(7) 聚苯乙烯板

近年来，挤压成型的聚苯乙烯板在世界范围内得到广泛应用，这种属于有机高分子类的新材料内部为闭孔结构，具有优异和持久不变的保温性能、极强的憎水和阻止水蒸气渗透的能力、相当高的抗压强度、加工容易和便于安装等特点，是适用于倒置屋面的理想保温材料。

由于抗压强度较高、保温性能优异又具有极强憎水抗湿气渗透性能，使挤压聚苯乙烯板至少能有 15 年的使用寿命。特别是当作屋面保温材料，即使屋面中的其他材料已损坏了，这种保温材料仍可重复使用。

这种以蔓生植物或多年生植物高矮搭配覆盖于屋面上的形式，它除了起保护和泄水作用外，还可构成绿化园地，并且在阻止室内水蒸气渗入保温层内方面也是有利的。

不同排水保护层的倒置屋面做法如图 10-6 所示。

土壤和植物具有良好的绝热效果，从屋面结构整体考虑，可将土壤和植物也视为倒置屋面绝热层的组成部分。可以断言，这种铺土种植的屋面具有巨大推广前景。

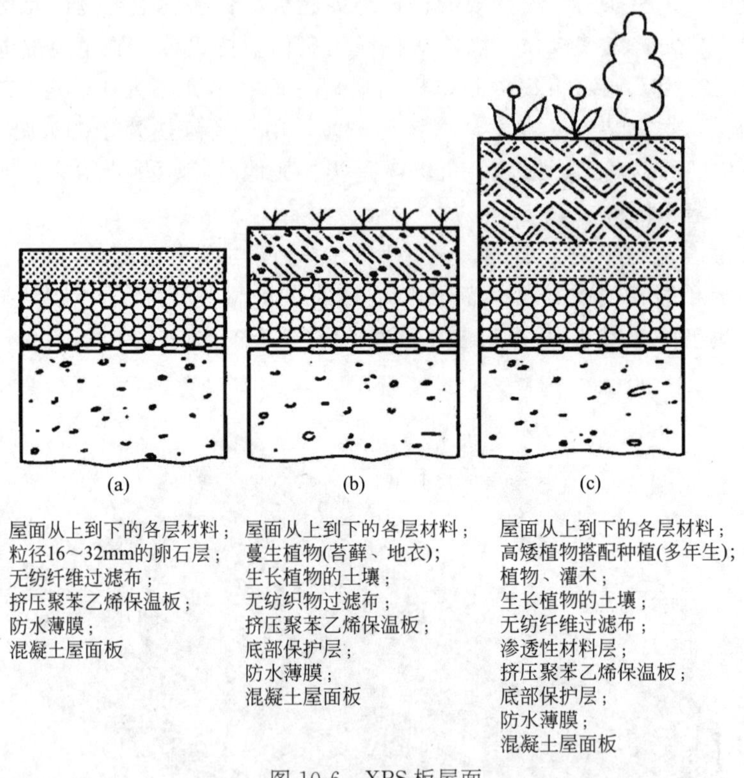

图 10-6 XPS 板屋面

10.2 相变储热材料

10.2.1 相变储热材料的概念

在绝热工程结构和墙体材料中既需要消除相变传热又可利用相变传热，辐射、对流、传导三种传热方式仅考虑了均匀的单相系统，而在工程实践中，复相系统中物质相变时，也会发生传热现象。储热相变材料从固态向液态转变时，要经历物理状态的变化。在这种相变过程中，材料从环境中吸热，反之，向环境放热。在物理状态发生变化时可储存或释放的能量称为相变热，发生相变的温度范围很窄。物体状态发生变化时，材料自身的温度在相变完成前几乎维持不变。大量相变热转移到环境中，产生了一个宽的温度平台。这体现了恒温时间的延长，而绝热材料只能提供热温度变化梯度。相变材料在热循环时，储存或释放显热。由于太阳能具有周期变化的特点，相变储能材料和相变储能在太阳能热利用方面扮演重要角色。

10.2.2 建筑用相变储热材料

相变材料用作建筑物墙板的主要问题是：如何将其作为组元引入建筑构件中。目前采用的方法有以下 3 种：a. 将相变材料密封在合适的容器内；b. 将相变材料密封在建筑材料中；c. 将相变材料直接与建筑材料混合。

第三种方法的好处在于结构简单，性质更均匀，更易于做成各种形状和大小的建筑构件；以满足不同的需要。目前，该种方式成为储热相变材料在建筑节能方面的热点。在被动太阳能系统中应用相变材料的示例如下。

(1) 储热天花板

以美国麻省理工学院为中心的研究小组开发了一种夜间供暖系统。该系统是在窗户上安装反射镜，把来自反射镜的太阳光反射到天花板上，在天花板上敷设吸收并储存太阳能的片状物，白天储存太阳能，夜间利用它供暖。

储热材料的共熔点为 22.8℃。实验表明，能使 83.5m^2的房子内部整天保持在18.3～22.8℃。

(2) 相变储热墙（板）

在 Trombe 墙中采用相变材料，可降低墙外表面温度，提高集热效率（使考虑到夜间其热损增加)。美国 Delaware 大学储能研究所研究了一种相变储热墙板，该墙体储热强度高于一般砖石墙 9 倍以上，而墙体厚度仅 10cm，为一般砖石墙 1/6，单面积质量为一般砖石墙 1/30。

(3) 热二极管墙体

它由集热器和储热单元构成，原理和热整流墙相似，它前面可为普通双层玻璃空气加热器，背部为 PCM 储热单元，相变材料直接放入水泥板内。白天，空气通过空气加热器，并被加热，同时将热量给 PCM；夜间，储热单元与空气加热管间的通路被切断，储热单元向室内放热，使夜间室内的平均温度高于环境温度 10～15℃。

(4) 相变储热辐射式地板

与一般的采暖方式相比，这种温度适宜的辐射式地面采暖系统有以下优点：a. 将室温调整得使人体更感舒适，室内上下温差很小（约 2℃)，地板表面温度低于 27℃；b. 室内空气温度不比墙壁的温度更高，因此墙壁上不会出现凝结的水珠，冬天也无需给空气加湿；c. 室内温差小，空气对流很弱，故其中的尘埃运动几乎消失。

(5) 内墙调温壁纸

调温壁纸的作用原理与自动调温墙体相似。美国专家最近研制成功一种调温壁纸。当室温超过 21℃时，将吸收室内余热，低于 21℃时，又会将热量释放出来。

10.3 防水材料

10.3.1 建筑防水防潮的意义

水是一种无孔不入的液体，甚至是浩瀚万里的大洋之水，在若干亿年以后也会全部渗入岩石中，同时也和岩石中的一些成分发生化学反应，生成水合物。水会无声无息地浸泡、渗透各类建筑材料构件，使其酸化、生锈、霉烂、分离、破碎。

建筑防水是保证建筑物发挥其正常功能和寿命的一项重要措施。建筑防水主要是为了防潮和防漏，避免水和盐分、酸碱液体对材料的侵蚀破坏，保护建筑构件。防潮一般是指防止地下水或地基中的盐分等腐蚀性物质渗透到建筑构件的内部；防漏一般是指防止流泄水或融化冰雪从屋顶、墙面或混凝土构件等接缝之间渗透到建筑构件内部或住宅之中。由于屋面直接经受风、雨、阳光的作用，稍有空隙就会造成严重渗漏，故屋面防水在建筑防水中地位首当其冲。

漏水一直是困扰古代建筑的难题，使古人房屋遮风挡雨的愿望很难实现。茅草、木板都有或多或少的渗水，需要经常维修。瓦在很大程度上是为防水而设计的，尤其上釉的瓦和琉璃，防水功能很好，但因不能改变形状，很容易破碎。杜甫《茅屋为秋风所破歌》中就有“床头屋漏无干处，雨脚如麻未断绝，长夜沾湿何由彻”的诗句。

防潮也是防水的重要内容，在寒冷（取暖）和炎热（制冷）的气候环境，建筑保温与防潮密不可分。人们在大力推广建筑保温的过程中，很快发现了潮气会在建筑维护结构内聚积，室内潮气弥漫，难以消除，潜移默化地导致了这些建筑不同程度的受损。除潮湿气，往往要耗费大量能量。材料浸水丧失强度，是建筑寿命急剧减少的原因之一。

直到现代，防水效果不佳仍是长期困扰我国建筑的顽疾，因此屋面每隔十年八年就要整体更换，室内需要定期采暖、通风去除潮气，造成材料能源的很大浪费。

现在屋面渗漏也是世界各国建筑面临的首重要问题。以美国为例，有60%的工商建筑发生不同程度的渗漏，这一比例远远高于其他建筑构件（照明、结构钢、混凝土、砌体、管道和电气装置）发生各类问题不足25%的比例。计算机统计结果表明，在美国对建筑物全部索赔之中，屋面原因索赔占28%～30%。特别是对于小型平房，别墅的油毡屋面虽然造价仅占建筑费用的2%左右，但却占建筑物法律诉讼案件的50%。因此新型防水材料的使用和研制具有很大意义。在大量需求下防水材料获得很大发展。

10.3.2 防水防潮材料的概念

总体来说，防止雨水、地下水、工业和民用的给排水、腐蚀性液体以及空气中的湿气蒸汽等侵入建筑物的材料基本上都统称防水材料。现代建筑工程的防水是建筑材料使用功能中的重要内容，关系到人们居住的环境和卫生条件，建筑的使用寿命。

古巴比伦人在防水方面技高一筹。他们很早就利用当地易于开采的石漆（沥青）。被誉为世界“七大奇迹”之一的空中花园，就是在每层沥青上铺土，种植各种奇花异果的。直到今天沥青仍是一种常用的防水材料。有些古代宫殿、寺庙在屋顶上铺垫铅皮、包覆金箔或采之不易的树脂和油脂，也起防水效果。到了工业时代，玻璃、钢铁（如不锈彩钢板）、水泥都有防水性能。但在连接之处，也易渗水漏水。而工业时代又开始一些大型工程，拦河水坝、地下仓库、隧道和高楼商场等都对防水提出新的要求，如有放射性的污水渗入，会对供紧急时地下居民用水的地下水库造成严重恶果。这使防水材料的作用凸显。

（1）建筑防水

建筑工程的防水技术按其构造可分为两类：一类是结构构件自身防水；另一类是采用不同防水层。

防水材料的发展得益于石油化学工业的突飞猛进。在20世纪50年代，起初使用纸胎油毡，后为沥青油毛毡；开始用棉布，后来用玻璃纤维毡涂沥青。市场普遍使用的沥青等防水卷材温度适应性和耐老化性能均差，拉伸强度和延伸率较低，尤其是对于室外暴露部位，高温易起鼓流淌，老化开裂；低温时易冷脆皲裂，变形折断，使用年限短，施工麻烦，维修不易。

到20世纪60～70年代，已广泛使用聚苯乙烯、酚醛树脂和聚氨酯材料。由高聚物改性沥青防水建材发展到合成高分子防水建材。在合成高分子防水片材方面，现重点推广乙丙橡胶（EPDM）、新一代聚氯乙烯（PVC）、改性沥青（SBS、SBR和APP等）、橡胶改性沥青等。20世纪80年代开始，新型防水材料闪亮登场。防水卷材采用橡胶、塑料和橡塑共混三大系列玻璃纤维或聚酯纤维无纺布替代传统纸卷，改善效果明显。刚性防水材料则是在混凝土、砂浆中添增各类外加剂、高分子聚合物等材料，通过调整配合比，抑制或减少孔隙率，改变孔隙特征，增加各原材料界面间的密实性等方法配制成具有一定抗渗透能力的水泥砂浆、混凝土类防水材料。安健能是冷凝脂（Polyicynene）在对环境无危害的化学反应过程中形成的一种低密度（8kg/m^3）、憎水、开孔式塑料软发泡保温材料，化学上自成一类，现场喷涂发泡，是一种集可呼吸的空气隔绝层和保温材料为一体的新产品，是解决建筑保温业长期以来所面临技术问题的新技术对策。这些材料一般耐候性好、抗拉强度高、延伸率大、使用温度范围广，可以给施工减少环境污染等突出优势，受到设计、施工、使用部门的一致欢迎。

生产同时具备绝热功能和防水功能的材料是建筑材料的一种趋势，这方面已取得很多进展，如增添增水功能的纤维或硬质绝热材料、既可防水又有保温作用的涂料等。美国欧文斯公司开发的挤压聚苯乙烯（XPS）应是比较理想的一种。

防水材料不仅用于屋面也可用于地基，各类地基都有防水层，而荷兰的地基防水层独树一帜，就是直接将船底作为防水层。

荷兰工程师认识到仅靠修建堤坝来抗击洪水是不可能的，他们找到了其他办法——水陆两用房屋。房屋立在普通的混凝土基座上，但是带有巨大浮力的浮船和优良的防水层。水来时，房屋从基座上浮起来并借助锚系统保持平稳。荷兰还出现了第一批能漂浮起来的桥。所以，将来荷兰还可能出现用同样技术修建的浮车库、浮停车场，甚至通往这种新奇房屋的浮在水上的小道。

（2）建筑防潮

人们发现使用了保温材料的建筑维护结构空腔内（如外墙、屋顶处等）的温差增大，导致了潮气的集聚，冷凝的产生。人们曾试图用增设防潮层（VDR）来尽快解决潮气的问题。但仍有一些建筑继续有潮气产生。

气流是更有效的传带潮气的传播工具，因此控制带有潮气的空气流动是改善建筑外维护结构性能最有效的办法。实验室研究证明，在建筑外维护结构空腔内，空气流动形式传播的潮气至少是以渗透形式传播的潮气的100倍。而空气隔绝层与防潮层最本质的区别是空气隔绝层必须连续封住建筑外维护结构才能有效，防潮层要求则不是如此严格。这一阐述十分重要，因为如果空气隔绝层不能完全达到连续性，建筑将会被空气和因空气传播的潮气侵入。后果是可能已经有冷凝产生，造成建筑结构的损坏或因霉菌的产生导致糟糕的室内空气质量。因此，建筑应该有两种：空气密封的建筑和完全不密封的建筑。

人们通常关心材料在热传导形式的热阻值 R，认为将满足建筑规范热阻值要求的材料放到建筑的外围护结构，建筑物的保温就能达到设计的要求。事实上，大多数建筑并不能达标。因为 R 仅为所选用保温材料的热阻值，并非整体建筑外维护结构的热阻值，保温材料安装时并不能达到 100%密封，致使空气渗漏入建筑物内。另外还必须考虑占建筑总热损失（获取）的 40%的热对流。整个建筑外维护结构的整体保温性能，不仅取决于某一种保温材料的热阻值 R。

建筑一个全密封的建筑外维护结构是控制环境的重要环节。但同时又需要有良好的通风体系，一来可以确保健康的室内空气质量；二来有助延长建筑的寿命。低劣的施工技术、粗糙的细部处理和不正确的材料选择都可能引起霉菌的产生。近来人们已开始认识到在选择和评估新的建筑材料和技术时，应该将排潮功能作为十分重要的因素来考虑。

今天，轻钢龙骨等轻质材料已得到了广泛的应用，但它们对水的抗拒能力只是砖、石材和砌块等传统材料的 1%。因潮气造成的问题到处存在，而且变得十分严重。人们从大量和盲目地使用防潮层转向寻求可“呼吸”的建筑材料和外墙构造，必须建造具有可控机械通风能力的、可“呼吸”（具有排潮功能）且“密封”（控制空气渗漏）的建筑。

在欧美，90%的建筑失效是由与潮气有关的问题造成的。在建筑结构受到破坏之前很难查出其破坏原因。潮气引起的建筑失败主要是因为建筑外维护结构无法有效地控制空气渗漏和潮气渗透，造成潮气在建筑外维护结构内的缓慢积蓄，最终破坏建筑结构。

控制建筑的潮气渗透的同时还需要控制空气渗漏。事实上在建筑师、工程师和建造商试图解决冷凝问题的过程中，空气渗漏的控制已逐渐较潮气渗透的控制显得更为重要。热阻并不是唯一或最重要影响建筑性能的因素。控制潮气渗透，需要认真权衡具有排潮功能的材料的使用和热阻因素。增加过厚的保温厚度并不会提高保温性能，10cm 左右厚的保温材料完全可以达到 95%的阻热功效。健康的建筑必须是同时具有良好机械通风并且密封的建筑。

绝热材料和防水材料在建筑总量不多，却很显著地增强了建筑性能，如 XPS 板使屋面形象焕然一新。由于抗压强度很高，美国甚至设计可在楼顶停放直升机，而在屋面种花栽草，既美化城市，又改善住户生活环境。

现代建筑工程的防水是建筑产品使用功能中的重要内容，关系到人们的居住环境、卫生条件和建筑的使用寿命。

10.3.3 透水材料

在展望生态城市、智慧城市的时候，人们认为街道“滴水不漏”也不是好事。因为城市丧失了储水功能。每次大雨倾盆之后，不足几个小时水流就通过各类排水管道流入江河。城市占地面积越大，原有土地储水吸水功能越差，尤其我国大部分地区，雨雪分布极为集中。这极易引起洪涝灾害和随后的长期干旱，破坏城市植被的正常生长，排涝和抽水灌溉交替发生均需耗费大量能源。于是人们提出“海绵城市”的概念，希望通过足够的绿地和地下储水设施控制雨水。

这就需要发展可渗透雨水的路面和大规模的地下储水设施。透水性混凝土作为一种新的环保型、生态型道路材料，已日益受到人们重视。透水性道路能使雨水渗入地表，还原成地下水，使地下水资源得到及时补充，保持土壤湿度，改善城市地表植物和土壤微生物的生存条件；同时透水性路面具有较大的孔隙率，并与土壤相通，能蓄积较多的热量，有利于调节城市空间的温度和湿度，消除“热岛现象”；当集中降雨时，能够减轻排水设施的负担，防止路面积水和夜间反光，提高车辆、行人的通行舒适性与安全性；大量的孔隙能够吸收车辆行驶时产生的噪声，创造安静舒适的交通环境。在汽车工业、交通设施高度发达的21世纪，研究开发环保型、生态型的透水性路面材料具有极为重要的社会意义和广阔的发展前景。

到目前为止，用于道路铺装和地面的明透水性混凝土主要有水泥透水性混凝土、高分子透水性混凝土和烧结透水性制品三种类型。透水性混凝土的组成材料包括水泥、骨料和水，必要时还可掺入增强剂或减水剂等外加剂。透水性混凝土路面材料的施工可大致分为搅拌、浇筑、振捣、辊压、养护等几个阶段。

10.4 吸声与隔声材料

“结庐在人境，而无车马喧”，这是古人舒适居住的一个标志。当然在草木住宅的农业时代，“狗吠深巷中，鸡鸣桑树颠”的声音也是不能避免的。

现代社会中，城市噪声无处不在，八方肆虐。北京“广场大妈”与周围寻求安静睡眠的住户多次冲突；南京每年高考都有家长唯恐干扰听力考试，“自发”阻拦考场周围街道正常行驶的汽车、自行车甚至交谈的行人，多次冲突。人们全都暴露在巨大的噪声下。2000～2015年，患有听力损伤的美国人数量增加了1倍，目前已逼近5000万人。噪声性听力损伤会产生严重后果，包括社会孤立、压力和抑郁的增加、工作业绩下降和收入减少、受伤甚至是死亡风险增加等。

约翰斯·霍普金斯大学医学院的弗兰克·林博士曾在2012年研究报告中阐述过听力损伤与痴呆的关联：患有轻微听力损伤的人罹患痴呆症的风险是正常人的2倍，中度听力损伤的人患痴呆症的风险是正常人的3倍，而重度听力损伤的人患痴呆症的风险高达5倍。

噪声也已经成为许多听力疾病的病因，成为破坏社会和谐的公害，人们对隔声材料和吸声材料的需求也节节攀高。

如同吸收热量的相变材料和隔离热流的绝热材料一样，吸声和隔声是两个不同的概念。能减弱或隔断声波传递的材料被称为隔声材料；而且根据声音的传播途径在隔绝声音时，有通过空气传播的空气声和通过固体撞击或震动传播的固体声两种。

在产生和传递固体声的结构处加入弹性衬垫材料或设置空气隔离层，以阻止声波传播。隔声材料是采用可以使声波传递能量迅速减弱、表现密度较大的材料，从而达到隔绝效果。

吸声材料也是一种能在较大程度上吸收由空气传递声能、密度较低的建筑材料。它现在主要用于改善声波在室内传播的质量、获得良好的音响效果。从长远考虑，吸声材料在消除噪声污染方面发挥重要作用。吸声系数是衡量材料吸声性能的重要指标。

吸声系数的物理意义是被材料吸收的声能与传递给材料的全部入射声能，其值为0～1，数值越大，材料的吸声效果越好。这一数值除与声波方向有关，还与声波频率关系密切。现在将在125～4000Hz噪声范围内的平均吸声系数大于0.2的材料称为吸声材料。材料的吸声性能与材料表现密度、厚度和孔隙特征有关。常用的吸声材料和吸声结构有多孔吸声材料（玻璃棉、泡沫塑料、木丝板等，由于包裹大量细微气泡，多孔、疏松、透气，在隔绝热流的同时，也能吸收声波能量），厚板振动吸声结构（胶合板、石膏板、金属板及空气层），共振吸声结构（室腔、开口配合），穿孔板组合共振吸声结构（穿孔胶合板、铝合金板、石膏板等并在背后设置空气层），悬挂空间吸声体，帘幕吸声体 6 种。它们对于不同频率声波有选择性，柔性材料和穿孔板材以吸收低中频声波为主，板材以吸收低频声波为主。现在一般将矿岩棉、玻璃棉、泡沫玻璃等材料统称绝热隔声材料，概念并不准确。

10.5 防火材料

10.5.1 防火的意义

在现代社会火灾仍是发生频率较高又是空间跨度最大的一种灾害。火灾不仅可以发生在生活生产场合，也发生在地下深井，在浩瀚海面（钻井平台、海轮舰船），原始森林中。随着城市人口密集程度增加，住宅建筑向高层发展，电路、燃气管道纵横交错，易燃、易爆物品难以根除和新型建筑材料的广泛引用，火灾隐患不断增加。火灾事故对人民生命财产的危害已经成为城市灾害的主要威胁之一。

统计表明，在各类火灾中，建筑火灾占火灾总数的 79%，死伤人数占 82%，经济损失严重。火灾肆虐，往往使建筑化为一片瓦砾，这意味着建设过程中全部资金、能量、物资毁于一旦，而清理现场还需投入。因此加强预防和控制建筑火灾的发生，对经济建设、城市发展和国防建设都有重要意义，而开发难燃、不燃和防火的建筑材料，发展阻燃技术是提高火灾预防和控制能力的重要因素。

在建筑火灾之中，高层建筑的火灾频发尤其引起关注。作为现代城市象征之一的摩天大厦，因功能复杂、设施繁多、装饰陈设量大，各类动力燃料网络盘根错节，又竖井林立（电梯、垃圾、管道、电缆、通道等），火势和烟气会迅速蔓延，火灾也相应扩大。因此，应加速预防和控制建筑火灾的发生，减少火灾后造成的损失。

10.5.2 防火材料种类

防火材料有阻燃剂、防火涂料、防火板材等。防火材料以耐燃温度和时间极限，燃烧时有无毒性和发烟性等作为判断优劣标准。不同材料的燃烧时间存在很大差异，而这对火灾中人员的逃生以及消防人员的营救至关重要。此外，燃烧所产生的烟气事实上比火势本身更具威胁——美国国家防火协会的最新统计表明，51%的火灾遇难者死于烟气吸入。这是由于火灾烟气中含有的二氧化碳、一氧化碳、氰化氢等物质共同导致缺氧，使火灾中的人员失去意识而无法逃生，若无救援，陷入昏迷状态后可能很快就会失去生命。《能源与建筑》2011 年发表的一项研究表明，由于氰化氢的高释放量，各种易燃、可燃和难燃类的保温材料在火灾中都会产生上述有毒烟气，到了火灾轰燃后通风不畅时，这类保温材料所产生的烟气毒性还会增大，对人的生命造成严重威胁。

(1) 防火涂料

防火涂料除包括一般涂料所需的成膜物质、颜料、溶剂以及催干剂、增塑剂、固化剂、悬浮剂、稳定剂等助剂以外，还添加一些特殊的阻燃、隔热材料。和钢结构、木结构、混凝土结构不同，涂料成分可相应变更，使其同时具有防水、防锈、防腐、耐热及涂料坚韧性、着色性、黏附性、易干性和光泽性，涂于材料表面使其满足阻燃要求，提高建筑构件耐火等级。

防火涂料在钢结构材料、表面材料和混凝土材料等材料上的成分性能、施工方法有所不同，但都需要加入不同种类的催化剂、炭化剂、发泡剂和隔热材料。

（2）防火板材

防火板材通常是以无机材料为主体的复合材料。

建材板材有利于工业化生产，现场施工简便，可用建筑墙面、地面等多种部位。

2013 年、2014 年在天津和北京举办了大型墙体保温层燃烧试验见证活动。燃烧试验使用的 3 种墙体保温材料分别是岩棉、聚氨酯 PU 和石墨聚苯板 EPS。试验结果表明，聚氨酯 PU 和石墨聚苯板 EPS 分别迅速燃烧（分别在第 9 分钟和第 10 分 30 秒燃烧殆尽），火势蔓延，浓烟滚滚，并散发刺鼻气体。但直到燃烧 16 分钟后，岩棉保温层除了在接近火源处被熏黑外，未发生燃烧现象，保温层外结构未发生体积变化。

聚氨酯 PU 和石墨聚苯板 EPS 因其施工方便、价格低廉等特点，目前在中国建筑中使用广泛，然而这些材料均存在火灾隐患，会直接或间接造成火灾。2009 年央视大火、2010 年上海静安区教师公寓大火、2011 年沈阳皇朝万鑫大火以及 2014 年的大连星海广场大火所造成的惨剧使人们逐渐关注这些有机保温材料所带来的防火问题。

为了提高难燃性能等级，大部分有机泡沫保温材料都与阻燃剂配合使用，而通用的阻燃剂是六溴环十二烷（HBCDD）。六溴环十二烷在燃烧时也会产生有毒气体以及其他有机污染物。六溴环十二烷已被联合国《关于持久性有机污染物的斯德哥尔摩公约》确定为持久性有毒有机污染物，能够在食物链中积累，并对人体和环境产生持久性影响。2013 年 5 月斯德哥尔摩公约缔约方大会第六次会议通过决议，自决议通过之日起 18 个月（即 2014 年 11 月）后在全球范围内淘汰六溴环十二烷。

岩棉、高硅氧纤维、泡沫玻璃、硅酸铝纤维等作为以天然岩石为主要原料的保温隔热材料，是一种无机材料，具有 A 级不燃的优越耐火性能，能够承受 1000℃以上的高温。在火灾中，岩棉能够有效阻止火势蔓延，并形成一道防火屏障，为逃生争取宝贵的时间。它还具有保温隔热、吸声降噪、憎水、尺寸稳定、不被虫蛀和腐蚀等特性。

一些板材兼有防水、吸声、隔声、保温功能，很受欢迎。现代表性的防水板材有纤维增强硅酸钙板、耐火纸面石膏板、纤维增强水泥板（TK 板）、滞燃胶合板、防火胶塑板、防火吸声板等，其中以聚苯乙烯泡沫塑料为芯材的钢丝网水泥类夹芯复合板在我国一度销售兴旺，但被认为是几次重大火灾事故的元凶祸首，现在设计部门都不再使用。

（3）阻燃织物

建筑阻燃材料有经处理的阻燃墙纸和阻燃织物，有机或无机的阻燃剂，各类防水墙料等。涂覆或贴覆以后的高硅氧织物、耐火纤维织物等，在高温防火场合发挥重要作用。

德国用涂层高硅氧布制成各类高温密封垫，用于窑炉、烘炉、烘箱、锅炉门等装置和法兰等器皿的密封。

热喷镀掩蔽带在热喷镀、火焰喷镀、等离子喷镀、喷丸清理等作业过程中，遮蔽构件喷镀部位附近部分，在焊接和切割作业中防止可燃物着火，在火灾发生时防火焰蔓延和烟气弥漫等场合。

建筑防火玻璃是日益发展的功能玻璃家族中新的成员，分为复合防火玻璃（FFB）和单片防火玻璃。两者能在1000℃火焰中保持60～80min不炸裂从而控制火势的蔓延并且隔烟。为受困人员争取足够的时间逃生，为消防人员提供抢险救灾的机会。防火玻璃除可用作采光材料之外，还具有防水、隔热、隔声功能，是高层建筑及一些重要建筑防火部位广泛应用的新型防火材料。

防火门与防火卷帘主要用于高层建筑的防火分区，楼梯间和电梯门，也可安装于油库、机房、宾馆、饭店、图书馆、办公楼、影剧院及单元门，民用高层住房等。主要用途是防火势蔓延，向各通道移动。防火门用难燃材料或钢材作为门框、门扇骨架和门扇面板，内充对人体无毒无害的防火绝热材料，而防水卷帘有单片和双片式，由冷轧带钢轧制，涂覆防水涂料，或用重量轻、便于操作、美观、节约空间的无机纤维，如高硅氧纤维、硅酸铝纤维、玄武岩纤维等纺织而成。近年有机的高温纤维织物的性能也快速提高。

10.6 防电磁污染材料

随着现代电子工业电视、广播、微波的高速发展和电子电器产品的普遍应用，电磁干扰已成一种新的社会公害。电磁辐射影响人体健康，对人体组织有害，造成白血病、神经系统肿瘤癌症患者比例大幅增加，并对周围电子仪器设备造成严重干扰，使它们的工作程序发生紊乱，泄露信息。

电磁污染是儿童白血病的原因之一，能够诱发癌症并加速人体癌细胞增值，影响男性生殖，可导致女性流产和胎儿畸形、儿童智力缺残、影响心血管系统和视力严重下降。电子屏蔽包括电屏蔽（主要指静电场和交变电场屏蔽）、磁屏蔽（静磁场及交变磁场）和电磁波屏蔽。

除了在低频磁场，在理论上普通金属都能提供100dB以上的屏蔽效能，此外还在研究非金属合金纤维复合材料及纳米合金材料。镀银、铝泡沫、涂炭。俄罗斯在航空航天工艺基础上，成功研制吸收电磁辐射的油漆产品，该油漆可吸收或反射电磁辐射，不含任何金属，打破了防辐射必须含有金属的传统，成本、重量远低于金属，该油漆还能与各种固体表面很好地粘接。

一般是用高导电率的金属材料做成各种形式的壳体和网罩同外护结构结合在一起，使建筑空间具有电磁屏蔽功能，例如有资料表明泡沫铝比较成功。人们进一步实验将碳纤维、钢纤维之类（或在玻璃纤维表面涂覆碳和喷镀铝膜以降低成本）的屏蔽材料用于水泥混凝土中，其屏蔽的电磁波频率在几十赫兹到2GHz，并在水泥中实验添加铁氧体、陶瓷和纤维类吸波剂及炭黑、石墨。

现在研制成功的电磁屏蔽材料限于在一些特殊建筑中使用（如辐射量大的实验室、医疗中心），研究人员正努力改善工艺，降低成本从而使电磁屏蔽材料应用到各类建筑。纳米材料电磁屏蔽是研究的难点和热点。由于电磁辐射日益严重，研制具有电磁屏蔽的建筑材料有广阔发展空间和应用前景。

至今为止，吸波材料在非运动目标（如军事掩体、机场、雷达站和大型建筑）的研究仍少见报道。现在正进行在8～18GHz频率范围内把普通吸波材料与纳米吸波材料加入水泥中制成水泥基复合材料的研究，主要研究内容是纳米吸波材料的用量、制备工艺和材料厚度对复合材料的吸波性能的影响。

电磁波防护材料的开发途径大体可以分为反射电磁波辐射材料和吸收电磁波材料两类。

10.7 混凝土用助剂

混凝土用助剂是指为改善材料自身的某种性能或者赋予材料某种新的功能，在施工过程和生产过程中添加的一些物质。伴随社会发展，高层建筑、港口、大桥等建设不断增加，人们对环境保护、生活和生产要求不断提高，这一切都催逼建筑材料和结构向高性能化、多功能化方向发展，而传统材料很难满足多种要求，一般要通过对症下药，用各种混凝土用助剂实现。

混凝土用助剂按使用功能划分有减水、防冻、防水（防渗）、引气、膨胀（抗收缩）、调凝、吸波、生态环境、加气、泵送、脱模、养护、塑化、阻锈及纤维等类型。减水剂可以减少混凝土搅拌用水量，改善混凝土的和易性，提高其强度和耐久性，并节约水泥用量；防冻剂可保证水泥在低温状态正常凝聚硬化，并且在规定时间内达到防冻强度；防水抗渗剂通过减少材料空隙和填塞毛细管道，提高密实性和憎水性，达到防水、抗渗目的；引气剂通过在混凝土中加入均匀分布的微小气泡，阻断毛细管通道，提高混凝土的抗冻能力，并且改善其工作性能；膨胀剂通过与水泥水化产物反应产生适当膨胀抵消混凝土产生的体积收缩；调凝剂（缓凝剂，速凝剂），根据气候条件，运输距离，施工进度，工程特点来调节混凝土凝固条件；吸波剂用于降低日趋严重的建筑污染；生态环境外加剂赋予建筑材料某种特定的环保功能，如抗菌、空气净化、调温调湿；早强剂加强混凝土早期强度；泵送剂由多种外加剂复合而成，赋予混凝土可泵送性，并且保证混凝土凝固以后的质量；阻锈剂可抑制或减轻金属在混凝土中的锈蚀；纤维可以提升混凝土的抗拉、抗裂和韧性，纤维混凝土已经成为制造轻型薄壳建筑的重要复合材料。

早在20世纪40年代，人们就开始使用混凝土外加剂，以改变建筑材料的施工性能，从而在微观和亚微观层面控制材料的内部结构，获得所需要的材料。有人认为，混凝土外加剂的出现，是建筑材料和建筑业中的重要进步。

11

功能建筑材料（二）

能源材料（energy material）是现代材料科学的热点课题，而太阳能电池和太阳能光谱选择性吸收薄膜等太阳能转换材料（material for transforming solar energy）又是能源材料重要研究内容。

1954 年，美国贝尔实验室的 3 位科学家，首次研制出实用单晶硅太阳电池，1955 年以色列专家泰波论证了太阳能光谱选择性吸收薄膜的原理，这两项发明成为太阳能科学技术发展史上的不朽丰碑，太阳能热利用和太阳能光伏发电的辉煌大幕，从此徐徐展开。迄今为止，选择性吸收薄膜和太阳电池，仍旧是太阳能领域最重要的基本技术。

11.1 太阳能电池

11.1.1 太阳能电池原理

现代的太阳能电池材料，厚度已可以用毫米计算，和锌铁皮、铝箔等厚度类似，安装方式也和很多材料难分轩轾。

太阳能电池原理源自光生伏特效应（光伏效应）。1839 年法国科学家贝克勒尔发现光伏效应，1904 年爱因斯坦从理论上解释了光电效应（图 11-1）。光伏材料是指能够产生如法国科学家贝克勒尔所发现的可以产生光生伏特效应（简称光伏现象）的材料。光伏材料与各种器件组合，构成光能转换为电能的装置，即光伏电池。而太阳又是最为丰富，取之不竭的光能来源，所以光伏电池又称太阳能电池。

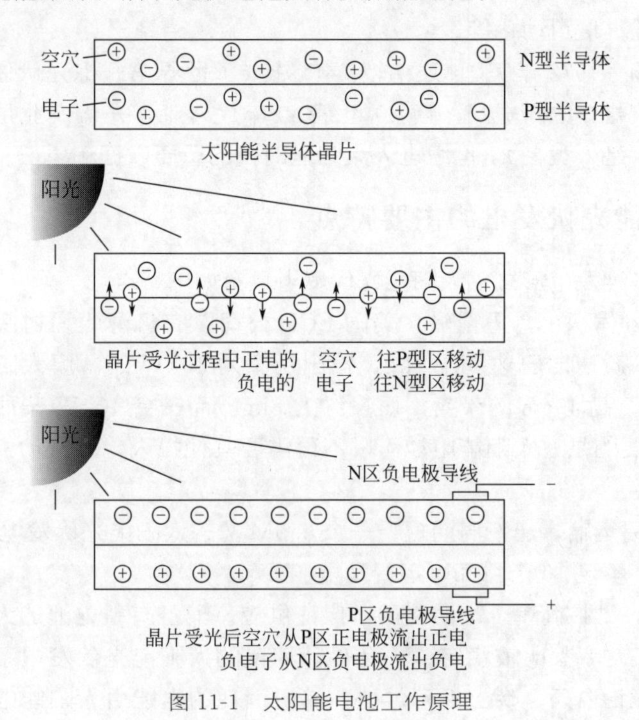

图 11-1 太阳能电池工作原理

美国贝尔（Bell）实验室曾以众多重要发明闻名遐迩，而太阳能电池和电话通信技术的发明一样，都是贝尔实验室对人类文明进步作出的杰出贡献。

1954 年，贝尔实验室在前人一个世纪以来实践和理论探索基础上，发明了效率为

4.5%（后达 6%）的单晶硅光伏材料太阳能电池。太阳能电池成为光伏正在兴起的半导体产业中的一朵奇葩。生产单晶硅和以后多晶硅的原料石英，是构成大地表面泥土和石块的主要成分，是泥土和石块经过脱胎换骨改造以后应用价值的升华。

太阳能电池是一种将太阳辐射能量转换为电能的装置。将光伏电池按照电性能要求几十片或上百片单体串联、并联，经过封装，组成一个可以单独作为电源使用的最小单元，即太阳能电池组合，由若干光伏电池组件按一定程序串联、并联而排列成的阵列，称光伏电池方阵。

光伏电池方阵可分为聚光式和平板式两个大类。聚光式方阵，加有汇聚阳光的收集器，通常通过平面反射镜、抛物面反射镜或菲涅尔透镜等装置聚光，以提高入射光谱照射强度，需要增加向日跟踪装置，有转动部件。平板式方阵，不需加装汇聚阳光装置，多用于固定安装场合。在建筑物的墙体、屋面上，一般使用平板式方阵。光伏电池方阵与蓄电池结合，能够吸收光能，按照需求释放电能，可以认为光伏材料为更高层次的绝热材料和储能材料。

太阳能电池横空出世，开始了将太阳能直接转换成电能的光明前景，如巨斧开凿环绕的岩石，山顶大湖中万顷波澜化急流奔腾，从此势不可挡。

从 1958 年开始，太阳能电池就在人造卫星和宇宙飞船上初露锋芒。迄今为止，太阳电池的基本结构和机理没有改变。太阳电池后来的发展主要是薄膜电池的研发，如非晶硅太阳电池、CdTe 太阳电池和纳米敏化太阳电池等，此外主要的是生产技术的进步，如丝网印刷、多晶硅太阳电池生产工艺的成功开发，氮化硅薄膜的减反射和钝化技术的建立以及生产工艺的高度自动化等。

随着效率提高，1973 年美国特拉华大学就建成了世界第一栋光伏住宅，从此太阳能电池开始成为建筑材料的新成员。自 20 世纪 80 年代以来，光伏产业是世界上增长最快的高新技术产业，是人类在 21 世纪进入太阳能时代的重要依据和象征。

11.1.2 太阳能光伏发电的主要特点

相比现有的各种发电形式，太阳能光伏发电具有如下特点。

① 结构简单，体积小，重量轻。美国 ECD 公司以有机薄膜为衬底制造的非晶硅太阳能电池，其功率质量比已达 5kW/kg，输出功率为 40kW 的薄膜太阳能电池可卷绕成一个直径为 60cm、高 40cm 的带盘，质量约为 8kg。而一台 40kW 柴油发电机的质量约为 2000kg，更重要的是，太阳能电池可以不再需要其他投入，而发动机则需要源源不断提供燃料。

② 易安装，易运输，建设周期短。一个 6.5MW 的太阳能光伏发电系统占地 $10km^2$，从平整地基开始，不足 10 个月即可运行发电。

③ 容易启动，维护简单，随时使用，保证供应。配备有蓄电池的太阳能光伏发电系统，其输出电压和功率都比较稳定。一套设计精良的太阳能光伏发电系统，蓄电池往往处于浮充状态，无论白天、晚上都可供电，其所消耗的电能由太阳能电池在晴天时自动补充。大型光伏电站可用计算机控制运行，因而太阳能光伏发电的运行费用很低。

④ 清洁，安全，无噪声。光伏发电本身并不消耗工质，不向外界排放废物，无转动部件，无噪声。即使是蓄电池，在充放电时释放的氢气、氧气和酸雾的量也极微。若配用全密封蓄电池，则更加理想。

⑤ 可靠性高，寿命长。晶体硅太阳能电池的寿命长达 20～35 年。光伏发电系统只要设计合理、选型适当，蓄电池的寿命也可长达 10 年。

⑥ 太阳能无处不在，太阳能光伏发电应用范围很广。太阳能电池在－45～＋60℃范围都能工作，不仅适宜于边远地区用作独立电源，还特别适合于制作太阳能屋顶和幕墙，建成生态能源房。

⑦ 太阳能电池可以作为独立电源、便携式电源和光电探测器，也可以与公共电网并网发电；其容量，可以小至微瓦，大到数百兆瓦；其应用从天上到地面、从家庭到公共电网，只要有阳光，均可应用。

⑧ 发展速度快，能量偿还时间有可能缩短。

⑨ 太阳能光伏发电在节能减排上成绩显著。据统计，安装 $1m^2$ 太阳能电池发电，其减少的二氧化碳排放量相当于植树造林 $100m^2$。若在我国西部太阳能源丰富的荒漠地区发展太阳能光伏发电，节能减排的效果会更好。

太阳能光伏发电的主要缺点如下。

① 太阳辐射能分散，太阳能光伏发电系统占地面积大。地表上能够直接获得的太阳辐照度最大的地区是非洲撒哈拉地区和我国的青藏高原。

② 太阳辐射的间歇性大。除了昼夜、四季的周期变化外，还常常受云层变化的影响。

③ 地域性强。地理位置不同，气候不同，使各地区的日照资源不同。因此，功率相同的太阳能电池组件，在各地的实际发电量是不同的。理想的光伏发电系统均要因地制宜地进行设计计算。

我国太阳能光伏工业发展令人振奋。2003 年我国太阳能电池产量仅为印度的 52%，2004 年产量就已超过印度，为印度的 152%，年产量达到 50MWp 以上。2007 年左右，我国在太阳能电池研发、生产和应用产品开发方面已在东部沿海地区形成一个世界级的产业基地，包含我国台湾地区，太阳能电池市场占有率由 2000 年的 20%提升到 35%，又大幅提升至 44%，连续两年位居世界第一。中国已拥有世界一流的光伏产业，到 2020 年中国光伏电池发展规模将达 5～15GWp，在世界太阳能产业中占据重要地位。

太阳能光伏发电可以节约宝贵土地资源，我国人均耕地面积仅为世界平均水平的 1/2，这些耕地大多集中在东部地区，正随工业化和城市化的发展而迅速减少。高山、沙漠、丘陵等难以利用的土地占据我国国土面积的 30.68%，这些土地大多分布在西部、北部，而幅员广大的西部、北部又是气候干燥、雨量稀少、阳光普照的地区，是太阳能、风能极为丰富的地区。在青藏高原，每年平均日照时间在 3000h 以上，在世界上名列前茅。在西部、北部重点发展以太阳能为代表的绿色能源，既有助西部人口就业，有利于东部、西部的协调发展，缩小东西部的差距，又避免东部发展过程中的环境污染、占用耕地、大量居民搬迁等弊病。

作为清洁、可再生能源，太阳光伏能源从开始就是能源新秀，又是环保宠儿。太阳能电池的使用有效减少了环境污染，利于保护生态。

11.1.3 光伏建筑组件

(1) 光伏幕墙

德国建筑师狄托马介绍说，如果采用墙体遮阳、地板辐射等技术，那么中国现有的建筑能耗至少减少 80%。这句话可能言过其实，但至少表明幕墙和地板的技术具有巨大的发展潜力。晶莹剔透的玻璃幕墙一度是上海高层建筑最为流行的“时装”。但随着时间的推移，许多住在“玻璃大厦”里的人们发现，尽管玻璃看上去轻盈亮丽，但保温性能差、能耗大，而且大多数玻璃幕墙都不能开启，通风效果差，大楼的运行费用居高不下。除了耗能费电外，光污染也不可忽视。研究显示，一幢幢矗立在马路两侧的玻璃幕墙，就像一面面巨大的镜子，其产生的光反射，极易诱发意外交通事故，还会诱发多种疾病。市民对光污染的投诉正直线上升。此外，人们还担心玻璃幕墙如果年久失修，会产生许多安全隐患，成为“空中定时炸弹”。事实证明，这已经不是杞人忧天。《上海市环境保护条例》已明确提出在上海中心城区“严格控制采用反光材料”，并计划对全市已经建造的玻璃幕墙“定期体检”或强制改造。

随着光伏发电技术与建筑的日益融合，极具发展潜力的光伏幕墙除了能达到与玻璃幕墙同样的美观效果外，还能利用太阳能技术产生新的能源，已成为国际建筑界的新宠。如上海华庄一幢零能耗的太阳能楼，近 1/5 的屋顶和墙体安装了 300 多块太阳能电池板并应用光伏幕墙。

光伏幕墙是太阳电池和玻璃的结合，人们研制透明树脂将太阳电池粘贴在玻璃上，镶嵌在两片玻璃之间。背板玻璃，其光电模板背面可以使用设计师所喜欢的颜色，适应不同的建筑风格，又使整个墙体成为提供能源的场所。

在 2009 年上海太阳能国际展览会上，太阳能光伏幕墙、太阳能百叶窗的样板房受到广泛关注。

光伏幕墙系统包括：a. 光伏陈列模块；b. 蓄电池组；c. 智能控制器；d. 逆变器；e. 监视控制；f. 电能收集、输出线路。

(2) 太阳墙

如果用太阳墙板来代替部分玻璃幕墙，既可以美化建筑外貌，在冬季为建筑送热风，又能在炎热的夏季为建筑遮挡强烈的阳光，还可以节约玻璃幕墙的安装费用，可谓一举多得。太阳墙全新风供暖系统是一项用于提供经济适用的采暖通风解决方案的太阳能高科技新技术。其突出优点在于：a. 造价低廉，无需维护；b. 微能耗，从而降低运行费用；c. 提供新鲜空气，改善居民的室内环境，预防疾病。由于不断的技术改良，太阳墙系统的成本大大下降。它作为一种外装饰材料，具有美观、醒目的特点。

太阳墙全新风供暖系统核心组件是太阳墙板。太阳墙板是在钢板或铝板表面镀上一层热转换效率达 80%的高科技涂层，并在板上穿有许多微小孔缝，经过特殊设计和加工处理制成的，能最大限度地将太阳能转换成热能。太阳墙板组成太阳墙系统的外壁，安装后与传统的金属墙面（立面）相似。太阳墙板有多种色彩选择，易于融入建筑整体风格。太阳墙系统的工作原理：室外新鲜空气经太阳墙系统加热后由鼓风机泵入室内，置换室内污浊空气，起到供暖和换气的双重功效。简要地说，太阳墙可以最大限度地利用太阳能，将其转换成热能，以热空气的形式传递到室内。

德国建筑师在 Erlangen 市政厅高层建筑的第 6～14 层之间设置了 150m^2 的太阳墙。这一大胆的设计非常吸引人，在保证得到充足热量的同时，对建筑立面起到了非常好的装饰作用。该系统每周平均工作 60h，每分钟可以为建筑供应 85.12m^3 的新鲜空气。据计算，该系统每年减少的 CO_2 排放量达 6t。太阳墙系统的技术指标：经过测试，每平方米太阳墙板在冬季日照正常情况下可向建筑物内提供 $40m^3/h$ 高于室外空气温度 17～35℃的新鲜空气，每年可减少标准煤耗 150kg，切实地为环保做出贡献。太阳墙新风系统在夏季可以为建筑起到遮荫的作用，相比没有太阳墙覆盖的墙面低 5℃左右，间接地为空调节约了能源（图 11-2）。

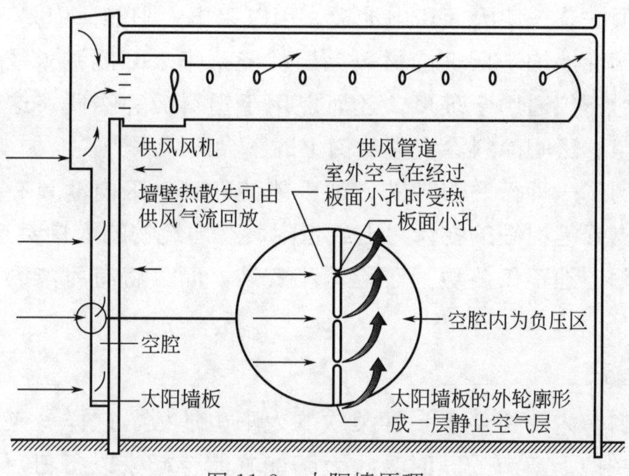

图 11-2　太阳墙原理

由于太阳墙系统增加了墙面的隔热系数，可使室内冬暖夏凉，这是其他采暖设施无法比拟的。太阳墙技术目前已广泛使用于加拿大、美国、欧洲、日本的住宅、厂房、学校、办公楼等不同用途的建筑。它已荣获多项国际大奖，并被美国能源部评为“先进节能供暖技术发明”。设于科罗拉多州的美国国家可再生能源研究所将其称为“迄今为止最为先进的太阳能供暖技术”。

太阳墙板安装在建筑外墙及屋顶，通过吸收太阳辐射转化成热能达到建筑采暖的目的。同时，通过与太阳电池板结合，形成一个光电光热联产系统，即将太阳能光伏电池与太阳能集热器结合起来，在同样的光照面积下同时生产电能和热能。太阳墙板通过及时排走太阳电池发电时产生的热量，太阳电池的太阳能利用总效率提升 50%左右，从而大大缩短了系统的成本回收期，提高了光伏系统的可接受程度。通过不同的太阳能产品优化组合，将建筑能耗降低，这是一种经济效益十分突出的太阳能综合利用新形式。太阳墙不仅能运用于各种建筑外墙作为外墙装饰材料，还能用于农副产品加热干燥。

(3) 光伏瓦

标准光伏组件（无论是尺寸还是容量规格）并不适合安装在形式各异的普通屋面上，于是随着光伏建筑一体化（BIPV）理念的提出，一种光伏发电与建筑相结合的新产品——光伏瓦应运而生。按照终端用户的需求，理想的光伏屋顶系统首先应具有和普通屋顶一样的防风避雨及审美的功能，容易和其他屋面结构设计合成一体，构成必需的建筑防水层，具有普通瓦的成本并且和普通瓦一样具有持久性能；光伏系统的安装必须符合建筑标准规范，并且和普通屋顶的安装做法相当；理想的安装工作能由传统屋面安装工完成；线路连接应符合相关规范。

近年来，欧洲还出现了一种替代复合陶瓷屋面瓦的大面积光伏瓦专用组件，这种光伏屋顶系统是将双面玻璃电池置于陶瓷基片上，固定在不锈钢屋顶结构上，留有搭接空白，形成鳞片结构和传统屋面瓦的结构保持一致。

薄膜电池能像地毯一样在屋顶上铺开，在英国应用得十分广泛。通过“卷-卷”的方式和（乙烯-四氟乙烯）保护塑料结合制成，由于这种材料具有弹性，所以能够和很多种屋面材料结合应用。

(4) 可聚太阳能的玻璃涂料和柔性电池

人们通常在屋顶安装一块大面积电池板，用以采集太阳能。但是这种方法价格较高。现在只要在普通玻璃窗上加一层聚能材料涂层就能采集太阳能并供能，而且完全不影响采光。这种聚能材料不仅适用于玻璃，还可以用于塑料板等物质。这种涂料可以制成彩色，也可以透明无色。透明涂料涂在玻璃窗上时不会影响采光。

美国科学家找到了一种行之有效的方法，能使硅基太阳电池具有足够的柔韧性，从而可使其包裹在一支铅笔粗细的物体之上或者附着在建筑物的窗户甚至汽车的玻璃表面。这种柔性极高的太阳电池不仅将更易于运输和安装，而且将有可能为新型太阳能建筑的普及推广打开大门。

(5) 太阳能窗帘

太阳能窗帘在窗帘内部整合了一种柔软的太阳电池板，这样一来，既不影响窗帘的正常使用，还能够在拉上窗帘的同时吸收太阳能并储存起来以备日后之用。据称，如果将1幢 $100m^2$ 的房屋四周都用这种窗帘来覆盖的话，那么一天将能够产生约16kW·h的电。足够一般家庭使用了。随着建筑遮阳越来越受建筑师的关注，还出现了一些新的遮阳设施。建筑中遮阳构件的表现形式非常丰富，一般有遮阳板、遮阳帘、遮阳百叶、遮阳棚等。

11.2 光谱选择性吸收薄膜材料

11.2.1 光谱选择性吸收薄膜材料原理

选择性吸收涂层是一种复合材料，其基本原理是材料对光谱的吸收有选择性，在可见光区有较高的吸收率，在红外光区有较低的发射率，尽可能多地吸收太阳热能，即由太阳光辐射的吸收和红外光谱的反射两部分材料组成。其吸收的实质在于吸收使物质粒子发生由低能级（一般为基态）向高能级（激发光谱区）的跃迁。同时尽可能地减少自身热辐射损失，从而尽量把低品位的太阳能转换成高品位的热能。对太阳能起富集作用，以便最大限度地加以利用。

在一系列众所周知的光热应用技术中，选择性吸收涂层技术是核心技术，对于提高太阳能的热转换效率，大规模推广太阳能光热应用起着至关重要的作用（图11-3）。如1979年美国在兴建“太阳一号”电站时，在接收器表面涂覆高温选择性吸收膜，产生温度达516℃，1985年重涂第2层改进后的吸收膜使反射损失从13%降到6%。1982年我国清华大学殷志强等对真空管的选择性吸收膜及生产工艺研发卓有成效，于1998年获布鲁塞尔世界发

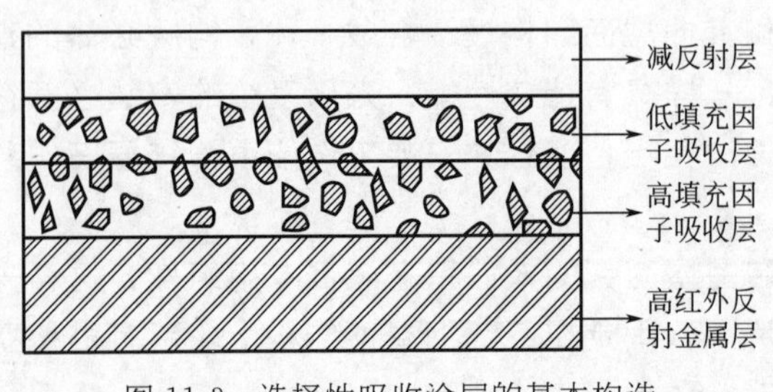

图11-3 选择性吸收涂层的基本构造

明博览会“尤里卡”金奖。凭此技术，我国太阳能热水器（系统）产量远远超过世界其他地区的总和。

11.2.2 太阳能集热器

（1）集热器的发明

集热器的核心技术是阳光选择性吸收涂层、特种玻璃等功能材料，集热器和绝热材料、太阳能电池材料一样，将会成为太阳能建筑不可缺少的组成部分。

1767年，法国籍瑞士科学家索绪尔设计并用玻璃夹层和软木建造了第一个可用来做饭的太阳能集热器。该装置内部的温度就可超过100℃。

索绪尔的实验其实是一种温室效应。这启发了大科学家傅里叶。他认识到地球大气层通过吸收红外光而保持地球温度平衡。傅里叶将地球比喻成通过玻璃可将热量保存在盒子内的索绪尔热盒来解释其温室效应理论。可以想象，将集热箱放大成为一个建筑，会有很好的集热效果。但集热箱在选择性吸收涂层出现以后，优势才锋芒毕露，才能有效吸收、储存太阳热能。因为形状已经不是箱体，统称集热器。

集热器应用最广的领域是太阳能热水器和热水系统。

（2）太阳能热水器和热水系统

太阳能热水器是太阳能热低温利用的主要产品之一。它是利用温室原理，将太阳的辐射能转变为热能，向水传递热量，从而获得热水的一种装置。太阳热水器由集热器、储热水箱、循环水泵、管道、支架、控制系统及相关附件组成。太阳热水器可根据使用时间不同，分为季节性太阳热水器（无辅助热源）和全年使用的全天候太阳热水器（有辅助热源及控制系统）。

太阳热水器也称太阳热水装置，基本上可分为家用太阳热水器和太阳热水系统两大类，太阳热水系统亦称太阳热水工程。根据国家标准GB/T 18713和行业标准NY/T 513的规定，凡储热水箱的容水量在0.6t以下的太阳热水器称为家用太阳热水器，大于0.6t的则称为太阳热水系统。

家用太阳热水器通常可分为闷晒家用太阳热水器、平板家用太阳热水器和真空管家用太阳热水器。

早期的闷晒太阳热水器已基本淘汰不用。现代的平板太阳热水器和真空管热水器的连接方式、介质循环运行方式、换热方式、储能方式又各有不同。我国先进的太阳能热水器，已经能在－20℃的南极和冰川寒地获取热水。

（3）太阳热水与建筑一体化

太阳热水与建筑一体化已经取得重大进展。很多专家对其未来走势见智见仁，提出很好建议。

目前我国太阳能生产企业已超3000余家，各企业标准不一，产品外形和尺寸迥异，特别是安装部位以在屋面最为普遍。屋面上散乱的太阳能装置破坏了建筑的第五立面，进而成为城市景观的不和谐音符。对于必须暴露在阳光直射下的太阳能集热装置，如何与建筑完美结合，已经是迫切需要解决的问题。对此，人们提出太阳能集热装置建筑构件化的概念，即将太阳能集热装置作为建筑构件，建筑师通过“建筑的语言”，在建筑设计中和谐地表现太阳能装置，使一体化设计的太阳能建筑以更新的面貌出现，以崭新的形象面对欣赏它的众人。也就是根据安装部位的不同设计出相应的太阳能集热构件，这些构件按照严格的标准、不同的连接方式和相异的外观面貌构成产品。建筑师在设计过程中，根据建筑构思的需要，充分考虑并选择构件产品的安装位置尺寸、形状外观，并与建筑的整体造型整合，太阳能集热装置就像建筑的元素一样，在太阳能建筑中自然、和谐而又完美地突出，如太阳能热水器建筑屋顶（图 11-4）。

图 11-4　太阳能热水器建筑屋顶

为实现这个目的，首先，要了解太阳能系统的组成及各部分要求，研究太阳能集热装置在建筑上可设的位置，如向阳的屋顶、坡屋面、墙面、阳台、雨罩、遮阳板，甚至花园中花架、凉亭的罩顶等，将太阳能集热装置与建筑有机地结合。而太阳能企业则需要根据建筑师的要求，努力将太阳能集热装置建筑构件化。

建筑师对太阳能集热装置的期望是它能够成为建筑师的“建筑语言”，建筑师的创作及发挥和表达，也就是太阳能集热装置要建筑构件化。建筑师将太阳能集热装置作为建筑构件元素来考虑，与屋面、阳台、窗子、墙面等有机地结合在一起设计，使太阳能集热装置成为建筑中不可分割的部分，成为建筑形体中多姿多彩的点缀。

在成为建筑组件或建筑一体化过程中，大型水系统、热管系统、热水系统与空调采暖的联合应用，热水系统取代部分原有建筑维护墙体，屋面的设计及安装，热水系统与太阳能电池的结合应用，热水系统的热能储存和跨季节应用都是人们关注的课题。

11.3　特种玻璃材料

20 世纪中期以后，人们通过工艺的改进和成分的变更，为玻璃增添许多性能，如防火、防辐射、抗紫外线、防潮、智能、变色、高强、蓄热等。玻璃还可与太阳能电池等配合使用，拓展用途。特种玻璃是重要的功能材料。

11.4　功能涂料

涂料是一种可借特定的施工方法涂覆在物体表面，经固化形成连续性涂膜的材料。涂料能够用于建筑内外表面的装饰、保护、性能改进。古代建筑就已开始用石灰粉刷，后以天然植物油脂、天然树脂，如亚麻子油、桐油、松香、生漆等为主要原料与各类色素混和，故被称为油漆。随着石油化学工业的发展，合成树脂的产量不断增加，且其性能优良，已大量替代了天然植物油脂和天然树脂，并以人工合成有机溶剂甚至清水为稀释剂，故油漆这一称谓改为内涵更广的涂料。

各类涂料除起装饰作用外，还防水、防火、防潮、防结露、防霉、防虫、防腐蚀，有益人们身体健康，有益环保节能。

(1) 健康功能涂料

健康功能涂料是指对人体或环境具有积极意义的某种特殊功能涂料，应具有抗菌、辐射红外线、释放负离子等功能。健康功能涂料大致经历了三个发展阶段。第一阶段为抗菌自清洁涂料，具有抗菌、防污染的功能，主要产品为涂料、玻璃、陶瓷材料的表面涂层。第二阶段为空气净化功能涂料，通过在涂料中添加具有光净化功能的纳米材料，使其具有分解空气中有害气体、净化室内空气的功能。国外研究得比较多的是光催化净化空气涂料，特别是可见光下光催化净化涂料。它们具有抗菌、除臭的作用。国内在这方面已开展了研究工作，将这些涂料用于陶瓷和其他建材的表面涂层，现在又研制开发了稀土元素激活的抗菌除臭涂料。第三阶段的功能性涂料与前两代环保型涂料相比，增加了一些健康功能，如具有辐射对人体健康有益的远红外线及释放空气负离子功能等，这些功能一般是以内墙涂料、陶瓷和玻璃为载体而得以表现的。目前国内已有负离子内墙涂料等新型健康功能涂料上市出售。

(2) 随温度和亮度变化的涂料

法国最近研制出两种新型涂料。其一是可以随温度的变化而改变颜色的涂料，在0～20℃间呈黑色，随着温度从20℃上升至30℃，涂料便顺序出现彩虹的颜色，红、黄、绿、蓝、紫等，当温度高于30℃，涂料又变成黑色。这种涂料可用于建筑物的外墙或标志性建筑物，随着温度的变化改变颜色，增加建筑物的装饰效果。另一种新涂料的特点是白天呈白色，像晶体一样反光；夜间则将白天吸收的光线反射出来，可自动发光。这种涂料用于高速公路的隔声壁表面，有利于夜间行车照明。

(3) 抗菌、除臭、防污涂料

国际上涂料技术向低环境负荷、高功能化和复合化方向发展。要求在涂料的生产和使用过程中环境负荷最小、挥发性有机化合物（VOCs）最小并对健康环境有贡献。美国南达科他州的研究人员开发出一种杀菌涂料，不仅可以消灭病原菌，还可以去除霉菌、真菌和病菌。研究表明，这是迄今“最强”的涂料，对医院特别有用，当然也适用于家居环境，被评为2010年全美国十大前景最好发明之一。

(4) 负离子内墙涂料

这种涂料是在生产加工中添加改性后具有释放空气负离子功能的天然无机非金属矿物（电气石）材料。通过生态条件自然释放的方法，来增加室内空气负离子数目，使人们置身于旷野森林、绿化公园的环境中。

(5) 调湿内墙材料

利用相变材料具有可以重复吸热、储热、放热的特点，将相变材料用于建筑物的自动调湿。可调湿的建筑材料已成为国外绿色建材发展的重点之一。日本开发出具有呼吸功能的可调湿硅酸钙质人造木材，在室内湿度高时可吸收水分，降低湿度，而空气干燥时可逐渐放出吸附水，达到调节湿度的作用，提供更加舒适的生活和工作环境。

(6) 纳米涂料

高光谱选择性纳米涂料具有紫外屏蔽、红外阻隔、高透明度、高硬度、绿色环保等特点，通过涂覆于玻璃表面赋予其隔热、降噪、防紫外线等功能，特别在降低夏季空调制冷能耗方面具有非常显著的效果。中国继美国之后开发出可变色的纳米玻璃涂料，已用于银行自助存取款房间。室内无人时玻璃透明，但开门进人后变不透明。

11.5 光学材料

光影变幻是建筑设计必须考虑的课题。除应用最广的玻璃外，一些新光学材料也成为建筑材料中的奇葩，它们既省能源又为建筑增添了各种功能，拓宽了设计思路，装点着21世纪的绿色、智能建筑。

11.5.1 发光材料

发光材料又称储光材料。储能发光材料是指吸收外部能量（如光能、电能、机械能）后可以不需要能源长时间发光的材料。中国流传至今的一首古老的诗歌中写道："日出而作，日落而息"，造成这种现象的主要原因之一就是夜无照明设施。在整个农业社会，油灯、蜡烛都是一种奢侈用品，于是才有龙宫夜明珠的神话，有"囊虫映雪"的故事。工业革命时期伦敦街头仍要人们夜夜按时点燃油灯。

直到电灯的出现，人们的夜生活才开始变得丰富多彩。但人们仍在寻找不耗能源，在暗处自然发光的材料。这种荧光材料在近20年间陆续开发，并迅速获得应用。

在自然界存在天然发光材料，如在墓地中若隐若现的磷火（鬼火）、天然矿物中若有若无的发光萤石、还有林间宛如繁星点点，却不用燃烧的萤火虫等。在古代有"西北荒中有金阙，高百丈；上有明月珠，径三丈，光照千里"，"葡萄美酒夜光杯"的传说，这些传说原型都应是长余辉材料玉石，这种节能材料有传统的硫化物发光材料，其中掺铜硫化锌是最具代表性、有实用价值的长余辉发光材料。这类材料化学稳定性差，在紫外线照射或湿透浸蚀下易于分解变黑，这也就是天然发光材料在自然界中数量很少的原因。1866年，法国人斯道特研制出掺铜硫化锌荧光粉，掀开人类利用发光材料新的一页。1948年人们用卤磷酸盐荧光粉制荧光灯，较白炽灯显著节约能耗，为建筑节能做出极大贡献。

1964年，人们发明了红、绿、蓝三基色荧光粉，使显示屏变得五颜六色。20世纪70年代以后，各种各样的半导体发光器件如烂漫春花遍地开放。从而建筑被形形色色的显示屏、指示器装点进入多彩世界。

将内墙材料与发光材料一体化，让整个室内四壁包括屋顶都发出柔和的光，可以用电荧光的方法，也可以用长余辉的方法，也可以用光致变色和电致变色的方法来控制和调节从窗户进来的光线。

新型储光性自发光材料当有可见光、紫外线等光源照射时，该材料能将其光能储蓄起来，当光源撤离后在黑暗状态下，再将所储蓄的光能缓慢释放而产生荧光。而且与传统自发光材料不同的是，新型自发光陶瓷无毒、无放射性，可用于紧急疏散指示标志及高速公路、立交桥、地下交通等场所的夜视标志。

以由稀土元素制成的储光材料为例，它们既可像贴布纸一样具有装饰作用，又可在光线充沛时吸收光线，而在暗处根据所配成分不同放出五彩六色的光。这比用计算机系统控制电灯开关来得简便。

人工合成的储光材料有稀土激活硫化物材料和稀土激活碱土金属铝酸盐储光材料，前者余辉时间已比传统硫化物高数倍，但仍不稳定，后者则有无与伦比的优势，即化学性能稳定，没有放射性污染，光照后发光时间可以持续几百小时，在黑暗中就能连续几天几夜发光。使这种材料更名声大震的是在美国遭遇“9.11”恐怖袭击时。当时世贸大厦瞬时土崩瓦解，全部电力系统中断，而长余辉材料在断墙残垣的通道、楼梯间依然闪光，为成千上百的滞留在大厦内的人员指出生命之门。在此以后，这种长余辉材料为建筑设计人员青睐。

又如在混凝土中增添荧光材料，在高速公路上可以大显身手。在浓雾、阴霾的天气，在汽车车灯照耀下，路面就清晰可见，能够减少交通拥挤压力。

还有一些荧光材料，适应某种特定颜色的光，甚至紫外线的照射，在某些特定用途和特意设置的建筑上可起作用。在荷兰埃因霍温市，出现一条超美的夜光自行车道。道上铺满涂有荧光涂料的太阳能发光石。这些荧光闪闪的石块呈漩涡状排列，绘制出蜿蜒瑰丽的星空效果。设计灵感来自凡高的名画《星空》。

11.5.2 反光材料

反光材料是指对光的反射率高出一般物体数十倍到数百倍的材料。它本身不需要能源，但可以反射外部照射绝大部分光线，凭借反射汽车车灯和灯光就能一览无余地观察数百米内建筑通道和公路的变化情况。

反射材料现有玻璃微珠型（微珠直径一般小于 200μm，折射率 2.2）和微棱镜型（微晶立方角体）反射材料。

11.5.3 光催化材料

光催化材料是一类在光线（一般为阳光）照射下自身没有变化却能促进其他物质发生化学反应的材料。现在应用最广的纳米 TiO_2 微粉在紫外线或阳光照射后，产生具有很强氧化能力的表面电荷（电子和空穴），可以将有害的重金属离子还原，有机物降解为 H_2O 和 CO_2。

光催化材料已经波澜不惊地进入众多建筑，使玻璃具有自防尘、自清洁、超亲水特征，使卫生洁具及釉面具有防污、易于清洗、杀菌功能，消除建筑污水中的有害有机物，除去空气中的氧化氮、甲醛等有害气体。

11.5.4 电光材料

人工点火开始了人类照明领域的第一次革命，火把、蜡烛、油灯延续了数万年的历史，而爱迪生发明的电灯被认为是照明领域的第二次革命，这也是用电致光的开始，人类从此有了灯光照明的夜晚，现在世界范围兴起的 LED 灯是白炽灯、荧光灯后的突破性产品，被誉为第三次照明革命的到来。LED（发光二极管，Light Emitting Diode，含镓、砷、磷、氮的化合物）是建筑节能、建筑环保的首选措施之一。由于在 LED 照明上的杰出贡献，3 名科学家获 2014 年诺贝尔物理学奖。他们研发成功蓝光 LED，使 LED 具有开发成日常照明工具的潜质。

一盏 LED 灯由数十个发光半导体晶片组成，在电流作用下，电子和空穴源源不断地产生，以光子形式发出能量，从而灯可以持续发光，具有了开发成为日常照明工具的潜质。

LED灯与100年前爱迪生时代的白炽灯和几十年前的荧光灯相比有天壤之别，它使用电压仅1V多，电流仅零点几毫伏就可满足，完全适应微型太阳能光、热发电和风力发电。如果以计算照明用“流明每瓦”（lm/W）为单位，那么油灯效率为0.1，白炽灯效率为16，荧光灯效率升至70，而LED灯效率高达300。

荧光灯不可避免地遭到淘汰的原因是低压汞蒸气具有污染，紧凑型荧光灯破碎后，周围空气中汞浓度会迅速上升到10～20mg/m^3，使人头昏、咳嗽、发烧、呼吸困难、记忆明显减退，现在采用垃圾深埋方式，一支荧光灯管的汞含量又会造成180t地下水严重污染。

LED灯环保、节能、安全长寿，使用寿命达10万小时，低能耗、高亮度、免维护、易控制、反复开关无损寿命。LED灯具有巨大优势，正如诺贝尔奖委员会所说：如果说白炽灯泡点亮了20世纪，那么21世纪将闪耀在LED灯下。

统计数据表明，2014年我国用于照明的电量为2500亿度，如果仅仅1/3改用LED灯照明，每年即可节电800亿度，这一数字已超过长江三峡的年发电量。美国能源部门预测如果美国日常照明全部改用LED灯，每年节约电费可达600亿美元，LED灯进入日常照明是大势所趋。目前很多国家已把LED照明产业列入国家发展计划，重要的有中国“国家LED照明工程”、美国“彩虹计划”、日本“21世纪之光”等，LED灯还可帮助世界近15亿贫困人口告别没有照明的时代。

在中国，我们已有了美轮美奂的北京水立方和上海世博轴的LED景观照明系统，就在近年内，LED灯在中华大地各节能建筑中会获得广泛应用。

11.5.5 光导纤维

光导纤维（Light Guide Fiber或Optical Fiber）又称光学纤维。光纤是一种由两层折射率不同的石英玻璃或聚合物制成的，通过折射传递光波的纤维状材料。在一定意义上，光导纤维是玻璃概念的延伸。

光导纤维的诞生源自20世纪50年代拥有英国美国双重国籍的华裔科学家高琨一个猜想：一层1000m厚的玻璃如水晶一般透明，不含杂质，也能透光吗？高琨为此锲而不舍，顶住无数冷嘲热讽开发成功光导纤维，当时人们认为光线在细如毛发的纤维中间传播，是异想天开，但几乎在转瞬之间，光导纤维便风靡世界，成为信息时代的宠儿。高琨被誉为“光纤之父”，荣获2009年度诺贝尔奖。

现在光纤通信网络已覆盖全球，纵横交错数千万公里。光导纤维也成为性能卓越、飞声腾实的功能建筑材料。光导纤维柔软、易弯曲、加工方便，可引导光线按特定方向传播，具有“寸烛之辉映照广厦”的特性，在阳光引入到建筑方面可发挥重要作用。光导纤维又是信息传递的载体，是很多智能建筑材料的重要组成，光导纤维可以制成透明墙壁、板材，既能承重又能透光。

11.5.6 细纤维状建筑材料

据英国媒体报道，由瑞典公司Belatchew Arkitekter设计、建于瑞典斯德哥尔摩的“毛发摩天大楼”设计与众不同，从外观上看非常像戴着巨大的假发。然而，专家指出，它将成为未来高层建筑设计新宠儿，不仅具有景观性，还是一座环保建筑，可以产生电涌，甚至夜晚整个大楼能够发光。

事实上，这种建筑的“毛发”就是纤细的纤维，在风中吹动时能够将动能转变为电能，充分利用高层建筑的风力资源。

这种奇特的建筑覆盖物甚至可作为一个旅游景点。持续飘动的吸管从外观上形成一种波浪状景观，被认为处于静态的摩天大楼突然间变得生动起来，甚至整个建筑体能够“呼吸”。

吸管结构在风中飘动使摩天大楼的外观处于变化之中，在夜晚这些吸管会发光，使整个建筑大楼不断变换色彩。

11.6 生态建筑材料

和上述的各种具体的材料不同，生态建筑材料是一种概念，一个目标，是所有建筑材料都应努力实现的功能。

材料来源和制造工艺的生态化与材料性能的智能化是功能建筑材料的一重要特征。生态、智能本身就是材料重要的功能，是现在建筑材料得以推广应用的必要条件。换句话说，人们在试验室里呕心沥血研制出来的一些材料，开始应用于特殊需要场合，在满足生态节能要求以后，才能大规模地生产应用到建筑中来。这也表现为原来应用很广的一些材料，因为能耗过高、环保表现相形见绌，慢慢退出建筑领域。石棉就是典型例子。它应用 2000 余年，古代甚至带有传奇色彩的名称“火烷布”，20 世纪中期世界各国都在大规模开采，最高时期年产量达 500 万吨。我国甚至用其作为地名：雅安市石棉县。而在石棉被确认为致癌物质以后，短短 10 年间在工业和建筑中已不见踪迹。最近登场的材料，必定是生态建材或绿色建材。

绿色建材，又称健康建材、环境调和建材、生态建材，1988 年由第一届国际材料科学研究会提出概念，1992 年国际学会讨论通过，明确定义绿色建材为“在原料采用、产品制造、使用或者再循环以及废料处理等环节中对地球负荷最小和有利人类健康的建筑材料”。1993 年国际建筑协会采纳并制定细则，绿色建材涵义很宽，但主要是指资源、能源消耗小，可以提高人类生活质量与环境协调的材料。生态建材（Ecological Building Materials）属于生态材料的范畴，生态材料的英文名字是 Ecomaterials，它是 Environment Conscious Materials（环境协调性材料）和 Ecological Materials（生态学材料）的缩写。生态材料是对环境友好的材料，它不给环境带来太多的负面影响，自此引起广大材料科学工作者的关注。不同的学者从生态环境角度出发，研究材料的环境问题或材料的环境影响及其特性。所谓环境影响，主要包括资源摄取量、能源消耗量、污染物排放量及其危害、废弃物排放量及其回收、处置的难易程度等因素。

从循环的角度来理解生态建材的特性，生态建材是从原料开采、制造、使用至废弃的整个生命周期（Life Cycle）中，对资源和能源消耗最少、生态环境影响最小、再生循环利用率最高，或可分解使用的，具有优异使用性能的系列新型建筑材料。

不同的研究者对生态建材有不同的理解，一般认为，生态建材应具有以下三大特性（图 11-5）。

① 生态建材应具有先进性，它既可以拓展人类的生活领域（Expanding Human Frontiers），又能为人类开拓更广阔的活动空间。

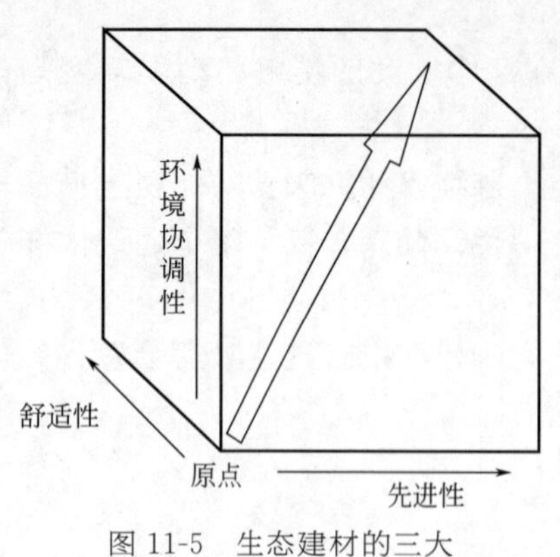

图 11-5　生态建材的三大特性及其相关性

② 生态建材应具有环境协调性（Environment Conscious），它既能减少对环境的污染危害，从社会持久发展及进步的观点出发，使人类的活动范畴和外部环境尽可能协调，又在其制造过程中最低限度地消耗物质与能源，使废弃物的产生和回收处理最小，产生的废弃物能被处理、回收和再生利用，并且这一过程不产生污染。

③ 生态建材应具有舒适性（Amenity），它既能创造一个与大自然和谐的健康生活环境，又能使人类在更加美好、舒适的环境中生活。

综合具备上述 3 种特性的建筑材料便构成了生态建材，也就是说，具有这种特征的建筑材料或工艺技术，可称为"生态建材"或"建筑材料的生态环境化技术"。换句话说，生态建筑材料既要追求与生态环境相协调的东西，又要按照生态环境的要求努力进行传统建筑材料的革新。

生态环境材料研究的主要方向有：a. 减少人均材料流量，减少材料集约化程度；b. 减少寿命周期中的环境负荷，使用生态化的生产工艺；c. 开发天然能源，使用藏量丰富的矿物和天然材料；d. 避免使用有害物质，使用"清洁"材料；e. 使用长寿命材料，强化再生利用，强化生物降解性；f. 修复环境，强调生态效率（性能-环境负荷比）；g. 环境负荷小的高分子合金设计；h. 可再生循环高分子材料的设计；i. 完全降解高分子材料设计；j. 高分子材料加工和使用过程中产生的有害物质无害化处理技术。

现在所称的生态建材或绿色建材是指采用清洁生产技术，不用或少用天然资源和能源，大量使用以工农业或城市固态废弃物为原料生产的无毒害、无污染、无放射性，达到使用周期后可回收利用，有利于环境保护和人体健康的建筑材料。绿色建材包括以相对最低的资源和能源消耗、环境污染为代价生产的高性能传统建筑材料，如用现代先进工艺和技术生产的高质量水泥；能大幅减少建筑能耗的建材制品，如具有轻质、高强、防水、保温、隔热、隔声等功能的新型墙体材料；具有更高的使用效率和优异的材料性能，从而能降低材料的消耗的材料，如高性能水泥混凝土、轻质高强混凝土；具有改善居室生态环境和保健功能的建筑材料，如抗菌、除臭、调温、调湿、屏蔽有害射线的多功能玻璃、陶瓷、涂料；能大量利用工业废弃物的建筑材料，如净化污水、固化有毒有害工业废渣的水泥材料，或经资源化和高性能化后的矿渣、粉煤灰、硅灰、沸石等水泥组分材料。绿色建材的定义围绕原料采用、产品制造、产品使用和废弃物处理 4 个环节，实现对地球环境负荷最小和有利于人类健康两大目标，达到健康、环保、安全及质量优良 4 个目的。绿色建材生产所用的原材料是利废的，主要原材料使用的一次性资源最小，在原材料的采集过程中不会对环境或生态造成破坏；生产过程中所产生的废水、废渣、废气符合环境保护的要求，同时生产加工过程中的能耗尽可能少；使用过程中的功能齐备（如隔热保温性能、隔声性能、使用寿命等），健康、卫生、安全、无有害气体、无有害放射性等；在其使用寿命终结之后，即废弃时不造成二次污染，并可再利用的材料。

发展绿色建材既有利于工业领域的节能减排，又可推动建筑节能，并使住宅更加环保和安全延寿。

日本三泽千代治是日本建筑界的翘楚，他一直呼吁从自然环境和人文主义的角度考虑 21 世纪人类住宅的特征，并且反思以往建筑给地球留下的硬伤和隐患——无法消解的建筑垃圾、生态污染、环境破坏、资源浪费等。三泽千代治除推荐“太阳能电池”“零能源住宅”等已广为人知的概念外，还独创一些很有启发的新的见解，如建筑与植树同步进行，建设树木与孩子共同成长的森林住宅，几种生态材料混合使用，并且不断维护等。尤其是随着人类寿命延长，在设计时要未雨绸缪，住宅的使用寿命应该达到 125～150 年，而且单元住宅面积相应扩大，满足未来四世同堂或五世同堂家庭的需要。

绿色建材是当前全球化的可持续发展战略在建筑领域的具体体现之一。由于地域、观念和技术等方面的差异，世界各国对绿色建材的认识水平和应用程度不同，发展侧重点也不同。综合来看，绿色建筑发展方向是智能化和纳米技术。在这两个方面与现代科技紧密相连，与其他学科有较多交叉，而在这两方面的研究，还有很长的路要走。

11.6.1 生物降解材料

生物降解材料是一种重要的生态高分子材料。它是指在一定条件下、一定时间内能被细菌、霉菌、藻类等微生物降解的一类高分子材料。真正的生物降解高分子在有水存在的环境下，能被酶或微生物水解降解，从而使高分子主链断裂，分子量逐渐变小，以致最终成为单体或代谢成二氧化碳和水。

生物降解性高分子材料的降解通常是以化学方式进行的，即在微生物活性的作用下，酶进入聚合物的活性位置并渗透至聚合物的作用点后，使聚合物发生水解，从而使聚合物的分子骨架发生断裂，成为小的链段，并最终断裂成稳定的小分子产物，完成降解过程。一般高分子材料通过生物物理作用、生物化学作用和酶的直接作用等途径而进行降解。长寿命高分子材料的开发是未来高分子材料重要研究内容之一，但是应根据用途和是否对环境产生深远影响进行综合研究。通过延长高分子材料的使用寿命，从而提高资源的利用率，降低资源开发速度。

11.6.2 仿生物材料

仿生物材料是指人工制造的具有生物功能、生物活性或者与生物体相容的材料。仿生物材料在生物兼容性的基础上，从材料的制备到应用都与环境、人体有着自然的协调性。已经研究开发的仿生物材料主要有生物陶瓷及其复合材料、组织工程材料和仿生智能材料等。生物降解材料和仿生物材料已开始成为建筑材料，如以淀粉为原料的塑料制品、磷酸盐玻璃、仿生物建筑复合材料构件等。

在 20 世纪，许多功能建筑材料脱颖而出，声名鹊起，好似京剧中的生、旦、净、末、丑各种角色都陆续登场，21 世纪新型建筑的大戏已经开幕。

12 建筑材料与建筑新概念

12.1 建筑材料与建筑能耗

12.1.1 建筑节能的意义

建筑节能是关系人类命运的全球性课题。建筑节能的概念，源自1973年开始的世界性能源危机。能源危机爆发后，石油价格飞涨，节能问题开始引起广泛重视。建筑行业是耗能大户，建筑材料在生产过程中需要消耗大量的能源，为了在建筑物的内部创造一个适合人们生活、生产和开展各类社会活动的环境，建筑物在使用过程中还将不断地消耗能源。建筑用能要消耗全球大约1/3～1/2的能源，耗费全球用电量的78%，造就超50%的温室气体。建筑在用能的同时，还排放大量污染物，如总悬浮颗粒物（TSP）、二氧化硫（SO_2）、氮氧化物（NO_x）。于是，各国开始普遍重视建筑节能。

起初，建筑节能被称为Energy saving in buildings，字面上的意思就是建筑节能；随后，建筑节能往往改称为Energy conservation in buildings，有减少能量散失的意思；后来，建筑节能又普遍称为Energy efficiency in buildings，意思是要从积极意义上提高建筑用能效率。建筑节能含义明确，各国都在积极行动。近来正在推行的太阳能建筑、绿色建筑、生态建筑、可持续建筑的概念核心和关键内容都是建筑节能。

我国幅员辽阔，根据气温分析，国土绝大部分地区的居住建筑都需要采取一定的技术措施来保证冬夏两季的室内舒适环境。北方严寒地区和寒冷地区主要考虑冬季采暖，南方夏热冬暖地区主要考虑夏季降温，而地处长江中下游的夏热冬冷地区，则要兼顾夏季降温和冬季采暖。因此，该地区的建筑节能尤为重要。

所谓能耗，就是能量通过流动产生的消耗。热量不断由高温处向低温处流动，在建筑中，这种热量流动时时刻刻都在发生，而且不断变化。建筑能耗是指建筑在建造和使用过程中，热能通过传导、对流和辐射方式对能源的消耗。按照国际通行的分类，建筑能耗专指民用建筑（包括居住建筑和公共建筑）使用过程中对能源的消耗，主要包括采暖、空调、通风、热水供应、照明、炊事、家用电器和电梯等方面的能耗；其中，以采暖和空调能耗为主，各部分能耗大体比例为：采暖、空调占65%，热水供应占15%，电气设备占14%，炊事占6%。上海地区的建筑能耗构成见图12-1。

建筑能耗产生的主要原因大体分为两部分：一部分是满足人类不断增长的物质文化生活需求而产生的；另一部分是由于建筑物围护结构向外界进行热交换而造成的，包括气候、建筑规模、家用电器和建筑舒适度要求提高4个方面。

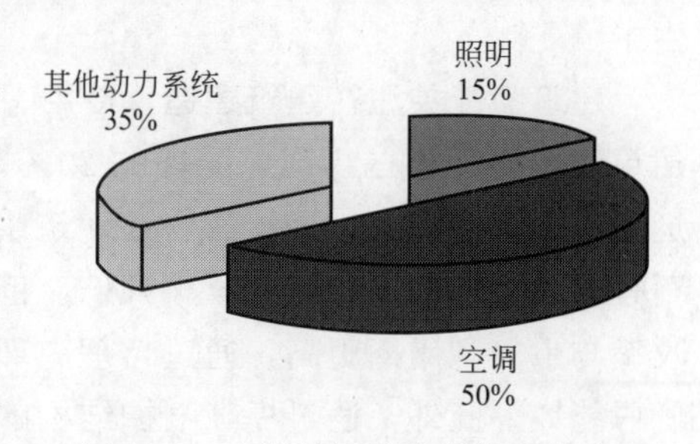

图12-1 上海地区的建筑能耗构成

建筑节能是指在居住建筑和公共建筑的规划、设计、建造和使用过程中，通过执行现行建筑节能标准，提高建筑围护结构热工性能，采用节能型用能系统和可再生能源利用系统，切实降低建筑能源消耗的活动。

建筑节能的内涵是指建筑物在建造和使用过程中，人们依照有关法律、法规的规定，采用节能型的建筑规划、设计，使用节能型的材料、器具、产品和技术，以提高建筑物的保温隔热性能，减少采暖、制冷、照明等能耗，在满足人们对建筑舒适性需求（冬季室温在16℃以上，夏季室温在26℃以下）的前提下，达到在建筑物使用过程中，能源利用率得以提高的目的。这一努力主要围绕提高建筑物围护结构的保温隔热性能和提高供热制冷系统效率两方面展开。近年又在新能源（太阳能、地热能、风能、生物能）利用等方面开展了卓有成效的工作。

建筑节能对于我国尤其具有重大意义。虽然我国自1986年起开始推行建筑节能工作，但有数字显示，中国既有建筑近400亿平方米，其中95%属于不节能建筑。据预测，到2020年建筑将超过工业成为用能第一大户，采暖、空调制冷能耗占全国建筑总能耗的55%以上，住宅建筑单位面积的采暖能耗为相同气候条件下发达国家的3倍。建筑节能改造已成当务之急。

12.1.2 建筑的能耗

从人们堆叠石块、涂抹黏土开始，建筑就与能源密切相关。分布在世界各地的史前巨石建筑都是当时人们耗尽全部力量（甚至整个社会为此土崩瓦解）的产物。

建筑的能耗大致由以下三个部分组成：第一部分是相关建筑材料本身所需的能耗，如砖瓦、塑料、钢铁、水泥、玻璃等原料开采、冶炼、加工和运输的能耗。有时土木砂石等天然原料，所需能耗令人瞠目结舌。例如印第安人从数十公里之外将数十吨、数百吨的巨石跨山跨壑，穿越根本无法行走的山地、树林搬运到1000多米的高山之上；又如中国明清时代又为修造皇宫，从三千里（1500km）之外的云贵密林中砍伐巨木，辗转运输。史书记载，伐木工匠“一千余人入林，归者不足五百”，死伤惨烈程度超过战争。第二是建筑修造过程中的能耗，古代著名建筑都是能工巧匠精心加工的产物、要耗费大量人力物力，一些著名教堂、巨石建筑、陵墓修造时间都长达数百年。这其中当然有资金不足、战乱、灾荒等因素影响，但几代人耗尽气力、财富，已精疲力竭是主要原因。动用全部青壮年投入建造活动，连维持简单再生产都很困难，社会需要数十年时间才能喘息恢复，一些古代文明甚至从此一蹶不振，在历史长河中销声匿迹。在工业时代，许多建筑构件陆续开始在工厂制造，各种机械陆续取代人工，建筑修造时间大幅缩短，一些大型建筑从破土动工开始几乎每天都有日新月异的变化，往往只要数年，甚至更短时间就矗立于世。第三是建筑使用过程中的能耗，如人们活动的照明、电梯升降、维修，尤其是空调和采暖所需的能耗。在建筑百年寿命中，这部分的能耗时多时少，但一直在产生中。

建筑节能关注在建筑建造、使用、拆除与处理的全寿命周期各个环节减少能源消耗。建筑建造能耗约占建筑总能耗的20%，这部分能耗从建筑原材料的开采、提炼、生产、运输直到建造完成，最终蕴含在建筑中。例如，铝、钢等精细加工材料生产的能耗是砖石等初级材料的几倍，甚至十几倍。但与初级材料相比，它们更易于维护，拆除时的回收率与重复利用率更高，通过合理、环保的使用，可以大大降低材料的使用量，从而降低总能耗。此外，通过提高围护结构的保温、隔热性能，可以极大地减少室内温度的波动，从而减少空调、采暖能耗，助人们抵御严寒、酷暑的侵袭。围护结构指建筑与外界接触的建筑外表面，由外墙、外窗、天窗、玻璃幕墙、外门等组成。传统围护结构如黏土砖墙和普通的木窗的保温隔热性能很差，现在由聚苯板等高效保温材料，塑钢、断桥铝合金门窗组成的新型围护结构的保温性能提高了十几倍。

现代建筑材料种类庞杂，建筑材料的制造过程也包含几乎全部已有的生产工艺，常见的材料就有浇注工艺、水热合成工艺、烧结工艺、熔制工艺、机械化学工艺、溶胶凝固工艺、表面加工工艺、自蔓延高温合成工艺、冶炼工艺、化学合成工艺、层压成型工艺、复配合成工艺、抄取工艺、燃硫技术、针刺工艺、真空喷镀工艺等。随着新的材料陆续登场（如纳米材料），一些新的工艺也相应出现。各类工艺都需要不同能源、资源。

传统建筑材料对生态环境的影响有目共睹。例如每生产 1t 普硅水泥热料就要向大气排放 1t CO_2、0.74t SO_2和 130kg 粉尘；每生产 1t 建筑石灰要排放 1.18t CO_2，再加上生产钢材、玻璃、陶瓷、砖瓦等消耗燃料产生的废气，全国建材工业每年排放 CO_2 超 8×10^8t。这些气体即成为地球环境温室效应的主要因素之一，又对建筑本身产生负面影响。因为大气中 CO_2浓度的增加，会加速混凝土碳化过程，影响构件性能，缩短建筑使用寿命。酸雨会致使建筑表面腐蚀老化，建材生产过程中的大量飘尘，会沉积在建筑表面，发生导致建筑破损、倒塌、污染的电化学作用。建筑材料生产中，废水、固体废弃物、放射性、噪声、有害化学物质对环境影响也不容忽视。例如就建筑的主打原料水泥而言，每生产 1000kg 水泥需要 1100kg 石灰石，其中排放 500kg 的 CO_2，烧制、粉碎熟料需要 105kg 煤，而烧制过程中又产生 400kgCO_2。这就是说每生产 1t 水泥，就会向大气中排放近同样数量的 CO_2，我国水泥产量占据世界总量的 1/2 以上，每年排放数亿吨 CO_2，同时为包装这些水泥，每年需要砍伐几百万亩的森林以提供 300 万吨以上的包装纸。

据统计，建筑材料行业的烟尘和粉尘已占我国排放总量的 40％以上，危及所有建筑、交通和各类设备的寿命、所有人类的健康，成为了高能耗、高资源消耗、高污染的源头。

在建筑师尚未很好地借助于设计本身来提高建筑节能的情况下，只好求助于人工设备来取得相对适宜的室内人工环境。因此，空调成为主要的手段，但它是以牺牲大量的不可再生能源为代价。而空调占据建筑直接能耗的 1/2 已成为不争的事实。分体式空调并非权宜之计，它除了对居住者的健康带来不利影响外，还影响了建筑物的外观，甚至影响建筑物的安全与城市景观。

围护结构在建筑总能耗中所占比例约为 72％，若以其为 100％作基数，外墙的能耗传热量 30％，屋顶能耗 22％，地面能耗 15％，窗户的传热量占 20％，空气渗透量能耗为 13％，后两者相加则约占建筑全部耗热的 1/3，可见窗户和外墙在建筑能耗中占有较大的比例（图 12-2）。

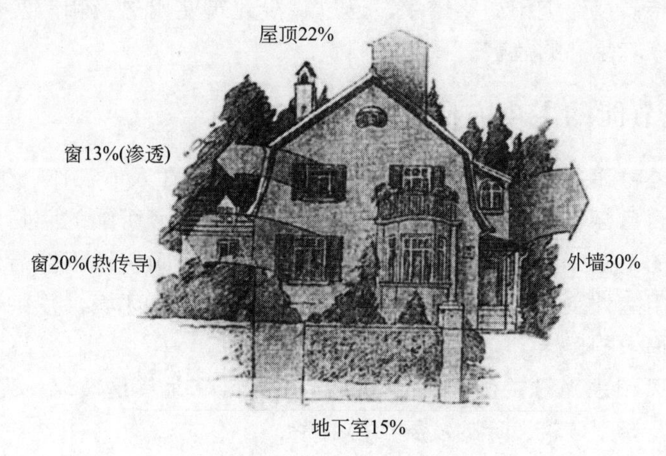

图 12-2　维护结构的耗能比例

就宏观而言，建筑节能无非有三条途径来实现：第一为“设计节能”，即建筑师从建筑设计方案就开始考虑降低能耗的因素，如太阳能、建筑体型、气候、朝向、建筑色彩、地方资源、建成环境等，把这些因素综合考虑并体现在建筑方案中，亦即降低能耗始于设计；第二为“终端节能”，可通过建筑设备的智能化设计来实现终端节能；第三为“建材节能”，必须从材料的生产、加工、使用，乃至建筑物的整个生命周期来考虑。三个方面相辅相成，密不可分，共同构成节能的系统工程。其中建筑设计，首先就要面临材料的选择。例如采光良好的墙体隔热和防渗漏结构，热工性能良好的减少较大热波动的材料等。

12.1.3 建筑节能对环境的影响

(1) 降低大气污染

由于对建筑进行保温，近20年间欧美已陆续推出低能耗、零能耗建筑，在普通公寓中间，只要有人员活动及正常电器和烹饪散发出的热量，或辅助太阳能、风能等可再生能源，就足以在严冬酷寒季节保持室内10℃以上温度，不再需要采取其他供暖方式。

众所周知，燃煤排放的气态污染物质是造成雾霾的主要因素之一，冬季采暖需要又是燃煤用量增加的主要原因。对房屋进行保温，减少用煤是一种釜底抽薪，降低雾霾的有效措施。对房屋进行保温（本书主要是指不减少居住面积和改变室内布置、装潢，结合装饰粉刷的外墙体外保温）也使诸多建筑延长使用寿命，焕发新颜，这也降低了水泥、钢材等材料能耗产品的需求量，从而从源头减少环境污染。

(2) 降低城市热岛效应

热岛效应是城市气候中典型的特征之一。它是城市气温比郊区气温高的现象。城市热岛的形成一方面是在现代化大城市中，人们的日常生活所发出的热量；另一方面，城市中建筑群密集，沥青和水泥路面比郊区的土壤、植被吸收更多的热量，并且反射率小，吸收率大，使得城市白天吸收储存太阳能比郊区多，夜晚城市降温缓慢，仍比郊区气温高。城市热岛是以市中心为热岛中心，有一股较强的暖气流在此上升，而郊外上空相对冷的空气下沉，这样便形成了城郊环流环，空气中的各种污染物在这种局地环流的作用下，聚集在城市上空，如果没有很强的冷空气，城市空气污染将加重，人类生存的环境被破坏，导致人类发生各种疾病，甚至造成死亡。

城市的主要特点是建筑和道路密集，通过减少建筑使用热量和散发热量，可以有效降低热岛效应对环境生态的危害。

12.1.4 建筑节能的主攻方向

通风和采光是将建筑内部的温度、湿度、亮度维持在在人体工作、生活最适宜范围，是建筑设计的重要目标，也是建筑节能的主要内容。而在尽可能的回归自然，尽可能的不使用其他能源的基础上，全凭建筑材料的选用，建筑空间构造围护结构热工体系的集成化设计，以利用室外空气能量改善室内的热、湿、光、声环境，并保持室内空气品质是各类节能建筑追求的目标。

新型建筑通风和采光方式出现，受惠于建筑材料（尤其是玻璃、光导纤维、塑料、保温绝热材料）及新型建筑设计的发展相得益彰。

通风与采光都是建筑和外界交换能量的过程，两者在很多场合都密不可分。建筑周围的能量流动模拟图形表明能量流动与风的流动和光线变化有关。这方面世界各地都有成功的例子。

12.2 低能耗建筑与建筑材料

低能耗建筑应从低能耗设计开始。在德国，一个建筑设计师必须参与建筑的立项、设计、施工和维护等全过程，而不是仅仅局限于建筑设计一个阶段。德国对低能耗建筑的定义为供暖需求量必须低于 15kW·h/m²。1970 年前西德建造的住宅建筑，年供暖需求量为 200kW·h/m²，2002 年 2 月生效的建筑节能条例规定，建筑的年供暖需求量不能超过 75kW·h/m²。如果换算成燃油来计算，这要求低能耗建筑每年每平方米应该能够节约 1.5L 的燃油。节能建筑设计有几条广泛认可的原则。其中除建筑朝向以外，都与建筑材料的选用密切相关。而建筑朝向，也和在适当的方位安装南向的大面积玻璃窗户，避免出现阴影位置相关，是优化使用太阳能供暖的一个重要条件。

12.2.1 优化墙体绝热性

利用简单的建筑外轮廓，相对于使用凹凸建筑外轮廓及复杂的空间分割，在表面积相同时将获得更多的使用空间。墙体具有高效隔热性的前提条件是，建筑外墙的选材必须使用优异的绝热材料。再以岩棉保温材料应用为例，每 1t 岩棉在使用过程中就可节约 1t 石油燃料，而岩棉的生产和安装能耗不会超过 0.1t 石油。节能效果明显。

在住宅进行平面规划时，首先要把对居住舒适性有很高要求的区域设计靠近南墙，而厨房、卫生间、工作室相应可以靠近北墙。杂物间、角落、管道等必须注意避免热能的传递。建筑外墙中所使用的所有非透明的建筑材料都要有很好的隔热作用（即每平方米外墙每 1℃的内外温差会有 0.15W 能量的损失），因此窗户的隔热效果及窗框的细节处理就具有非常重要的作用。这种窗的设计应由 3 层隔热玻璃组成，窗框由木材或合成材料充填隔热内层，窗与墙体的连接部分在建造时应尽可能作隔热处理。窗的室内部分采用适当的密封材料和墙体连接，使其达到空气密闭的效果。

控制建筑内部的空气流通首先可以达到节能作用，因为通过空气的热能交换可以重复利用室内已被加温的空气中的大部分热能。因为低能耗建筑对供暖能源要求低，所以家用电器和居住者所产生的热能不可忽略（每个居住者能提供大约 80W 的热能），而是要充分利用这部分能量，让其作为对外部新鲜空气加温时所需能量的一部分。

在冬天，新鲜的空气需要预先进行额外加温，才可进入室内，因此持续的空气交换一方面保证了室内的空气质量；另一方面，低耗能建筑也可以吸收排出气体中 75%的热能，在空气交换时用以加热新鲜空气。

12.2.2 使用新能源

建筑物所使用的主要能源可以通过对太阳能和其他可再生能源的积极主动使用而降低对常规能源的需求。例如，生活用热水可以通过太阳能系统加热，并且同时使用热泵存储剩余的热水，由此可以省去很多家用电器的用电而达到相同的使用效果。相对而言，在夏季，如何控制减少建筑内部的热源，也是低能耗建筑的一个重要方面。

将来房屋不仅是不消耗能源．而且是一种能够生产能源的产品。

"在节省电力和供暖需求的同时，并没有降低居住者的舒适性，让居住者满意，是建筑设计师最终的目的。低能耗建筑的住户在舒适程度上的评估结果，是一个建筑设计师成败的关键。"

12.2.3 建筑材料的选用

建筑节能不仅表现为建筑材料、建筑备件的生产、性能的改进，建筑的结构、功能的提高也表现在建筑的营造过程中的能耗的多少。几千年来，人们的建筑方式都是在地基上增砖添瓦、架木搭石，木材、石材就地加工，产业革命以后开始使用各种机械，在现场施工，玻璃、钢材、水泥的长距离运输方式成为可能。20 世纪中期开始，建筑材料可直接在工厂加工为配件。

建筑材料的选用直接影响到建筑结构和性能。例如，现代钢铁材料、塑料材料能够实现过去砖瓦、石材无法完成的造型，建筑材料的重要分支保温绝热材料的应用，可以改变建筑内外空气的流动，吸收或散发热量，调节建筑通过吸收、释放太阳辐射能量内部采暖、炊事、照明、空调等能量，从而降低建筑能耗。

建筑材料的使用寿命更直接左右建筑能耗的多少。若一幢住宅建筑使用寿命仅 30 年，材料损坏破烂后需要重拆翻盖，而另一幢同样结构的住宅经历 80 年风雨仍然安然无恙，两者使用能耗多少对比一目了然。

随着现代生产技术的不断提高，各种新材料不断被应用于建筑之中，而为这些新型建筑结构、建筑形象所搭配的辅助性装置也越来越多。由于不同材料所具有的不同特性，有时即使是搭配同一种辅助性的装置，也可以得到截然不同的两种建筑效果，再加上新材料所带来的全新表现力，使得一些简单而传统的辅助性装置也可以得到更加新颖的功能与形象效果。

现在各国设计人员充分发挥各类功能材料的特性，进行多方尝试。国外几幢匠心独具、有代表性的节能建筑，在材料、设计和技术上各具特色，引起广泛关注，代表世界范围内建筑发展方向。

12.3 建筑新概念

自 20 世纪以来，建筑材料性能及相应施工方法发生了影响深远的变化，建筑结构方法和体系的不断涌现，各种功能材料营造的节能建筑尤其是太阳能建筑出现，使人们改变了建筑必须不断消耗能源的思维定势，使建筑除生产和居住之外还具有产生能量、改善生态的功能，经数十年发展产生了的现代建筑概念。

21 世纪有智能建筑、健康建筑、低能耗建筑、生态建筑、绿色建筑、可持续发展建筑、生命建筑等多种建筑新概念。这些建筑称谓不同，强调重点有所差异，但共同点都包含建筑的 3 个层次的内涵：a. 低环境冲击性，减少对资源、能源的依赖；b. 高环境融和性，保护自然环境，与自然环境和谐共生；c. 生活居住环境的舒适性、健康性。

12.4 生态建筑、绿色建筑、可持续发展建筑

现在有生态建筑、绿色建筑、可持续发展建筑三种新概念建筑，这 3 种建筑称谓不同，其中生态建筑立足点是环境，绿色建筑强调健康，而可持续发展建筑偏重能源。

生态建筑、绿色建筑、可持续发展建筑 3 种新概念建筑的对比如表 12-1 所列。新概念建筑与能耗和环境关系见表 12-2。

表 12-1　三种新概念建筑的特点

类型	名称起因	主要特点	立足点
生态建筑	人类生存环境的不断恶化，对环境意识的提高	①强调生态环境和自然条件为价值取向； ②更倾向低技术，被动地利用资源； ③基于自然条件下的生长发展	环境
绿色建筑	人们对居住的生存空间和环境的要求更高	①有机的整体概念，覆盖建筑物的整个生命周期； ②低技术/高技术，主动地/被动地利用资源； ③基于能源的节约、利用，更加可持续	健康
可持续发展建筑	能源的逐渐枯竭，非合理利用以及产生的负面影响	①“需要”和对需要的“限制”； ②更倾向高技术，主动地/被动地利用资源； ③基于社会的发展和合理有效的资源利用	能源

表 12-2　新概念建筑与能耗和环境关系

建筑历程	能耗状况(阶段)	人与自然的环境关系
舒适建筑(comfortable building)	高能耗	向自然界大肆索取能源，追求舒适、高消费，强调人在自然中主体地位，造成高能耗，自然资源锐减
健康建筑(healthy building)	高能耗	强调人是自然界的主体，主张人类要征服自然。但也开始注意到人与自然的矛盾所带来的危害，人类逐步追求与自然的和谐、健康发展，但仍处于高能耗、低效率的阶段
绿色建筑(green architecture)	高能量效率	大量利用可再生能源(Renewable Energy)和未利用能源(Unused Energy)，亲近自然和保护环境，从天然自发的生态环境向人工与自然共存的自觉的生态环境回归

绿色建筑、生态建筑、可持续发展建筑都属 21 世纪有机的整体概念新建筑，这一概念应贯穿于建筑物的规划、设计、建筑、使用以及维护的全过程，覆盖建筑物的整个生命周期。

新建筑关注建筑材料与能源的合理利用与节约，因而在建筑的设计阶段，对建筑物建造与使用过程的每个环节都应进行认真筹划，以求最大限度地节约能源与材料。

新建筑就是“资源有效利用的建筑”（Efficient Buildings），亦即节能、环保、舒适、健康、有效的建筑，简而言之为低能耗、低污染或零能耗、零污染的建筑。智能建筑和绿色建筑，应该是人们追求的智能绿色（生态）建筑相辅相成的两个方面。如果一味强调自动监控设施的大量投资，强调生活舒适、便利而耗费过多能源，一些智能建筑，形成依靠空调和人工照明来维持的与自然隔绝的人造生物圈，不仅耗能，更为重要的是现代建筑带来室内空气品质的劣化。各种现代病应运而生，表现为建筑病综合病（SBS）、大楼并发症（BKI）和化学物质过敏症甚至诸如白血病、脑瘤等恶疾。智能生态（绿色）建筑发展实现的适用技术，主要有主动式技术和被动式技术两种，前者指利用机械等各系统和输入能源来改变环境的建筑技术，后者指利用自然力，如阳光、风力、气温、生物能等，尽可能不依靠复杂的设备、能源等外部支撑的建筑技术。生态建筑的内涵见图 12-3。这其实也体现

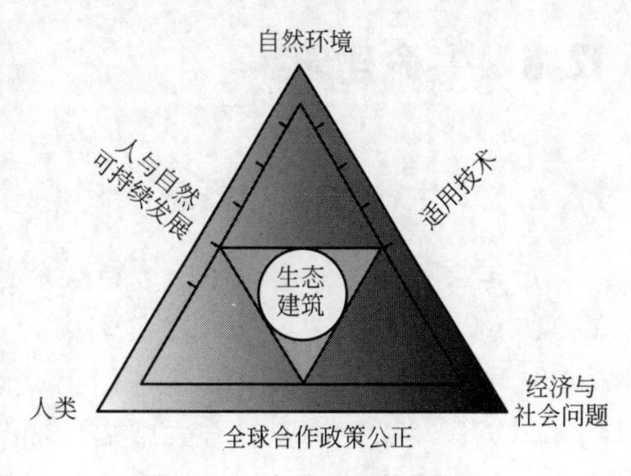

图 12-3　生态建筑的内涵

了智能和绿色的不同倾向。二者并不是孤立地被强调其中一种，而应具体结合地域资源及环境经济，各择其长。生态节能建筑中相关建筑材料的核心技术见图 12-4。

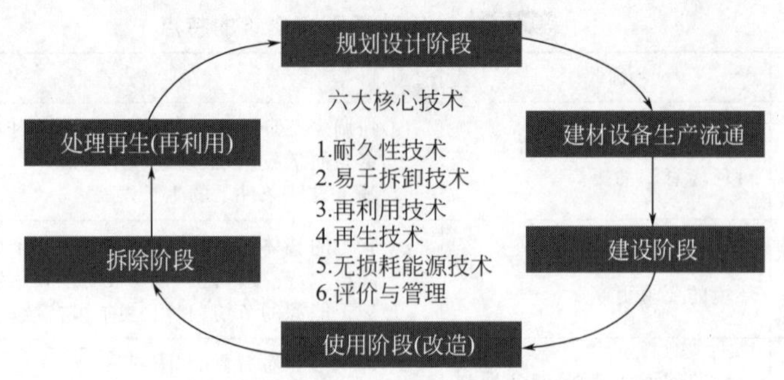

图 12-4　生态节能建筑中相关建筑材料的核心技术

片面追求绿色也不可取。数十万年以前，猿人用树枝和黏土搭建设窝棚，直到 20 世纪 70 年代，在农村用土坯和稻草盖房，都属生态建筑，但这种建筑居住极不舒适。

12.5　智能建筑

有人认为，智能建筑是随信息革命的浪潮发展，是建筑业更新换代的一次革命，是现代电子技术与人类最古老行业的结合，是现代化社会的标志。一个国家拥有多少数量的智能建筑，以及这些建筑的智能化程度高低，是该国国民经济综合实力的象征。

智能建筑的重要标志是智能化集成系统。它是通信自动化、建筑设备自动化和办公自动化 3 个系统的集成，是原来建筑物中的弱电系统质的飞跃。

中国智能建筑专业委员会将智能建筑定义为：智能建筑系利用系统集成方法，将智能型计算机、通信技术、信息技术与建筑艺术有机结合，通过对设备的自动监控，对信息资源的管理和对使用者的信息服务及其与建筑的优化组合，所获得的投资合理、适合信息社会需要并且安全、高效、舒适、便利和灵活特点的建筑物。

更准确地说，智能化技术只是手段，“可持续发展技术”才是今后智能建筑技术发展的长远方向。因而，除继续利用上述现有智能化高端技术实现可持续发展目标外，新兴的环保生态学、生物工程学、生物电子学、仿生学、生物气候学、新材料学等技术也可促进发展。

12.6　生命建筑

12.6.1　生命建筑的概念

近年来科学家们提出了一个新观念：“给建筑以生命!” 1994 年底，来自 15 个国家的 340 位不同领域的科学家在美国聚会，提出运用新材料和新技术，建筑与生物界相仿的、能感受外界和自身变化并作出反应的建筑物，这就是生命建筑。他们呼吁建筑物和建筑材料以生物界的方式感知内部的状态和外部的环境，并及时做出判断和反应。生命建筑应具有神经系统，能感知和预报建筑物内部的隐患、整体或局部的变形和受损的情况；应具有肌肉，能自动改变建筑构件的形状、强度、位置和振动频率；应具有大脑，能迅速地处理突发事故，能自动调节和控制使整个建筑系统处于最佳工作状态；生命建筑的建筑材料还应具有生存和康复能力，在灾害发生时能自己保护自己，继续存在下去。

生命建筑不同于目前译称的"智能化建筑"。智能化建筑具有管理、办公、通信和信息自动化功能，但它本身的结构和材料不具有任何生物特征；人工智能仅体现在建筑主体完成之后添装的为人服务的自动化设备上，尽管可以在它身上无休止地添加人类的各种杰作，但它终究是无生命的。

生命建筑与可持续建筑含义基本相同。可持续建筑一词中的"持续"既有"可承受"、"绿色"的含义；也有"继续"、"后以为继"的含义。可持续建筑理念的核心：计及全面、计及长远；基本手法：使建筑处于积极动态之中，使建筑的环境、结构、功能优化互动。像世界万物一样，建筑始终处在动态之中。建筑动态有消极动态和积极动态两种。建筑消极动态指在自然和人为因素（如使用不当）作用下，使建筑发生变化而遭受不同程度的损害和破坏。建筑积极动态指人为主动地对建筑进行干预，使建筑发生良性变化——或增强结构、或改善功能、或美化环境——充分满足人类各种需要。

可持续建筑是综合考虑社会、政治、思想、生态、经济、科技、文化、美学等方面的因素，对建筑问题提出整合的解决方法。可持续建筑具有多方面的属性，如社会属性、系统属性、"绿色"属性、生态属性、文化属性、价值属性、参与属性、动态应变属性、科技属性、特殊商品属性等。

12.6.2 生命建筑的材料

生命建筑是个边缘课题，涉及各种科学领域，而且对人类的生活、科技、文化甚至法律会产生巨大的影响，所以全世界有越来越多的专家正卷入到生命建筑研究的洪流之中。

(1) 具有神经，能获得感觉的生命建筑材料

生命建筑有能获得"感觉"的"神经"。这种"建筑神经"，不仅能"感觉"到整座建筑或桥梁内部的受力变化，甚至能感应检测到承受外力时，桥梁所受的震动和桥的变形。如果桥梁产生裂缝，"神经"信号就会终止，从而便于预防，并能及时查出建筑的隐患所在。为了使生命建筑获得感觉，美国凡蒙特大学的彼得·弗尔在1992年把光纤直接植埋在房屋、道路、堤坝和桥梁的建筑材料中，作为建筑物的"神经"。光纤是光纤传感器的一部分。光纤传感器根据光纤神经路径外部建筑材料某种物理量的改变（如光的强度、相位和偏振度等）而取得光信号的相对变化特征。所以光纤能直接反映建筑物内部的状况。例如，如果建筑物中产生断裂，那么光纤也随之折断，光信号也就中断。光纤神经告诉人们更多的是建筑物变形和振动的情况。植埋在桥梁中的衍射光纤传感器不仅能感知整座大桥的应力变化，而且可以知道一辆卡车过桥时产生的振动和桥的变形情况。

光纤外包含有对盐碱敏感的变色化学材料后，材料的颜色变化会使光纤中的光通量改变，从而知道钢筋混凝土结构受盐分的侵蚀程度。

除光纤外，另一种神经是用压电聚合物做成的仅厚200～300μm的压力敏感薄膜。将它与建筑物的表面复合成一体，可以感知内外的压力的变化。生命建筑有了这些神经，

人们就可以经常对它进行健康检查。及时发现施工形成的内部隐患或探查以后腐蚀损伤的程度。采取必要的措施，防止建筑突然断裂、倒塌的惨剧发生。

(2) 具有肌肉，会迅速做出反应的生命建筑材料

生命建筑具有“肌肉”，对外界变化能作出反应。用能自动收缩和舒张的智能材料，如电热控制的记忆合金，就可改变梁内部的力和形状，使梁承受振动的能力增高。正在研究中的其他“肌肉”材料还有压电陶瓷、磁致伸缩材料、电磁流变液体等，它们已经在一些建筑上试验成功。振动是桥梁和高架道路损坏的主要原因。这些建筑中不同材料的合成梁的连接处是整个框架结构的薄弱环节。自由振动往往在此容易造成框架结构“散架”。美国南加利福尼亚大学的罗杰斯认为用智能材料充当生命建筑的肌肉，靠它自动地收缩和舒张可以改变振动频率和减少自由振动幅度，使框架结构寿命大大延长，养护费用降低。由计算机控制的这种人工肌肉的消振方法可使桥梁连接处经受振动的能力增加10倍。生命建筑的肌肉和神经互相配合，振动产生时工作，平时“休息”，所以被认为是一种理想的生命建筑的肌肉材料。其他一些生命建筑的肌肉也相继问世，主要有压电陶瓷、磁致伸缩材料和电磁流变液体。

(3) 具有大脑，能自动调节和控制的生命建筑材料

在生命建筑中有许许多多的神经、肌肉和为它们配套的驱动源。它们在建筑中立体分布，互相之间的作用、位置和关系十分复杂。它们作为生命建筑整体的一部分必须服从自然界生命基本的规律——协调和控制。生命建筑的“大脑”——一台大型计算机，它具有能判断、决策并进行协调的程序，对重要程度不同的部位传递信息，作出迅速的反应和处理。

研究生命建筑的主要目的之一是使人类真正能与山崩、地陷和风暴引起的自然灾害抗争，使建筑物在灾害之后得以保存，使生命建筑具有生存和康复能力。

地震和风暴造成建筑物大幅震动，从而摧毁建筑物。生命建筑要求在灾害发生时能自动做出“种种举动”，保护自己，生存下来。近年来，日本发展了智能化的主动质量阻尼技术。地震发生时，生命建筑中的驱动器和控制系统会迅速改变建筑物内的阻尼物（如流体箱）的质量，从而改变阻尼物的振动频率，以此来抵消建筑物的振动。这种方法也可以减少超高大厦和悬挂式桥梁因风力引起的摇摆。用化学混沌动力去干扰和破坏这样的周期振动，使建筑物的破坏性大幅振动转变为无序的能量分散的混沌运动，这是一种以少量能量去影响和减少巨大能量对结构破坏的有效途径。

美国伊利诺伊大学已研制出生命建筑自我康复的方法，它的执行元件是充有异丁烯酸甲酯黏结剂和硝酸钙抗蚀剂的小管。当生命建筑出现裂缝时，小管断裂，管内物质流出，形成自愈的混凝土结构，这完全像人体血液中的血小板，能够堵塞创口，使肌体康复。

生命建筑是模拟生命的基本模式和功能，是一种理想的未来抗震建筑。

12.6.3 绿色建筑材料、生态环境材料

1988年第一届国际材料会议提出绿色材料的概念。1992年又明确提出绿色材料是指在原料采取、产品制造、使用或者再循环以及废料处理等环节中对地球环境负荷最小和有利于人类健康的材料。而日本学者山本良一提出类似的“生态环境材料”的概念，认为

生态环境材料应是将先进性、环境协调性和舒适性融为一体的新型材料。

目前，世界范围研制的绿色建筑材料或生态环境建筑材料有“绿色混凝土”“高效保温材料”“储热材料”“再生利用型材料”“太阳能电池材料”“墙体屋面光热一体化建筑材料”“光纤钢筋混凝土材料”等。

生态建筑材料还应有一个常被忽视却影响很深的特性：易于亲近性。建筑材料有易于亲近和难于亲近之分。有些建筑材料，虽然工艺复杂，造成价昂贵，但人们初次接触这类材料构成的建筑时，总是需要一段适应过程，很难立刻产生宾至如归的感觉。相反，在木建筑中，人们容易产生亲近性。据日本学者解释：木材、稻草的光线反射率为50%，与人类皮肤的反射率基本相同，木材的光线反射对人无刺激，不会产生所谓住宅综合征。可能还有另一原因：人类始祖在森林中生活了几百万年，直到现在，树木仍然与人类朝夕相处，人类与植物都是生物圈中的组成部分，人对植物的亲近性是自然而然产生的。

今后，人们更会从心理学、生理学、生物学、材料学等诸方面探讨建筑材料易于亲近性的问题，人类开发的建筑材料也会更加关注易于亲近性。进入一座建筑，其构成材料和布置使人感到温馨、安全、宾至如归，是未来人工合成建筑材料的发展方向。

不论是智能建筑，生命建筑，还是绿色建筑，没有污染，可以提供热电能源的太阳能和光导纤维等新的材料都扮演不可缺少的重要角色。在建筑上的开发应用，包括太阳能热水器、太阳能发电、太阳光照明、太阳能取暖、制冷、太阳灶、各类太阳房和温室，是太阳能应用的重要方向，智能生态建筑，在很大意义上就是充分利用太阳能和其他可再生能源的建筑。另一方面，单纯关注保护环境，而回归到以土坯、茅草砌房，虽无污染，但居住条件极差的状态都不可取。真正绿色建筑也要依赖新兴环保生态学、生物工程学、生物电子学、仿生学、生物气候学、新材料学等学科的发展。

12.7 太阳能建筑概念

12.7.1 太阳能建筑的兴起

古往今来的各类建筑，都是耗能建筑，随着人们生活质量提高，用于采暖、保温、制冷、照明诸方面能耗日益增多，成为吞噬宝贵能源的黑洞，占据社会总能耗的最大比例。为降低建筑能源，人们想方设法，如增加绝热材料层厚度，采用新建筑造型、集中供热等，这些方法已取得部分效果。近年来，所谓“零能耗建筑”（Zero Energy Consumption Building）正日益成为人们关注的焦点。这种建筑基本不消耗煤炭、石油、电力等能源，就能维持建筑的正常运转需要。零能耗建筑的主要特点除强调建筑围护结构被动式节能设计外，将建筑能源转向太阳能、风能和浅层地热能等可再生能源，为人们的建筑行为，为人类、建筑与环境和谐共生找到一种新的解决方案。

建造零能耗建筑或超低能耗建筑（Very Low Energy Consumption Building）开始成为许多国家的指导性行动。只有太阳能建筑，既能满足建筑的“零能耗”（甚至向外供电）的绿色环保和可持续性的要求，又能满足建筑各种智能设施的运转。

太阳能建筑，是20世纪30年代开始兴起的材料、能源、信息革命在建筑领域的表现，是材料科学、计算机科学、生态环保科学系统工程、建筑科学与技术、物理科学

(尤其是光学和热力学)、机械科学与工程、生命科学、化学工程的综合应用和发展。

在三次能源危机和环境恶化的巨大阴影下，世界各国都对太阳能和其他可再生能源的开发利用给予前所未有的重视。仅仅在不足30年间，太阳能电池就由科技圣殿走向千家万户，由尖端产品成为建筑材料。

在冰川和洪水时代，人们就利用泥土和石块修造房屋，但是经过了一万年的岁月，才将泥土和石块的主要成分二氧化硅制造成为能够吸收阳光获得能源的太阳电池。和泥土、石块、水泥、钢铁不同，太阳能电池等材料的使用，建筑开始了由耗能大户向产能基地转换，太阳电池空前未有的革命，使建筑和能源两个长期对立的领域，开始亲密融合。

12.7.2 现代太阳能建筑的定义与内涵

传统太阳能建筑理念与实践是不采用特殊的机械设备，而是利用辐射、对流和传导等方法，使热能自然地流经建筑物，并通过建筑设计方法控制热能流向，从而获得采暖或制冷的效果。其显著的特征是：建筑物本身作为系统的组成部件，不仅反映了当地的气候特点，而且在适应自然环境的同时充分利用了自然环境的潜能，在解决建筑物的固有问题方面发挥着重要作用。

现代建筑材料和建设技术的大量利用，使中国积淀五千年的传统建筑理念和建造方法得到了继承与提升。例如可启闭的阳光中庭取代了传统的院落空间，温度分区的平面布局具有更大的适应性，通风、采光、保温、隔热措施的可控性更强，适应北方地区的掩土建筑在现代科技的支撑下获得了新生，传统“建筑中庭”发展成为复合组织交通、强化通风、自然采光、营造景观、邻里交往等更多功能的现代中庭，太阳能集热器与传统“火炕”的结合创造出现代局部采暖系统，空气集热强化地板储热采暖或通风降温系统替代了传统的烟气加热方法(如火炕、火墙)。

对比节能建筑的定义后，中国太阳能建筑专委会曾建议，将太阳能等可再生能源利用在建筑使用能耗中所占比例大于30%或基于现状建筑CO_2排放平均水平上的减排贡献率大于30%的建筑称为太阳能建筑。随着技术进步和经济发展，30%的指标将不断提高。

现代太阳能建筑的定义主要基于建筑运营中如何充分利用太阳能，是绿色建筑、可持续建筑的高级阶段，它们更强调建筑全生命周期中的资源循环，与自然的和谐共生等。

太阳能建筑具有开源节流的特点，集成了太阳能光伏发电、太阳能采暖/热水、太阳能制冷空调、太阳能通风降温、可控自然采光等新技术，可与浅层地能、风能、生物质能以及其他低品位能等广义太阳能技术结合，属于科技含量高、资源消耗低、环境负荷小的适宜建筑技术，汇集智能建筑和绿色建筑内容。因此，太阳能建筑将成为我国建筑的主流理念。

12.8 太阳能建筑的类型

12.8.1 太阳房

太阳房最初是用玻璃和绝热材料搭筑的房屋，人们看见室内阳光明媚、暖风熏人就形象为其取名太阳房。1939 年美国麻省理工学院建成世界上第一座用于采暖的太阳房，其后又陆续建造不同类似的太阳房。现在太阳房特指利用太阳能替代部分常规能源而使室内达到并且保持一定温度的房屋。有的著作认为太阳房是利用太阳能进行采暖和空调的环保型生态建筑，它不仅能满足建筑物在冬季的采暖要求，而且也能在夏季起到降温和调节空气之用。需要指出的是这种太阳房必须具有辅助热源，包括煤、气、油或电能。

据说最早描述太阳能在建筑上应用基本原理的是古希腊哲人苏格拉底（公元前 470～前 399）。在赞诺芬的回忆录中记载了他如下论述："冬天，太阳光线能够照射到朝南房子的门廊上，但在夏天，由于太阳运行的路径高过我们的屋顶，所以门廊上有阴影。因此最好的办法是使房子的南边高些，以便冬天室内能获得较多的太阳光，而房子的北边要低些，以便减少冷风的影响。"

太阳房是太阳能热利用的一种形式，也就是说太阳能通过集热器设施及房屋的围护结构传入室内，减少房间采暖对常规能源的需要量的可称为太阳房。在国内目前还没有统一的说法，有人把利用太阳能节能在 50%以上的房屋才称太阳房，低于此数的只能称为节能房。这是人们对太阳房的一些理解。

太阳房比较贴切的定义应该是：太阳房是利用建筑结构上的合理布局，巧妙安排，精心设计，使房屋增加少量投资，而取得较好的太阳能热效果，达到冬暖夏凉的房屋。也可以说，太阳房是指有目的地采取一定措施，利用太阳辐射能替代部分常规能源，使环境温度达到一定的使用要求的建筑物。如冬季利用太阳能采暖的称为"太阳暖房"，夏季利用太阳能降温和制冷的称作"太阳冷房"。通常，把利用太阳能采暖或空调的建筑统称为太阳房。

不论构思如何巧妙，造型如何奇特，太阳房基本原理都是利用太阳辐射热量与绝热材料墙板，屋面的不同搭配达到阻止热量从建筑中外逸或者流入，保持建筑内部一定热量舒适、节约能源的目的。太阳房不仅考虑玻璃、绝热材料、储热材料等的性能，更要注重建筑结构的整体效果，建筑并不仅是建筑材料的简单堆积。

12.8.2 被动得热太阳能建筑

由绝热材料墙板和其他设备以不同结构组合的节能建筑，有间接式得热系统和直接式得热系统，即主动式得热系统和被动式得热系统。

被动式系统的特点是，通过绝热材料墙板的组合，使建筑物的一部分或全部既作为集热器又作为储热器和散热器，既不需要连接管道又不需要水泵和风机。

被动式采暖系统有间接得热系统和直接得热系统。

间接得热的基本形式有：a. 特朗伯集热墙；b. 水墙；c. 载水墙（充水墙）；d. 毗连日光间。

其中特朗伯集热墙得到广泛应用。

将集热墙向阳外表面涂以深色的选择性涂层加强吸热并减少辐射散热，使该体成为集热和储热器。待到需要时（例如夜间）又成为放热体。离外表面 10cm 左右处装上玻璃或透明塑料薄片，使其与墙外表面构成一空气间层。冬季白天有太阳时，主要靠空气间层被加热的空气通过墙顶与底部通风孔向室内对流供暖。夜间则主要靠墙体本身的储热向室内供暖。被动式太阳房冬夏两季控温示意见图 12-5。

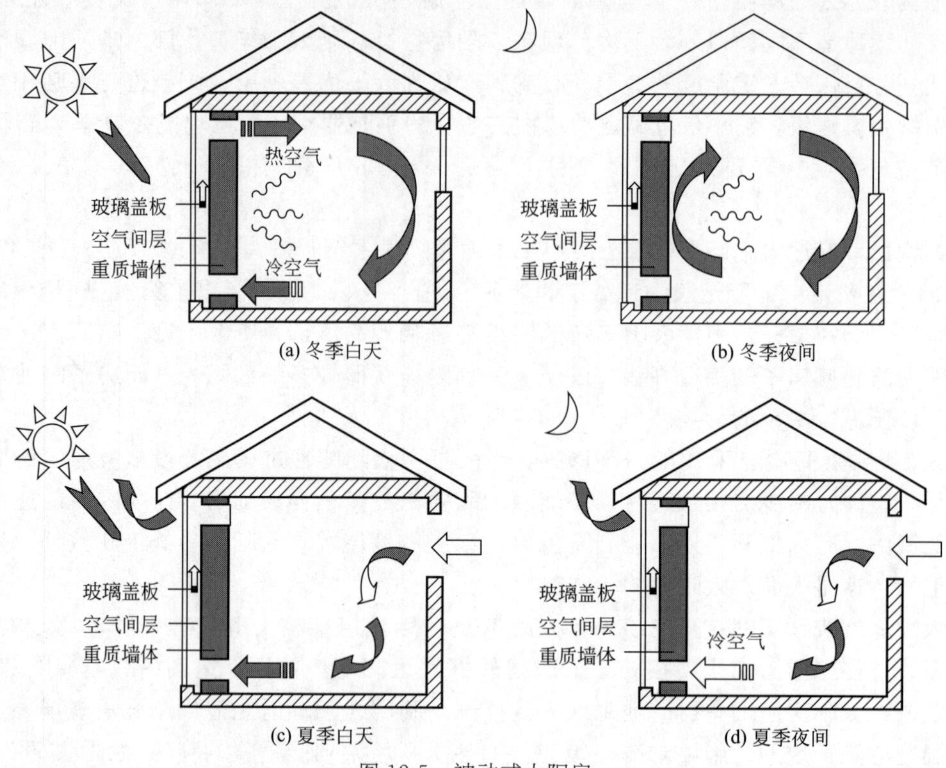

图 12-5　被动式太阳房

在这种系统中绝热材料构成的屋面、墙体与玻璃构成的墙体相互配合，共同发挥作用。

上述集热墙由于是法国太阳能实验室 Felix Trombe 博士首先提出并实验的，故通称“特朗伯墙”。

为了使室内能进行自然采光，我国多采用集热蓄热墙式和直接受益式的组合方式。这种组合方式既保证了自温的均衡性（避免了采用单一的直接受益式室温波动大的缺点），又可以直接利用太阳热和进行自然采光，因此可以获得较理想的效果。

附加温室式是指附加到房屋上的温室。这种附加温室式太阳房既可用于新建太阳房，也可在旧房改建时附加上去。国外对它有各种称呼，如温室、暖房或日光间、阳光室，实际上指的都是这种形式，而不是独立的大型温室。附加温室可以直接用作生活空间，也可以种植蔬菜和花草。利用潜热蓄热的被动式太阳房美国麻省理工学院建成了第五座被动式太阳房，简称 MIT-5 太阳房。这种直接受益式太阳房采用下列 3 种新技术：a. 南立面使用一种叫做“热镜”的玻璃窗，它对阳光的透过率与普通的双层玻璃相同，而通过“热镜”向外的热损失却减少了 1/2 以上；b. 在“热镜”的后面安装一种特制的百叶窗，适当地调节叶片角度，冬天可使阳光反射到天花板上，以减少直接受益式太阳照射到室内的炫光，同时还能增加房间后部的光照，而夏季可以调节百叶窗将阳光反射到室外，加上自然通风，因而室内比较凉爽；c. 在天棚和南窗下装一种相变材料，其相变温度为 23℃，白天相变材料吸收热量而变成液体，在夜间室内温度降低时，相变材料放出潜热。当前我国太阳能建筑领域中的最成熟、应用范围最广、产业化发展最快的是家用太阳能热水器（系统），其次是被动式采暖太阳房。

12.8.3　主动得热太阳能建筑

主动式太阳房系统的组成有集热、储热、供热三部分。早期主动式太阳房即在太阳能系统中安装用常规能源驱动的系统，如控制系统供调节用的水泵或风机及辅助热等设备，它可以根据需要调节室温达到舒适的环境条件，这对人来说有主动权，故称主动式太阳房。

现代的主动式太阳能建筑，是由太阳集热器、管道、风机或泵、散热器及储热装置等组成的太阳能采暖系统或与吸收式制冷机组成的太阳能供暖和空调的建筑（图 12-6）。

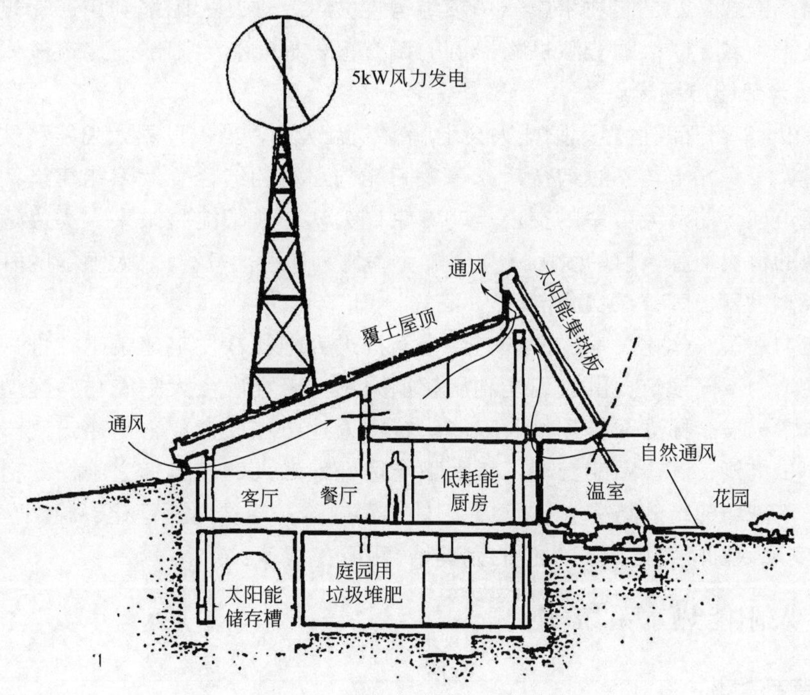

图 12-6　一种主动式太阳能住宅

12.8.4　太阳能材料及建筑一体化（BIPV）

为了更好地与建筑相结合，除了太阳能产品本身的采集热量供热和发电功能以外，还要考虑其他的功能，包括隔离室内外、防雨、抗风、隔热、隔噪声、遮阳、美观等功能，还包括使太阳能产品成为建筑材料替代原有的建筑材料，以及将其制造得更便于安装和维护。

与常规供热系统所不同的只是用太阳能集热器代替了锅炉系统。在这种系统中，可以根据需要通过设备比较主动地控制室温。

集热器常见的设置位置有建筑的屋面、外墙面、檐口、阳台以及建筑雨篷、遮阳板等位置。设置在建筑上的集热器要与建筑锚固牢靠，同时不影响该建筑部位的承载、防护、保温、防水、排水等建筑功能。建筑设计要对安装集热器的部位采取防护措施保证安全不被破坏。

当前我国太阳能建筑领域中的最成熟、应用范围最广、产业化发展最快的是家用太阳能热水器（系统），其次是被动式采暖太阳房。太阳能电池、太阳能集热器本身具有防水隔热的作用，这与建筑物屋顶的作用具有相似之处，即可以利用太阳能集热设施部分或全部代替屋顶覆盖层的作用，从而可节约投资。因此，若能把建筑物与太阳能设施放到一起考虑，实现相互间的有机结合，便可节约投资，保持建筑物的整体美观性不受破坏，又可最大限度地利用设施与建筑的一体化问题，一般简称为"太阳能与建筑一体化"。

太阳能与建筑一体化有它独特的特点。一是把太阳能的利用纳入环境的总体设计，把建筑、技术和美学融为一体，太阳能设施成为建筑的一部分，相互间有机结合，减少了传统太阳能的结构所造成的影响。二是利用太阳能设施完全取代或部分取代屋顶覆盖层，可减少成本，提高效益。三是可用于平屋顶和斜屋顶，一般对平屋顶而言用覆盖式，对斜屋顶用镶嵌式。四是该技术属于一项综合性技术，涉及太阳能利用、建筑、流体分布等多种技术领域。联合国能源机构最近的调查报告显示，太阳能与建筑一体化将成为21世纪的建筑节能市场热点。

早在1999年召开的世界太阳能大会上就有专家认为，当代世界太阳能科技发展有两大基本趋势，一是光电与光热结合，二是太阳能与建筑的结合。太阳能建筑系统是绿色能源和新建筑理念的两大革命的交汇点，专家们公认，太阳能是未来人类最适合、最安全、最理想的替代能源。目前太阳能利用转化率约为10％～12％，太阳能的开发利用潜力十分巨大。世界各国都在实施自己的"阳光计划"。

太阳能与建筑一体化技术的推广，会全面推进太阳能在住宅建筑中的推广应用，降低住宅能耗，为不同建筑提供太阳能利用解决方案。研究出台太阳能与各类型建筑结合的规程、技术标准、标准图集，将太阳能系统作为建筑加以考虑，与建筑同步设计、同步施工、同步维修、同步后期管理，将太阳能很好地融入建筑结构之中，既提供了新能源的使用又不破坏建筑的结构。实现"太阳能由零散购买逐步向工程化、源头化的模式转变"，最终实现太阳能与建筑一体化的完美结合。

12.8.5 太阳能热水系统实例

(1) 首都机场

北京空港配餐有限公司的配餐楼是首都机场3号航站楼的配套工程之一，为进出航站楼的国际航班提供航空配餐，设计生产能力为日产1.8万份，远期最终能力达到每日生产2.5万～3万份。配餐生产楼建筑面积约为36000m^2，地上3层，地下1层。

配餐楼所需的热水主要由太阳能提供，太阳能热水工程系统由太阳能和蒸汽加热联合确保所需热水供应。工程设计生产用热水最大日用水量为315t，每小时最大用水量40t；生活用水最大日用水量22t，每小时最大用水量3.5t。该热水工程系统优先和充分利用太阳能热源加热。该太阳能热水工程在技术上有许多新的突破：采用太阳集热器面积大。该太阳能热水系统所采用的太阳能集热器面积之大，用水量之多，国内少见，需要太阳能集热器轮廓面积为3968m^2，施工难度高。太阳能热水系统安装于面积为4500m^2、高为16.6m的楼顶上，需要用钢梁搭建2m高、占地4500m^{2}的平台，并且要在平台上安装35840支全玻璃真空管，施工难度大，技术要求高。工程最后圆满竣工，并得到行业内外人士的赞誉，成为实现太阳能热水系统与建筑一体化的成功范例。

(2) 奥运村太阳能热水工程

奥运村太阳能热水工程在奥运村楼顶花园安置了6000m^{2}左右的太阳能集热器，每天可以提供热水 800t，让 1600 多名各国运动员亲身体验到温暖舒适的北京“绿色奥运”。这是奥运会历史中采用的规模最大的集中式太阳能热水系统，每年可节省电力 500kW·h（或节省天然气 $6\times10^5m^3$），减少 CO_2 排放 3800t。

与其他太阳能热水工程相比，奥运村太阳能热水工程在设计和施工等方面都独具特色。

一是整个太阳能热水工程对集热传热、换热升温、储热杀菌、热源备份、保温保量、余热利用、自动控制等环节进行了综合考虑，采用直流式真空管间接循环利用太阳能的方式，使系统具有出水温度稳定、赛时及赛后保障性更好、便于计量及收费的优点。系统的集热、储热和供热 3 个部分相对独立，将有效避免军团菌的产生，保障用水安全。

二是该太阳能热水工程的集热部分采用直流式真空管，其集热效率明显高于其他种类的集热器，减少了热损耗。直流式真空管还可通过转动轴来调整膜片的角度，从而得到最大的日照量，保证 24 小时供应热水。

三是直流式真空管的安装不受角度限制，可水平安装在屋顶花园的花架上，成为花架构件的组成部分，与屋顶花园浑然一体，实现了太阳能产品与建筑的完美结合。

四是这些集热管是模板化拼装在一起的，可以很方便地拆减、扩容和更换，却不影响整个系统的运行效果。

五是该太阳能热水工程采用先进的冷凝式锅炉作为辅助热源，初投资小，运行费用低。奥运村太阳能热水工程的规模和技术先进程度达到了国际领先水平，为历届奥运会之最。

12.8.6 跨季节蓄热太阳能集中供热技术

跨季节蓄热太阳能集中供热系统（以下简称 CSHPSS）是一种新型住宅供热方式与理念，是与短期蓄热或昼夜型太阳能集中供热系统（以下简称 CSHPDS）相对而言的。从某种意义上讲，现在普遍流行的小型家用太阳热水器系统（OSHS）以及其他类似装置都属于短期蓄热太阳能供热系统的范畴。由于地球表面上太阳能量密度较低，且存在季节和昼夜交替变化等特点。这就使得短期蓄热太阳能供热系统不可避免地存在很大的不稳定性，从而使太阳能利用效率也变得很低。

CSHPSS 系统可以在很大程度上克服上述缺点。它具有很强的灵活性，主要通过一定的方式进行太阳能量存储（蓄热），以补偿太阳辐射与热量需求的季节性变化，从而达到更高效利用太阳能的目的。在欧洲 CSHPSS 系统中太阳能占总热需求量的比例已经达到 40%～60%，远远超出了 OSHS 系统和家用太阳热水系统。因此，目前 CSHPSS 系统已经成为国际上比较流行的极具发展潜力的大规模利用太阳能的首选系统之一。

常见的 CSHPSS 系统主要由太阳集热器、蓄热装置、供热中心、供热水网以及热力交换站等组成，系统基本工作原理如下：在夏季，冷水与太阳集热器采集的太阳能量换热后，一方面可以直接供用户使用；另一方面，有相当一部分太阳能被直接送入蓄热装置中储存起来。冬季使用时，储存的热水经供热管网送至供热中心，然后由各个热力交换站按热量需求进行分配，并负责送至各热用户。如果储存的热量不足以达到供热温度，可以由供热中心以通过控制其他辅助热源进行热量补充。这样一来，CSHPSS 系统就实现了太阳能的跨季储存和使用，在很大程度上提高了太阳能利用率。

根据蓄热温度的差异，CSHPSS 系统可以分为低温蓄热和高温蓄热两种形式。低温蓄热的温度范围通常为 0～40℃，而高温蓄热则为 40～90℃。目前，国内外应用较多的是低温蓄热方式，技术上也相对比较成熟。对于高温蓄热，如何降低热损失是必须考虑的问题。

12.8.7 太阳能空调

在 20 世纪 70 年代后期，太阳能空调技术开始出现，太阳能空调的应用比较合理：当太阳辐射越强，天气越热，人们越需要使用空调的时候，太阳能空调的负荷越大，制冷效果越好。因而太阳能空调技术引起世界各国广泛注意。

当前，世界各国都在加紧太阳能采暖、制冷技术的开发。已经或正在建立太阳能热储存系统和空调系统的国家和地区有意大利、西班牙、德国、美国、韩国、新加坡、中国香港等，利用太阳能进行空调，对节约煤炭、石化能源、保护生态环境具有重要意义。

现在太阳能空调的实现方式主要有两种：一是先实现光电转换，再用电力驱动常规压缩式制冷机进行制冷，这种实现方式原理简单，容易实现，但当前成本高，如青岛海尔公司就生产这种太阳能冰箱空调；二是利用太阳能热驱动进行制冷，这种技术要求高，但成本低、无污染、无噪声。这种方式的太阳能空调一般又可分为吸收式和吸附式。

太阳能驱动的空调是生态智能建筑的重要内容，具有常规空调望尘莫及的优点，它可以结合采暖和制冷的双重功能（与热水系统一同使用），节约常规能源，保护自然环境，是各国优先推广的重点项目，现在已有学者呼吁建筑师在设计房屋时，要给太阳能空调预留空间，呼吁国家实施鼓励措施。预计在近年之内，太阳能空调将会得到迅速推及。我国在太阳能空调的应用上已取得重大进展。

2006 年世界最大的太阳能空调在我国天津启用。坐落在天津市新技术产业园区的天津海泰信息广场，全面开启了太阳能空调系统。这座总建筑面积达 12 万平方米大厦的制冷和采暖问题，将完全由太阳能空调系统来提供。这是全球迄今规模最大的太阳能空调。

12.9 太阳能建筑实例

比较现代的太阳能建筑包含有光伏发电系统，热水系统，阳光采聚系统，太阳能瓦、幕墙、地板、窗户、吊顶等众多部件和相变材料、绝热材料比较完美地组合一起，汇集智能建筑和生态建筑的最新思路，体现了 21 世纪建筑发展方向。

(1) 清华大学超低能耗示范楼

我国首座超低能耗示范楼在清华大学落成（图 12-7）。这座占地面积不到 600m^2 的大楼融合了当今世界范围内建筑节能的最新产品、设备以及相关技术，如太阳能空气集热器、碟式太阳光吸收器、光伏幕墙、地下室太阳能路灯及屋面植物、生态仓、人工湿地等。大楼围护结构的能耗仅为常规建筑物的 10%，冬季可以基本实现零采暖能耗。考虑到办公设备、照明等系统在内，建筑物全年能耗仅为北京市同类建筑的 30%，代表着中国在建筑节能领域未来 10 年乃至 20 年的技术发展方向。

(2) 国家体育馆

国家体育馆是北京 2008 年奥运会主要场馆。国家体育馆太阳能电池组件来安装有 1124 块，分为常规组件和双玻组件，常规组件 1100 块，布置在体育馆屋顶，双玻组件

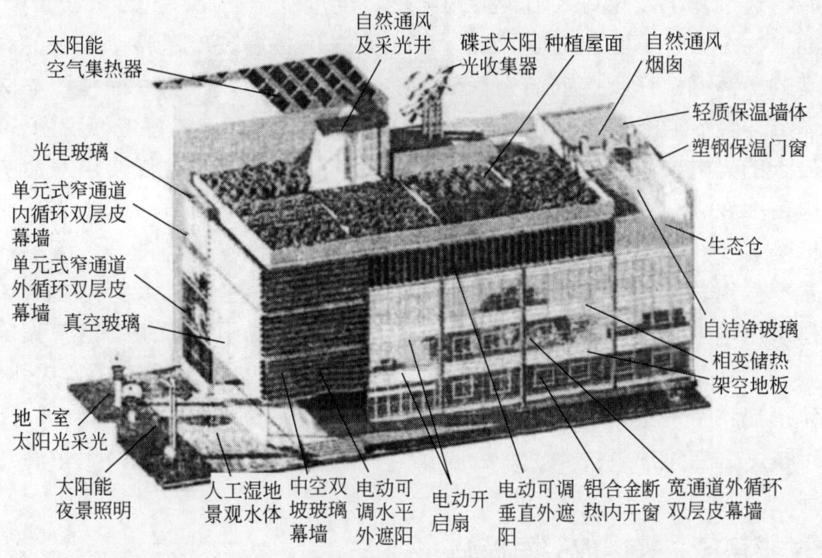

图 12-7　清华大学超低能耗示范楼外观及外围护结构示意

布置在体育馆南立面玻璃幕墙内。国家体育馆光伏电站的总安装容量为 102.5kW，太阳能电池板约有 $1000m^2$，太阳能电池方阵将吸收到的太阳辐射能转化为直流电，由专项线路统一输送到地下一层太阳能发电控制室，通过逆变器把直流电转化为交流电，再并网输送到低压配电系统。据了解，在光伏发电系统的安装中．为了保证太阳能发电系统正常发挥效能，又不破坏整个建筑风格，建筑设计方进行了大量的研究、探讨和协调工作。经专业人员计算，国家体育馆 100kW 光伏电站的设计使用寿命为 25 年，累计可发电 2.32×10^7kW，按 1kW·h 电能平均消耗 390g 标煤计算；国家体育馆太阳能电池使用 25 年能节约标煤约 9048t，减排 CO_2 约 23525t、SO_2 约 217t 和氮氧化物约 63t，此外还减排大量粉尘和烟尘。

(3) 上海世博会

上海世博会会期恰遇夏季用电高峰期，也是日照量最大、光伏系统发电最多的时期。世博会中国馆、主题馆和世博中心外部都安装光伏面板，而且各馆太阳能外衣都是“量体定做”，美观大方，各有特色。排列整齐的太阳电池与以中国红为基调的中国馆建筑融为一体，宛如镶嵌在东方之冠上的宝石。其中中国馆采取了 68m 平台和 60m 观景台铺设单晶硅组件，总装机容量 302kW，60m 观景台四周采用特制的双玻组件透光型太阳电池，既具有玻璃幕墙功能、又利用阳光发电。

主题馆屋面铺设面积 2.6 万平方米的太阳电池组件，装机容量达 2825kW。太阳电池的铺设方式采用与建筑理念相吻合的设计方案，其中中厅厚面采用透光型双玻组件，以 8 个菱形，80 多种不同的异形玻璃，展示老上海旧式里弄“老虎窗”风情。整个主题馆在阳光下呈深蓝色，与中国馆交相辉映。以展馆为基础，加上上海世博南市发电厂的太阳能项目，整个世博区太阳能装机总量达 4700kW。

(4) 尚德电力总部大楼

无锡尚德电力总部办公大楼于 2009 年 1 月 8 日胜利竣工，总面积约 1.8 万平方米的全球最大光电幕墙成为这一生态建筑的标志，首次将“低能耗”“功能型”“生态化”概念引入建筑领域，通过光电效应将太阳转换为电能，全年发电量将超过 1×10^{6}kW·h。这座生态建筑地上为7层，幕墙总高度37m。南立面光伏幕墙玻璃是整个工程的亮点，采用带倾斜角度的不锈钢拉杆驳接钢结构框架式玻璃幕墙系统，东西立面幕墙与南立面呼应一致，整体结构轻盈通透。幕墙总面积约为1.8万平方米，PV幕墙面积为 $6900m^2$，为目前全球最大的光电幕墙。从主动节能的角度看，整个建筑以最低使用寿命70年计算，共可产生电量 3.892×10^{7}kW·h，预计每年可以替代标准煤338t，减排 CO_2 605t，70年共可替代标准煤23660t，主动节能的效果十分显著，对推广绿色能源，缓解峰电压力起到很好的示范作用。据介绍，整个尚德总部大楼采用光伏建筑一体化（BIPV）系统，除保证自身建筑用电外，还可以向电网供电，从而缓解高峰电力需求。由于光伏阵列安装在屋顶和墙壁等外围扩结构上，吸收太阳能，转化为电能，大大降低了室外综合温度，减少了墙体得热和室内空调冷负荷，节省了能源，保证了室内的空气品质。大楼设计采用地热利用技术、空气热泵技术、水源收集与循环利用技术等先进技术，潜在的节能效果十分明显。

（5）世界首座“零排放”南极站

世界首座“零排放”极地考察站——“伊丽莎白”已投入使用。这座由比利时政府授权建设的考察站，以比利时国王的孙女伊丽莎白公主的名字命名。“伊丽莎白”室内建筑面积为 $700m^2$，最多能容纳20人，位于南极东部毛德皇后地的一处山脊，能源采用太阳能和风能，建筑材料也全部可以回收。设计上，“伊丽莎白”力求对环境影响最小化，产生的所有废物都将被循环利用。使用寿命至少为25年。

（6）世界首座“零碳城”——马斯达尔

“零碳城”——马斯达尔将成为世界上首个达到零碳、零废物标准的城市。“马斯达尔”，在阿拉伯语中意为“来源”，也许在高碳时代还是“出路”的意思。马斯达尔建设在阿拉伯联合酋长国首都阿布扎比郊区，可谓“沙漠中的绿色乌托邦”。马斯达尔城面积约为 $6km^2$，建在气候炎热的沙漠中，当地夏季白天气温可达50℃。最终，马斯达尔城将容纳约1500家企业和5万名居民，成为可持续能源和替代能源的国际研发交易中心之一。

整个城市100%能源将由可再生能源提供，以太阳能为主。太阳能提供的电能还将用于制冷系统驱动和海水淡化加工厂运转。城市大部分建筑的屋顶都将用于收集太阳能，而街道整体布局将创造“微地带”，在通常潮湿的气候下保持空气流通。整个城市99%的垃圾不得使用掩埋法处理，将尽可能回收、重复使用或用作肥料。城市内的树木和城外种植的农作物将使用经过处理的废水灌溉，达到比一般城市节约用水50%的目标。

（7）太阳指引谷歌搜索

位于美国加利福尼亚州的谷歌总部所安装的太阳能电池阵列可以说是绿色能源应用的典范。在总部屋顶建造的太阳能系统，发电功率高达1600kW，这个功率可以供应加利福尼亚州1000个家庭所需电力，这是全美国规模最大的企业太阳能发电系统。

（8）世界上最环保的建筑——美国加利福尼亚州科学院大楼

加利福尼亚州科学院大楼以其在场地可持续发展、节水、能源高效利用、环保材料和优良的室内环境质量5个领域中的突出表现，获美国绿色建筑理事会的最高标准评分——白金级。大楼外侧通体使用了玻璃墙和玻璃窗。这样大楼建成后90%的区域都将被自然光照射，另外10%的区域照明使用太阳能。珊瑚礁池和地下水族馆用的海水从

4km 外的太平洋深海抽取，加热后流经大楼一层地板，在冬天能提高 30%的取暖效率。从热带雨林的顶层可以走到科学院大楼的屋顶。“绿色屋顶”模仿山势起伏，共有 7 个隆起的山丘。这种起伏的姿态实际上是经过测算的，根据冷空气下沉、热空气上升的原理，可形成大楼内空气的自然流通，并起到绝缘作用，减少了对空调的依赖。屋顶种植了 170 万株当地植物，期待这块世界上面积最大的绿色屋顶能吸引大批本地的蝴蝶、蜂鸟或其他鸟类和昆虫前来栖息。

(9) 太阳能方舟——日本三洋大楼

这座太阳能集能大楼，有超过 5000 个高效太阳能平板，能产生 50 万多度新能源。它弯曲的造型是为了最大限度地利用太阳能，这一精致的建筑很像是一列轻轨地铁，横跨天际。在不同的太阳能平板之间，有近 500 个色彩各异的照明灯，这些照明灯一经打开就能在这座巨大建筑的两面创造出多种图案和文字。

这座建筑含有一个太阳能博物馆，在那里有一个太阳能实验室和许多用以讨论全球环境计划的会议室，还可以举办各种展览。

(10) 太阳谷

太阳谷占地 5000 余亩（1 亩≈666.7m^2，下同），由皇明集团经历 10 年设计与建设，具备了居住、工业科技、商贸、旅游等全部城市功能，是一个绿色低碳的建筑。

皇明集团的主要产品是太阳能热水器、太阳能热水系统，年推广量相当于整个欧盟产量总和，超出北美（美国、加拿大）产量的 2 倍以上。

2011 年 1 月 26 日美国总统奥巴马在国情咨文中称赞“中国拥有世界最大的民营太阳能研究机构”，国际太阳能学会前主席莫妮卡·奥丽芬表示，皇明现已成为世界上最大的太阳能集热器制造基地，拥有国家专利 900 余项，并先后承担和参加了 40 余项国家级课题项目，这是不可思议的。在从事太阳能热水器的研发生产外，皇明集团还从事太阳光伏发电，太阳采光照明等多种太阳能技术的研发活动，太阳谷就是这些先进太阳能技术和建筑技术综合成果的完美展现。

位于山东德州的日月坛·微排大厦总建筑面积 7.5 万平方米，是 2010 年第四届世界太阳能大会主会场，实现了太阳能热水供应、采暖、制冷、光伏并网等技术的结合。

太阳能贝壳——太阳谷国际会议中心，是 2010 年世界太阳城大会和太博会最大会场，拥有 5000 人的接待能力，楼顶巨大的太阳能集热系统宛如三片巨大扇贝，在阳光下形成“光海拾贝”的美妙图景。总建筑面积 4.3 万平方米，运用了太阳能热水、太阳光伏发电、BIPV 技术、温屏节能玻璃，吊顶辐射技术，高效节能遮阳技术、楼宇智能控制技术等几十项先进技术。太阳能生活热水的贡献率在 90%以上。此外天棚、光立方、太极宫、太阳能彩虹、太阳谷大门、七星国际公园酒店等都是名声遐迩的太阳能建筑。

整个太阳谷在办公建筑、居住社区、道路交通、企业生产、公用设施、能源使用等领域，实现了“微排化”。例如太阳谷内日月坛大厦，是全球最大的太阳能办公大楼，整体节能效率高达 88%，每年可节约标煤 2640t，节电 660 万度，减少了污染物排放量 8672.4t，而作为全球微排社区模板之一的未来城，应用了地源热泵空调系统、太阳能地源热泵空调系统、太阳能游泳池系统、太阳能热水系统、太阳能光电光伏系统等 37 项科技成果。

整个太阳谷可再生能源利用率达 40％以上，建筑和照明的 CO_2 排放减少 30％，而水利用率超过 90％，污水综合回收利用率在 70％以上，工程废弃物和建筑垃圾回收利用率超 80％，整体节能超 80％。

12.10 太阳能建筑的特点

太阳能建筑是 21 世纪建筑发展主流，是人类建筑史上意义深远的变革。如前所述，太阳能建筑是生态（绿色）建筑和智能建筑的交汇，是具有理想温度、湿度、阳光的适宜生态的活动场所。建筑将不再是人类污染、破坏环境的产物，而是人和自然和谐相处的象征。太阳能装置已经成为建筑的有机组成部分，成为建筑的结构材料和满足人类各种需要的功能材料。这就是引人瞩目的太阳能建筑一体化的浪潮。

随着太阳能利用科技水平的不断提高，太阳能建筑已经从简单地利用太阳能发展到可以集可控自然光、太阳能光电、太阳能热水、太阳能采暖、太阳能空调制冷、太阳能通风降温等新技术的建筑，其技术含量更高、适用范围更广，甚至建筑本身都已具有全新含义。

太阳能建筑从太阳能与建筑结合特点和发展分类，有适应建筑阶段、建筑构建阶段和综合利用 3 个阶段。现在的太阳热水系统和光伏系统，只是属于适应建筑的阶段。不少专家指出，太阳能建筑必须使寻常人家能够承受。太阳能设备必须是建筑本体的大部分或主要部分，起码包括建筑的屋顶和南墙，而且造价适中，这样的太阳能建筑才会推广普及。光伏方阵与建筑屋面的结合是一种常用的 BIPV 形式，而光伏方阵与建筑的集成是 BIPV 的一种高级形式，它对光伏组件的要求较高。光伏组件不仅要满足光伏发电的功能要求，同时还要兼顾建筑的基本功能要求。市场上太阳能电池的类型现有 3 种：一是晶体太阳电池，圆形或方形的硅片；二是薄膜太阳电池；三是复合型太阳电池，硅材料衬底上沉积非晶硅薄膜。作为建筑材料的太阳电池组件，同时也拥有许多建筑材料的特征：太阳电池组件破碎强度很高，使建筑更具安全性。

世界最大的科学协会——美国化学学会的评委们，从 2009 年 5 万余份技术报告和技术文件中反复斟酌、筛选出 10 项研究成果，将其提名为 2010 年前景最好的十大发明，而“个性化太阳能房屋”名列前茅。评委写道：“每所房屋都将成为大型能源站，成为给住户和社区等次级能源站提供电力的变电枢钮。”这种方式让用户自身扮演发电者的角色，甚至有可能在车库里给汽车就地充电，既能有效保护环境，又可降低费用。

整合了太阳能的建筑设计应从几个方面进行思考：能量的获取和收集途径，结构上的合理设置部位和构造措施，能量的存储方式和部位。现有的能量获取设备有太阳能集热器、太阳能电池和被动集收集存储于一体的建筑围护结构，只要可以提供足够表面、适宜朝向和有效入射角度，建筑几乎每个表面都可利用。目前的构造结合方式有附着式和嵌入式，前者需要提供有效支撑面，后者要求较为复杂的结合层及构造措施，难点在于管道敷设、防水处理、保温、隔热、避免局部和收集器背面温度过高、有效防雷措施。能量的存储部位由储热方式（储热床、相变材料、光电转换、光化学转换）决定。太阳能建筑美学也是重要设计内容。

太阳能建筑一体化是世界各国科技人员尽力开发的课题，他们正在规划构思一批大型太阳能建筑，在近几十年间，这些与古往今来一切建筑迥然不同的建筑，将会出现在全球各地。太阳能建筑是现代众多科学与技术的集合。

太阳能建筑代表着建筑材料新发展时期的到来。太阳能电池、光导纤维、太阳能集热器相变材料、纳米电池材料和纳米涂料，各类绝热储能、释能材料都成为功能日益扩展的新型建筑材料。只有太阳能建筑能够使建筑自身产生能量（电能和热能），可以彻底改变建筑耗能的趋势，使建筑自身产生能量。比较成熟、先进的太阳能建筑产生的能量不仅可以满足建筑自身的需要达到空能耗建筑目标，而且可以向外界提供电力。建筑由此从耗能大户转变为能源生产基地，这对建筑和能源发展都将会产生深刻影响。

太阳能建筑本身也是高科技的产物，不仅太阳电池等材料正在日新月异的发展，太阳电池、相变材料、热水系统等作为建筑构件、组合方式，需要全新的设计理念，整个太阳能建筑的结构布局，太阳能建筑向外输送电力的并网结构，甚至由太阳能建筑组成的整个城市规划建筑与全球太阳光伏电网、宇宙太阳能接收密切相关都需要计算机自控技术、建筑科学技术和生态环保技术。

我国现有的房屋建筑住宅屋顶可利用面积超过 40 亿平方米。如果将这些住宅屋顶的 20％安装上太阳电池，总共可以安装 80GWp 的太阳电池，按照全年满功率发电 1500h 计算，年总发电量约为 120TW·h，将光伏发电系统与建筑结合是解决能源紧张的最好途径之一。光伏发电与建筑结合有以下几大优势：一是可以有效地削减建筑用电；二是光伏发电上网不需要架设输电线路；三是光伏发电无需额外占地；四是光伏发电可以安装在任何地方，并能够被人们接受（风力发电有时会因噪声、风力波动发电能力不稳等问题而受到人们的排斥）。光伏发电与建筑结合后，将使建筑成为最能表现拥有者生活态度和生活方式的事物。在建筑上安装太阳电池的作用不止发电。除了发电，首先，这些光伏电池组件可以被看作是建筑物外墙体上通用的、和谐一致的建筑材料；其次，安装在建筑物上的太阳电池组件还具有如下功能：使室内不受天气变化影响，防雨、抗风、隔热、隔噪声、遮阳、美观。目前，在市场上的太阳电池组件分为标准太阳电池组件和特殊制作的太阳电池组件，这样可以使市场上安装在建筑上的太阳电池组件结合建筑设计师的选择。作为建筑材料的太阳电池组件可以是单面玻璃和双面玻璃，也可以是塑料封装的组件。

13 通风与采光

通风与采光，是建筑节能的重点，是设计绿色建筑、生态建筑的重要课题，是太阳能建筑材料大显身手的舞台。

建筑室内温度及气流的预测方法和预测软件是太阳能与建筑结合的理论和应用基础，也是世界目前建筑空气调节的一大方面，但是我国目前在该方面的水平和从事人数还有待提高。

从绝热材料的开发、自然采光通风功能的实现、太阳能光热光伏技术的应用，到遮阳、光影和舒适环境的创造，全方位地综合应用了太阳能资源，就目前发展最快的太阳能光热利用而言，也将包括低温利用、中温利用和高温利用等多层次能源效率利用技术，这些都是现代建筑节能中通风与采光设计的重要组成。

13.1 通风与建筑节能

13.1.1 通风与健康

古人早知风与建筑火灾的关联。火灾常发生在大风期间，人们对火灾充满恐惧，北京皇宫外特修宣仁庙（风神庙），王公大臣每年焚香祈祷。

风速与建筑热舒适性更有着密切关系，舒适性通风就是通过全天候的通风满足室内舒适度，既降低室内温度、湿度，又给人以轻风拂面、似乎身处树林草地的感觉。当室内风速为0.2m/s时，室内温度相当于下降1.1℃，虽然几乎感觉不到风，但比较舒适；当室内风速为0.4m/s时，可以感觉到风而且比较舒服。当室内风速为0.8m/s、1.0m/s、2.0m/s、4.5m/s时，温度分别相当于下降2.8℃、3.3℃、3.9℃、5.0℃，分别适用于气候炎热干燥、气候炎热潮湿等地区。自然通风的良好风速与封闭的室内空间相比，人们更习惯于保持室内空间与自然环境的联系，更愿全身沐浴在习习微风之中。

13.1.2 自然通风的优点

自然通风是一种不需要消耗能源，完全由自然力驱动的被动式通风方式。应用自然通风技术的意义在于两方面：一是自然通风带来的被动式冷却可以减少能源消耗；二是清除潮湿和气态污染物，提供新鲜清洁的天然空气，利于人体的生理和心理健康。

在湿度较大的情况下，自然通风是获得热舒适环境的非常有效的方法。在夏季，通过引入自然风到室内并提高室内空气的流速，能够增加人体皮肤表面的汗液蒸发，减少由皮肤潮湿引起的不舒适感觉。在夏季夜间，开窗通风还能够消除白天在室内建筑构件及家具上积聚的热量，起到降温的作用。在室内环境空气达到相关标准的前提下，自然通风有助于建筑节能。当室外含尘量高于室内时，则需对新风净化处理。

和机械通风相比，自然通风具有如下优点。

① 相对于机械通风，自然通风不但节约设备投资，而且不需要消耗能量。

② 适用地域广、时间长。在气候比较温和的地区，或是有较长过渡季节的冬冷夏热地区，适合采用自然通风。

③ 相对于空调或供热系统，自然通风带来更好的室内空气品质。

④ 在夏季，室外吹入室内的气流更有利于人体体表的汗液蒸发。

⑤ 自然通风有利于满足人们控制室内环境的愿望。研究表明，每个人对自己所处的

环境，都有个性的需求。通过开关窗等行为可以调节人体的热舒适感受。

解决热湿气候的高湿度问题，在古代是很困难的环境控制技术，因此热湿气候的人们，自古只能利用对流通风技术，来争取微弱的蒸发冷却作用，以获取“通风除湿”之凉意。发挥此“通风除湿”的最高智慧，莫过于采取“干栏”的居住文化，亦即以木或竹制的柱子将建筑物架高，把人体生活层提升于最大风场中，以争取较少能耗获取最大的蒸发冷却与干燥除湿效益。

自古以来“干栏”就与热湿气候息息相关，无论在东南亚、中国南部以及美洲、非洲的热湿气候都有大量的“干栏民居”。中国江浙地区在7000年前的河姆渡遗迹中，也发现过大量干栏住家遗迹。今日的江浙气候虽属于暖温带常绿阔叶林区，冬季也有短暂寒冬，但从河姆渡的出土遗物中可发现大量的象、犀、红面猴等热带动物，因此可知7000年前的这里属热湿气候。

自然通风最基本的动力是风压和热压，其基本形式可以分为“风压通风”与“热压通风”，两者既可单独作用，也可同时作用。

自然通风的效果取决于室外气温、湿度以及空气自身的质量。舒适性通风是通过全天候的通风满足室内热舒适。舒适性通风的室外最高温度一般为28～32℃，日温差小于10℃。另一种通风是为了夜间降温．就是利用夜间较凉爽的室外空气把室内热量带走。我国不同地区宜根据季节变化及室外气候条件利用有益的风资源，采用适宜的通风方式。

13.1.3 自然通风系统

自然界中，一些动物也具有修筑“生态建筑”的本能。其中最著名者应属白蚁城堡。在非洲草原可以看到数十、甚至数百个蚁塔聚集一起，高达1～2m，甚至7～8m，每个蚁塔中都生活着大量的白蚁。按“蚁口”密度和蚁塔与白蚁的身躯比例早已超过人类最密集的城市和一切高楼。而这些千千万万白蚁生活的由泥块制成的圆锥形、圆柱形、金字塔形的蚁塔，内部有复杂结构、通风系统、道路，可以经受风吹雨打，烟熏火燎，是一种似乎经过设计的生态建筑。最让建筑师们震惊的还是蚁塔中的气温调节系统，这一系统保证了千千万万生活在城堡中的白蚁，都能获得充足空气。白蚁在蚁穴中建立许多管道，无数细微管道错综复杂，又设计有序，其中都会有一条主干道由蚁巢顶部一直延伸到洞穴底部，并且白蚁用过的空气可以通过换气口排出，而新鲜空气通过侧面小孔吸入，通过泥塔还可以调节室内温度。令人惊讶的是白蚁还会控制管道大小、通过调节气流进出从而达到调节巢穴内部温度的目的。可能是通过亿年进化，蚁塔的修筑已经炉火纯青，无论是春夏秋冬，还是黑夜白天，白蚁巢穴气体调节功能都应对自如。这是真正的“生态建筑”，成为人类效仿对象。通过绝热材料和建筑形状控制冷热空气的流过方向，其原理应和蚁塔类似。白蚁使用的泥土就有很好的绝热功能。建筑大师麦克·皮尔斯模仿蚁巢原理在津巴布韦的哈拉雷，建造了体积庞大的办公及购物群——东门购物中心，通过冷空气从底部气口流入塔楼、热空气从顶部烟囱流出，整个大楼不安空调仍十分凉爽，所耗能量仅及同等规模常规建筑的10%。在各类太阳能建筑中，也普遍采用了这种通风系统。

当空调没有普及的时候，人们建房子很注重建造自然通风管道，在纽约绝对不允许建造一个没有窗户的厨房或浴室，甚至厕所内都会建通风井，厨房必须有烟囱。现在这一良好传统已有意无意被人们忽视，如想房间通风，需要用电。

以在美国的一个典型楼层为例，楼的左边由于没有通风道，缺乏流动空气，住户不得不开空调。而楼的右边有开放式走廊，开着门窗，不用空调也很通风。楼两边的通风情况形成鲜明的对比，所以建造绿色建筑，开设自然通风系统非常重要。在产业革命时代，浮力通风是许多大型建筑和复合型建筑发展的必要条件。如果没有这种换气技术，公共建筑几乎无法运转。如法国模范监狱和英国国会大厅，都在顶层设置燃烧瓦斯灯、火炉与烟筒，利用上升气流导入新鲜空气。

良好的建筑通风设计，是降低建筑空调耗能的先决条件，是最自然的建筑节能手法，也应是节能建筑最重要的气候调节对策。以通气口、通风塔、通气管、壁炉、烟囱为中纬度温暖气候的通风对策，而以回廊、高架通风地板、百叶通风、高屋顶、通风塔、多孔隙围护结构、遮阳板、阳台、导风型开窗方式等为热湿气候的建筑设计。

在节能建筑中，通风措施奇招迭出，微通风构造、太阳烟囱（SC）、太阳空调、利用太阳能的温室效应、特隆布墙（TW）、带金属板的特隆布墙（MSW）、改良特隆布墙（MTW）等都为是行之有效的手段。在建筑的通风换气设计中要考虑的因素有风向、天窗或气窗的设置、通风口的设置以及中庭和采光井的设置等。

绝热材料夹层太阳能房屋是当前国外建筑界和太阳能利用学界在探索、试验、推广的一种新式房屋。这种房屋在美国加利福尼亚州、俄亥俄州等地区陆续出现，从外表上看，除玻璃窗更多、更大，光线更加充足以外，它与普通住房没有什么两样。但是当人们走进之后，就会感到这种住房没有任何噪声，特别恬静、温暖、舒适。因为这种房屋能够充分利用太阳能，较大幅度降低能耗，因此有人将这种新型绝热材料夹层式太阳能房屋誉为“住房建筑革命的先声”。

顾名思义，绝热材料夹层太阳能房屋的主要特点就在于夹层，正是通过双层外壳造成一个围绕房屋内壁作循环运动的空气回路。这种房屋的大致结构：房屋北面是用绝热材料制成的支架，外层绝热材料可用彩钢板中衬岩矿棉、玻璃棉或聚苯乙烯板等有机、无机材料制成，内层可只用防潮的聚苯乙烯、酚醛泡沫。国外建筑在两墙之间，除双层玻璃窗外，约有 30cm 厚的空隙。房屋顶部留出保证空气流通的空间，外面同样覆盖绝热材料。房屋南部是由更大玻璃组成的温室，地板下铺覆防潮聚苯乙烯板或酚醛泡沫，重要的是在整个房屋下面也留出一个供空气流动的底部空间。这种设计形式使整个房屋被流动空气回路包围。

在绝热夹层中的空气本身就有一定的保温功能，房屋设计者更通过太阳能的收集（温室）、储存（底部空间）设置和通风循环机制，通过空气循环，把从温室中得到的太阳能源源不断地扩散到整个房屋（图 13-1）。

驱动夹层房屋空气循环的关键是房屋的结构和绝热材料的选用。一些建筑设计师和热力学家指出，循环圈内并非全部空气参与循环，同时由于绝热材料的作用，夹层空气几乎难与室内空气交换热量，所以认为那里的空气分成许多薄层，只是部分薄层空气参与循环，其他薄层空气处于静止状态。多重薄层空气相互运动的机理和绝热性能研究较为复杂，但人们已知道在这仅 30cm 厚的空间中，空气的绝热值要远远大于过去的预期。

不少学者指出，夹层空气圈的建筑方案是提高绝热值并使房屋各部件都能具有较高绝热值的唯一经济有效方法。就建筑物来说，窗口都是泄热最多之处，但是夹层房屋却没有过多热损。现在北方寒冷地区双层窗户的绝热层仅厚 6～12mm，而夹层房屋中包围在内层窗外的热空气圈厚达 30cm，有些夹层房屋的北窗绝热值约为普通双层窗户的 4

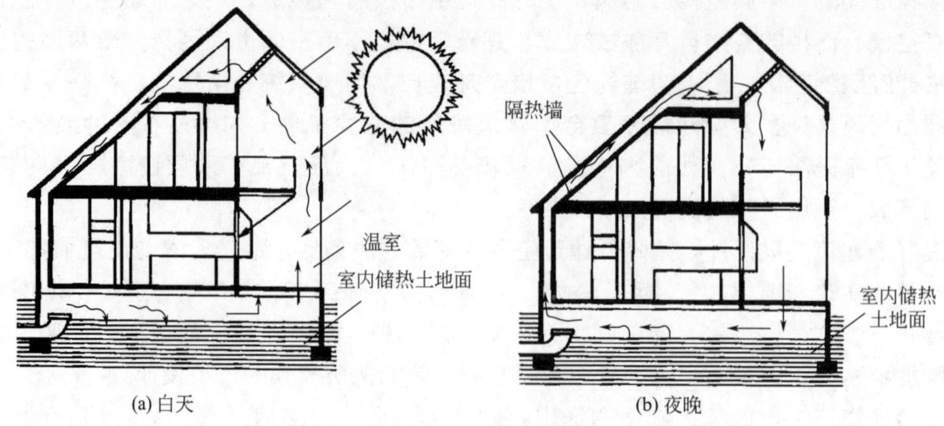

图 13-1 双层墙结构

倍。在美国加利福尼亚州，夹层房屋冬季取暖燃料用量仅为相邻房屋的 1/10～1/15，甚至有人声称冬季不用燃料。夹层房屋的另一个突出优点是隔声效果很好，能够为住户提供一个既温暖又安静的居处。绝热材料夹层太阳房节省能源，利于环保，从长期来看具有较好的经济效果，是一种很有前途的新型房屋。

窗户其实是一个先进的通风设备的一部分。以前的人理所当然地认为窗户是最佳通风设备。

双挂窗口（可上下拉动窗户）可以打开房子的上风侧底部和顺风侧上部，由于房间内压力低，空气会很快吹进房间，使进口风大于出口风，从而使室内空气保持新鲜。如果安装可调百叶窗，不但安全，而且通风，还可在暴风雨来临时起保护作用。

呼吸幕墙：呼吸幕墙原理与绝热材料夹层相似，由内、外两层幕墙组成，内层与外层幕墙之间形成一个相对封闭的空间，空气可以从下部进风口进入这一空间，然后又从上部排风口离开这一空间。此空间的空气一直处于流动状态，空气在此空间内的流动与内层幕墙的外表面不断地进行热量交换，就好像是在进行呼吸。夏季，打开内层幕墙下部通风口及外层幕墙上部排风口，利用热压效应，排除室内热空气。冬季，打开外层幕墙下部通风口及内层幕墙上部进风口，利用热压效应，送入室外新风，保持室内相对舒适温度和阻挡室外噪声。将宽通道式双层幕墙应用于两层高的交流性大空间，两层幕墙间距达到 0.9m，人在通道中可以自由走动，方便对夹层装置进行维护清洗。通风方式为单层通风，夏季当夹层温度高于室外温度时，通过电动开窗器将外层幕墙上进出风口打开，利用夹层烟囱效应进行通风冷却，为避免下层温度高的排风进入上层进风口，立面上的开口采取交叉开启方式。

13.1.4 热压、风压的利用

气流的运动可以通过热压（图 13-2）或风压来完成。热压作用下的自然通风中庭贯穿整个建筑，利用中庭热空气上升的拔风效应来为其他房间通风，中庭将外界的空气吸入基座层，然后再流经跟中庭相通的各层房间楼面，最后从屋顶风塔和高层的气窗排除（图 13-3）。而风压作用下的自然通风通过建筑造型设计，形成在下风处的强大风压，通过调节百叶的开合和不同方向上百叶的配合来控制室内气流，从而实现完全被动式的自然通风、降温、降湿，达到节约能源的目的。风压、热压同时作用的自然通风在建筑自然通风设计中，风压通风和热压通风互为补充，在建筑进深较小的部分多利用风压来直接通风，而进深较大的部位则多利用热压来达到通风效果（图 13-4）。典型的范例就是太阳能烟囱（图 13-5）：太阳能烟囱能捕风并将风送入室内或者利用在风帽附近形成的负压带动室内自然通风，烟囱可由重质材料建造也可由轻薄的金属板材制成，烟囱突出屋面一定高度，利用合理的风帽设计和捕风口朝向在烟囱口形成负压，能将热气及时排除，或将高于屋面的更凉爽的风送入室内。

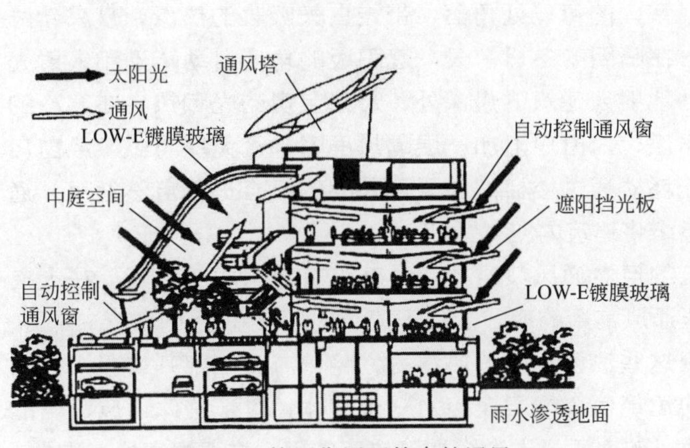

图 13-2　热压作用下的自然通风

（资料来源：日本建筑技术图集）

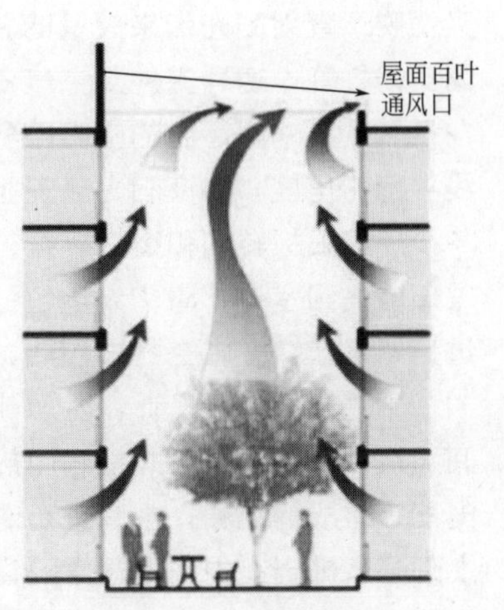

图 13-3　中庭通风示意

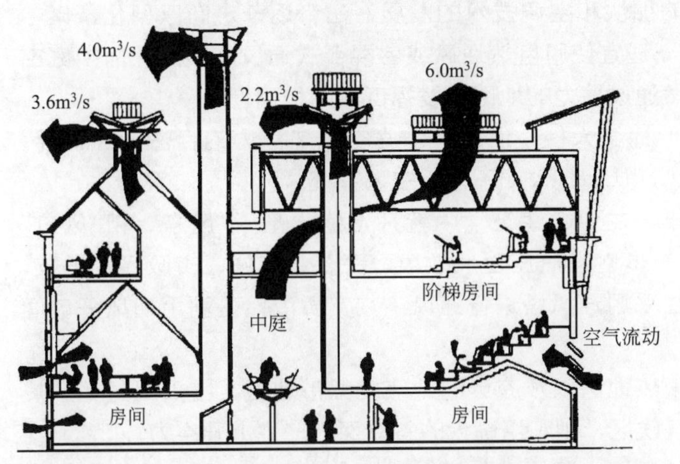

图 13-4　风压、热压同时作用的自然通风（数字代表空气流量）

（资料来源：国外建筑技术详图图集）

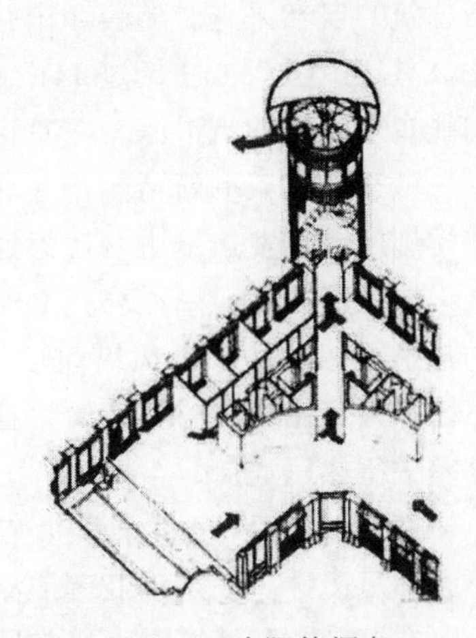
图 13-5　太阳能烟囱

（资料来源：http：//bbs. topenergy. org/）

整体而言，中纬度的温暖气候区、寒冷地区，更适合采用中庭、通风塔等热压通风设计，而热湿气候区、干热气候区更适合采用风压通风设计。

在建筑造型上的表现，就是利用浮力原理的烟囱、壁炉、通风塔等造型。尤其是像船舱、地下空间、矿坑，必须有良好的烟囱管道设计，才能保证氧气充足。

热压自然通风是被动式设计的一种重要手段，其应用主要依靠于建筑设计及通风控制技术。如何通过建筑设计，使热压作用最大化，是建筑师需要重点考虑的问题。

太阳能强化自然通风。为了加强自然通风的抽风效果，经常人为设计太阳采光烟囱。

左侧的墙采用透明玻璃幕墙，阳光射入后，太阳烟囱内的空气被加热，进而产生较强的热升力，最终将室内的空气排出。在自然通风设计时特别要注意做好隔热与遮阳措施，以防夏季阳光对室内也造成过大的温升作用，增加空调负荷。以清华大学超低能耗楼为例，可调式围护结构通过感应器测量外界温度，通过软件自动下达指令指挥外遮阳板、内遮阳帘、通风窗、通风口等协同工作。在炎炎夏日，遮阳板转到和入射光线垂直的角度，在遮蔽直射阳光的同时接收地面上的反射阳光到建筑中来，既利用阳光为房子照明，又摆脱了直射阳光带来大量的辐射热。在夏夜，当室外温度降到低于室内温度时，通风窗自动打开，诱导室外冷空气流经室内的每一处角落，带走白天吸收的热量，带来新鲜空气，置换略显污浊的室内空气。在晴朗的冬日白天，遮阳板的角度自动转到和入射光线平行的角度，保证阳光毫无阻挡地射入建筑的最深处，带来宝贵的光和热。在寒冷的冬夜，遮阳板转到和窗户平行的角度，为窗户附加一层隔热屏障，避免室内热量经窗户玻璃散失到室外。清华大学超低能耗楼通过楼梯间与通风井道的组合进行自然通风。通过自然采光，室内空气被加热，最终将建筑内空气"抽"出室外。

中庭热压通风设计：生态建筑的自然通风策略中，中庭占有很重要的位置。在大空间建筑设置中庭、天井是利用热压通风常用的形式。由于建筑内部存在由太阳光、人员、电器等组成的热源，中庭正是利用这些热源产生的热浮力，将气流由下部开口吸入，由上部开口排出。中庭把原本隔离的建筑各个楼层连接为一个整体，对于整体通风策略的实施很有帮助，因此，中庭热压通风的实质是人为增加了热压作用，进而提高换气次数。

此外，中庭空间减小了建筑平面进深，这不仅给自然通风带来了好处，同样也有利于建筑的自然采光。随着城市化的加快和空调技术的发展，建筑逐渐走向巨型化、集中化，其建筑进深往往超过 14m 这一适宜使用自然通风或者混合式通风的限度。而中庭空间能有效降低建筑进深，在有自然通风潜力的地区可发挥巨大的作用。

位于英国莱彻斯特的德·蒙特福德大楼，使用了中庭空气热浮力的自然通风设计。该楼利用室内发热量进行自然通风，从而减少或不使用空调系统。

热压通风塔：早在公元 900 年，在伊朗建筑学中就开始盛行基于"风塔"和"风口"的建筑冷却方法。通风塔可以进一步增强热压通风效果，医院、车站、市政厅、学校、市场等人员密集的公共建筑，往往采用通风塔进行通风。其实质依然是利用通风开口间高差进行热压通风。

通风塔一般可分为两类：在干热地区以及凉爽的中纬度温带地区，常采用封闭型热浮力通风设计。在东南亚等热湿气候区，则利用高大的斜屋面来产生上升浮力。

在很多实际情况中，经常同时运用太阳烟囱与增加建筑高度两种手段。如既引入太阳光加热室内空气，又采用通风塔等增加热压高差的建筑设计。位于诺丁汉的英国国内税收中心就是利用热压进行自然通风的。设计者设计了一组顶帽可以升降的圆柱形玻璃通风塔，用作建筑的入口和楼梯间，玻璃通风塔可以最大限度地吸收太阳的能量，提高塔内空气温度，从而进一步加强烟囱效应，带动各楼层的空气循环，实现自然通风。

建筑物的通风换气在建筑设计乃至一体化节能设计方面始终保持着相当重要的位置。在建筑物的通风换气方面，又因建筑物的高度和气密性的变化，有不同的处理方法。现代建筑为了达到室内空间的密闭性必须设置合理而高效率的通风和换气设施。在夏热冬暖地区，如何用较小的热量损失或避免较多的热量侵袭就成为被动式太阳能一体化建筑设计中今后要努力研究的问题。

13.2 采光

13.2.1 现代建筑的采光

照明是各类建筑中消耗能量比较多的一项，无论在发达国家还是发展中国家，绝大多数人是在装有照明设施的室内工作、生活的。然而，对室内照明的需求高峰却恰恰是在白天太阳高悬、日照充裕的时候，照明用电的40%消耗在这一时间段。开发利用取之不尽、用之不竭的太阳能资源对于节约能源具有重大价值，一旦能源得以节约，就能相大幅度地减少电厂的CO_2排放。人类将得到一个更好的生态环境，从而走上经济可持续发展的战略道路。

此外，在现代社会土地资源日益昂贵的今天，居民的住宅平面按照建筑设计要求，普遍形成许多凹凸结构，以求外墙与阳光的接触面尽可能大一些，从而满足住户的采光要求。很多公共场所的大型建筑，例如大商场为了获取尽可能多的自然光，均设计了比较大的中空建筑区域（俗称天井），即便如此，这类大型建筑内的采光依然需要大量采用人工照明。为了尽可能少地浪费空间资源，同时取得很好的自然采光效果，人类一直在探索各种各样的采光技术，最大限度地创造一个自然光环境。

20世纪90年代以来，推出采光照明的新材料、新光源、新灯具和新技术的时间越来越短，其中光导纤维、导光管、激光、微波硫灯、LED光源、介质阻挡放电的平面光源、超细管形荧光灯、太空灯球、变色霓虹灯、网孔极灯具、超级铝反射板、纳米材料、新型照明控制设备、全反射采光板（窗）、光能媒（催化）技术、光致电致采光玻璃及人造月亮等，都出现在这一时期。

近20多年来采集太阳光照明技术是许多国家的研究热点，该技术大体可分为导光管传光、光纤传光和平面反射镜反射直接采光3种方式，如美国著名3M公司生产的棱镜导光管、日本制造的光纤采光器Himawari系统等。

13.2.2 阳光照明的优点

照明设计理念正在发生深刻变化。英国Loe博士提出了人对整个光环境总体效果评价的设计战略，也就是综合考虑人的视觉特点、舒适感、建筑和照明艺术、节能等因素。从光文化高度，以人为本，把艺术和科学融为一体，最后取得高水平、高效能的照明效果。

尽管自然采光的设计比电气照明复杂，但它能同时给建筑物内部和外部带来更加丰富的美感与节能效果。和电气照明相比，自然采光作为被动式设计的一个重要部分具有以下多方面的意义（图13-6）。

① 自然采光可以用于照明并减少电量的消耗，从而减少对环境的影响。越来越多的设计师、建筑业主和使用者都已经开始认识到自然采光的好处，如果设计合理，自然光完全可以提供高品质的建筑照明。由于很多建筑每年的总能耗中有30%～50%都用于人工采光，因此对自然采光的精心设计显得很有必要。

② 自然采光可用于被动式采暖。阳光在带来光的同时也带来热量，建筑开窗获得太阳辐射的同时也带来了对流风，自然采光也是被动式太阳能设计的重要组成部分。

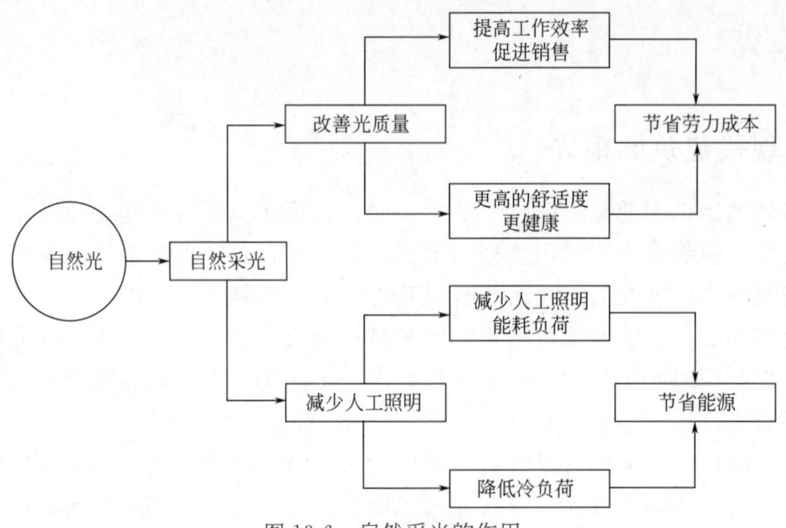

图 13-6　自然采光的作用

③ 自然光可以有助于人们的健康和安宁。健康和安宁的感受来自于多种因素的影响，自然光照明是其中一个重要因素，它可以用于治疗特殊疾病或者是提供视觉抚慰，在医院建筑中作用非常明显。同时自然光照还可以提高人们的工作效率，一些研究表明，办公室通过采用高质量的自然光，可以明显提高员工的工作效率（可高达15%），并且降低旷工率。美国加利福尼亚州最近的一项统计数据证明，零售商场中自然采光对提高销售量也很有帮助。同样的道理，在教室中进行自然采光对学生的学习效率和身心健康也同样有好处。

④ 自然光能增强人的时间感受。自然光能帮助人们来感受时间，感受季节的变化和每天太阳的起落。古人根据自然光来制定时钟，宗教典礼和仪式也将自然光作为一个重要的角色，这一切都关乎人们的精神感受，显得不可缺少。

采光照明技术近20年来成为许多国家的研究热点。笔者将采光照明分为接受直射阳光、接受反射阳光、引入阳光和透射阳光几种，目前最具实用推广价值的是光纤阳光导入技术，最引人注目的是智能透光技术。最具有前途的是太空反射阳光（人造月亮）技术。

13.2.3　阳光直接照明

利用直射阳光照明的方法，可大致分为直接纳入光的方法和利用反射光的方法。

(1) 天窗、采光井

在直接纳入光的方法中，普遍利用天窗、采光井和中庭的采光。顶部采光利用外墙上的反光板和顶棚的坡度进行室内的白昼光照明。而聚光屋顶采光则是利用中庭采光的典型，不仅是要把亮光引入室内，还要成为四季的热量缓冲地带。

窗户方位、高度对自然采光都有直接影响。自然采光的最佳方向是北向，来自这个方向的光线比较稳定。朝南的方向也是获得自然采光的较好方向。无论是在每一天还是在每一年里，建筑物朝南的部位获得的阳光都是最多的。这部分额外的阳光在冬季以及阴雨天气能提供比北向多的采光。此外，在严寒和寒冷地区，南向窗所产生的温室效应，能提供额外的热量以部分满足采暖的需求，因此南向更合适。

最不利的方向是东向和西向。太阳在东方或者西方时，在天空中的位置较低。因此，会带来非常严重的眩光和阴影遮蔽等问题。此外，这两个方向的日照强度最大，在夏季会给建筑带来过多的热量，造成制冷负荷的增加。

要在进行窗户设计时，要克服普通窗户在进行自然采光时所带来的照度不均匀、直射眩光、过高的亮度比以及夏季过多的热量等消极因素。

(2) 利用自然光的现代窗系统

① 百叶窗系统。百叶窗系统是由等间距、断面呈三角形的反射百叶组成，安装在两层玻璃之间。在冬季将光线向上反射到顶棚，夏季有遮阳的效用。

可调节系统用于控制得热、防止眩光和改变光线方向。此种系统可根据室外条件对调节范围进行优化。当然还需要考虑板片角度、板片间隔及表面处理、直射光和天空光都可被反射到室内。

“鱼尾板”的百叶窗系统适用于竖向窗限制眩光和分布扩散光，尽可能将自然光反射到顶棚上，在水平线以下照度很低。

百叶窗系统的调节可以是人工操作或自动控制。如果是为减少太阳辐射得热和能够按太阳位置的季节变化看到自然光，自动控制的方法可以提高能源效益。

② 棱镜玻璃系统。棱镜玻璃是用透明聚丙烯材料制成的薄而平（或锯齿形）的板，多用于温带气候地区改变光的投射方向或折射自然光。依不同的使用要求，此种系统可固定装置在外墙、天窗或跟踪太阳。此类系统一般装置在双层玻璃之间，分为固定的和可调节的两种，用于遮阳和改变自然光的投射方向。更充分利用自然光，必然获得相应的节能效益。

③ 阳光导向玻璃系统。将凹面的聚丙烯板平直层叠并装在双层玻璃窗之间，使来自所有入射角的太阳光反射到空间的顶棚上。靠外侧玻璃的全息光学薄膜可以聚焦来自窄水平角范围里的光。该系统最适用于北半球温带气候区建筑物南向外墙的阳光定向，也可装在透光屋顶部位增加阳光在中庭时的透射。但需将玻璃倾斜 20°，以改变来自较低位置的太阳光方向。

此种系统无需调节控制，没有调节部件，因设于两层玻璃板之间，无需清洁保养。该系统目前造价较高。但因不需另设遮阳，可省去设置遮阳的费用。

玻璃是应用最广的采光材料，各种玻璃材料各有特点，其选用原则如下。

a. 透明玻璃：使用时尽量采用双层透明玻璃；在采光要求高、有被动式太阳辐射采暖需求的建筑中，使用透明玻璃是较好的选择。

b. 热反射玻璃：在需要解决过高的亮度比造成的眩光问题的建筑中使用；在需要避免太阳辐射造成制冷负荷增加的地区使用（如炎热地区）；此外还可用于大面积天窗；应避免在采光要求高的建筑中使用。

c. 吸热玻璃和光谱选择型玻璃：较为灵活，能在采光和得热控制中较好平衡。

高光谱选择性纳米涂料具有紫外线屏蔽、红外阻隔、高透明度、高硬度、绿色环保等特点，通过涂覆于玻璃表面赋予其隔热、降噪、防紫外线等功能，特别在降低夏季空调制冷能耗方面具有非常显著的效果。

（3）温屏玻璃

温屏玻璃是一种光学和热学性能优越的中空低辐射镀膜玻璃，是最新一代低辐射镀膜玻璃，具有隔热、隔声、无霜露三大优点。低辐射镀膜玻璃又称为低辐射玻璃、LOW-E 玻璃，对波长范围为 4.5～25μm 的远红外线有较高反应。

实验证明，在相同的外界环境下，普通单片玻璃的能耗是温度节能玻璃能耗的 4 倍以上。因此，温屏节能玻璃作为优质的节能建材被广泛应用。

电致变色玻璃通过施加电压或控制通入电流来调节玻璃的透光率，是最具操控性的调光玻璃。

(3) 玻璃幕墙

当玻璃幕墙与生态节能两者的运用配合恰到好处时，幕墙的处理就可以达到玻璃材质应有优势。目前，国内外研究并推广使用的节能玻璃主要有中空玻璃、真空玻璃和镀膜玻璃。

建筑绿化对于玻璃幕墙的作用，既能解决光污染的问题，又能解决温室效应。具体来讲，它强化了幕墙外表面与周围空气和外界环境间的对流换热、幕墙内表面与室内空气和室内环境间的换热、幕墙和金属框格的传热、通过玻璃的镀膜层减少的辐射换热等。显然，绿化对于墙体和室内温度的影响是极其重要的，也增添了建筑物的艺术美，颇有绿色瀑布倾泻而下的感觉，使整个建筑物产生了动感。

以玻璃幕墙作为外围护结构的建筑，其中重要措施就是对玻璃幕墙进行遮阳设计。在玻璃幕墙上设置遮阳系统，可以最大限度地减少阳光的直接照射，从而避免室内过热，是建筑防热的主要措施之一。对现代高层建筑外围护结构的能耗进行分析可以得出以下结论。

① 外墙的开窗率是外墙节能的最重要因素，降低开窗面积率是节能最重要手段，但降低开窗率也要确保适当的自然采光，还要免除心理的封闭感。对于追求通透效果的玻璃幕墙而言，只能采用降低开窗面积并加强不透光地方的隔热设计来达到节能要求。

② 外遮阳和玻璃遮蔽是外墙节能的第二重要因素，从国内外的应用实例看出，传统外遮阳形式分为水平遮阳、垂直遮阳、综合遮阳和挡板遮阳 4 种。采用的形式主要根据建筑外窗的朝向来确定，但这几种遮阳形式的造型和使用功能有一定的局限性，目前建筑市场上已经涌现出越来越多新型的可调节式外遮阳。可调节式外遮阳可以根据不同需要把遮阳构件放下或收起，可以调节室内光线，还可以灵活地解决建筑冬季与夏季对太阳需求不同的矛盾，并且外形时尚美观，使用方便，同时还具有减噪、减尘和防污染等多种功能。玻璃材质及外遮阳都影响遮蔽率的大小，而装设了遮阳板、遮阳百叶等的外遮阳远比改变玻璃材质的效果大。

建筑方位因素是外墙节能设计的第三要素（占了 12%的比重）。大面积的玻璃幕墙应避免东照西晒。建筑的纵向应朝南北向布置。

③ 采用遮阳措施不仅是玻璃幕墙建筑节能设计的必要手段，而且是标准较高玻璃幕墙建筑设计的必要手段。在欧洲建筑界，发展玻璃幕墙的遮阳技术也是建筑物节约能源最有潜力的工具。不少国家已经把外遮阳系统作为一种活跃的立面元素加以利用，甚至称之为双层立面形式：一层是建筑物本身的立面；另一层则是动态的遮阳状态的立面形式。这种具有“动感”的建筑物形象不仅是建筑立面时尚的需要，更是运用现代生态技术解决人类对建筑节能和享受自然需求而产生的一种新的现代建筑形态。研究遮阳系统对建筑艺术与技术作用，尤其是建筑节能与智能化方面，需要我们不断地开发和研究。

德国爱森 RWE 办公楼高 30 层，透明玻璃环抱大楼，使各种功能清晰可见。精心设计的圆柱状的外形既能降低风压，减少热能流失和结构损耗，也能控制天然光的入射。

固定外层玻璃幕墙的铝合金构件呈三角形连接，使天然光的利用达到了最佳状况。另外，其内走廊的墙面和顶部都采用了玻璃，折射到办公室内的天然光用作照明，而外墙由双层玻璃幕墙构成，用于有效的太阳热能储备，内层可开启的无框玻璃窗可以使室内的空气自然流通。整个大楼 70％通过自然的方式进行通风，节约能源在 30％以上，而玻璃幕墙的反射系数为零。

④ 遮阳帘。

安装室内遮阳帘，在满足使用功能的同时，又增加了玻璃墙体的韵味。遮阳帘能增进室内景观效果，是大堂装修的一种重要手段。根据测定，上海大剧院安装了遮阳帘后，空调能耗降低了约 30％。

德国展览中心的幕墙全部用百叶代替玻幕，而且都是自动调节光线的。从室内人们可以感觉漫反射的光线非常柔和均匀，不刺眼。利用自然光不仅取得良好的室内光环境，而且大大提高了建筑可再生能源的利用效率。

(4) 透光材料

便于透光的建筑材料，开始只是玻璃和塑料薄膜，但现在有新的材料异军突起，其中引人注目者有透光混凝土，匈牙利人发明了可透光混凝土（LiTraCon）。这种可透光混凝土由大量光导纤维和混凝土组合而成。这种混凝土可以根据光导纤维（排列方向与墙面垂直，两端需要抛光）数量多少调节透光效率，可以由比较透明调节到比较模糊。智能透光也是发展趋势。

造一个整体氛围和谐，而且造价、运行成本均不高，与传统建筑相比，应用智能的透光建筑有 6 个优点：a. 节能，整个建筑总体节能 90％；b. 照明范围广，光线可覆盖建筑全部房间；c. 控制范围广，不仅可以统一控制和管理单幢楼宇，而且可以扩展到一整个社区；d. 照明效果好，色彩可以根据既定程度变化，根据用户需要随意组合；e. 造价运行成本等，无需专用场地；f. 具有多功能扩展能力，不仅能控制灯光回路，同时可控制各类电器。

智能化透光工程是建筑领域的新成果，它建立在网络技术基础上，结合传统的土木建筑和照明设计，实现对大型楼宇内部灯光的自动控制。涂有各类液晶材料的调光玻璃，在太阳能建筑中已才华初露，有望推广普及。

现在照明设计理念正在发生深刻变化。长期以来，人们以均匀度、立体感眩光、显色性指数和物体的颜色参数等物理量为标准，进行设计和照明效果的评价。随着精神生活和物质生活水平的提高，照明环境不仅需在数量指标方面达到标准的要求，人们更希望在一个舒适、明亮并富有艺术魅力的照明环境里工作和生活。大量的视觉试验成果表明，在实际环境中照明质量似乎控制着数量，并决定感觉的评价。

20 世纪后期，导光材料、反射光材料和特种玻璃的应用，更可以改变阳光照射的方向和位置，既可使阳光不过于强烈，又可控制使过去背光、阴暗、潮湿的房间，甚至厚厚的泥土和岩石深处，都可以阳光明媚。人们能在地下室里晒日光浴，在地下隧道中用阳光照明，也不用担心图书馆、油库、易燃易爆的化工企业照明会有电器失灵产生火花的危险。

(5) 改变墙体接受阳光方式

温室、天篷实际上都是直接利用阳光的建筑。改变结构，尽可能引入阳光是现在设计潮流。德国建筑师得多·特霍把自己的住宅按向日葵原理设计，这是德国第一座利用高新技术建造便于墙体较多接受阳光的旋转住房。今天，为了尽可能少地浪费空间资源，同时取得良好的自然采光照明效果，即便是居民住宅也普遍设计成许多凹凸结构以求外墙与阳光的接触面尽可能大一些，很多公共场所的大型建筑设计比较大的中空建筑区域。

智能板材有德国拜尔材料研制的模克隆多层紫外线防护 IQ-Relex 板材，在烈日炎炎的夏季，能反射太阳光的紫外线，减少室内热量，在寒冷的冬季，会允许阳光通过，最大程度利用阳光提供温暖。这种智能型聚碳酸酯板材还具有质轻、坚固、耐腐蚀性好、易加工等优点。与目前市场上的标准板材相比，能降低辐射 50%以上是建筑墙面和顶棚的理想板材。

13.2.4 反射阳光照明

(1) 利用短程反射光

在利用反射光的方法中，一般是使用遮帘反射，但也有用反光板的，也就是让窗户的上部向外倾斜，利用地面上的反射光。还有在屋顶上安置集光器，通过导光管也能把光引入到室内。还有一种方法是使用卷帘等安装在窗户上的遮阳罩，把直射阳光变成扩散光引入到室内。其采光板工作原理是室外直射辐射通过较小的上部窗户开口被采光板反射到室内顶棚，经过顶棚的散射反射，均匀地照亮离窗口较远处的区域。传统建筑挑檐遮阳在夏季遮挡了直射的阳光辐射，而把地面反射的光线折射到室内顶棚上。底部采光向外侧挑出的屋檐完全遮挡住了直射阳光，地表反射的光又入射到室内屋顶上，就是利用地面的反光。反光板采光通过特殊形状的采光板可以产生积极利用天光的建筑空间。

在建筑设计中，可以采用多种方式来控制太阳辐射。可以把玻璃窗面从墙体向室内后退，从而控制入射室内的阳光。在东、西墙面上增设翼墙，不仅可以遮挡来自东、西两个方向的太阳辐射，同时还可以采光。

享誉世界的卢浮宫玻璃金字塔借用古埃及的金字塔造型，采用了玻璃材料，金字塔不仅可以反映巴黎不断变化的天空，最重要的是通过反射为地下设施提供了良好的采光，创造性地解决了把古老宫殿改造成现代化美术馆的一系列难题，取得了极大成功，堪称设计典范。

采光、自然通风和自然空调是德国国会大厦的三大特点，也使德国国会大厦成为利用太阳光照明的成功范例（图 13-7）。德国国会大厦（帝国大厦）经改建后成为著名玻璃-钢铁建筑。其中议会大厅上有一层悬空的旁听席，以供听众旁听。每次议员开会，都能感觉到头顶反射下来的阳光中有人影晃动，从中传达出议员必须时刻牢记他们头顶上的人民政治理念。而大厦玻璃穹顶为大厦提供充足光线，又象征政治必须透明。夜间，穹顶从内部照明，使柏林夜色魅力无穷。大厦顶部透明，被设计成为一个名副其实的天窗，由计算机系统控制跟踪太阳运动，主要功能是反射并控制太阳光进入大厦底部的议会院，可在较大范围内实现采光与自然通风，并结合热回收技术，在大厦不需要供热或降温时，把多余的热量储藏在地下 300m 深处的蓄水层中。

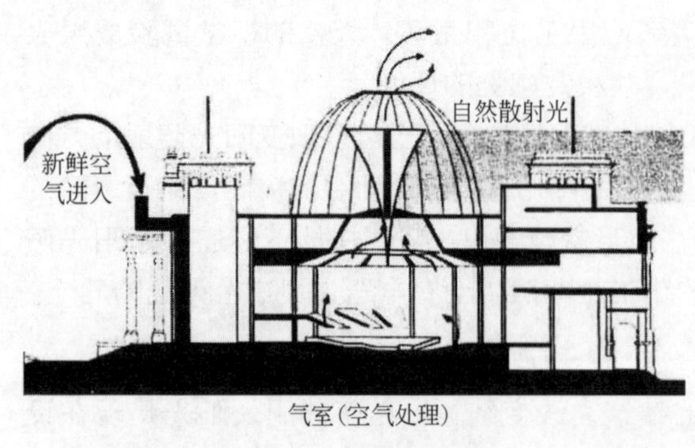

图 13-7　德国国会大厦自然通风与采光示意

(2) 远距离反射阳光

阳光入室还有另外一条途径，即通过在建筑外部设置的定向采光装置，将阳光通过门窗反射进入室内，使朝北的房间也充满阳光。在这方面，国内外建筑都取得了重要进展，欧洲已经开始应用了阳光的远距离反射。

位于阿尔卑斯山南麓的奥地利小镇拉滕贝格建于公元 12 世纪，虽然因盛产水晶玻璃而闻名于世，但每年从 11 月中旬到次年 2 月中旬接收不到任何直射的阳光，大山的影子投射在蜿蜒的街道和众多中世纪的庭院上，即使在中午也是若明若暗，许多居民因此患上季节性情绪失调，冬季经常出现失眠、忧郁、沮丧和自卑等症状，迁往外地，人口越来越少。为此，拉滕贝格镇政府 2005 年实施了"第二个太阳工程" 计划，在村庄北部 0.5km 受阳光青睐的克拉姆萨奇镇上安装 30 面由电脑控制的 2.5m×2.5m 的日光反射装置（或称"超级镜子"），将另 30 面镜子安装在拉滕贝格镇上方的山腰处，使克拉姆萨奇镇的 30 面镜子随太阳位置的不断变化而调节角度，保证其精确地将阳光反射到位于拉滕贝格镇上方的 30 面反射镜上，然后再将阳光按规划好的不同方向射向村庄。尽管这些反射的阳光无法照遍小镇的每个角落，但至少几条主要街道和数幢 15 世纪的古建筑都可以沐浴在阳光下，居民从此在冬天也可享受日光浴了（图 13-8)。

图 13-8 拉滕贝格"第二个太阳工程" 示意

早在 1865 年，法国物理学家傅科就已经提出了"日光反射装置" 的原理，但利用该原理为一个庞大的小镇提供阳光还是有史以来第一次。

事实上，拉滕贝格准备打造采集阳光工程的消息传出后不久就引起了极大关注，奥地利、瑞士、意大利等国阿尔卑斯山区饱受"暗无天日" 煎熬的几十个地方政府对采集阳光工程饶有兴趣，并积极地进行了类似尝试。

(3) 近距离室外反射阳光

和远距离反射阳光相比，室外近距离反射阳光技术发展更快。平面反射镜反射直接采光是一种经济实用、性能价格比比较合理的近距离定向采光方式，已获得更多的重视。这种采光方式将平面反射镜安装在建筑物上部，下面的区域可以直接使用反射下来的太阳光，也可以安装二次反射镜将阳光反射入室。现在国外已有多种相关研究专利，如美国专利 US 4883340、US 4586488v 及 US 4922088，均是利用平面反射镜反射太阳光来进行采光。其中，专利 US 4883340 是将多片平行平面反射镜固定于一支撑架上，并在该支撑架下端设置方位角调整机构，用于调整平面反射镜的方位角，但由于太阳的高度角在一天之中是不断变化的，导致该采光装置的反射光线的方向也随着太阳的高度角的变化而不断移动。

张耀明等开发了一种为设定太阳光投射区域照明的平面反射镜定向反射采光装置，利用每一片平面反射镜的面积来反射太阳光，可以保证投射到设定区域内的所有平面反射镜反射光投影无重叠、无间隔。

太阳光反射类产品形式较多，安装灵活方便，易于维护，价格相对低廉。一些产品把经过特殊镀膜处理的反射镜安装在二维跟踪器上，跟踪器控制反射镜，始终与太阳直射光保持相应的角度，将阳光以固定的方向反射到需要的场所。英国曼彻斯特航空港候机厅就安装了 4 台此类产品来改善整个候机厅的照明。

13.2.5 引入阳光

阳光入室产品的主要功能就是分离太阳光中的可见光与红外线、紫外线，把可见光高效率地传输到室内用作照明。这样的光线，保留部分人体所必需的适量的紫外线，滤除了含有热能的红外线，不会提高室内温度。通过对光谱的控制，使入室光线柔和、舒适，适合办公以及居住。采用这种产品可以节约大量能源。更重要的意义在于对人体健康的益处。众所周知，阳光对于人体健康是非常重要的，它可以促进人体钙质吸收，提高人体免疫机能，杀灭室内有害细菌，促进人体新陈代谢，适当地接触阳光还可以延缓人体衰老过程，这些都是任何人造光源所不能替代的。另外，现代医学研究表明，在采用自然光照明的办公环境中工作，劳动效率较在使用人造光源的办公室中提高 15%～20%。阳光入室产品是融合了光学、自动控制等先进技术，结合建筑学和太阳能的特点形成的一种高科技产品。

建筑形式多种多样，高层建筑也越来越多，根据这种发展趋势及我国建筑的普遍特点，目前已经成功开发出光纤类和反射类两大类阳光入室产品。

光纤类产品的主要特征是利用光导纤维将汇聚后的太阳可见光传输到室内任何需要照明的场所。此种产品使用特殊设计的光纤作为光传输通道，光传输效率高达 90%。光纤的特点是非常柔软，可以按照实际需求，方便地在建筑物内布线，满足不同场所的需求。

光纤阳光导入技术。光纤阳光导入器也称阳光光纤照明，它通过太阳自动跟踪、透镜聚光、光缆传输技术，实现朝北房间、地下室等自然采光，是目前国际上新推出的集节能、环保、健康为一体的产品，现低成本的清洁阳光安全导入应用技术已成功地将光纤阳光导入产品推向民用消费市场。运用该技术，可直接将阳光导入室内，适用于各种需要自然采光的场合。在民用方面，它完全替代电灯照明，使朝北的房间或地下室也如同朝南的房间一样得到阳光的直接照射。

反射类产品利用光反射原理，将集光器收集的太阳光以固定角度传输到需要采光的地方。反射原理相同，但实现手段各异。如无窗厂房和地下建筑天然采光成果采用导光管传输太阳光。利用棱镜组多次反射，同样能够将集光器收集的太阳光传送到需要采光的部位。美国加利福尼亚州大学的伯克利试验室用这种方法解决一座十层大楼的采光问题，澳大利亚用同样方法把光送到房间的 10m 深处进行照明，英国也用此方法解决地下和无窗建筑的采光，都收到较好效果。

把反射镜与其他光学元件相组合，能够改变太阳光的传播方向，直达应用地点。此方案简捷、易用，认同度高，缺陷是受反射镜面积限制，传输的光能有限（图 13-9）。

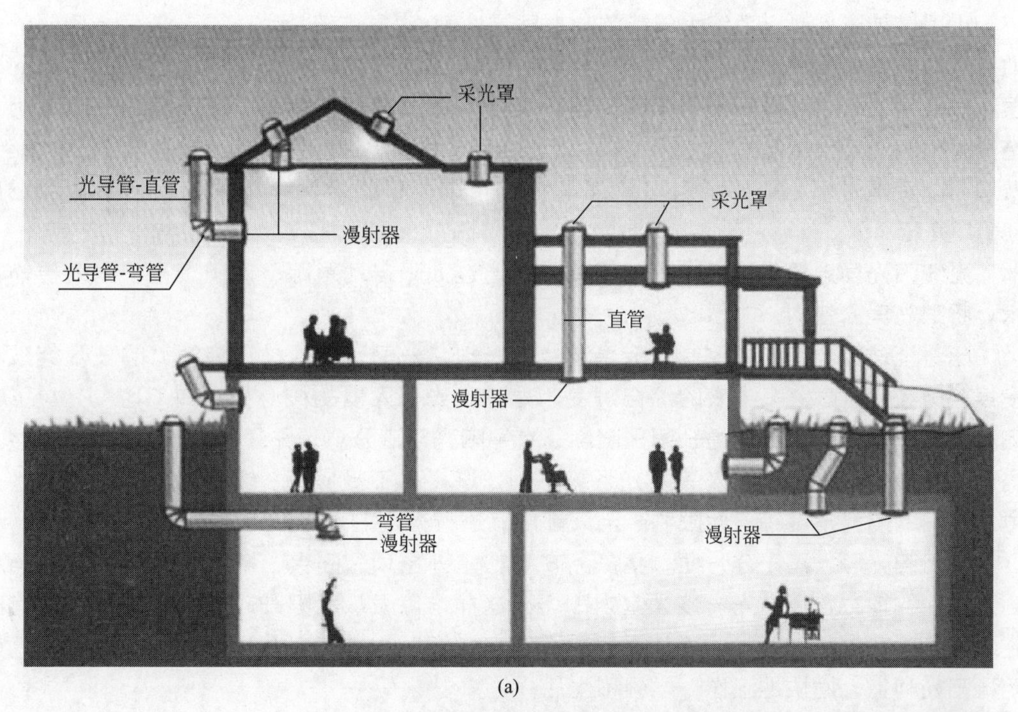

(a)

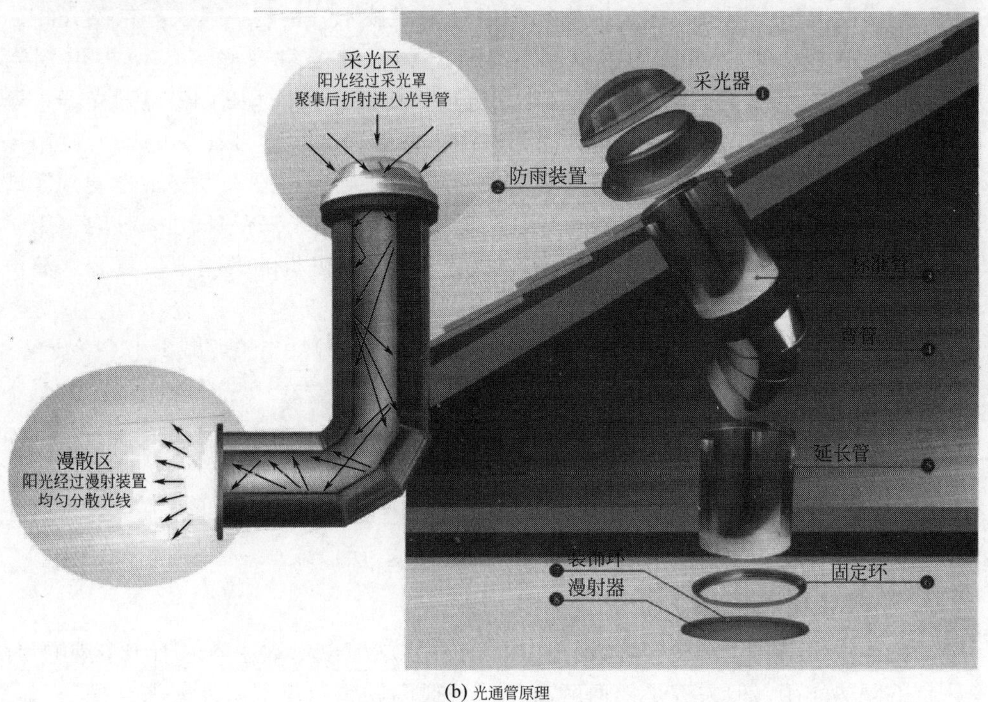

(b) 光通管原理

图 13-9　阳光入室

随着光学、光导、基础材料等领域的技术突破和发展，光纤阳光导入会有广泛应用。与利用天窗、镜子反射阳光等采光系统不同，该产品不受房子、窗户的位置、高度、方位及太阳的照射角度等条件限制，全天都能够进行稳定的采光。

用光导纤维和导光管可将阳光导入室内任何角落，节能、环保是近20年间迅速兴起的采光方式。

采用这种产品可以节约大量能源。据美国2000年官方统计，美国一天用于照明的电力费用为0.1亿美元，占整个电力消耗的25%，其中的40%消耗在室外阳光明媚的时候，也就是说，当外界阳光普照的时候，美国人每天还要花费400万美元在室内采用人造光源照明。若采用阳光入室产品，在年日照2600小时的地区可以节省70%的日间照明费用。以美国为例，如果所有建筑都采用日光进行日间照明，每天可以节省能源费用280万美元。

光纤阳光导入器也称阳光光纤照明，它通过太阳自动跟踪、透镜聚光、光缆传输技术，将阳光导入室内。

随着全球微电子集成控制、卫星定位、光学、光导、基础材料等领域的技术突破和发展，历经发达国家多年来的综合研发，光纤阳光导入器的核心技术有GPS定位系统、阳光自动提升凸镜组聚焦提升阳光照度、有害阳光频谱分离、光纤导入将阳光传输转弯。与利用天窗、镜子反射阳光等采光系统不同，该产品不受房子、窗户的位置、高度、方位及太阳的照射角度等条件限制，全天都能够进行稳定的采光。

使用阳光导入器十分方便，将产品安装在室外屋顶、阳台、墙壁等一年四季均照得到太阳光的地方，通过光缆接入室内即可。这样，每天从太阳升起到落下，室内都有固定（可移动）的阳光直射，人们在卧室、厨房、客厅、书房、办公室等室内就可以享受明媚阳光呵护，愉快地工作、学习和生活。

从目前发达国家民用消费市场销售的阳光导入器技术分析看，导入一束阳光相当于500W电灯的照明亮度，如日均工作10h，即阳光导入器每束光每年可提供相当于1800kW·h的用电量，而其跟踪太阳消耗的电量极少，以一般型的12镜阳光导入器为例，其用电功率约2W。因此，在阴暗房间、地下室等白天也需要照明的场所使用该产品，可以节省大量电能。装备阳光导入器只需要一次性低成本投入，安装方便，零成本使用，产品使用寿命长达50～70年，与建筑寿命相当。由于产品所用材料均采用防老化、防生锈、防磨损等技术，外形设计方便维护，清洁集光机的透明罩只要用水清洗即可，无需其他日常维护。

中国照明用电能耗巨大，若推广使用阳光导入器，据估算耗电量可减少1×10^{11}kW·h，这个数字相当于8个葛洲坝电站和12个大亚湾核电站一年的总发电量。

13.2.6 建筑绿化

“绿色科技”的理念在于运用现代科技将玻璃幕墙与建筑竖直绿化或水平立体绿化直接挂钩，借助嵌入式的绿化设计解决遮阳和通风问题，可以取得一举多得的效果。

(1) 单块玻璃幕墙绿化

最初的做法是绿化倚着玻璃幕墙种植，这样做显然可以基本达到遮阳和景观的目的，还有一定的隔热作用，但关键是如何解决自然通风问题。一旦室内外无法交换空气，温差就会出现，因而这个做法一般只应用于低层的小型玻璃幕墙。

(2) 立体水平绿化

在建筑立面造型和玻璃幕墙错落运用的过程中，立体水平绿化的做法更进了一步。所谓立体水平绿化，是指在玻璃幕墙的不同水平间距之间实施大面积的绿化，例如在高层建筑安全层的外墙建造空中花园并留下通风口，虽然通风口的开通未能使旁边的房间达到最佳通风的效果，但可以使整栋建筑产生气流流通和空气交换，整体上达到了一定的良好效应。

(3) 竖直幕墙绿化

竖直幕墙绿化把每一块玻璃块之间的竖直位置加宽，成为“绿色玻璃带”，绿色玻璃带分内外两层，其中外层是疏松的网格状或百叶状的合成有机物质，能储存大量水分，提供垂直植物（如爬山虎、吊兰等），利用植物根部水分的吸收及吸附作用，让植物生长在幕墙的钢架之间或玻璃块之间；内层是可闭合可开放的百叶窗，用途是在适当的时候避免外界的影响，如同开关窗户一样。

13.3 通风与采光范例

13.3.1 迎合调节阳光

近年来，随着新材料、新技术的不断进步，智能化透光工程异军突起。与传统建筑相比，智能透光建筑优点十分突出：照明节能效果显著，整个建筑总体节能可达 90%；照明范围广，光线可覆盖建筑全部房间；控制范围广，不仅可以统一控制和管理单幢楼宇，而且可以扩展到一个社区；照明效果好，色彩可以根据既定程序变化，按用户需要随意组合；造价运行成本低，无需专用场地；具有多功能扩展能力，不仅能控制灯光回路，还可同时控制各类电器。

作为建筑领域的新成果，智能透光建立在网络技术基础上，结合传统的土木建筑和照明设计，实现对大型楼宇内部灯光的自动控制。涂有各类液晶材料的调光玻璃在太阳能建筑中已才华初露，有望推广普及。

密尔沃基艺术博物馆设有一个可移动的太阳屏。“在结构上表现出欢腾气质。其外形在高翔，释放能量，对抗引力。”每天清晨，太阳屏张开，遮蔽强烈阳光，夜晚闭馆，屏又自动收回，似有生命。

英国生命博物馆和法国巴黎世界之眼都是摆脱单纯从各个角度迎合阳光变动，通过一些新的备件主动对阳光进行调节的著名设计。

法国巴黎的世界之眼外观是一座极具抽象风格的矩形建筑，玻璃外部覆盖可以移动、如眼睛虹膜的金属膜，金属膜的孔径可以张合，调节阳光强弱。因为建筑属阿拉伯世界协会，在设计中参考了传统伊斯兰建筑风格，采用雕刻的屏和墙来控制光线。这种结构尤其注重建筑材料，被誉为“是世界上大多数创新性金属和玻璃外立面中最好的”。

经过设计人员苦心钻研，自然通风与自然采光已有许多成功范例。这些建筑不仅大幅降低能耗，在建筑形式上也给人全新感觉。

南牙买加图书馆被评为 2000 年“世界地球日”十佳建筑之一。由于是改建工程，该建筑两侧及后部相邻建筑只有 2～3m 的间隔，除了主立面外，其他 3 个方向均不能开窗自然采光．该工程在屋顶上设计了 3 排朝南的天窗。天窗上装有可自动控制的遮阳卷帘，1/4 弧形白色反射罩和电光源。阅览部分能通过自动或手动调节，使光线变得更均匀、柔和、舒适。在晴天时，2/3 的采光来自自然光。

该图书馆内空调送回风风道可以切换，夏天下送上回。由回风口直接将窗户进来的辐射热带走。这种系统十分节能。其西向主立面的玻璃采用新型的双层吸热玻璃，只透光，不透热，大大减少通过玻璃透射带来的热量。天窗玻璃则采用低辐射中空玻璃，具有对阳光的高透过率和对于长波辐射热的高反射率，同时具有极好的保温性能。据设计者称，此建筑比同等规模的建筑在采暖空调方面节能 1/3。

13.3.2　透光建筑

除玻璃外，人们正在研发其他透光材料，如膜材、透光金属、透光混凝土。上海世博会的意大利馆是一座采用这种"透明水泥"的建筑物。意大利水泥集团（Italcementi）的建筑师们把特殊树脂与一种新混合物结合在一起，制成透明水泥。采用这种水泥建成的建筑物，整面墙就像个巨大的窗户，阳光能穿透墙体射进室内，这样就可减少室内灯光使用量，从而节省能源。

上海铁路南站屋顶是世界上最大的圆形透光屋顶。采光顶犹如一顶巨伞，直径 278m，撑开的伞面有 60000m^2，由约 50000m^2的阳光板组成。采光顶透光材料类似"三明治"结构，最上层是减少强光照射的铝合金遮阳板，中间一层是聚碳酸酯板材，这两种材料既保证透光率达到 65％，又构成阻挡紫外线的联合防线，有效挡住了阳光中 70％的热能。

玻璃采光顶：19 世纪后期随着世界工业化进程，一批大型工业厂房兴起。这些厂房跨度有的多达 30m 以上，单靠侧窗采光不能满足厂房内采光需要，因此采光天窗就应运而生。常用的有采光罩、采光板、采光带和三角形天窗。这些天窗主要以采光（通风）为主，也带有装饰的意义。这些天窗基本采用钢（木）骨架，也有直接在钢筋混凝土框架上安装玻璃的。

20 世纪铝合金型材用于建筑门窗、幕墙，也就有了铝合金玻璃采光顶。这种新型的采光顶在建筑中的地位有了一个大的飞跃，它是建筑艺术的体现，就是说它的艺术功能与它的采光（通风）功能具有同等重要的地位，甚至在某种意义上讲，它的艺术功能超越了采光功能。它的表现手法随建筑风格不同而各异。它的几何形状有单坡、双坡、半圆、1/4 圆、折线、锥体、穹顶等，还有由这些基本几何形状组成的群体，以及与幕墙组成的连体，真是万紫千红，百花齐放。20 世纪 80 年代随着结构性玻璃装配技术的广泛应用，玻璃采光顶建筑也采用结构性玻璃装配技术制作，出现了铝合金隐框玻璃采光顶。

在玻璃框架玻璃幕墙诞生的同时，出现了玻璃框架玻璃采光顶。这种支承系统（框架）与采光顶全部采用玻璃的新型采光顶。它赋予玻璃采光顶全新的一种艺术形象，由于它无遮拦的全视野的特性，给人们一种特有的艺术享受，在很多公共建筑上开始应用。

最近几年，玻璃采光顶及玻璃幕墙发展迅速，特别是点驳式玻璃采光顶和玻璃幕墙以其造型简洁、轻巧和美观深受建筑师和业主们喜爱。因此，国外很多优秀的建筑均以其独特的玻璃结构设计闻名于世，特别是在德国，点驳式玻璃采光顶和玻璃幕墙有较高的发展水平和广泛的应用。例如柏林议会大厦玻璃屋顶、2000 年汉诺威世博会中德国展馆的玻璃屋顶和柱子、奥格斯堡市（Augsburg）马克希姆（Maxim）博物馆的玻璃屋顶、莱比锡展览馆屋顶和幕墙、Griebel 电脑公司办公楼天井玻璃屋顶、汉堡双 X 形办公楼幕墙、柏林外交部大楼幕墙和意大利卡塞塔（Caserta）的 Crowne Plaza Hotel 所采用的玻璃大厅屋面结构。

玻璃采光顶建筑以现代化的建筑思想及新颖的结构造型成为 20 世纪 90 年代德国建筑较具代表性的部分。正是由于欧洲建筑师和工程师的努力，推动了玻璃结构在世界范围的进一步发展。

在国内已出现许多具有代表性的点支玻璃采光顶工程，例如南京市奥体中心体育馆曲面玻璃屋顶、深圳市市民中心玻璃采光顶和昆明市柏联广场 15m 直径中厅圆形屋盖。深圳市市民中心玻璃采光顶采用我国自行设计的预应力拉索网架，此种结构是通过预应力手段将空间刚度良好的网架结构技术与能够充分发挥钢材抗拉性能的拉索结构技术有机地融合在一起，从而形成了一种全新的预应力拉索结构体系。昆明市柏联广场 15m 直径中厅圆形屋盖是我国建成的第一个弦支网壳玻璃采光顶。上铺中空玻璃，其矢跨比为 1/25，上弦为单层肋环型网壳，下弦用预应力环形索，用斜向索拉上弦节点，上下弦之间采用竖向铰接压杆。此外，还有北京的几个工程：造型独特的北京植物园植物展览温室、面积超过 10000m^2 的北京远洋大厦幕墙和大型采光顶、西单文化广场圆锥形采光顶、中华世纪坛护栏等工程。

13.4 新节能建筑

现在各国设计人员充分发挥各类功能材料的特性，进行多方尝试。以下建筑是国外几幢匠心独具，有代表性的节能建筑。它们在材料、设计和技术上各具特色，引起广泛关注，代表世界范围内建筑发展方向。

德国奔驰公司大楼设计曾赢得人们关注，因为它最大限度利用太阳能，自然通风和自然采光，以建造一种舒适，低能耗的生态建筑和环境。图 13-10 是大楼各项节能措施简介。

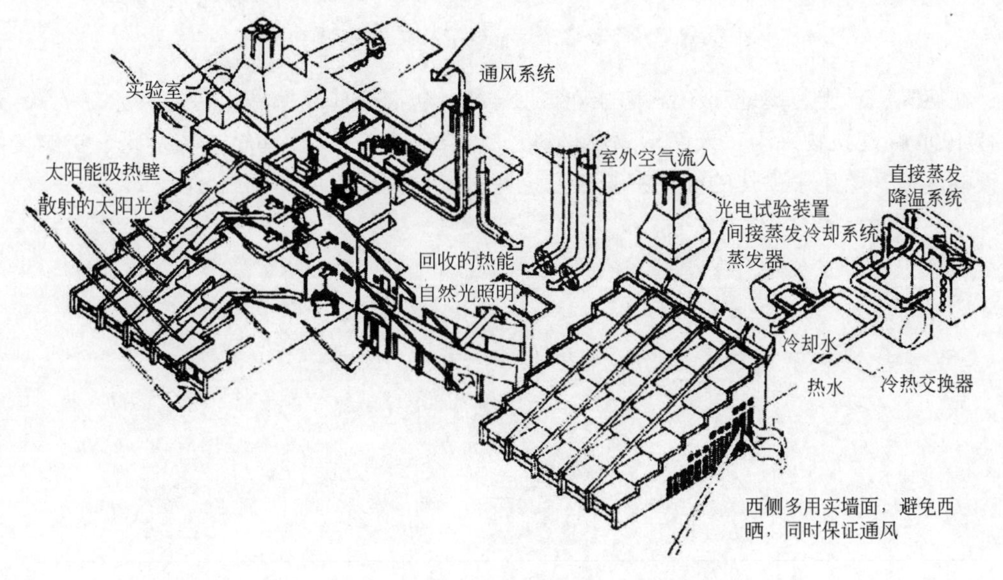

图 13-10　德国奔驰公司大楼建筑节能措施图解

同样还有宝洁公司的节能建筑。2001～2005 年，宝洁公司的德国工厂产量提高了45%，但维持机器运行和给建筑物供热、制冷和通风所消耗的能源仅增加了 12%，而碳排放量仍然控制在 2001 年的水平。取得如此成功，缘于宝洁公司采取的一系列措施：高效照明、高效空气压缩系统、新型供热与空调系统设计、收集压缩机的废热来给建筑供暖，以及详细的能源计量与记录。

图 13-11 为几个比较著名的节能建筑及其主要节能措施。

图 13-11 几个著名的节能建筑及其主要节能措施

在德国、瑞士、奥地利和斯堪的纳维亚半岛（包括瑞典、挪威、丹麦、冰岛等），大约有 4000 幢建筑物采用了大面积隔热材料、高效绝热窗户以及其他节能设计，使供暖效率大幅度提升，用于供热的能源开支仅为这些国家传统建筑所需的 1/6。

14 未来建筑与未来建筑材料

在古人心目中，只有神仙才能观察到世界沧海桑田的变化，而寿命不足百年的凡人看四周风景几乎一成不变。人们一代一代生活在相同的陋巷老宅，石路木桥，更不用说相同的山陵，河流的环境之中。但20世纪中期以后，科技发展加速，新的材料和新的技术不断涌现，过去我们数十年间习以为常的景色，也许一夜之间就面貌全非了。

1889年，当320m高的埃菲尔铁塔建成的时候，引来举世瞩目；而当设计师埃菲尔本人于1923年带着几多辉煌撒手人寰的时候，他绝没有想到，在他身后不到百年的光景，人类冲击建筑巅峰的速度惊世骇俗。

随着现代生产技术的不断提高，各种新材料不断被应用于建筑之中，而为这些新型建筑结构、建筑形象所搭配的辅助性装置也越来越多。由于不同材料所具有的不同特性，有时即使是搭配同一种辅助性的装置，也可以得到截然不同的两种建筑效果，再加上新材料所带来的全新表现力，使得一些简单而传统的辅助性装置也可以得到更加新颖的功能与形象。在21世纪，过去成千上万年的变化会压缩到短短数十年间，由于建筑材料的不断更新和建筑设备的不断提高，人们就可以看到建筑（包括巨型建筑和巨型建筑工程），会使地球表面焕然一新。人们在有生之年就能目睹世界变得与以往不同。

现在各国设计人员充分发挥各类功能材料的特性，进行多方尝试。匠心独具，有代表性的节能建筑在材料、设计和技术上各具特色，引起广泛关注。

在本书中，我们试图介绍在近年内建筑材料和建筑的发展趋势与即将出现的改变世界面貌的建筑。

14.1 新建筑技术对建筑材料的要求

14.1.1 超高层建筑与新材料

随着地球上人口的增多，城市大型化，城市建筑越来越向高层发展。为适应超高层建筑的要求，必须开发新型、性能卓越的建筑材料。例如，为了减轻建筑物的自重，减轻基础的负担，要求开发轻质而高强的材料；超高层建筑受地震、风荷载等水平方向荷载远远超过普通高度的建筑物，变形量大，要求材料具有良好的塑性和韧性；为了满足建筑物的防火、耐火要求，用于建筑物表面的材料要求不燃性和阻燃性；最重要的还要求材料具有优良的耐久性，超高层建筑投资巨大，施工工期长，其寿命不能按照常规的建筑物来要求，应该要求具有500年甚至上千年的寿命，或者通过维修、保养和局部更新达到永久性建筑的要求，这就要求材料在长期使用过程中能长久地保持优良的性能，才能保证建筑物的正常运转和安全。为实现超高层建筑，所需要开发的新材料有金属材料、混凝土材料、耐火耐久性装修材料、采光材料、抗震材料等。

14.1.2 大深度地下空间结构与新材料

大深度地下空间是到目前为止还没有被广泛开发利用的领域。随着地球表面土地面积的逐年减少，人类除了向高空发展之外，大深度地下是一个很有潜力的发展空间。与超高层建筑相比，地下空间结构具有许多优点，例如具有保温、隔热、防风等特点，可以节省建筑能耗。为实现大深度地下空间的建设，需要开发能够适应地下环境要求的新型材料，有机纤维高分子复合材料，具有形状记忆，吸氢、超导、张性的功能性金属材料，结构性金属材料，土壤改良、防硬化、废水净化的材料和抵抗微生物侵蚀、具有微生物组织增殖或保存功能的生物材料、纤维和纳米过滤材料、防地下岩石放射性和热电辐射材料。

14.1.3　适用于海洋建筑的新材料

海洋建筑物可分为固定式和浮游式两大类，所用的结构材料仍离不开钢材和钢筋混凝土。海洋建筑与陆地建筑物的工作环境有很大差别，为了实现海洋空间的利用，建造海洋建筑物，必须开发适合于海洋条件的建筑材料，如涂膜金属板材、FRP 筋材、耐腐蚀金属、水泥基复合增强材料、地基强化材料等。

14.1.4　用于宇宙空间结构物的新材料

人类正在向宇宙进军，在距离地球表面 400～500km 的超高空建生存空间，这需要密封性能良好，防空气泄漏，防太空酷寒，防宇宙射线辐射和星际颗粒、陨石、航天器碎片以宇宙速度撞击的高强度金属材料以及高效太阳能电池。

14.1.5　以生物直接作为建筑材料

德国汉堡正在建造世界上第一座藻类发电建筑。这座建筑在镶嵌的玻璃内装有微藻类。这些藻类能够产生物量和热量，是一种可再生能源。此外，这一将藻类作为建筑材料的系统还为整座建筑隔热保温，隔声降噪。水泥墙随着使用时间的增加会出现裂缝，不仅修补相当麻烦，还会造成安全隐患。2015 年，荷兰代尔夫特理工大学微生物学家约恩克发明出了一种可自我修复的水泥，可防止水泥墙出现裂缝。报道称，约恩克通过混合生活在活火山附近的细菌、水泥及乳酸钙，当水泥裂开时，只要有雨水进入裂缝，就能“唤醒”细菌，它们吸收乳酸钙后，会分泌出石灰岩，平均 3 周就能修复裂缝。这种细菌可耐高低温，而且其休眠期长达 200 年，足够长期修复大部分建筑物的水泥外墙。报道还指出，加入这种细菌的液体，更可直接喷洒到裂开的水泥表面。水泥修复细菌可对任何长度的裂缝发挥作用，但宽度不能超过 0.8mm，否则作用会大打折扣。

14.1.6　“绷带”建筑材料

东日本大地震发生 4 天后，在地震烈度达 6 级的宫城县仙台车站前，当地的樱野百货商店已经迅速地在相邻一栋建成 40 年的办公楼一角设置临时店铺，开始了营业。实际上，其大厦是车站周边地区最老的建筑之一，却在猛烈的地震之后很快恢复了使用。

仙台车站周边的许多建筑在地震后都出现了裂缝等，有可能倒塌，因此不得不暂时停止使用，需进行大规模维修，在这种情况下，樱野百货商店大厦和上文提到的办公楼却几乎毫发无伤，这主要得益于两栋大厦都采用了纤维缠绕抗震加固技术。其名为“绷带加固施工法”。

14.1.7　特种混凝土

功能混凝土是依各类建筑对混凝土复杂多变环境不同需求而配置不同功能的混凝土。因为混凝土是当今世界用量最大的人工建筑材料，每年用量已有 90 亿吨之多，超过地球每人年平均 1t 的数目。随着建筑工程结构在赤道、极地、地下、海洋环境中营造，向高层、大跨度、轻型结构发展和令人目瞪口呆、根本无法想象的美观图形，都对混凝土性能提出越来越高要求。混凝土材料不仅必须具有结构承重与保护功能，还要在不同场合分别满足防辐射、防静电、补偿收缩、防水、耐磨等功能。

防水混凝土防水关键是防止混凝土中产生孔径大于 25nm 的开口型渗水孔隙，具有密实性、憎水性、抗渗性，用于工业和民用防水工程，储水构筑物、桥墩、码头、海港、水坝及屋面、墙体防水。

耐碱混凝土对碱性介质的腐蚀具有耐受能力，用于耐碱地面，储碱池槽，罐体及受碱性物质腐蚀的结构，设备基础。

耐油混凝土既不与油类物品发生化学作用，同时阻抗油类渗透导致酸性油质与混凝土中 $Ca(OH)_2$ 起反应导致生成复盐，结构松软和分解。主要适用于抗渗性能较高的油罐工程和地坪、底板、地板。

耐热混凝土能长期承受 250～1300℃高温和反复变化作用（普通混凝土在 250～300℃开始丧失强度，600℃时遭到破坏崩溃），主要用于工业窑炉烟道，原子能压力容器。

防爆混凝土是一种能经受金属、坚硬石块巨大摩擦冲出而不发生火花的功能性混凝土，多用于冶金、石化工厂、易燃仓库。

导电混凝土是利用导电材料部分或全部取代混凝土中普通管料而制成具有规定性能和力学性能的混凝土，根据性能可分别用于消除静电、环境加热、接地装置、避雷、电阻、阴极保护场合。

防辐射混凝土是可替代铅、钢等材料屏蔽核辐射和放射线的混凝土，用于产生辐射的实验室和医疗场合，又称屏蔽混凝土、核反应堆混凝土、防射线混凝土、重混凝土。

14.1.8 智能材料

自古以来人们都曾盼望自己耗尽心血，胼手胝足建造的建筑能够具有某些智慧的属性，例如混凝土浇筑的大坝能够适应风灾和地震的破坏；室内墙面可以变化颜色以适应不同气候、季节；玻璃能够根据环境光度的变化而自行改变透光率、导热性能等。

20 世纪 80 年代以后，美国、日本的科学家率先提出了智能材料的概念。其中美国的研究较为实用，以应用需求驱动研究开发，而日本则偏重从哲学上澄清概念，希望创新拟人智能的材料系统，甚至企图与自然协调发展。在开始阶段，人们曾用机敏（Smart）材料和智能（intelligent）材料两种名称，现在已普遍接受智能材料这一概念，并且将智能材料定义为是指同时能感知外部环境条件的变化（传感功能），作出自己判断（信息处理功能）以及发出指令或自行采取行动（执行功能）的材料(见图 14-1，图 14-2)。

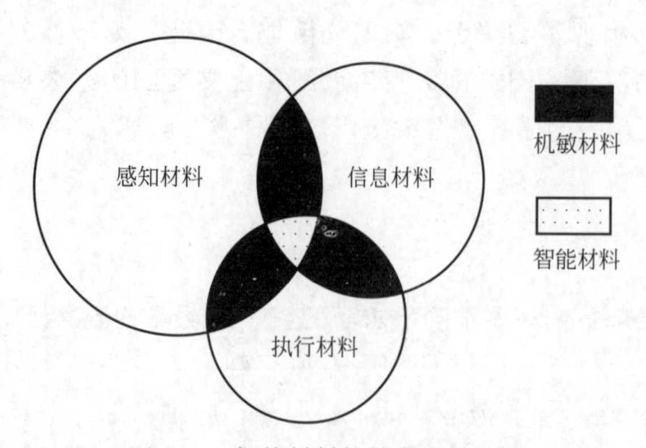

图 14-1　智能材料的基本组元材料

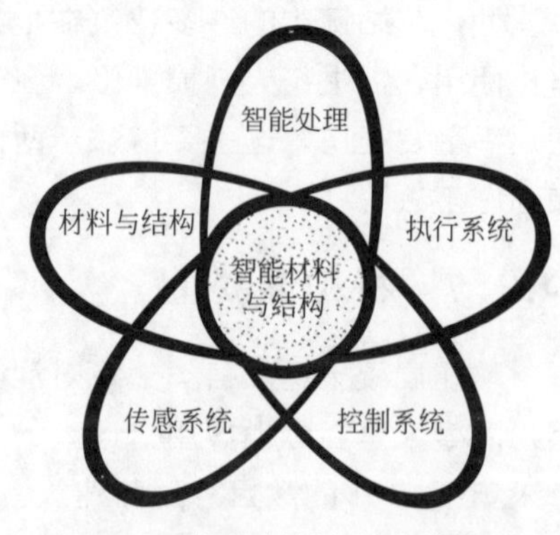

图 14-2　智能材料与结构的构成

未来建筑将成为类似大脑的智能建造系统的受益者，这种系统能够自动进行调节，满足居民的需要。利用有关能源能耗、天气和居民需求的数据。它们能够做出合理的决定，在利用资源方面实现最优化。

例如可利用阳光发电——可以施以纳米粒子涂层，用于中和空气中的污染物和捕获二氧化碳。巨大的有机 LED 光源允许建筑的所有表面在夜间提供照明，打造一种全新的街道照明方式。报告称："借助于强大的阳光吸收能力，这项技术能够让净能耗的人工照明成为一种可能。"

在材料中埋入光导纤维、电阻应变纤维、压电元件及碳纤维等作为传感元件，形成神经网络系统，并由数据进行处理。光电信息是应变的函数，当构件由于疲劳或外部原因引起损伤时，应变分布改变，根据训练可确定损伤的位置和程度，可实现智能材料的自检测和自诊断。当材料内部发生破坏时，由数据处理和监控系统发出警报。

光致变色玻璃就是一种能自行调节透光性能的智能材料。用它制成的墨镜在阳光下颜色变深，而在室内则恢复透明。利用薄膜材料的电致变色特性，在玻璃基片上涂以透明电极和电致变色膜，可以改变入射光线的吸收谱。若吸收谱处于可见光波段，则可显示颜色变化，用于建筑物和车辆窗户的调光，可以维持适当光强，隔绝有害光线。

电致流变体在施加电场时，其黏度、阻尼性能和剪切强度都会发生变化，利用黏度变化可以进行冲击吸收、动力传递和姿势控制，可望用于汽车、大坝的防震装置、组合机。又如新加坡的环保大楼为掌握混凝土能否保证建筑物的性能，研究团队在大楼的支柱等结构性部位安装了光导纤维感应器，以监测混凝土的各种性能。

智能材料和生态材料是近二三十年之间初露锋芒的新型材料，两者又与智能建筑和生态建筑密切相关，代表 21 世纪建筑发展趋势。智能材料能够降低建筑的能耗和维修费用和维修时间，延长建筑寿命；生态材料则能够降低材料的生产能耗，通过材料的循环降低修复环境污染的能耗，减少 CO_2 的排放。两者都是建筑节能的重要内容。

14.2 建筑材料生产的工业化

14.2.1 建筑材料的标准化、预制化、系统化

对建筑材料的形态进行加工改进，使其成为易于安装的配件；或者改善施工机械，使建筑材料的安装简单易行，两者都是建筑节能的方向之一。

1921 年，法国建筑师勒·柯布西耶在他的《走向新建筑》一书中说："如果房子也像汽车一样工业化地成批生产……" 他所提及的标准仅是依靠论证、逻辑分析和试验才逐渐获得的。

一切建筑生产方式的发展都与时代密切相连。第二次世界大战结束后，英国、法国、德国、日本等国家由于遭受战争破坏、青壮年劳动力的大量丧失，出现严重房荒。建筑业也必须改变由人工生产而导致的产品不定、单体型生产、流动性大、生产周期长等缺点。至此，建筑工业化踏着时代的鼓点，应运而生。

经过几十年的发展，建筑工业化生产在发达国家已经相当普及，应用达到60%以上。目前，世界普遍认为，建筑工业化是有效提高质量效率、降低能耗的建房方式。

预制化、标准化、系统化是建筑材料、建筑构件的发展方向。使建造动力大幅提高，现在则可将建筑工厂化，在车间生产各类墙体、屋顶、横梁、门窗，然后送施工现场组装，或者直接生产各种房屋。现在的太阳能建筑，仅到达相对砖瓦与昔日建筑的水平，还需要将各类太阳能构件和现有各种建筑材料进行拼接，还没有既满足吸收、释放太阳能的功能。作为建筑结构的材料，作为源远流长建筑科学的一支，太阳能建筑科学还在蹒跚学步。预计在近一二十年，各类太阳能热水系统、光伏系统墙体、屋面，各种太阳能幕墙、采光系统、太阳能空调系统都能在车间制造，成为各地连续兴起的太阳能建筑的有机组成。

14.2.2 建筑材料与新施工方式

(1) 砌砖机器人

6000年来，砌砖过程基本不变，至今靠人力一块一块地往上码。但德国一位发明家用他的机器人颠覆了砌砖概念。这个名为哈德良的机器人能够每小时砌砖1000块且24小时不停工，也就是说一年能盖150栋砖房。这预示了建筑业即将发生变化。

哈德良机器人有一支8m长的支臂与它的主体相连，支臂的尽头是一只机器“手”，能够一气呵成地握住砖、拿起来、放到位。一个3D计算机辅助系统按要求规划好房子的形状和结构，然后计算出每块砖应当在什么位置。砂浆或黏合剂也依靠压力传送至机器手中并抹到砖上，因此整个过程无需任何人力。它甚至懂得为布线和敷设管道留下空间。能够在需要改变砖块的形状时进行扫描和切割。该机器人花了十年时间制成，迄今耗资700万美元，应能在短短两天内盖好一栋房子。它能全年365天、全天24小时地独自工作。德国也开发出了可以自行抹灰的刷墙机，能够拌浆、抹灰、抹平粉刷，取代人工全部工作。

(2) 装配建筑

新预制构件化建筑形象的形成除了在高技术保障下实现的异形结构或建筑产品的单件批量化生产之外，对于传统工业化批量生产，即以预制构件为主的建筑体形象的改造，也成为摆在建筑师面前的一个难题。

法国建筑师努韦尔为法国南特市设计的一座法院建筑成为典范。

努韦尔选择了简单的预制构件形式：一方面可以有效降低建筑造价；另一方面正好用预制件统一、刻板的形象来作为法院建筑绝对权力的象征。同时为了加强这一项目肃穆的建筑效果，努韦尔还使用了无装饰的钢材，林立的钢构架与冷冰冰的金属色与法院建筑本身的基调形成绝妙搭配。

努韦尔在法院建筑中使用了一个基于8m的统一参照尺度，不仅基址平面、结构框架、空间分划的尺度全部都是以这个8m为边长的正方形或正方体经成比例缩放的结果，就连地面石质铺地砖、屋顶钢格构天花等细部的建筑尺度也与整个建筑所采用的规则网格相联系。装配建筑（预制建筑）与传统建筑相比具有明显优势，表14-1以30层精装修住宅的两种建设方式所用的时间、材料和能耗为例作一对比。

表 14-1 预制建筑方式与传统建筑方式对比

项目	预制建筑方式	传统建筑方式
基础及正负零以下工程	2个月	3个月
主体工程	5个月	10个月
内外装修	3个月	5个月
水电安装	与主体及装饰同步	5个月
从动工到交付	最快10个月	22个月
能耗	约15kg/m^2(较传统建筑方式降低20%)	约19.11kg/m^2
水耗	约0.53m^3/m^2(降低63%)	约1.43m^3/m^2
木模板	约0.002m^3/m^2(降低87%)	约0.015m^3/m^2
垃圾	约0.002m^3/m^2(降低91%)	约0.022m^3/m^2

装配技术使未来高层建筑单体可摆脱户型限制，专注建筑本身设计，提供更加耐久、抗震的结构，更易维修更换的设备管道系统，使内墙、隔墙、天花板、地面甚至厨卫都成为可拼装的家具。建筑单体成为一种提供水、能源、信号系统的空间土地。

(3) 对建筑材料成型后继续加工

自古以来，人们都是利用各种各样天然或人造材料，经过一定的方式营造建筑。但是现在，人们可以边用材料搭制建筑，边通过熔制、烧结等工艺改变材料性能成分，使构成建筑的材料也和营造初始大不相同了。

最初使用加工材料的建筑是用泥砂堆筑的房屋，这种房屋成形以后，使用火焰喷枪对墙壁、屋顶和地面进行800℃高温加工，泥砂表面就会形成坚硬、防水的玻璃层。在一些紧急情况下（如防止地下坑道中渗水）这种方式相当有效。2013年曾在美国通用汽车公司工作多年的斯蒂芬·贝茨，受用蓝宝石、火焰和气流制造的活塞发动机的启发，申请了通过气相沉积合成薄膜晶体的发明专利。只要将廉价的工业钻石包装到气化的碳60富勒烯中再用激光轰击，富勒烯中的碳原子就会沉积到松散钻石颗粒之中，从而形成一个坚固整体。这样，不仅在飞机上可以使用钻石零件，整个摩天大楼都可以是钻石架构，成为名副其实的钻石大厦。

3D打印技术可认为是更高形式的对建筑材料成型后的继续加工。

3D打印技术既是对传统建筑材料，又是对传统建筑技术概念的颠覆。3D打印对于建筑行业的三大改变为打印异型建筑、减少建筑成本、环保节能。

中国万科集团将与美国宇航局（NASA）合作打印3D房子。尽管在很多人看来不可思议，但是由机器人控制全过程，自动化生产房子。这是住宅产业化的升级版。此次3D打印不是喷塑料，而是喷砂浆。

传统的建造方法是用砖头一层层堆积，砖头可以变换大小，但是房屋整体的形状变化还是非常有限。“3D打印首先是一个数字化制造，一个曲面的墙、双曲的墙，都可以随心所欲地去做。”国外很多建筑师，如扎哈·哈迪德（英图建筑师）、保罗·安德鲁（法国设计师，中国国家大剧院设计师），都是盈创在为他们实现设计理念。减少建筑成本是另一个方面。盈创3D打印的墙体都为空心，相比传统的建筑方式，可节省50%～60%的材料。

“传统建造经常需要改变原材料的形状，产生大量建筑垃圾。3D打印采用‘增材制作’的方式，逐层打印建筑，避免了建筑垃圾的产生。此外，建筑垃圾、尾矿石可经过处理填入空心墙体中。不过如何将建筑垃圾、尾矿石做成填充物，如何做到完全环保，尚待研究和鉴定。”

“还有一个好处是不会偷工减料。一个技术好的工人和一个技术差的工人，一个负责任的工人和一个不负责任的工人，造出来的房子品质是不一样的。但是机械制造出来的房子是一样的，而且可节约80%左右的人工。”

2014 年 3 月 29 日，我国自主研发的首批 3D 打印建筑亮相上海，标志着 3D 打印建筑在我国从概念变为现实。

这些“打印”出来的建筑的墙体是用建筑垃圾制成的特殊“油墨”，按照电脑设计的图纸和方案，经一台大型的 3D 打印机层层叠加喷绘而成的。而 10 幢小屋的建筑过程仅花费 24 小时（图 14-3）。

(a)

(b)

图 14-3　首批 3D 打印建筑

3D 打印技术可以让建筑垃圾、工业垃圾变废为宝；让未来的建筑工人做更体面的工作；让建筑成本降低 50%，具有很大的社会价值。

埃隆·马斯克计划在火星上建立一个城市；美国宇航局希望 2035 年把人送上火星；还有“火星一号”计划，打算将人送上火星建立殖民地。但是这是一项浩大的工程。“将 1kg 砖或别的材料带到其他星球上的花费在 10 万～20 万美元。因此，如果想要在月球和火星建立基地，就必须开发出能够利用这两个星球的自有材料修建房屋的技术。”

美国宇航局正在开发一种叫做“轮廓工艺”的施工技术。这种技术涉及3D打印，可以用一台巨大的打印机在24小时内一层一层地打印出混凝土建筑，十分高效（图14-4）。除了在火星上建筑定居点，这项技术同样可以在地球上应用，用来建设我们的家园。

图14-4　3D打印火星上建筑模拟图

“轮廓工艺”既可以打印直线，也可以打印波浪线，通过内腔系统设计的墙壁既隔热又结实。“轮廓工艺”也有缺陷，它无法摆脱对玻璃、钢材和木材等材料的依赖。“不过，如果可以用胶凝材料更快地打印更便宜、更好的东西，就会降低对木材的需求。”“这种房屋不会使用所有老式房屋需要的材料，用这种技术建造的房屋使用的不是老方式。”

“维基房屋’是一个建筑系统，全部数字化操作。建造房屋的基本材料是由电脑控制切割和研磨的。建造房屋是把这些材料带到工地上，用挂钩系统把它们固定到一起。所以，不需要任何施工技能，就能够把主体建筑搭好。构建好框架，把它竖起来，用挂钩系统固定好，然后组装隔热膜。”

14.3　超级大厦

14.3.1　攀高正未有穷期

随着建筑材料的不断更新以及信息模拟化处理技术的快速发展，展现美学和结构工程的创新。建造一座600m甚至更高的摩天大楼不再是天方夜谭。在现代化的大都市中，玻璃幕墙或钢材料铸造的建筑纷纷拔地而起，蔚为壮观。如果说直到20世纪70～80年代，美国还是世界建筑业上高度的霸主的话，90年代至今乃至以后，标志性的建筑就属于亚洲了，而且中国拔得头筹。

19世纪中叶相继出现了载人升降机和电梯。此时又出现了钢筋混凝土结构，这为新的结构方法、新的建筑形式提供了新的途径，给发展新的建筑理论及建筑创作也开辟了新的道路，为高层建筑、超高层建筑以及大型空间结构、大跨度的建筑物的规模向大型化发展创造了有利条件，并且摩天大楼正向城市建筑群的方向发展。

为了达到人们渴望的高度，建筑师们不得不改变和创新建筑技术。在这种情况下，一种新的建筑方法被开发出来，这种方法采用格状钢梁和钢柱，其结构坚固得足以支撑建筑物可能经受的强大压力，包括建筑本身和其中物体所能产生的各种压力，甚至还能抗击外来风力和建筑所在地区可能发生的地震。随着这种新的建筑方法出现，摩天大楼便应运而生，争夺“最高建筑”这一称号的竞赛从此开始。同时，自摩天大楼问世之日起，为了把建筑物建造得更加牢固、更高同时更轻，人们便不停寻求改进建筑材料和方法的途径。

继上海 421m 的金茂大厦（1998 年）、香港 415m 的国际金融中心（2003 年）之后，2004 年，台北市中心 508m 的“台北 101”落成。这不但是当时世界最高的建筑，而且打破了 500m 这个建筑高度的理论极限。

促成建筑高度不断攀升的因素很多。首先是经济的繁荣，20 世纪 70～80 年代，提起美国的西尔斯大厦和纽约世贸中心，人们大都会将其高度与发达的经济连在一起。其次，越来越多的亚洲国家兴建超高的建筑，是因为这些地方人多地少，只有靠增加楼层来优化商务和居住条件，减少成本。最后，也是关键的一点，即科学技术的发展为建筑的越盖越高提供了可能性。

20 世纪初，混凝土的出现、冶金工业的发展以及电梯的发明，使得建筑的高度突破了 300m 大关。法国活跃于亚洲的建筑业施工专家让・马克・戛杰尔谈及建筑的不断攀高，欣喜地说道：“在随后的这些年，由于建筑材料的更新，我们的建筑高度逐渐增加到了 500m 以上。人们不断改变钢材和混凝土的成分，改善了它们的性能，其结果是承重力大大增强了。”寸土寸金的香港、上海和广州，自然是从中获益匪浅，而且令西方的建筑师趋之若鹜。香港 2003 年建成的国际金融中心高 415m，88 层，在当地大有“一览众山小”之势。而中国大陆的经济中心上海，除了高 421m 的金茂大厦外，还有 492m 高的环球金融中心。广州也不甘落后，为了再现往昔的城市魅力，设计了高 514m 的双子座。

图 14-5 迪拜风中烛火大厦

哈利法塔（原名迪拜塔）是韩国三星公司负责营造，位于阿拉伯联合酋长国迪拜的一栋有 162 层、总高 828m 的摩天大楼。哈利法塔 2004 年 9 月 21 日开始动工，2010 年 1 月 4 日竣工，为当前世界第一高楼与人工构造物。因石油暴富的迪拜人正在营造各类从奢侈品牌、高级酒店、前卫艺术，到未来派建筑、奇形怪状大楼和零排放太阳能建筑的前卫建筑。迪拜风中烛火大厦从 54 层到 97 层不等，汇集在一起构成一座舞蹈般的雕塑形象，如在舞蹈，如烛火闪动。建筑表达方面，其成熟的美学和结构工程方面的创新是任何现代建筑都无法比拟的（图 14-5）。

在这些庞然大物面前，巴黎埃菲尔铁塔、纽约帝国大厦都只有自叹弗如了。高层建筑，特别是“巨无霸”式的高层建筑，需要面对诸多技术难题，例如抗震、抗风、人体对电梯上升速度的适应度、地基以及主轴对建筑的支撑等。而摩天大楼的不断攀高，证明着一道道难题的攻克。摩天大楼的建设不同于标准建筑，其主要特点是：结构必须颀长细巧，甚至是可变的。这既可减轻对地面的压力，也有益于大楼自身在空中的维持。近些年，新型建筑材料的出现，例如质硬而轻、耐腐蚀性强的金属钛和碳纤维等，使得设计更能够适应上述特点。如中国台北 101 大楼的抗震装置和法国设计师埃尔维·托尔吉曼设计的具有抗强风的拧麻花似的 DNA 造型的迪拜新建筑群。

14.3.2 被风引擎的迪拜旋转摩天大楼

迪拜建造的这座旋转摩天楼将达 80 层，高度约为 420m，每一层都可以 360°旋转，每套公寓的面积为 120～1200m^2。摩天楼还配有声控风力发电机等多种环保装置。这座大楼的中心轴是设计建造最关键的地方，它必须保证将各层楼牢牢地穿在一起，承受相应的重量，稳固而坚实。同时，它又需要满足各层楼转动的要求，让它们可以单独、自如地转动。用于驱动楼层的旋转需要很大的能量，然而这幢大厦的建成并不会给当地的能源带来压力，因为它的所有能量皆来自于风力。这座高耸的大厦不仅能完全依靠风力旋转，多余的风力制造能源还能提供给大楼的用户。除了风能，大厦的屋顶还装配有大型太阳能板，它的太阳能设备年发电量（在阳光充足的情况下，能量高峰期）大约在 1×10^6kW·h，超过了一座普通的小型发电站。这座大楼有可能在为自己发电的同时，还为周围的其他建筑物提供电力。设计师将通过安装在每层旋转楼板之间的风力涡轮机来实现这一目标。一座 80 层的大楼将拥有多达 79 个风力涡轮机，这将让大楼成为真正绿色的发电厂。

14.3.3 悬空建筑

现代的建筑家们在展望未来的建筑形式时，竟然也盛誉“空中楼阁”，大有将“空中楼阁”推向全球之势。原来，由于现代城市的发展，市区的地面要承担交通、人群活动等繁重任务，市区已显得越来越拥挤了。因此“解放地面”已成为未来建筑发展的趋势（图 14-6）。

怎样才能把城市地面从楼房的“混凝土森林”桎梏下解放出来呢？从 20 世纪 60 年代开始，已有人设想建造“支柱式摩天大楼”，这些摩天楼仅由一些柱子支撑，地面上毫无建筑物的阻挡，不仅给予行人以更多的活动空间，还可以让车辆畅行无阻。

要建造这样巨大的“踩高跷”摩天楼，首先就要有非常结实、强度极高的建筑材料。使用 1400 号混凝土（每平方厘米强度为 1400kg）构筑“高跷式摩天楼”，是较合适的目标。

仅依靠减轻材料的自重来降低支柱负担的重量，毕竟有限。既然是“空中楼阁”，那倒不如干脆从“天上”放下钢索“悬挂”楼房为好。发挥钢筋抗拉强度大抗压强度却较小的特点，在当前建筑物的刚度已接近极限的情况下（即楼房由于有钢筋混凝土梁柱的支承，不会弯曲，也不会倒塌），这样可以充分利用材料的特点。

这种从“天上”挂起来的楼房现在已开始出现了，例如德国慕尼黑的 BMW 办公大楼就是在钢筋混凝土井筒上放下四根预应力吊杆，承受整座大楼的全部重量。

图 14-6 未来悬空建筑

现在可以容纳数十万人、高 1000m 以上的超高层建筑已在设计讨论之中。著名方案有伦敦通天塔、科威特和沙特阿拉伯的摩天塔、俄罗斯空中大地、东京巨城金字塔、旧金山终极塔楼等。这些设计虽有很多奇思构想，但都将太阳能和风能放在重要位置。

14.4 天似穹庐——巨型膜建筑

天篷式建筑（或称膜建筑、充气建筑）体现了未来建筑的趋势，是名副其实的 21 世纪建筑，是一种能改善并创造某一人工小气候的巨型建筑，也是建筑史和建材史上意义深远的革命。

天篷式建筑近年在国外已陆续出现，它以设计简单、安装方便、体积（覆盖面积）巨大、形状颜色变化万端而引人注目。

天篷式建筑是和以往建筑迥然不同的建筑，它的突出优势是能覆盖巨大面积，阻挡因大气层空洞形成的强紫外线和宇宙线辐射，并能制造比当地自然气候更适于生活、生产的人工气候。随着覆盖数万到数百万平方米的天篷式建筑大量出现，会对气候产生有利影响。我们甚至已经可以探讨直径 30～50km，方圆数千平方公里的巨型天篷式建筑。这种天篷式建筑无疑会在我国西部开发中发挥难以替代的作用。

1967 年加拿大蒙特利尔博览会中巴克明斯特·富勒设计天篷式建筑曾获广泛好评。富勒进而探讨大型天篷式建筑的可能。他指出如下一个基本事实：一个直径 30m，重 1.5t 的张拉整体球体可以储存 3.5t 的空气，而 2 倍于这样大小直径的球体结构自重可达 3t，而储存的空气重量则高达 28t。如果把球的直径增大到 1km，由玻璃纤维和聚四氟乙烯轻质材料的结构自重与所储存空气的体积之比甚至可以忽略不计，在太阳光的照射下空气的热效应将使这个球体能如厚云一样从地面缓缓升起。这种张拉整体结构可以创造更好的居住环境，通过利用太阳能减少热量损失。人们甚至设想将纽约高楼林立的曼哈顿大部分用一半球体包围起来防止空气污染。

众所周知，物体的表面积按其半径平方增加，而体积却按半径立方增加。封闭的膜建筑可视为一个物体。

随着建筑体积增大，膜材重量在其总重量中占有的比例迅速减少。对于一个直径数千米的膜建筑，膜材重量可以相对忽略不计。在热力作用下建筑能够飘浮在空中。这一特性为修造大型膜建筑增分不少。

笔者认为天篷式建筑是开发中国西部和克服世界沙漠化趋势的关键技术之一。在天山南北沙漠地区，气候干燥，白天炎热，终年无雨，空中雨水尚未落到地面就又化成蒸汽。如果采用天篷式建筑，使雪山流水不会立即蒸发被风吹散，能在“室内”形成温润气候，可以想象，昔日丝绸之路将恢复绿荫遍布的景色。黄土高原、蒙古高原气候恶劣，风沙弥漫，气温落差很大。采用天篷式建筑能将沙漠、黄土分割成小块，有效阻止沙丘移动，吞侵农田。在建筑内种草植树，避免水土流失。

青藏高原冰雪逞威，空气稀薄，采用密封性能较好的天篷式建筑，并且充压，能在高原中形成一个气压较大、温度适宜的人工气候，适于人类（尤其是来自平原地区居民）生活和各类植物、动物的生长繁衍。

天篷式建筑在国防军工中也有重要作用，其一，它能在很短的时间几个小时内覆盖巨大面积；其二，如玻璃纤维经表面处理（如镀铝、涂铅、镀碳），整个结构具有电屏蔽功能，能有效保护目标，防止敌方卫星、飞机的侦察。

总之，天篷式建筑在广大范围内的使用，将会改变西部“六月飘雪”“春风不度”“瘴疫之地”的景色，使大片荒沙干旱地带出现勃勃生机，并且能够模仿地球中比较富裕的生态循环。如果能改造10万平方公里土地，即近2亿亩耕地，这对于一个有近14亿人口，仅有18亿亩耕地（不足世界平均水平的1/3），而且不断遭受风沙侵蚀，交通和建筑对土地占用的中国，具有重大的意义。

天篷式建筑（膜建筑）实质上就是一种大型太阳能温室。由于通过膜材比例厚度从而可以按实际需要调节阳光入射量，又由于地面和空气的储热作用，膜建筑安装以后一般会自行成为凸状，或者使用一个小型气泵就在很大范围维持膜建筑的正压力。以便人们在其中种植，饲养。大型天篷式建筑也为太阳能热气流发电提供理想条件。

天篷式巨型膜建筑，几十年间将会在中国西部，在世界各地陆续出现，改造高寒之地、酷热之乡、干燥荒漠之地、空气稀薄之区，地球表面这些地区占据70%以上的自然条件，使这些地区成为宜于万物生长的伊甸园。可以设想，如果在大地（甚至可能在海洋）上空出现数十万个巍若山丘、貌似穹庐的天篷，地球表面的面貌将与现在大不相同。天篷建筑快速修建，移动，甚至在每月每周都不相同。因为有很大面积处于膜建筑之中，不利卫星观察，诸如谷歌地图、卫星导航等活动将会变得困难了。

在人们进军宇宙的过程中充气建筑也会发挥重要作用。美国麻省理工学院的科学家们在总结历次阿波罗计划探月的成果时，指出使用月球车的局限性。先后6次登月，但宇航员在月球表面行走的时间总共只有3天6个小时。有关专家按照充气建筑的概念设计出可以让宇航员在远离飞船下落基地使用的月球充气居所。这减少了宇航员往返奔波的时间，每次探索可以多获得整整1天宝贵时间。

按照设计规划，月球充气帐篷仍是用纤维薄膜制造。纤维考虑强度重量比良好的硅酮涂层维拉特拉（聚丙烯纤维）。在选择合适地形以后，宇航员将卷捆的纤维膜材料平铺，然后通过周围多个充气管道向内充气，使其成为建筑架构。

宇航员进入后，将会封闭建筑再向室内充氧加压，并拉上一层柔软致密的薄膜，可将内部空间隔离成气压室和居所。据计算充气建筑在环境恶劣的月球表面可让宇航员有12m^3类似地球的适宜的生活空间。

当人们规划火星探险时也不约而同想到充气建筑。因为将1kg货物运到1.5亿公里之外至少耗费几十万美元，将大量钢材、水泥运到火星是令人瞠目结舌、根本无法承担的数字，而且火星表面是否有水还属未定之数。即使地层中有少量水分子，也不可能达到制造混凝土时需要的数量，充气建筑是唯一选择。2016年5月，国际空间站充气太空舱“比奇洛活动模块”成功展开，为人类在火星建立充气建筑提供技术。

14.5 未来住宅

14.5.1 未来住宅特征

（1）高层密集型住宅小区

随着城市人口的迅速增多，人口密度增大，在城区和周边区域将建造密集型多层或高层住宅小区。用于这些高层建筑的主体结构材料，仍将是钢材、钢筋混凝土、钢骨钢筋混凝土和钢管混凝土。为解决高层建筑的抗震及防火等问题，将开发抗震结构和防火材料，并且要考虑高层建筑给周围低矮建筑物带来的风荷载、采光性能等方面的影响。为实现建筑物美观、轻快、现代风格等外观效果，各种幕墙、铝合金、彩色金属板、不锈钢、陶瓷类贴面材料等高档外装修材料的需求量会逐步增加。

（2）生活办公一体化住宅

随着信息化社会的到来，电话、传真、计算机已经进入家庭，除了解决个人及家庭的通信之外，可通过互联网实现住宅勤务、网上购物、远程教育和医疗等行为，减少出行次数，减轻交通设施的压力，实现住宅办公化。所以未来的住宅不仅具有生活功能，还需要具备办公、信息存储和传递等功能。而用于网络基础设施建设的材料，有玻璃光导纤维、塑料光导纤维和多组分光导纤维等。

（3）24 小时活动型住宅

这种住宅可供指居住在一栋楼或一个小区中的各个家庭，不一定保持同步的作息时间，一天 24 小时内都会有工作或休息、娱乐的人们使用。

工作人员无法保持常规的作息时间，这样就将出现 24 小时活动型住宅。这种现象对于近邻住宅及集中住宅楼所带来的最大问题是噪声和震动。为解决这一问题，在建筑物的材料及结构设计上可采取的办法有：采用隔声材料、复层结构、上浮式楼板和抗震钢板等。目前常用的隔声材料、吸声材料有玻璃棉材料和泡沫聚乙烯、聚丙烯类材料，如在这些材料中分散混入微小的耐热塑料隔声材料构成复合材料，可以使材料质量轻、隔声性能好，只有几毫米厚，在通常的音域内具有 10～20dB 的隔声性能。如果采用复层，中间设空气层结构，则隔声性能将更好。

（4）家务劳动省力型住宅

未来社会是一个高效率的社会，人们的生活节奏将加快，用于家务劳动的时间和强度要尽量减少。实现家务劳动省力型住宅的途径有以下几个方面：a. 采用易于清洁的内装修材料，尤其是厨房、卫生间等，采用卫生瓷砖、一次性使用的吸油纸、铝箔等；b. 使用不易受污染的材料，在空调、电视机及计算机等机器的空气吹出口处，采用不易变色，不易变质的材料；c. 合理设计住宅的平面布局和家务劳动的行走路线，使居住者以最短的移动距离完成家务劳动；d. 高层住宅实现家庭垃圾处理的效率化，例如采用生物技术研制具有一定强度和耐水性、密闭、可降解的垃圾处理盒，直接投入设置在高层建筑内的垂直管道，进入垃圾的回收、储存和处理装置。

（5）易改建型及可变型住宅

易改建型住宅是指容易改建、扩建，易于维修的住宅；可变住宅是指内部空间的间隔形式容易改变的住宅。

为了满足人们追求变化和新奇的心理，要赋予建筑物易可变性，建造易改建型或可变型住宅。例如采用大跨度空间结构，内部采用可移动式隔墙，既能提高空间利用率，又有利于空间的重新划分。而要实现这一点，要求所使用的间隔材料要易于装拆和改建，表面装修材料要有可再造性。目前，一些可变型住宅的结构和所用的材料具有以下特点：a. 为了增加建筑物的纵向空间自由度，采用预应力钢筋混凝土双 T 型楼板；b. 为适应儿童成长、房间使用功能的变化，以及家庭成员结构的变化，房间布局可能会重新调整，所以室内的间隔空间要具有可变性；c. 配线、配管在住户内部完结，以便进行房屋改建时不影响其他住户的使用；d. 构件尺寸要标准化，构件之间的结合要合理；e. 建筑物的结构躯体要采用高耐久性材料，以保证建筑物长期使用条件下的安全。

(6) 适合于老人、残疾人居住的住宅

随着老龄人口比例的进一步增大，要考虑建造社会福利设施和适合于老人、残疾人居住的住宅。这些住宅的特点是：房屋内地面没有高低差，采用较平缓的楼梯，厕所和浴室内设置扶手，采用防滑地板材料，间隔材料具有弹性，空间具有可变性。

(7) 带有屋顶绿化系统的住宅

现代化城市已经逐步被钢筋混凝土的高楼大厦和道路所覆盖。缺少绿色区域，严重地影响了城市的生态环境和居住质量。要增加城市的绿色空间，需要开发楼房绿化、美化的材料，例如绿化混凝土、人工草坪、屋顶花园等，开发各种造型活泼可爱的景观材料。带有屋顶绿化系统的住宅将得到普及，这种住宅采用堵和排水相结合的屋顶防水结构，在屋顶进行植被绿化，被称为生态屋顶。如果这种屋顶绿化得到普及，则将大大增加居住环境的绿化面积，改善居住区的生态环境。

(8) 自我生存型住宅

自我生存型建筑是指通过结构设计和材料、设备的合理使用，求得资源与能源最大限度的循环利用，在对建筑物断绝能量供给的情况下，建筑自身具有生存下去的能力。具有这种自我生存能力的建筑叫做自我生存型建筑。这种思想在住宅叫做自我生存型住宅。在自我生存住宅建筑内，设置薄型热泵、风力发电和太阳能发电系统，导入排水与水循环利用系统。居住者利用被动式空调和户外起居，能够保持身体健康，并且利用室内水耕栽培系统来达到绿化空间的目的。这种住宅采用高效保温隔热材料与合理的结构形式，提高建筑物本身的保温、隔热能力，减少能量的损失，达到节省能源的目的。

社区：被花园环绕的独栋房屋逐渐消失将成为一种趋势，取而代之的是高密度的高层公寓楼，房顶花园和垂直花园将比比皆是。

街道：所有的十字路口都将变成立体空间模式，就像逐渐增加的高层建筑一样。为了能获得阳光，公共空间将尽可能朝纵向发展；而且高楼之间也会将高处通过人行通道、饭店或商场连接起来，减缓地面交通压力。

(9) 太阳能城市

阿联酋首都阿布扎比是世界上第一座完全依靠太阳能、风能实现能源自给自足，污水、汽车尾气和二氧化碳达到零排放的环保城市。这座全球首座太阳城或许给人们指出一种未来世界模式，给设计带来极大挑战。马斯达尔城项目为未来的可持续性城市设计设定新的基准。太阳城环保措施包括：沙漠阳光发电；海洋风能发电；海水淡化；太阳能外墙及屋顶组件；太阳能水泵滴灌工程；意大利设计的利用风能和太阳能的旋转式摩天大楼。

14.5.2 非城之城

也有学者认为“非城之城”可能是一种发展模式。现代通信技术手段带来的便利使人们不一定非要生活在城市中。事实上，许多工作和任务都可以在家中完成。居所距离城市中心的远近将变得越来越不重要。人们将利用可降解的材料在高山和森林中安家。太阳和风可以提供足够的能源。一种未来城市的模式可以在数千平方公里的土地上均匀地展开。这种不像城市的城市就是“非城之城”。实现这一模式的最大问题在于物流系统能否满足分散布局的要求。在 2016 年联合国人居署等举办的新加坡未来城市研讨会上，全球高端建筑与环境规划事务所和全球最大的管理咨询公司介绍了马来西亚森林城市的设计理念：城市 14 平方公里的地面全是森林，所有车辆都在地下穿行，这个立体分层城市，如同漂浮海上的一块绿洲。马来西亚森林城市已初具规模。

甚至有人提出移动城市的概念。虽然这种城市出现的可能性不大。根据西班牙多明格斯提出的一套方案，这座“游牧城市”将会在履带（类似于坦克履带）的帮助下移动到便于居民找到工作的地区。

这座被命名为“巨型架构”的移动都市将拥有人们能想到的所有城市设施，包括运动场馆、餐厅、大学、医院和图书馆。

英国建筑师罗恩·赫伦早在 20 世纪 60 年代就首次提出了“移动城市”的想法。提议建造可以自由走遍世界的巨型自动化智能建筑。赫伦指出，多个移动城市可以彼此连结，在必要的时候组成规模更大的“移动都市”，随后还可以解体。

“巨型架构”发展了赫伦的设想，提出在移动城市里利用风力发电机、太阳能电池和氢能发电站制造清洁能源。多明格斯表示，这座城市的移动性有利于推广植树造林，而不会破坏周边环境。

14.6 地下工程

人类的居住领域，不仅会向地面上延伸，也会向地下和海下扩展。地下空间是人类近几十年大有作为的领域。

现在世界几大军事强国都在不动声色又紧锣密鼓地进行地下军事工程。各国都视其为高度机密。据报道，美国宣扬所谓的“敌对国家”地下军事工程就有 1 万多处，相信美国本身和“友好国家”的同类建筑也为数不少。在中国神话小说中，土行孙和七杀星在地下大战，也许若干年后，两个国家的“地军”或地下设施会邂逅相遇，演出拍案惊奇真实版的故事。

现在一些国家的地下军事工程已有巨大规模，真正达到核弹直接命中难以摧毁，成为抗御敌军攻袭，尤其是第一次核发打击的重要力量。

结合生态建设，开拓废弃坑道的地下空间也日益引起重视。现在世界上报弃的采煤和其他矿产的坑道长度至少有数十万公里，其中很大部分坍塌、水浸、封闭，留下隐患。对此人们已提出若干设想。

俄罗斯计划利用西伯利亚一处废弃矿坑建设一座名为“生态城 2020”的地下城市，以应对当地极端的气候条件。这座城市将建在世界上第二大人工挖掘的露天矿坑上。这个矿坑曾经是一座钻石矿，坑口直径达 1200m，深度达 550m。设计方打算在城市上方安装一个巨大的玻璃罩，使其免受恶劣天气侵扰。据介绍，“生态城 2020”可以容纳 10 万居民，将通过玻璃罩上的太阳能光伏发电装置供电。整座城市将围绕一个支撑大部分建筑结构的核心垂直建造，同时将设立一个多层研究中心。居住区位于第一层，并配备可以看到城市中心树林的露天阳台。据介绍，这座城市将建设三个主要层面，拥有垂直庄园、树林、居住区和休闲区。市民可以垂直穿梭于各层之间，前往不同的功能区。发起者认为，“生态城 2020”可以为整个地区带来生机，吸引大量游客和居民前往西伯利亚东部地区。从最低层面看，这个项目也许可以作为在月球或火星设立永久基地的参考。

巨大的地下城市群，在近几十年间，在现有人口密集经济发达的地区如美国东部、欧洲西部、日本中部，尤其是中国的京津地区、沪宁杭地区、广港澳地区的各大城市的地下空间将会不断拓展、延伸，形成网络。每个城市的地下空间规模都十分庞大，在浅层地下，四通八达的地下街道将各个街区、办公楼与地铁连接起来，宽阔的地下市政隧道容纳了水、电、天然气、电讯光纤、废物、垃圾运输等多路管线。再往下是四五层到七八层的地下综合体。

在太阳能时代，地下工程、地下城市将紧锣密鼓地发展。凭借沙漠发电、宇宙发电提供的源源不竭的能源，人们能够比较容易解决地下工程的挖掘、修筑、种植作物所需的强光照射，人员居住时的通风、交通、安全设施、食品饮水供应运输等现在难以克服或耗能较大，得不偿失的活动。近10～20年间，人们开始对利用废弃的矿井、坑道、深藏的地下洞穴进行改造拓延，然后在大城市和交通枢纽附近，地下数十米到数百米的范围兴建各类地下工程。受惠于太阳能或其他新能源，这种地下城市中人们的生活与昔日穴居人自然不同，他们居处空气流畅，光线明亮（包括阳光引入），气候温暖，各类粮食、菜蔬茁壮生长，有力推动立体农业的发展。城市地图必须相应变化，分层绘制，由现在地面一张扩展到地下各层七八张甚至更多。

未来建筑中规模最大的可能还是工程建筑。与遍布全球的通信网络和能源网络一样，全球交通网络（尤其是地下网络）也在筹划之中。被称为美国硅谷狂人的著名工程师埃隆·马斯克发布“让世界疯狂”的超级高铁计划（Hyperloop）是一个由太阳能支持的城市至城市高架运输系统。美国一家名为“ET3”公司在这种想法基础上设计时速高达6500km的真空管道交通系统。这是一种管道内部无空气、无摩擦的运输方式。管道可以“附着”在现有铁路架桥之上。英国克里斯·格雷提出环球地铁概念。有的学者认为，连接全球的高速运输体系将是多种高科技集合，包括长距离地铁、地上高速轨道、海洋悬浮隧道。美国休斯敦大型工程研究所提出的超国家项目还有将阿拉斯加和加拿大北部水流通过隧道调到美国中部和墨西哥，将鄂毕河和叶尼赛河流水引入中亚沙漠，建由欧洲向非洲调水的海底隧道等。

14.7 立体农业

早期立体农业（又称垂直农业）概念，似乎是沿山丘坡地开辟梯田，层层耕种，或者是在棚架藤类植物下部种植共地作物，在水面上面利用伐木铺土种植，下面养鱼等。古巴比伦人，模仿北部群山，用泥土和石块砌筑成空中花园，也应是种立体农业或立体种植。这些立体农业，规模很小，只是初级阶段。

随着人口剧增和宝贵种地的日益减少，例如，我国每年都有数十万亩耕地丧失，成为建筑公路、铁路、废渣污水存放场所，我国很快将会面临人均不足一亩耕地的严酷现实。

为此，人们已惮精竭虑，策划转基因作物，海水养殖，改善沙漠，甚至试验以昆虫为食品等种种方法，笔者认为，现代立体农业也是路径之一。

现代立体农业的概念也有几种，早在20世纪初美国哥伦比亚大学Jr史密斯教授认为立体农业是“种植业、畜牧业和加工业有机联系的综合经营方式”。

现代狭义立体农业是指在地势起伏的高海拔山地、高原地区农、林、牧业等随自然条件的垂直地带分异，按一定规律由低到高相应为多层性、多极利用的垂直变化和立体生产布局的一种农业，如我国云南、四川、青海、西藏等地的立体农业垂直农业均甚突出。这里种植业一般多分布于谷地和谷坡间有草地，林线之上为天然草场，具有规律性显著、层次分明的特点。中义和广义的立体农业包括各种植物、动物的循环利用、相互配合体系。

而本书所谓的立体农业，是名副其实的“立体”，是指一层地面农业从高空延伸到地下数百层、数千层高楼中的农业。和高山落差很大，引起气候变迁、温度波动不同，这种室内农业饲养能够有效控制温度、湿度，从而可以模拟自然界中理想生态。

美国公共卫生和微生物学教授迪克森·德波米耶博士提倡立体（垂直）农业，认为立体农业不仅能解决未来粮食短缺，还可以阻止全球气温上升，改变人类获取食物和处理废弃物的方式。德波米耶及其学生将佛罗里达一个农场改造成为室内水种农场，用于种植草莓，致使草莓平均产量提高 30 倍。

在立体农业中，人们不必担心耕地减少，恶劣天气或自然灾害，可以全年耕种。由于能够将各层建筑分隔封闭，并进行监控，不需要使用杀虫剂消除灾害。粮食的种植、运输、食用和废物处理都可在同一城市完成。

德波米耶设计的立体（垂直）农场高度在 30～40 层之间，与比邻楼房没有两样。每层都能栽种、养殖各种作物和牲畜，还可养殖各种水产，通过太阳能灌溉（灌溉过程对水仔细分配，多余的水将被收集回收，污水、废水通过藻类和植物净化）。估计 150 个 30 层的农场就可满足整个纽约的人口需要。这些建筑不会唐突碍眼，甚至成为美景。

研究报告指出，立体农场所需的各种技术全都存在，但将这些技术协同可能需要 10 年时间。

现在人们已经在设计高度超过千米的高楼和地下数百米的建筑，随着土地资源面临枯竭，人口暴增导致食品价格的攀升，室内农业渐会为人接受。设想一个占地 1 平方公里，上下高度 4000m 的建筑，如果每层高度 2.5m 整个建筑可有 1500 层，考虑到楼层自下而上逐步收缩和道路、隔墙等面积，一幢建筑可以提供 300～500 平方公里的土地。这些高塔可以筑在取土方便的黄土高原、泥土堆积的黄河、长江河心（同时具有疏通水道，防止水患的功能），除本身四周铺设太阳电池以外，还由大型地面和空间太阳能电站提供巨大能量（满足谷物、水源、肥料的运输、保证各层 24 小时和太阳光谱类似的强光照射，以期提高产量），在沙漠干旱地区，还可结合太阳能海水淡化技术。一些家禽、家畜饲养、蔬菜、水果种植、也可在高塔中完成。每个高塔都是完善的零污染、低排放的物资循环系统，提供农副产品的基地。

我国如果能够修筑数百个这种“立体农业” 高塔，增加数亿亩耕地，就能较好解决届时近 20 亿人口的温饱问题。

14.8 人造海岛

到 21 世纪末，如全球气温升高 5℃，将会导致海平面大幅上升。临近海岸的众多城市如纽约、东京、上海、天津、伦敦将遭受海水倒灌的严重威胁。上海市区 1/2 面积将会成低于海面的洼地，大片人口密集、现在最富绕的城乡将成汪洋泽国。太平洋中一些岛国现在已岌岌可危，即将陷入“没顶之灾”，而至少孟加拉国一地，就会有近 1 亿人无家可归。如何安顿这些环境难民并弥补因大量耕地减少引发的粮食危机，已经成为各国政府迫在眉睫的严峻课题。

开发海洋建人造海岛是答案之一。

人造海岛大致有固定和漂浮两大类型，我国是最早开始移山填海的国家，“愚公移山、精卫填海”象征中华民族的一种精神。直到今日，我国围海造田面积仍属世界第一。航空大港上海浦东机场就是从海滩中涌现。

在 1966～1980 年间，日本耗费 5300 亿日元，将两座山峦的 8000 万立方米的泥土石块填入海中，建起面积 436 公顷的神户人工岛，号称海上文化城市，并提高神户港的吞吐量。而漂浮海岛因为保护生态，成本显著低廉。能结合海洋开发和在各个大洋巡航的海岛，可能更是今后发展方向。

远在 18 世纪，法国著名作家凡尔纳就描绘出一种设施先进，能在海中四处漂游的“机器岛”。今日，人类目光既注视着深邃太空又面迎浩渺大海。在规划太空城的同时，巨型人造海岛也进入设计。日本清水建设公司已规划用镁等超型合金制成高达 1000m，直径 3000m 的蜂巢结构浮岛，通过太阳能获取能量，实现能源和食物自给自足，为 5 万人提供居住地。最后更多漂浮的个体将串联起来，形成供数百万人生活的“睡莲浮叶”状人造海岛。现在人们构思的人造海岛，利用太阳能、海洋能和风能，甚至有人构思海岛具有光合作用的功能，模拟自然界最富裕的生活环境，令人联想起古代神话中的海上仙岛蓬莱、方丈、瀛洲。海洋通过风、波浪和太阳等形式储存着充足的能源。现在，所有这些能源汇聚在一起组成“能源岛”——它像提取“黑金”的石油钻井平台那样提取可再生能源。

能源岛的中心是一个海洋热能转换系统，周围直径 600m 的平台上将安装风力发电机和太阳能收集器。另外，整个能源岛周围还将安装水流涡轮机来收集海水流动产生的能量。

一个六边形的能源岛可产生 250MW 发电量，足够为一座小型城市提供能源。如果将几个能源岛连接起来组成一个小型能源岛群，甚至可以用作船舶停靠的小港口或者供游客休息的“绿色”宾馆。

能源岛产生的清洁能源通过海底管道运输到海岸。它还可以从水中分离出氢，这些氢可以运送至海岸，以氢燃料电池的形式发电。

此外，利用蒸发-冷凝循环原理，能源岛还可以充当海水淡化厂。推算，每生产 1MW·h 电量，海洋热能转换系统能产生 100 多万升的淡水。

凡尔纳奇伟瑰丽的想象，既有人造海岛的蓝图，也有海底世界的描绘。今天人们也开始向海底进发。现在已有学者设计以海底岩石为基，建造海底建筑（图 14-7）。这些海底建筑以高强度玻璃为材料，有隧道与地面联通，运送食物、能源、垃圾、水和空

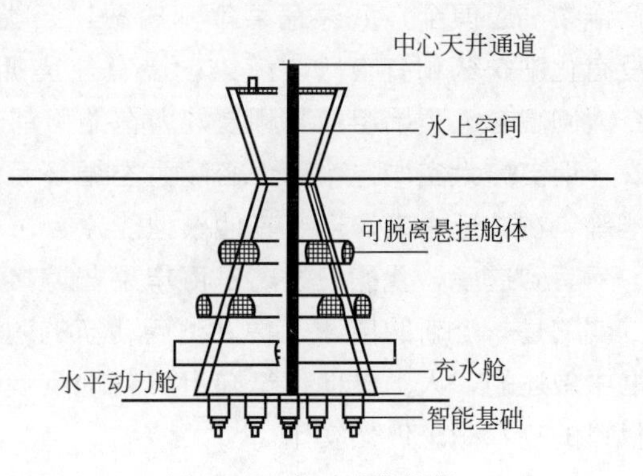

图 14-7　水下建筑构想

气，也有更加浪漫的设想：海底城和“星球大战”中的情景一样，深藏在万顷碧波之中。由于照明光线向上照射，那里海底一片辉煌，成为名副其实的龙宫，现在人们已在浅海海底修造一些建筑并正沿大陆架向海洋深处延伸。随着材料和施工技术的提高，温暖永无风雨之忧，有着巨大面积的神秘海底将会成为人类新的居地。在海底探测领域，中国也取得不俗成绩。“蛟龙号”潜海水平领先世界，在探测未知世界的同时，也许不久以后它也会为海底建筑献花作贡。英国还设计出一种能自我维持，无需来自外界空气食物补充的水下城市（“水下生物圈 2 号”），据悉在技术原理上可行。

14.9 太空建筑

地球人口急剧增长，导致城市快速扩张，耕地锐减，污染严重。而到海洋、极地、太空拓展新的生活空间，成就了 21 世纪人类伟大迁徙活动。

建造可供人们长期生活工作的太空城，既是人类的梦想，又是空间技术发展的必然，对于进行空间探索，有着特别重要的意义。著名物理学家斯蒂芬·霍金认为：只要人类被困在一个独一无二的星球上，人类的长期生存就处在危险之中。美国航空航天局（NASA）局长格里劳表示，纵观历史，单独一颗行星上的物种是不可能长期保存下来的，每过一段时间地球物种就会遭遇大规模的毁灭，已有确凿证据，宇宙移民势在必行。太空船是 21 世纪即将出现的交通工具和人类新的太空建筑。

很早以来，人类就有建造太空城的设想。1926 年，齐奥尔科夫斯基就设想在宇宙空间建立居民点。他设想在太空失重的环境中通过旋转产生人工重力，通过人工控制的方法，温度达到适于植物生长的最佳状态。“空间农场的每寸地方都可能充裕地养活宇宙移民。”科学家们设想的太空城和现在正在运转的宇宙空间站的最大差别在于：太空城作为宇宙移民的据点（如同昔日探险时代人们在汪洋大海中作为向新的大陆前进的小岛），它应该在空气、食物、水分方面自给自足，而且前宇宙空间站的所有生活品都定期来自地面。

现在，已有各种各样太空城的设计模型，如美国普林斯顿大学尼尔教授伞架子式太空城模型，美国太空总署的“太空花园”模型，某位学者的“向日葵城”模型、美国、日本、欧洲的太空集体农庄模型等。这些太空城都是真正的人工城市，有山丘、树林、花草、河流、运动场地、剧院、商店、酒楼、机场、码头、学校、医院，通过温度、光度、湿度控制，可以产生一年四季冷暖变化，行风布雨，这里花开草长，树木茂密，各种粮食作物一应俱全，瓜果蔬菜郁郁葱葱，各类鸟类和有益昆虫四处飞翔，这里没有噪声，没有化肥农药和有害气体污染，没有住房拥挤，交通阻塞、水资源匮乏、暴力和偷盗，令人回想起人类始祖亚当和夏娃所在的伊甸园。

而支撑太空城这个巨大密闭生态循环系统有条不紊运行的能源正是太阳能、核聚变能等，在较远未来，还有其他新型能源。

写到这里，我们已经离千百年来普遍接受的建筑概念相当远了。这些太空城，名副其实的是一个新的星球，是人类活动新的疆域，是人类文明的新的飞跃。但是我们在本书中叙述的，人类借助建筑向世界各地（现在包括宇宙空间）迁徙的方式和使用的建筑材料的基本概念仍然实用。

这些太空城市和人类在邻近行星（火星、金星、木星卫星和某些彗星、月球）上建造定点建筑时将会使用的材料，与我们在地球上使用的建筑材料相差不多。

在开始时，这些建筑材料（主要是钢铁和其他金属）要付出高昂代价，由地球运送，解决能源问题后，可以在太空或月球建立生产基地。已有专家指出，在月球或小行星上采矿并且处于真空状态下冶炼的金属性能比地球上更好。如果能够获得水源（月球、火星已有水存在迹象，一些可以被拖拽的彗星基本上由冰雪组成），生产适于太空环境的玻璃和混凝土更是不错选择。

后　记

在本书中，我们对人类使用建筑材料的作用历史进行了回顾。这可能有重复，混乱之处，但与事实不会相差太远。而展望未来的图画却可能有所变化。未来日新月异，往往超出意料。有可能的是，几十年间会有性能卓越，现有难以想象的新材料脱颖而出，再一次对建筑模式，建筑工艺形成巨大冲击。正如几十年前有谁曾预想过纳米材料，3D打印技术闪亮登场呢？建筑和建筑材料伴随人类走过了洪水冰川时代、狩猎采集时代、农耕时代和工业时代。只要人类社会存在，建筑和建筑材料就会存在，就会持续不断地发展，人们就会对建筑材料的过去和未来、建筑材料与能源和信息、建筑材料与生活和社会的关系感兴趣。

著者

参考文献

[1] 邹宁宇．墙体屋面绝热材料．北京：化学工业出版社，2008.

[2] 邹宁宇．建材史话．中国建材，1988，1，3，4，5，6.

[3] 邹宁宇．世纪工程与建筑材料．陕西建材，1990，6.

[4] 邹宁宇．由智能建筑到生态智能建筑．江苏建材，2002，3.

[5] 邹宁宇．西部大开发需要大建筑．中国建材科技，2001，10（5）：21-23.

[6] 姜肇中，邹宁宇，叶鼎铨．玻璃纤维应用技术．北京：中国石化出版社，2004.

[7] 张耀明，邹宁宇．太阳能科学开发与应用．南京：江苏科学技术出版社，2012.

[8] 张祖刚，陈衍庆．建筑技术新论．北京：中国建筑工业出版社，2008.

[9] 林徽因．林徽因讲建筑．北京：九州出版社，2005.

[10] 刘元峰．梦游意大利．北京：中国旅游出版社，2007.

[11] 王其钧，郭宏峰．图解西方建筑史．北京：中国电力出版社，2008.

[12] Sophia Behling，Stefan Behling. 建筑与太阳能——可持续建筑的发展演变．大连：大连理工大学出版社，2008.

[13] 陈志春．历史上最具争议的建筑．北京：中国人民大学出版社，2007.

[14] 庄裕光．外国名著 100 讲．天津：百花文艺出版社，2007.

[15] 图行世界编辑部．全球最美 100 个建筑奇迹．北京：中国旅游出版社，2010.

[16] ［法］米歇尔，科恩．消失的建筑．南京：江苏人民出版社，2010.

[17] 程建军，孔尚扑．风水与建筑．南昌：江西科技出版社，2005.

[18] ［英］大卫·劳埃德·琼斯．建筑与环境-生态气候学建筑设计．北京：中国建筑工业出版社，中国轻工业出版社，2005.

[19] 曹伟．广义建筑节能——太阳能与建筑一体化设计．北京：中国电力出版社，2008.

[20] 张国强等．可持续建筑技术．北京：中国建筑工业出版社，2009.

[21] 林宪德．绿色建筑．北京：中国建筑工业出版社，2007.

[22] 萧然．东方之光．北京：机械工业出版社，2007.

[23] 中国建筑材料科学研究院．绿色建材与建筑绿色化．北京：化学工业出版社，2003.

[24] 鲍国芳．新型墙体与节能保温建材．北京：机械工业出版社，2009.

[25] 吴清仁，吴善淦．生态建材与环保．北京：化学工业出版社，2003.

[26] ［德］克劳斯·迈克尔·科赫．膜结构建筑．大连：大连理工大学出版社，2007.

[27] ［意］马可·不萨利．认识建筑．北京：清华大学出版社，2009.

[28] 建筑工程节能设计手册编委会．建筑式程节能设计手册．北京：中国计划出版社，2007.

[29] 钱正坤．世界建筑风格史．上海：上海交通大学出版社，2005.

[30] 高虹，张爱黎．新型能源技术与应用．北京：国防工业出版社，2007.

[31] “打”出一个新世界．百科知识．2013，4.

[32] 曹伟．广义建筑节能．北京：中国电力出版社，2008.

[33] ［日］三泽千代治．2050 年的理想住宅．北京：中国电影出版社，2004.

[34] 蒋民华．神奇的新材料．济南：山东科学技术出版社，2008.

[35] 马保国，刘军．建筑功能材料．武汉：武汉理工大学出版社，2004.

[36] 李永峰，陈红．现代环境工程材料．北京：机械工业出版社，2012.

[37] 林克辉．新型建筑材料及应用．广州：华南理工大学出版社，2006.

[38] 董继平．世界著名建筑的故事．重庆：重庆大学出版社，2009.

[39] 谢伟．石头的故事．桂林：广西师范大学出版社，2006.

[40] ［英］乔纳森·格兰西．建筑的故事．北京：生活·读书·新知三联书店，2009.

[41] 夏娃．建筑艺术史．合肥：合肥工业大学出版社，2006.

[42] 周文翰．废墟之美．沈阳：辽宁科技出版社，2010.

[43] 萧默．文明起源的纪念碑．北京：机械工业出版社，2007.

[44] 梁雯，胡筱蕾．外国建筑简史．上海：上海人民美术出版社，2007.
[45] 王德鸿．不可不知的100座人文建筑．北京：化学工业出版社，2009.
[46] 鲁石．你应该读懂的100处世界建筑．西安：陕西师范大学出版社，2007.
[47] 章曲，李强．中外建筑史．北京：北京理工大学出版社，2009.
[48] 冉茂宇，刘煜．生态建筑．武汉：华中科技大学出版社，2009.
[49] 西安建筑科学大学．绿色建筑的人文理念．北京：中国建筑工业出版社，2010.
[50] 尹国均．图解西方建筑史．武汉：华中科技大学出版社，2010.
[51] [英] 彼得·布伦德尔·琼斯，埃蒙·卡尼夫．现代建筑的演变：1945—1990年．北京：中国建筑工业出版社，2009.
[52] 呼志强．世界建筑文化．北京：时事出版社，2010.
[53] 严捍东，钱晓蒨．新型建筑材料教材．北京：中国建材工业出版社，2005.
[54] 刘吉平，张艾飞．建筑材料与纳米技术．北京：化学工业出版社，2007.
[55] 李朝忠，王志广．历史建筑材料．中国西部科技，2010，9（2）.
[56] 张国强，尚守平，徐峰．可持续建筑技术．北京：中国建筑工业出版社，2009.
[57] 童寯．近百年西方建筑史．南京：南京工学院出版社，1986.
[58] [英] 卢斯·斯拉维德．微建筑．北京：金城出版社，2011.